カラー図解　アメリカ版　新・大学生物学の教科書

第2巻　分子遺伝学

D・サダヴァ他　著

中村千春
石崎泰樹　監訳・翻訳

小松佳代子　翻訳

ブルーバックス

Japanese translation published by arrangement with
Bedford, Freeman and Worth Publishing Group LLC
through The English Agency (Japan) Ltd.

●カバー装幀／芦澤泰偉・児崎雅淑
●カバー写真／ ©Science Photo Library/amanaimages
●目次デザイン／児崎雅淑
●本文 DTP ／ブルーバックス

監訳者まえがき

本シリーズのブルーバックス旧版、すなわち『カラー図解　アメリカ版　大学生物学の教科書』第１～３巻は、アメリカの生物学教科書『LIFE』（第８版）から「細胞生物学」、「分子遺伝学」、「分子生物学」の３つの分野を抽出して翻訳したものであった。『LIFE』のなかでも、この３つの分野は出色のできであり、その図版の素晴らしさは筆舌に尽くしがたい。図版を眺めるだけでも生物学の重要事項をおおよそ理解することができるが、その説明もまことに要領を得たもので、なおかつ奥が深い。我々はこの３分野を『LIFE』の精髄と考え訳出し、幸いにして望外に多くの読者に恵まれた。

しかしながら生物学の進歩は速く、特にこの３分野の進歩は目覚ましいものがある。第１巻の刊行から11年が経過し、内容をアップデートする必要性を痛感し、この度『LIFE』第11版を訳出し、『カラー図解　アメリカ版　新・大学生物学の教科書』として出版することにした。例えば『LIFE』第８版では山中伸弥博士のiPS細胞に関する記載はなく、ブルーバックス旧版の第３巻に訳註としてiPS細胞に関する説明を追加したが、第11版ではiPS細胞に関する簡潔にして要を得た記載がある。また2020年のノーベル化学賞を受賞したCRISPR-Cas9というゲノム編集の画期的手法についての記載もある。さらに全般的に第８版に比べてさらに図版が充実して、理解を大いに助けてくれる。

また『アメリカ版　新・大学生物学の教科書』では、『LIFE』第11版の図、「データで考える」、「学んだことを応用してみよう」に付随する質問に対する解答を訳出し巻末に掲載することにより、読者の理解を助ける一助とした。ブルーバックス旧版の読者も是非この『アメリカ版　新・大学生物学の教科書』を手に取っていただきたい。本書を読んで生物学に興味を持った方々は、大部ではあるが是非原著に「挑戦」してほしい。

『LIFE』第11版は全58章からなる教科書で、生物学で用いられる基本的な研究方法からエコロジーまで幅広く網羅している。世界的に名高い執筆陣を誇り、アメリカの大学教養課程における生物学の教科書として、最も信頼されていて人気が高いものである。例えばスタンフォード大学、ハーバード大学、マサチューセッツ工科大学（MIT）、コロンビア大学などで、教科書として採用されている。MITでは、一般教養の生物学入門の教科書に指定されており、授業はこの教科書に沿って行われているという。

MITでは生物学を専門としない学生も全てこの教科書の内容を学ばなければならない。生物学を専門としない学生が生物学を学ぶ理由は何であろうか？　1つは一般教養を高めて人間としての奥行きを拡げるということがあろう。また、その学生が専門とする学問に生物学の考え方・知識を導入して発展させるということもある。さらには、文系の学生が生物学の考え方・知識を学んでおけば、その学生が将来官界・財界のトップに立ったときに、最先端のバイオテクノロジー研究者との意思疎通が容易になり、バイオテクノロジー分野の発展が大いに促進されることも期待できる。すなわち技術立国の重要な礎となる可能性がある。また、一般社会常識として、様々な研究や新薬を冷静に評価できるようになるだろう。

本シリーズを手に取る読者はおそらく次の四者であろう。第一は生物学を学び始めて学校の教科書だけでは満足できない高校生。彼らにとって本書は生物学のより詳細な俯瞰図を提供してくれるだろう。第二は中学生・高校生に生物学を教える先生方。彼らにとって、生物学を教える際の頼りになる道標となるだろう。第三は大学で生物学・医学を専門として学び始めた学生。彼らにとっては、生物学・医学の大海に乗り出す際の良い羅針盤となるに違いない。第四は現在のバイオテクノロジーに関心を持つが、生物学を本格的に学んだことのない社会人。彼らにとっては、本書は世に氾濫するバイオテクノロジー関連の情報を整理・理解するための良い手引書になるだろう。

本シリーズは以下の構成となっている。

- 第１巻（細胞生物学）：生物学とは何か、生命を作る分子、細胞の基本構造、情報伝達
- 第２巻（分子遺伝学）：細胞分裂、遺伝子の構造と機能
- 第３巻（生化学・分子生物学）：細胞の代謝、遺伝子工学、発生と進化

まず第１巻で、生命（生物）とは何か、生命を研究する学問である生物学とは何か、生命を作る分子、生命の機能単位である細胞の構造、細胞の機能にとって必要不可欠な情報伝達について説明し、第２巻では、細胞の分裂と機能を司る遺伝子の構造と機能、それを研究する分子遺伝学について説明し、第３巻では細胞の代謝、遺伝子工学、発生と分化について概説する。

第２巻は、第８章から第13章までとなる。第８章では細胞が分裂する仕組み、細胞死、無秩序な細胞分裂によって生じる癌について説明する。第9章では遺伝の法則であるメンデルの法則、遺伝を担う遺伝子と染色体について説明する。第10章では遺伝物質であるDNAについて、第11章では、DNAからタンパク質が作られる過程について説明する。第12章では遺伝子変異と遺伝性疾患について説明する。第13章では遺伝子

発現がどのように制御されているか、ウイルスがどのように遺伝子発現を制御するのか、エピジェネティック変化がどのように遺伝子発現を制御するかを説明する。

近年、生命科学・医学分野における日本の研究力低下が問題となっている。その原因は多様であり、即効性の対策を講じることは困難であるが、若い世代が生物学の面白さに気付き、多くの若者が生物学研究に参入することが、この分野における日本の研究力復活にとって不可欠であると考える。本書が、若い世代をはじめとする広い層の人々が生物学の面白さを発見し、生物学研究を支える一助となることを願ってやまない。

2021年3月　　　　　　　　監訳・翻訳者を代表して　石崎泰樹

付記：本書翻訳過程における髙月順一氏ら講談社学芸部ブルーバックス編集チームの学問的チェックを含めた多大の貢献に深く感謝する。

カラー図解 アメリカ版
新 大学生物学の教科書
第2巻
分子遺伝学
目次

解答

第１巻・第３巻の構成内容

第1巻 細胞生物学（第１章～第７章）

第１章 生命を学ぶ
第２章 生命を作る低分子とその化学
第３章 タンパク質、糖質、脂質
第４章 核酸と生命の起源
第５章 細胞：生命の機能単位
第６章 細胞膜
第７章 細胞の情報伝達と多細胞性

第3巻 生化学・分子生物学（第14章～第19章）

第14章 エネルギー、酵素、代謝
第15章 化学エネルギーを獲得する経路
第16章 光合成：日光からのエネルギー
第17章 ゲノム
第18章 組換えDNAとバイオテクノロジー
第19章 遺伝子、発生、進化

【各章の翻訳担当】

第１章～第２章 …… 中村千春、小松佳代子
第３章～第７章 …… 石崎泰樹
第８章～第13章 …… 中村千春、小松佳代子
第14章～第16章 …… 石崎泰樹
第17章～第18章 …… 中村千春、小松佳代子
第19章 …… 石崎泰樹

第8章
細胞周期と細胞分裂

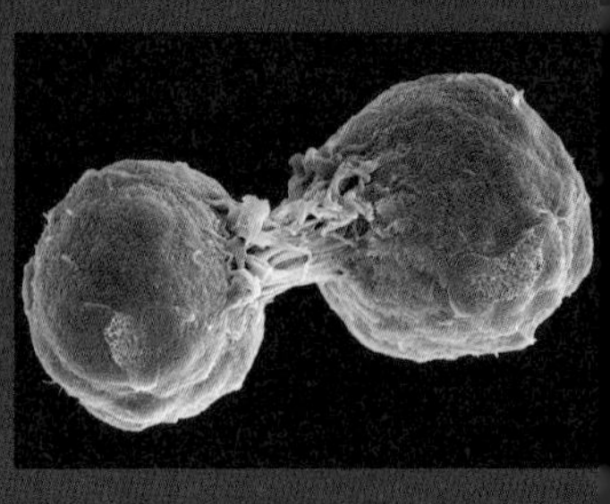

ヘンリエッタ・ラックスは残念ながら癌により死亡したが、その腫瘍細胞は彼女の死後もずっと生き延びた。腫瘍細胞は固形培地の表面で急速に増殖し、1951年の本人の死から今日まで世界中の研究室で増殖を続けている。

キーコンセプト

8.1　全ての細胞はもとの細胞から生じる
8.2　真核生物の細胞分裂周期は制御されている
8.3　真核細胞は体細胞分裂(有糸分裂)で分裂する
8.4　細胞分裂は有性生活環で重要な役割を果たす
8.5　減数分裂により配偶子が形成される
8.6　細胞死は生物にとって重要である
8.7　無秩序な細胞分裂は癌の原因となる

生命を研究する

不死の細胞

1951年1月29日、30歳のヘンリエッタ・ラックスは、末の子の出産後に異常な出血を認め、メリーランド州ボルティモアのジョンズ・ホプキンス病院を訪ねた。医師には出血の理由がすぐに分かった。子宮頸部に25セント硬貨大の腫瘍ができていたのだ。腫瘍の断片が臨床検査室の病理学者に送られ、腫瘍は悪性と判定された。

1週間後、ラックスは病院を再度訪れ、腫瘍細胞を死滅させるために医師による放射線治療を受けた。しかし医師たちは、治療を始める前に腫瘍から少量の細胞サンプルを採取し、彼女の了解なしに病院の2人の科学者、ジョージ・ゲイとマーガレット・ゲイの研究室へ送った。検体のこうした扱いは、現在では医療倫理にもとるとされるが、当時は一般的だった。２人は過去20年にわたって、ヒトの細胞を体外（試験管内、*in vitro*）で生かし増殖させようと試行していた。ゲイ夫妻はヒトの細胞を体外で培養できるようになれば、癌の治療法が発見できるかもしれないと考えていた。彼らはラックスの細胞でついにそれを実現したのだった。「ヒーラ細胞」と名付けられた彼女の細胞は、彼らがそれまでに見たどんな細胞よりも旺盛に成長し増殖した。不運にも、腫瘍細胞はラックスの体内でも急速に増殖し、数ヵ月のうちにほぼ全身に広がってしまった。彼女は1951年10月４日に亡くなった。

増殖能力の高さから、ヒーラ細胞はたちまち細胞生物学研究にとってなくてはならない存在となった。制御された条件の下でウイルスに感染させることができたので、ヒーラ細胞はポリオウイルスの産生法を開発する手段となり、恐ろしい病であるポリオ（急性灰白髄炎）に対する最初のワクチンの実現に貢献した。以来ヒーラ細胞は、重要な基礎および応用研究に、とりわけヒト細胞が細胞分裂で増殖する方法に関する研究に重用されてきた。ラックスはメリーランドとヴァージニアから外へ出たことがなかったが、彼女の細胞は世界各地へと渡り、スペースシャトルで宇宙にまで運ばれた。過去60年間に、彼女の細胞から得られた情報を用いた何万もの研究論文が発表された。この章では、その１つを見ていこう。

細胞分裂周期とその制御の仕組みを理解することが、癌を理解するための重要課題であることは明らかである。しかし、細胞分裂は医学にとってのみ重要なのではない。それは全ての生物の成長、発生、生殖の根底をなしている。

癌細胞の増殖を制御しているのは何か？

8.1 全ての細胞はもとの細胞から生じる

誕生から死にいたる生物の生活環（ライフサイクル）は細胞分裂と密接に関係している。細胞分裂は、1つの細胞から生物全体が発達するときにも、多細胞生物の組織が成長あるいは修復、再生するときにも、さらに全ての生物が繁殖するときにも重要な役割を果たす（図8.1）。原核生物と真核生物のどちらでも、細胞分裂は次の4つの事象を伴って起こる。

1. **増殖シグナル**　細胞内あるいは細胞外のシグナルが細胞分裂を開始させる。
2. **DNAの複製**　細胞の遺伝物質DNAは、新たに生じる2つの細胞が同一の完全な遺伝子セットを持つように複製されなければならない。
3. **複製されたDNAの分離**　複製されたDNAは2つの新たな

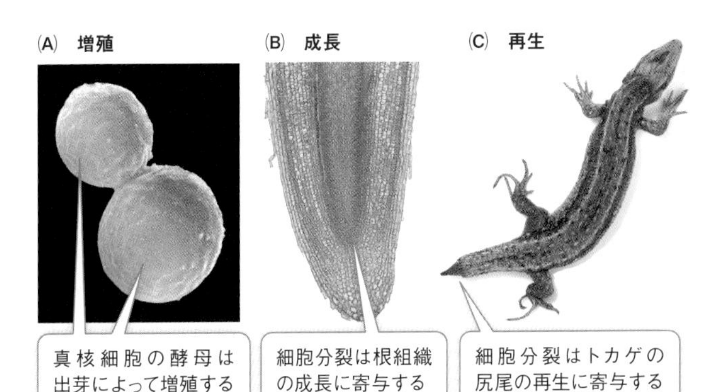

図8.1　細胞分裂が担う重要な役割
細胞分裂は、組織の(A)増殖、(B)成長、(C)再生の基礎である。

細胞のそれぞれに等しく分配されなければならない。

4. **細胞質分裂**　新たな細胞のための酵素や細胞小器官が合成されるとともに、細胞を新たな2つの細胞に分けるために、細胞膜に（細胞壁を持つ生物であれば細胞壁にも）新たな物質が付加されなければならない。

これら4つの事象は、原核生物と真核生物では違った様相で起こることを以下で見ていこう。

学習の要点

- あらゆる細胞分裂過程は、増殖シグナルによる開始、DNA複製、DNA分離と細胞質分裂という4つの主要な事象からなる。
- 原核生物の細胞分裂は急速で、環境シグナルに応答して新しい細胞ができるが、それらは多くの場合、それぞれが完全な個体である。
- 真核生物の細胞分裂は複雑で、細胞内シグナルに応答して起こり、単細胞真核生物であれば完全な個体を、多細胞真核生物では個体を構成するさらなる細胞を生じる。

原核生物は二分裂で分裂する

原核生物では、細胞分裂によって完全な単細胞個体が増殖する。**二分裂**と呼ばれるこの過程では、細胞の大きさが増し、DNAが複製され、細胞質とDNAが2つの新たな細胞に分けられる。

増殖シグナル　原核生物に細胞分裂を開始させる一般的なシグナルは、環境条件や栄養素の濃度などの外部要因である。例えば、糖質やミネラルが豊富にあれば、細菌の枯草菌（*Bacillus subtilis*）は2時間ごとに分裂する。栄養レベルが低いときには成長速度が低下し、ついには分裂が停止する。だが、条件が改善すれば、成長と分裂が再開する。遺伝学研究で広く用いられる大腸菌（*Escherichia coli*）は、豊富な糖質とミネラルがあれば、20分ごとに分裂する。

DNAの複製　キーコンセプト5.3で見たように、**染色体**はタンパク質が巻きついた長く細いDNA分子でできている。細胞が分裂するときには、生物の遺伝情報を含む全ての染色体が複製され、各染色体のコピーが２つの新たな細胞のそれぞれに分かれていかなければならない。

原核生物のほとんどは主要な染色体を１本しか持たない。大腸菌の染色体を完全な輪として広げると、その直径は約500マイクロメートル（μm）で、細胞の200 倍以上の大きさになってしまう。細胞内に収まるためには、DNAは凝縮していなければならない。そのためDNAは折りたたまれるが、負に帯電した（酸性の）DNAに結合する正に帯電した（塩基性の）タンパク質がこの折りたたみを助けている。

原核生物の染色体にある２つの領域が細胞増殖で機能的役割を果たす。

1. *ori*：環状染色体の複製が始まる部位（複製起点）
2. *ter*：複製が終了する部位（複製終結点）

細胞の中心付近でタンパク質の複製複合体によってDNAの２本鎖が解きほぐされ、染色体複製が起こる。複製は*ori*で開始され*ter*に向かって２方向に進行する。DNAが複製する間は活発な同化代謝によって細胞成長が起こる。複製が完了すると、２つの娘DNA分子は分離して、それぞれが細胞の両極へと向かう。急速に分裂中の原核生物では、細胞分裂の合間の大半がDNA複製に充てられる。

複製されたDNAの分離　DNA複製は細胞の中心付近で始まり、進行につれて*ori*領域が細胞の両極側に向かって移動する（**図8.2(A)**）。*ori*領域に近接したDNA配列が、分離に必須なタンパク質と結合する。この過程は、ＡＴＰの加水分解から得られるエネルギーを必要とする。

細胞質分裂　染色体複製が完了すると、直ちに細胞質分裂が始まる。始めに細胞膜がくびれて、巾着の紐のような糸状の環ができる。この糸状構造の主要な構成要素は、真核生物のチューブリン（微小管を構成する；**図5.14**）に類似したFtsZと呼ばれるタンパク質である。膜がさらにくびれると、新たな細胞壁物質が沈着し、最終的に2個の娘細胞に分かれる（**図8.2(B)**）。

真核細胞は核分裂（有糸分裂）とその後の細胞質分裂で分裂する

　原核生物と同様に、真核生物の細胞増殖も増殖シグナル、DNA複製、DNA分離と細胞質分裂を伴う。しかし、その詳細は大きく異なる。

- *増殖シグナル*：原核生物と違って真核細胞は、環境条件が適切であっても絶えず分裂しているわけではない。実際、多細胞生物を構成する特殊化した真核細胞の多くは滅多に分裂しない。真核生物では、細胞分裂のためのシグナルは通常、1つの細胞が置かれた環境ではなく、個体全体の機能と関連している。
- *複製*：ほとんどの原核生物は主要な染色体を1本しか持たないが、真核生物は通常多く（ヒトでは46本）の染色体を持っている。その結果、真核生物の複製と分離の過程は原核生

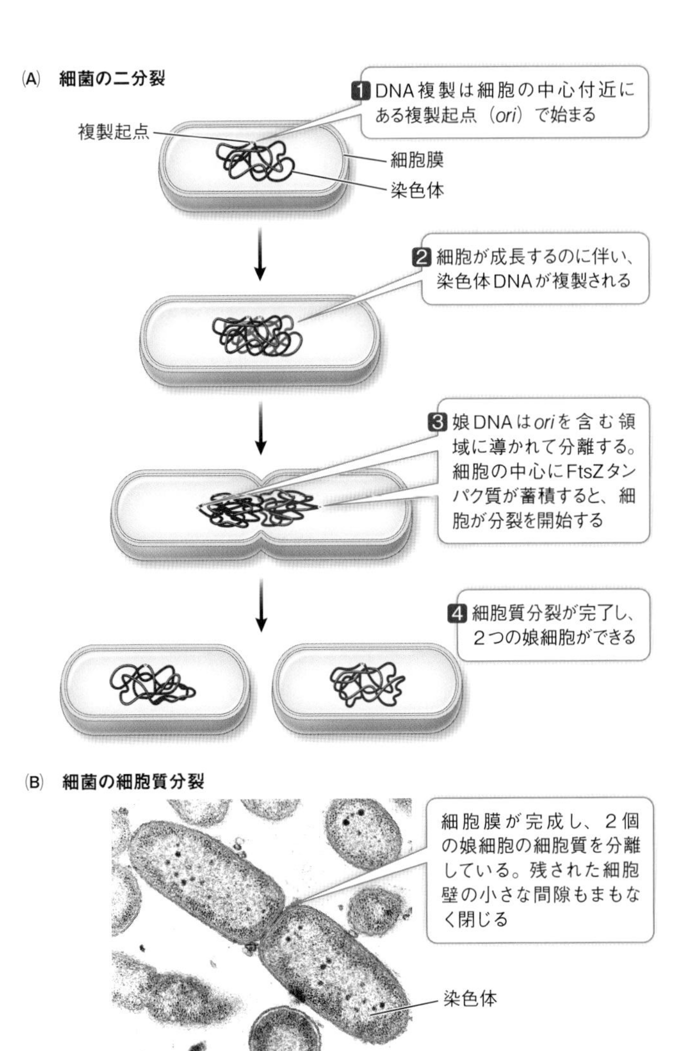

図8.2　原核生物の細胞分裂

物のそれよりずっと複雑である。真核細胞では、DNA複製は通常、細胞分裂から次の分裂までの間の一定期間（S期）に限定されている。

・*分離*：真核生物では、新たに複製された染色体は互いに近接して結合しており（したがって、それらは**姉妹染色分体**と呼ばれる）、**核分裂**（有糸分裂）と呼ばれる仕組みによって2つの新たな核に分離される。

・*細胞質分裂*：細胞質分裂は植物細胞（細胞壁を持つ）と動物細胞（細胞壁を持たない）では進行が異なる。

体細胞分裂（核分裂＋細胞質分裂）で生じた細胞は、含有するDNAの量と質に関して親細胞とまったく同一である。

核分裂には**減数分裂**と呼ばれる別の仕組みもあり、こちらは配偶子の形成に関与する。減数分裂と体細胞分裂の違いについては、あらためて**キーコンセプト8.5**で解説する。

真核細胞が分裂するかどうかを決めるのは何だろう？　体細胞分裂はどのようにして同じ細胞を生むのだろうか？　続く2つの節で、体細胞分裂の詳細を学ぼう。

8.2 真核生物の細胞分裂周期は制御されている

本書を通じて学ぶように、細胞の分裂速度は細胞の種類ごとに異なる。初期胚のような細胞は急速に絶え間なく分裂する。一方、脳のニューロンのようにまったく分裂しない細胞もある。このことは、細胞が分裂するためのシグナル経路が高度に制御されていることを示唆する。

学習の要点

・真核細胞の細胞分裂は一連の規則的な過程を経て進行し、それらが全体として細胞周期を構成する。

・真核細胞の細胞周期の過程は細胞内部で制御されている。

・G0期にある真核細胞は外的要因に刺激されて分裂を始める。

真核生物では、1回の細胞分裂から次の細胞分裂までの期間を**細胞周期**という。細胞周期は分裂期（核分裂期／細胞質分裂期）と間期の2相に分けられる。**間期**の間、細胞核ははっきりと見やすくなり、DNA複製を含む典型的な細胞機能が働く。間期は細胞質分裂が完了すると始まり、次の体細胞分裂の開始と同時に終わる（**焦点：キーコンセプト図解　図8.3**）。本節では、間期の事象、なかでも体細胞分裂の引き金となる事象について解説する。

細胞周期の長さは細胞型によって大きく異なる。初期胚では細胞周期は30分と短いが、成人の分裂細胞では通常24時間ほどで細胞周期が完了する。一般に細胞はそのほとんどの時間を間期で過ごす。だから、細胞集団の顕微鏡写真をいつ撮ろうとも、核分裂期や細胞質分裂期にある細胞はごく少数である。間期はG1、S、G2と呼ばれる3つの副期あるいは副相からなる。24時間の細胞周期では、これらの副期は典型的には11時間（G1）、8時間（S）、4時間（G2）で、残りの1時間が分裂期である。

・*G1期*：**G1期**の間、各染色体はまだ複製されておらず、タンパク質と結合した単一のDNA分子からなる。細胞型によって細胞周期が様々に異なるのは、ほとんどがG1期の長さの違いが原因である。急速に分裂している胚性細胞にはG1期

焦点：キーコンセプト図解

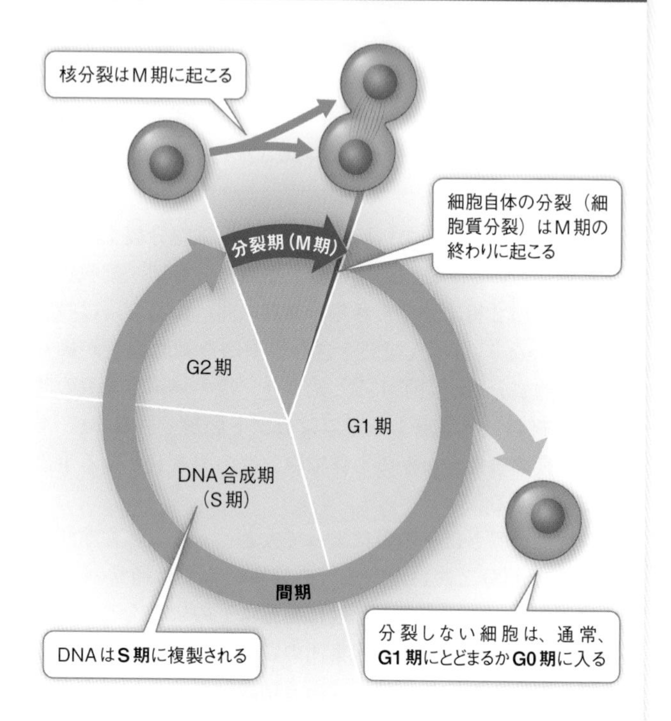

図8.3　真核生物の細胞周期
細胞周期は、核分裂と細胞質分裂の起こる分裂期（M期）と、間期と呼ばれる長い成長期からなる。間期は分裂している細胞では3つの副期（G1、S、G2）を持つ。

Q：M期の開始時にヒトのある皮膚細胞のDNA含量が12ピコグラム（1pg = 10^{-12}g）だとすると、G1期にある細胞のDNA含量はいくらか？

がまったくないものがある一方、何週間、あるいは何年間もG1期にとどまる細胞もある。
- *G1/S移行期*：**G1/S移行期**は、DNA複製とその後の細胞分裂への準備に費やされる。
- *S期*：DNA複製は**S期**に起こる（DNA複製の詳細については、**キーコンセプト10.3**）。各染色体は複製され、その後は２本の姉妹染色分体（DNA複製の産物）から構成されることになる。姉妹染色分体は、体細胞分裂によって２つの娘細胞に分かれる分裂期（M期）まで、接着した状態のまま残る。
- *G2期*：**G2期**の間、細胞は分裂に向けて準備を行う。例えば、染色分体を分離して細胞の両極へ移動させる微小管の構成要素の合成や組み立てなどである。

こうした副期の開始、終了などの進行は特別なシグナルによって制御されている。しかし、全ての細胞がこうした「相移行」に従うわけではない。G1期にある細胞の一部は、**G0期**と呼ばれる細胞周期の不活発な休止期に入る。G0期の細胞は時々、細胞外シグナルのようなある種の環境条件下で、G1期や他の細胞周期に戻る。そうした条件がない限り、細胞はG0期にとどまり続けることになる。その好例がヒトの心臓（心筋）や脳（ニューロン）の細胞である。

特定の内部シグナルが細胞周期の各事象の引き金となる

細胞融合実験によって、細胞周期の各段階の移行を制御する内部シグナルの存在が証明されている。例えば、細胞周期の異なる段階にあるヒーラ細胞（本章冒頭で取り上げた細胞）の融合に関する実験によって、S期の細胞はDNA複製を活性化する物質を産生することが分かった（**「生命を研究する」：癌細胞**

の増殖を制御するのは何か？）。同様の実験によって、M期への移行を制御するシグナルの存在も示された。その後の実験から、細胞周期の進行シグナルはプロテインキナーゼの活性によって制御されていることが明らかになった。

細胞周期の進行は**サイクリン依存性キナーゼ**（**Cdk**）の活性に依存する。**キーコンセプト7.2**で見たように、プロテインキナーゼはATPから標的タンパク質へのリン酸基転移反応を触媒する酵素である。このリン酸基の転移はリン酸化と呼ばれる。

タンパク質 + ATP ―プロテインキナーゼ→ タンパク質−Ⓟ + ADP
（構造と機能の変化）

特定の標的タンパク質のリン酸化を触媒することで、Cdkは細胞周期の様々な場面で重要な役割を果たす。Cdkが細胞分裂を誘導するという発見は、異なる生物種や異なる細胞型を用いた研究が単一の統一見解に達しうるという事実を示す見事な例の1つである。コロラド大学のジェームズ・マラーが率いた科学者グループは、未熟なカエルの卵を用いて、どのような刺激で分裂が開始し、成熟卵が形成されるのかを研究していた。彼らは、成熟卵から得たある種のタンパク質を未成熟卵に与えると、未成熟卵が刺激されて分裂が始まることを発見した。彼らは、このタンパク質を卵成熟促進因子（MPF: Maturation Promoting Factor）と名付けた。

同じ頃、酵母（単細胞の真核生物；**図8.1(A)**）の細胞周期を研究していたワシントン大学のリーランド・ハートウェルはG1/S期の境界で分裂を停止している株を見出し、それがCdkを欠いていることを発見した。この酵母のCdkとアフリカツメガエルやウニの卵成熟促進因子がよく似た性質を持つことが

27ページへ→

生命を研究する　癌細胞の増殖を制御するのは何か？

実験

原著論文：Rao, P. N. and R. T. Johnson. 1970. Mammalian cell fusion: Studies on the regulation of DNA synthesis and mitosis. *Nature* 225: 159-164.

G1期の細胞核ではDNA複製が起こらないが、S期の核では起こる。ラオとジョンソンは、S期の細胞に存在する物質を使ってG1期の細胞でDNA複製を誘導できるのではないかと考えた。

仮説▶　S期の細胞はDNA複製の活性化因子を含む。

方法

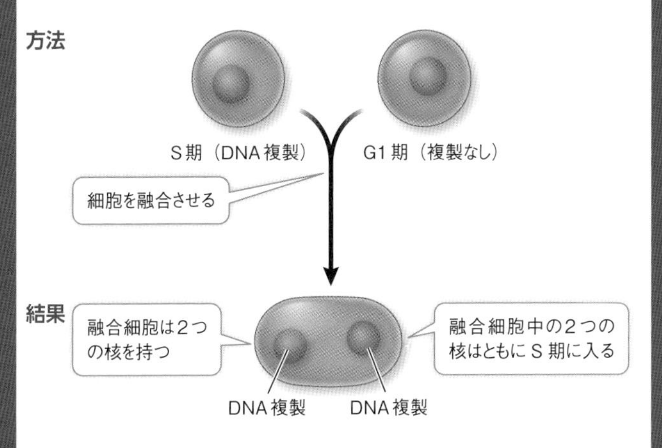

結果

結論▶　S期の細胞に含まれる物質がG1期の核に拡散してDNA複製を活性化する。

データで考える

細胞膜の融合は、エンドサイトーシス（飲食作用）、エキソサイトーシス（開口分泌あるいは開口放出）や受精（配偶子の融合）の際に起こる自然のプロセスである。膜の融合は、膜で囲まれたウイルスが宿主細胞に感染する際にも起こる。こうしたウイルスは、隣接した宿主細胞の融合を誘導して多核細胞を生じることもある。この観察から、膜で囲まれたマウス肺炎ウイルスであるセンダイウイルスが研究室で細胞を融合するための実験に使用されるようになった。ラオとジョンソンはこの手法を用いて細胞周期の制御を研究した。

実験で彼らは、絶えず分裂を続けるヒーラ細胞（本章冒頭の逸話を参照）を用いた。始めに、彼らはS期とG1期の細胞を分離した。融合前に、S期の細胞に放射活性を持つDNAの構成要素（チミジン）を与え、細胞で新たに合成されたDNAに取り込ませて核を標識した。次にS期とG1期の細胞をセンダイウイルスを用いて融合し（結果として、G1/S融合が生じる）、再び標識となるヌクレオチドとしてチミジンを与えた。彼らは融合後の様々な時点において、未標識の核（G1）の何%が新しい標識を取り込んだ（すなわち、DNAを複製した）のかを算出した（図A）。続いて行った一連の実験では、S期とG2期の細胞を様々な組み合わせで融合した後、分裂中の細胞数を数えて、集団中の全細胞数に占める割合の推移を調査した（図B）。

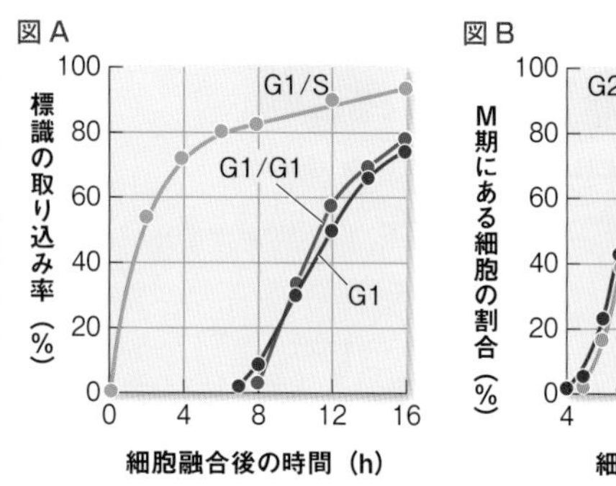

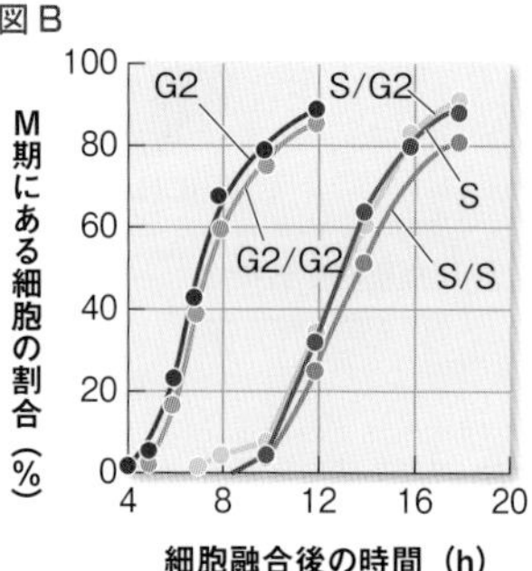

質問▶

1. 図Aによれば、G1/S融合細胞のG1期核が全て標識されるのにどれだけの時間を要したか？
2. 図AのG1/G1融合細胞と非融合のG1細胞の対照データから、これらの細胞が適切な対照実験である理由を説明せよ。これらの細胞の核が標識されたのはいつか。その時間を両細胞、さらにはG1/S融合核と比較して議論せよ。
3. 図Bのデータを調べよ。G2期の細胞と比べて、S期の細胞が分裂を始めるのに長い時間がかかったのはなぜか？
4. 図Bによれば、G2期の細胞との融合は、S期の細胞核が分裂を開始する時期に影響したと言えるか？　この結果は細胞周期の制御にとってどんな意味を持つか説明せよ。

判明し、さらなる研究によりこれらのタンパク質もCdkの一種であることが確認された。

G1期からS期への移行（G1/S移行）を制御する同様のCdkが、ヒトを含む多くの生物でまもなく発見された。細胞周期のこのチェックポイントは、今では**制限チェックポイント**（**R**）と呼ばれている。その後また別のCdkも発見され、細胞周期の他の段階を制御することが分かった。

（訳註：細胞周期の研究では日本人研究者の貢献度が大きい。イェール大学で研究していた増井禎夫（よしお）（トロント大学名誉教授）は、1971年に、黄体ホルモン（プロゲステロン）を処理したカエルの卵母細胞から調製した細胞質を未成熟卵に注入したところ、それが成熟卵になることを明らかにし、この現象をもたらすタンパク質をMPF（M期促進因子、Mitosis Promoting Factor）と名付けていた）

Cdkは別の種類のタンパク質、**サイクリン**という活性化因子と結合しない限り、タンパク質リン酸化酵素としての触媒活性を持たない。*アロステリック調節の一例であるサイクリンとの結合は、Cdkの構造を変化させて、その活性部位を基質に対して露出することでCdkを活性化する（**図8.4**）。真核生物の細胞周期の制御に関わる複合体は、G1期からS期への移行を制御するこのサイクリン－Cdkだけではない。種々のサイクリンとCdkで構成されるいくつものサイクリン－Cdk複合体が存在し、それぞれが細胞周期の異なる段階で働いている（**図8.5**）。こうした複合体がどのように形成され機能するのか、詳細は真核生物間で異なるが、ここでは哺乳動物で見出された複合体に焦点を当てることにする。一例として、G1/S移行を制御するサイクリン－Cdk複合体を詳しく見てみよう。

---

*概念を関連づける　**キーコンセプト14.5**で取り上げるように、アロステリック調節は、酵素の三次元構造の変化を他の分子が誘導するとき

などに起こる。それによって、酵素の基質結合能が変化し、触媒反応の速度が変わる。

網膜芽細胞腫（レチノブラストーマ）タンパク質と呼ばれるタンパク質（癌における役割からRBと名付けられた；**キーコンセプト8.7**）のリン酸化を触媒するサイクリン－Cdkがある。RBやそれに類似したタンパク質は、多くの細胞の制限チェックポイントで細胞周期の阻害物質として機能する。細胞が

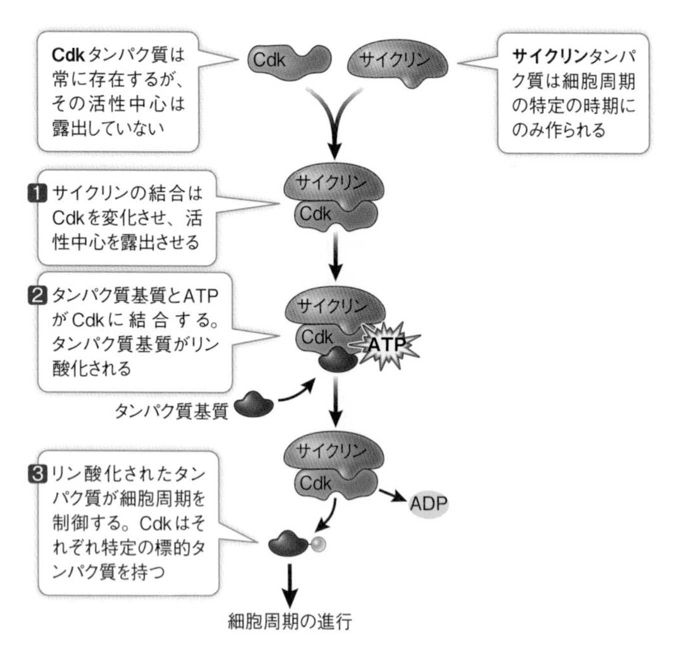

図8.4　サイクリンの結合がCdkを活性化する
サイクリンの結合は不活性型のCdkの三次元構造を変え、活性型プロテインキナーゼにする。サイクリン－Cdk複合体は細胞周期において、それぞれ特定の標的タンパク質をリン酸化する。

S期を開始するためには、RBの阻害を解く必要がある。それを行うのがサイクリン－Cdkである。サイクリン－CdkはRBタンパク質の多くの部位のリン酸化を触媒する。これによりRBの三次元構造が変化し、RBは不活化される。RBが機能しなくなることで、細胞周期の進行が可能になる。これを以下にまとめる。

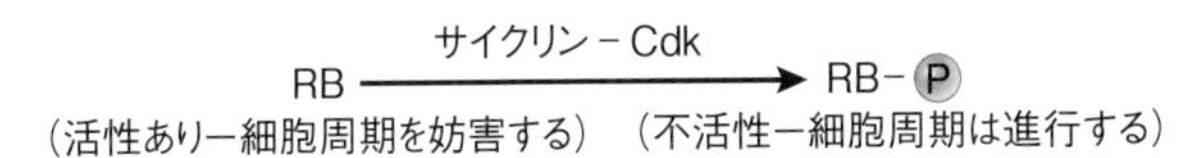

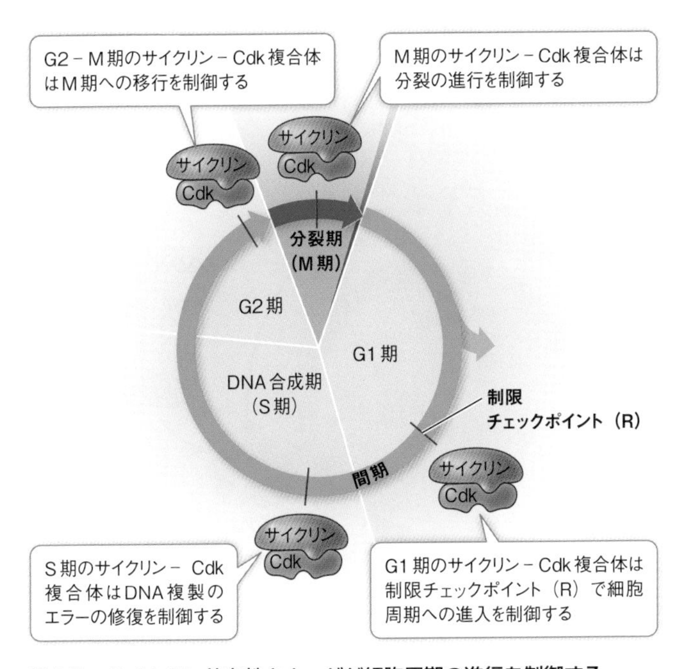

図8.5　サイクリン依存性キナーゼが細胞周期の進行を制御する
細胞周期チェックポイント（赤線）ごとに別のサイクリン－Cdk複合体が働き、細胞周期の各段階を制御して着実に進行させる（訳註：G1期のチェックポイントを特に制限チェックポイント（R）と呼ぶ）。

細胞周期の進行はCdk活性によって制御されるから、Cdk活性の制御は細胞分裂を制御するための鍵となる。Cdkを効果的に制御するには、サイクリンの存否を制御すればよい（**図8.6**）。簡潔に言えば、サイクリンが存在しなければ、その相方であるCdkは不活性である。名称から推測されるとおり、サイクリンは周期的に出現する。すなわち、細胞周期の特定の時期にのみ作られる。

細胞周期の進行を制御するシグナル経路である**細胞周期チェックポイント**では、様々なサイクリン－Cdkが働く。例えば、細胞のDNAが放射線や毒性化合物で大きく損傷される

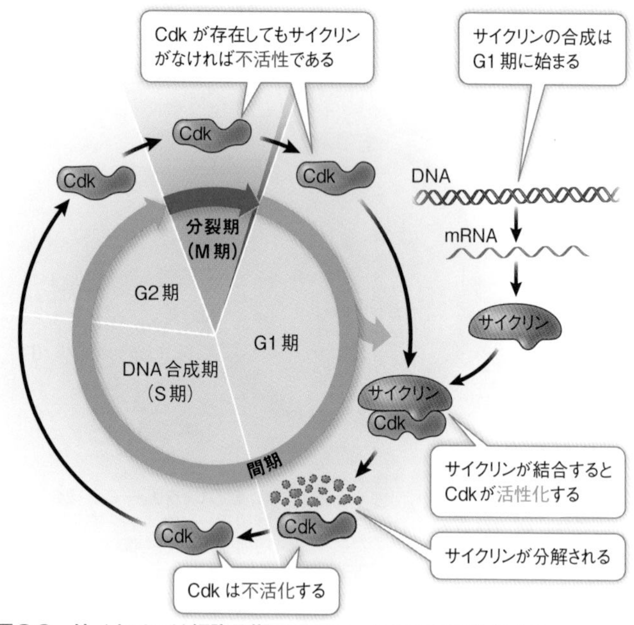

図8.6　サイクリンは細胞周期のなかの一時期にだけ存在する
サイクリンは特定の時期にのみ産生され、分解される。この図のサイクリンは、G1期に存在してCdkを活性化している。

表8.1　細胞周期のチェックポイント

細胞周期の各相	チェックポイントの引き金
G1	DNAの損傷
S	不完全な複製やDNAの損傷
G2	DNAの損傷
M	染色体の紡錘体への不接着

と、細胞は細胞周期をうまく遂行できなくなるだろう。間期には3つのチェックポイントがあり、4番目が分裂期（M期）にある（**図8.5**と**表8.1**）。表には、各ポイントでの細胞周期の停止をもたらす引き金となる事象を示した。

一例として、G1チェックポイント（R）を考えてみよう。DNAがG1期に放射線で損傷を受けると、シグナル経路が働いてp21と呼ばれるタンパク質が産生される（pは「タンパク質」を、21は分子量を表す。p21の場合は、約2万1000ダルトンである）。p21タンパク質はG1/S移行期のCdkに結合し、サイクリンの結合を阻害する。これによりCdkは不活性な状態に保たれて細胞周期が停止し、その間にDNAが修復される（DNA修復については**キーコンセプト10.4**で学ぶ）。DNA修復が完了してDNAの損傷経路が働かなくなれば、p21は分解され、サイクリンがCdkに結合できるようになり、細胞周期が再開する。もしDNA損傷が深刻で修復不可能なら、細胞はプログラム細胞死（本章の後半で学ぶアポトーシス）を起こす。こうした制御によって、欠陥のある細胞の増殖が抑制され、生体に害を与える危険性が低減されている。

成長因子は細胞を刺激して分裂を可能にする

サイクリン－Cdk複合体により、細胞では細胞周期の進行が自律的に制御される。しかし、細胞周期は細胞外部からのシグナルにも影響される。個体の細胞全てが定期的に細胞周期に入るわけではない。もはや細胞周期に入ることのないG0期の細胞もあれば、細胞周期の進行が緩やかで稀にしか分裂しない細胞も存在する。そのような細胞が分裂するには、**成長因子**と呼ばれる外部からの化学シグナル（タンパク質やステロイドホルモンなど）による刺激がなければならない。以下にいくつか例を挙げる。

・切り傷を負って出血すると、血小板と呼ばれる特殊化した細胞断片が傷口に集まって血液凝固が始まる。血小板が血小板由来成長因子と呼ばれるタンパク質を産生して放出すると、それが周辺の皮膚細胞に拡散し、細胞分裂を促して傷を治す。
・赤血球と白血球の寿命は限られているので、骨髄中にある分化していない未成熟な血球前駆体の分裂によって置き換えられる必要がある。２種の成長因子、インターロイキンとエリスロポエチンがそれぞれ、白血球と赤血球の前駆細胞の分裂と分化を刺激する。

成長因子は標的細胞の特定の受容体に結合し、最終的にサイクリンの合成をもたらすシグナル伝達系を活性化することにより、Cdkと細胞周期を活性化する（**第７章**）。

細胞周期が開始されて間期が完了すると、細胞は直ちに体細胞分裂を開始し、複製されたDNAが２つの娘細胞に分離する。

8.3 真核細胞は体細胞分裂（有糸分裂）で分裂する

DNAは数μmにもなるきわめて長大なポリマーである。細胞周期の全ての段階で、DNAの糸は凝集したコンパクトな構造に詰め込まれていなければならない。真核生物の染色体は、多くのタンパク質と結合した１本もしくは２本の直鎖状の２本鎖DNA分子で構成される（DNAとタンパク質の複合体は**クロマチン**（**染色質**）と呼ばれる）。S期の前には、各染色体は１本の２本鎖DNA分子で構成されている。しかし、S期の間にDNAが複製されると、２本の２本鎖DNA分子からなる姉妹染色分体となる（**図8.7**）。G2期の間、姉妹染色分体はその全長にわたってコヒーシンと呼ばれるタンパク質複合体により結合している。分裂期（M期）に入ると、コヒーシンのほとんどが取り除かれ、染色分体の結合は**セントロメア**と呼ばれる領域でのみ保たれる。G2期の終わりからM期の始めには、コンデンシンと呼ばれる第二のタンパク質群がDNA分子を包み込み、染色分体をさらにコンパクトな形にする。

学習の要点

- 体細胞分裂により、娘細胞はそれぞれ親細胞の持つDNAを１コピーずつ確実に受け取ることができる。
- 核分裂は分裂中の細胞核内で起こる一連の事象からなる。
- 細胞質分裂は、細胞質が分裂する過程であり、核分裂が完了すると直ちに起こる。

典型的なヒト細胞のDNAを全てつなぎ合わせると、２m近くもの長さになる。しかし、核の直径は５μm（0.000005m）にすぎないため、DNAは高度に組織化された形できつく詰め込

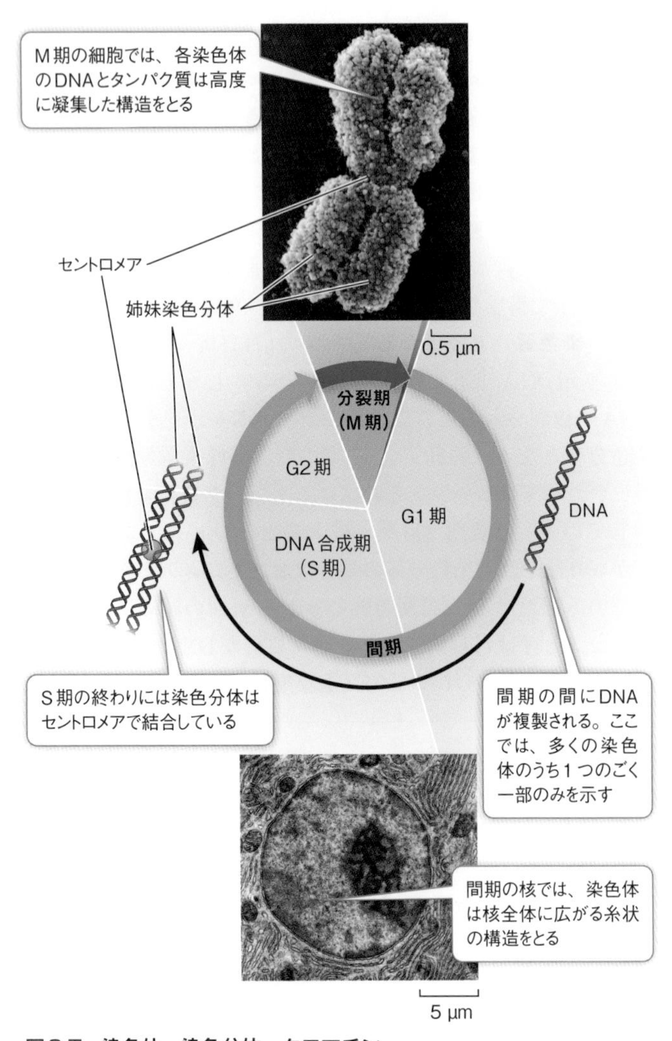

図8.7　染色体、染色分体、クロマチン
間期のDNAは核内に分散しているが、M期が始まるとコンパクトになる。

まれた状態でなければならない（**図8.8**）。この詰め込み作業の大部分は、ヒストンと呼ばれるタンパク質によって行われる（語源の“histos”は「網」または「織物」の意）。ヒストンは塩基性アミノ酸であるリシンとアルギニンの含量が高いことから、細胞内のpHでは正に帯電している。これらのアミノ酸の帯電した側鎖（R基）はDNAの負に帯電したリン酸基とイオン引力によって結合する。このDNAとヒストンの相互作用やヒストンどうしの相互作用によって、**ヌクレオソーム**と呼ばれるビーズ状のユニットが形成される（**図8.8**）。

間期の間、各染色体を構成するクロマチンは、膨大な数のヌクレオソームを巻き込んだ１本の２本鎖DNA分子からなり、糸に通したビーズによく似ている。細胞周期のこの相では、複製と転写に関与するタンパク質がDNAに結合しやすくなっている。分裂期の染色体が形成されると、その凝縮した構造のために複製因子や転写因子が近づけず、複製や転写は起こり得なくなる。クロマチンの巻き上げはその後も染色分体の分離が始まるまで続く。

体細胞分裂では、１つの核から親核と遺伝的に同一の２つの核が生じる。分裂期（M期）を経ることで、真核細胞に含まれる複数の染色体は娘細胞へと正確かつ確実に分離される。M期の分裂は、それぞれの事象が次の事象に滑らかに続く連続した過程ではあるが、便宜的に前期、前中期、中期、後期、終期からなる一連の段階に分けておく（**図8.9**、**表8.2**）。

ではここで、分裂期における染色体の整然とした分離を可能にしている２種類の細胞構造、すなわち中心体と紡錘体について詳しく見てみよう。

38ページへ→

DNAの二重らせん　ヌクレオソーム　クロマチン

充塡率 10:1　50:1

図8.8
DNAはM期染色体に詰め込まれる
DNAとヒストンによって形成されるヌクレオソームは高度に圧縮された構造の基本的な構成単位である。

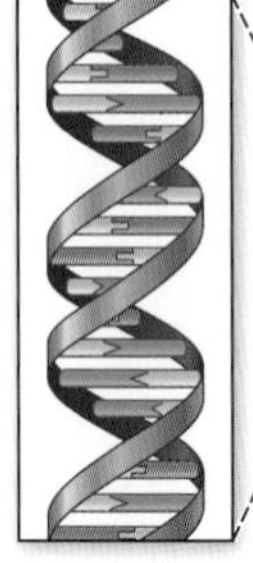

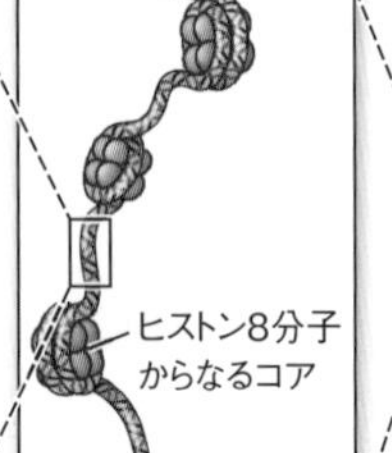

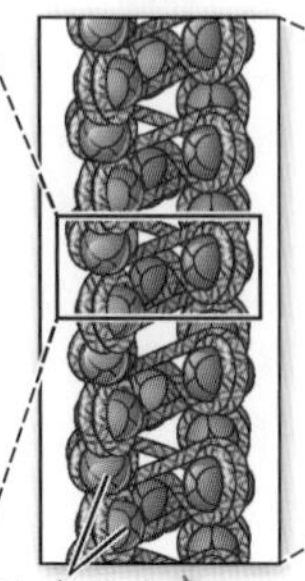

DNAはイオンの相互作用によりヒストンコアのまわりに絡み付き、糸に通したビーズのように連なる膨大な数のヌクレオソームを形成する

ヌクレオソームはコイル状に詰め込まれ、それがさらに大きなコイルとなり、これを繰り返して最終的に凝集したスーパーコイル状のクロマチン線維が形成される

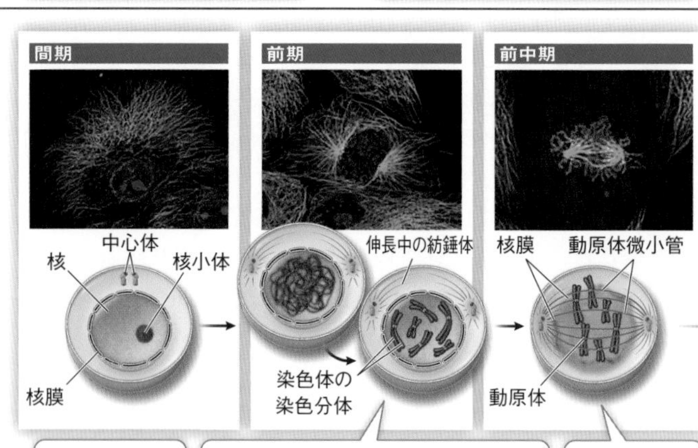

1 間期のS期に、核はDNAと中心体を複製する

2 クロマチンはコイル状になり、コイルがさらに絡み合ってスーパーコイルを形成しつつ、よりコンパクトに凝集され、目に見える染色体となる。染色体は、S期に形成された同一の姉妹染色分体ペアで構成されている。中心体は2つの極へ移動する

3 核膜が消失する。動原体微小管が現れ、動原体をそれぞれの極に連結する

図8.9
動物細胞の分裂期の過程
体細胞分裂により遺伝的に同一な2つの新しい娘核ができ、それ ↗

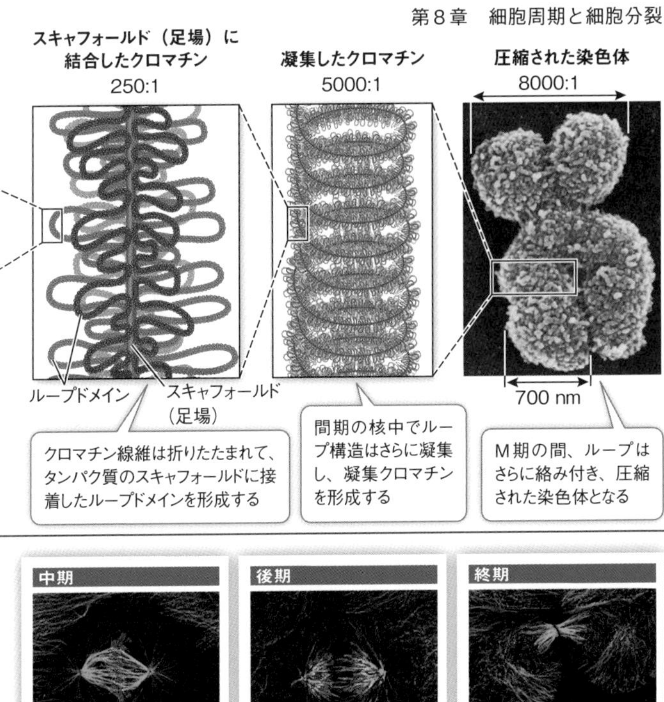

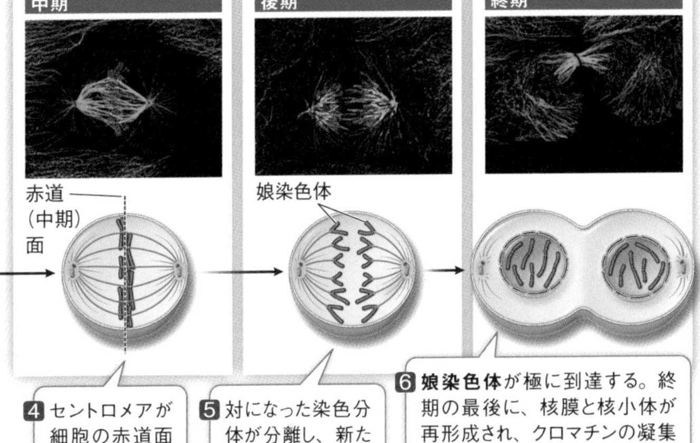

4 セントロメアが細胞の赤道面に並ぶように配置される

5 対になった染色分体が分離し、新たな娘染色体が極に向かって移動する

6 **娘染色体**が極に到達する。終期の最後に、核膜と核小体が再形成され、クロマチンの凝集が解ける。細胞質分裂が完了すると、娘細胞は再び間期に入る

ぞれが分裂で生じる２つの娘細胞に分けられることになる。顕微鏡写真では、微小管（のちに紡錘体となる）が緑の色素で、染色体が赤い色素で染められている。略図では、個々の染色分体の行動が強調されるように染色体を図式化している。

表8.2　体細胞分裂で見られる事象の概要

細胞周期の時期	事象
間期	
G1	成長；完了点に制限チェックポイント
S	DNA複製
G2	紡錘体の形成準備の開始；分裂の準備
分裂期（M期）	
前期	染色体の凝集；紡錘体の集合
前中期	核膜の消失；染色体の紡錘体への接着
中期	赤道面での染色体の整列
後期	染色分体の分離；両極への移動
終期	染色体の脱凝縮；核膜の再形成
細胞質分裂期	細胞分裂；細胞膜や細胞壁の形成

中心体は細胞の分裂面を決める

紡錘体（体細胞分裂紡錘体とも呼ばれる）は、分裂期（M期）に姉妹染色分体を両極に分ける動的な微小管構造物である。紡錘体が形成される前に、核近傍の細胞質にある細胞小器官の**中心体**（微小管形成中心）によってその配置が決定される。多くの生物で中心体は1対の**中心小体**で構成され、それぞれの中心小体は9つの*微小管トリプレットで形成された中空の管である。S期の間に中心体は倍加し、前期が始まると2個の中心体は互いに遠ざかって核膜の両端へと動く。こうして、後期に染色体が向かう極の方向が決まる。中心体を持たない植物と真菌では、細胞の両端で中心部を構成する特別な微小管が同様の役目を果たす（訳註：植物の微小管様構造の形成中心は両端の細胞表層に散在する表層微小管であるとされているが、その詳細には不明な点が多い。菌類では、スピンドル極体が微小管形成中心となる）。

---

*概念を関連づける　**キーコンセプト5.3**で記述したように、微小管はチューブリンの単量体（モノマー）が２つ集まった二量体（ダイマー）で形成されており、チューブリン二量体を加えたり除いたりすることで、微小管の長さを速やかに調節することができる。

動物細胞の分裂面は中心体の位置で決まる。したがって、２つの新たな細胞の位置関係は中心体が決めることになる。こうした位置関係は、酵母のような自由生活型の単一細胞ではさほど意味がないかもしれないが、多細胞生物の細胞にとってはきわめて重要である。例えば、受精卵が胚に発達するとき、分裂で生じる娘細胞は新たな組織の形成に必要なシグナルを受け取るために正確に配置される必要がある。

紡錘体の形成は前期に始まる

間期の間に、光学顕微鏡下で観察できるのは核膜、核小体（**キーコンセプト5.3**）とわずかに認められるもつれたクロマチンだけである。細胞が前期に入ると核の形態が変化する。この段階で、DNA複製の産物である２本の染色分体をS期から結合し続けてきたコヒーシンの多くは除かれ、個々の染色分体が見えるようになる。しかし、染色分体は**セントロメア**部位で少量のコヒーシンによってまだ接着されている。前期の後半になると、**動原体**（**キネトコア**）と呼ばれる特殊な構造がセントロメア領域で各染色分体に１つずつ形成される。この構造は染色体が移動する際に重要な役割を担う。

核の両側に移動した２つの中心体はそれぞれ、染色体が目指す方向を示す分裂中心あるいは極として機能する（**図8.10(A)**）。前期と前中期には、極と染色体の間を微小管が結んで紡錘体が形成される。紡錘体の役割は２つあり、第一に染色体が

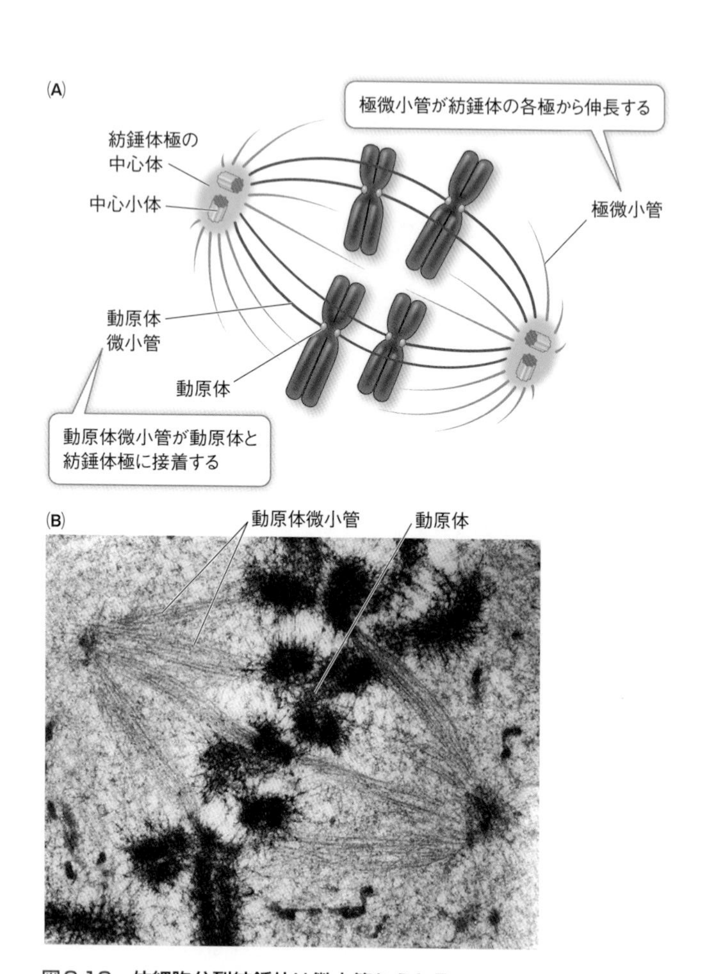

図8.10　体細胞分裂紡錘体は微小管からなる
(A)中期にある動物細胞の紡錘体。植物細胞では、中心小体は存在しない。
(B)中期の電子顕微鏡像で、動原体微小管がよく見える。

接着する構造として、第二に２つの極を離しておく骨組みとして機能する。中心小体のまわりにあったチューブリンの二量体が集合して、細胞の中心部分へと伸びる長い線維を形成することにより、２つの半紡錘体ができる。微小管は初めのうち不安定で、絶えず形成と分解を繰り返しているが、動原体あるいは反対側の半紡錘体の微小管と接触すると安定する。

紡錘体には２種類の微小管が存在する。

1. 極微小管は紡錘体の骨組みを形成し、一方の極から他方へと伸びる。
2. その後に形成される動原体微小管は染色体上の動原体に接着する。各染色体ペアの２本の姉妹染色分体はそれぞれ、両側の半紡錘体の動原体微小管に接着する（図8.10(B)）。これにより２本の染色分体は最終的に、確実に反対極へ移動できるようになる。

染色分体の正確な移動により体細胞分裂の中心的な目的が達成される。すなわち、細胞が分裂して細胞周期が完成する前に行わなくてはならない遺伝物質の分離が完成するのである。前期は染色分体の移動の準備期間で、実際の分離は分裂期の残りの３相で起こる。

染色体の分離と移動は高度に組織化されている

続く３相の間、すなわち前中期、中期と後期の間に、細胞と染色体には劇的な変化が起こる（図8.9）。前中期には核膜が消失して紡錘体の形成が完了する。中期には染色体が細胞の赤道面上に並ぶ。ではここからは、後期の重要な２つの過程、染色分体の分離とそれらの両極への実際の移動の仕組みについて考えてみよう。

染色分体の分離　染色分体の分離は後期の始めに起こる。それは、後期促進複合体（APC: Anaphase Promoting Complex）と呼ばれるタンパク質複合体を活性化するM期サイクリン－Cdk（**図8.5**）の1つが制御している。分離が起こるのは、姉妹染色分体をつなぐコヒーシンタンパク質のサブユニットの1つが、いみじくもセパラーゼと名付けられた特別なプロテアーゼで加水分解されるからである（**図8.11**）。紡錘体集合チェックポイントとしばしば称される細胞周期チェックポイントが中期の終わりに働き、もし紡錘体に適切に接着していない染色体があれば、APCを阻害する。全ての染色体が接着すると、APCが活性化され染色分体が分離する。分離後の染色分体は**娘染色体**と呼ばれる。染色分体と染色体の違いに注意されたい。

・染色分体はセントロメアを共有する。
・染色体は個々にセントロメアを持つ。

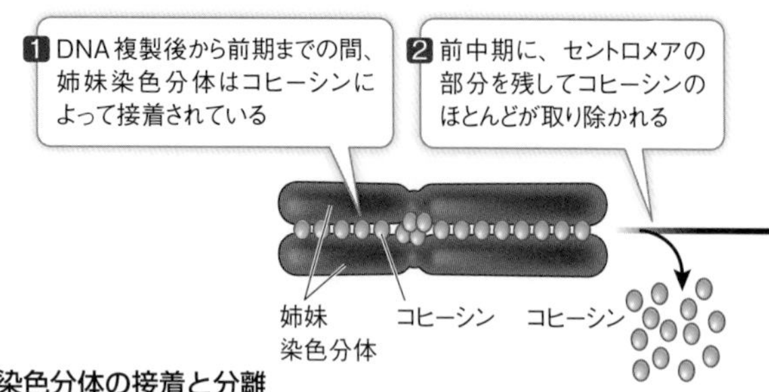

図8.11　染色分体の接着と分離
コヒーシンタンパク質複合体がセントロメアで姉妹染色分体をつなぎ留めている。中期の終わりに酵素セパラーゼがコヒーシンを加水 ↗

染色体の移動　２組の娘染色体セットの細胞両極への移動は、高度に組織化されたエネルギーを要する過程である。３つの仕組みが染色体を動かしている。第一に、動原体はキネシンと細胞質ダイニンといった分子モータータンパク質を含み（図5.18および図5.19）、それらのタンパク質がATPの加水分解で得られるエネルギーを用いて染色体を微小管に沿って動かす仕事をする。第二に、動原体微小管が収縮して染色体を引き付ける。第三に、中心体が離れて染色体の分離を助ける。分裂期の最終段階である終期には、紡錘体が消失し、各染色体セットのまわりに核膜が形成される（図8.9）。そして最後に、細胞質分裂で２つの娘細胞の細胞質が分離する。これをもって細胞分裂は全ての段階を終了する。

細胞質分裂により細胞質が分離する

体細胞分裂では、核分裂後に細胞質分裂により細胞質が分けられる。動物と植物の細胞ではその経過に大きな違いがある。

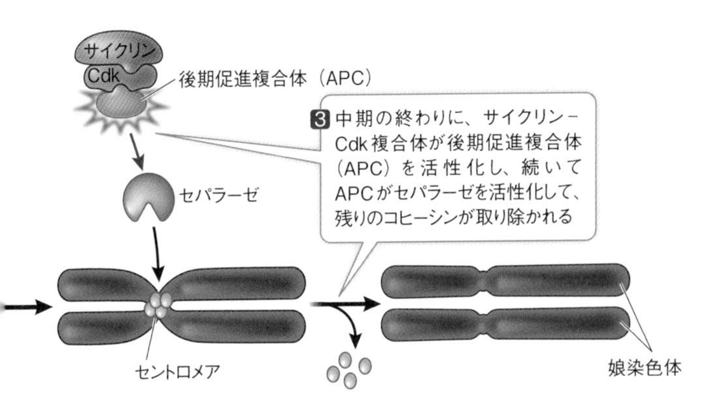

分解すると、染色分体は２つの娘染色体に分離する。

動物細胞の細胞質分裂は、あたかも見えない糸が2つの核の間で細胞質を絞めているかのように、細胞膜がくびれることから始まる（図8.12(A)）。この収縮する糸はアクチンの微小線維（マイクロフィラメント）とそれに結合したミオシンでできており、細胞質側の細胞膜表面で収縮環を形成する（図5.15)。

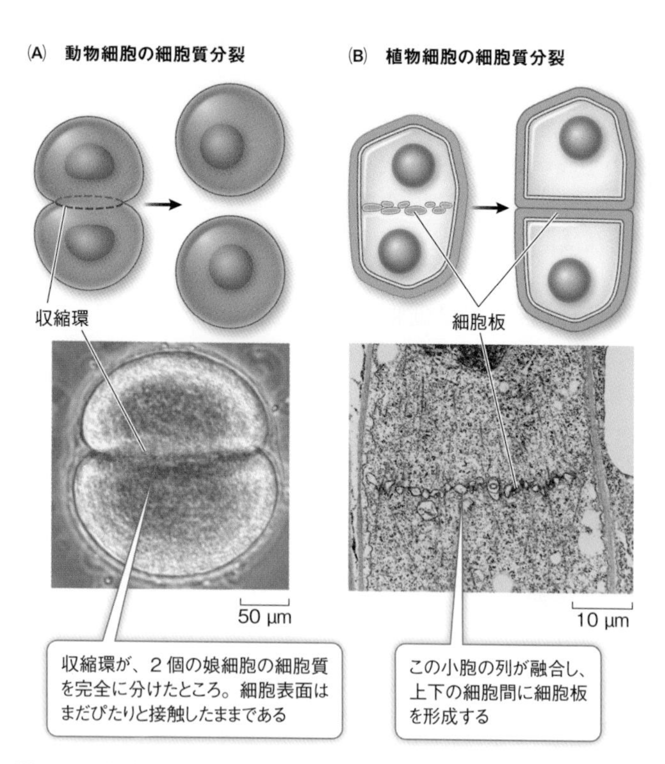

図8.12　細胞質分裂は動物細胞と植物細胞で異なる
(A)胚発生における最初の細胞分裂の終わりに細胞質分裂が完了したばかりのウニの接合体（受精卵）、(B)終期の終わりにある分裂中の植物細胞。植物細胞は細胞壁を持つので、動物細胞とは分裂の仕組みが異なる。

これら２つのタンパク質が相互作用して収縮を引き起こし、細胞を２つに切り離す。微小線維は間期の細胞骨格に存在するアクチンモノマーが急速に重合して形成される。

植物は硬い細胞壁を持つので、植物細胞の細胞質分裂は動物のそれとは異なる。植物細胞では、核分裂の後で紡錘体の崩壊とともに、２個の娘核のおおよそ中間領域にある細胞分裂面沿いにゴルジ装置に由来する膜性の小胞が現れる。小胞はモータータンパク質キネシンによって微小管に沿って移動し、融合して新たな細胞膜を形成する。同時に小胞の構成物質から細胞板が形成され、それをもとにして新たな細胞壁ができる（**図8.12(B)**）。

細胞質分裂を終えると、それぞれの娘細胞は完全な細胞としての構成要素を全て持つことになる。体細胞分裂によって正確な染色体の分配が確実に行われる。対照的に、リボソーム、ミトコンドリアや葉緑体のような細胞小器官は、それぞれの娘細胞に等しく分配される必要はなく、どちらにもある程度存在していれば足りる。したがってそれらには、娘細胞へ染色体を均等に配分する体細胞分裂ほどの精度を持つ仕組みはない。

体細胞分裂は遺伝的に同一な２つの娘細胞を生む。他方、真核生物には、減数分裂という遺伝的多様性を生み出すもう１つの細胞分裂の仕組みが存在する。次節では、体細胞分裂と減数分裂の有性生殖における役割について考察し、続く**キーコンセプト8.5**で減数分裂の詳細に目を向けることにしよう。

8.4 細胞分裂は有性生活環で重要な役割を果たす

体細胞分裂では、細胞周期が繰り返され、この過程により1つの細胞から同一の核DNAを持つ多くの細胞が生まれる。対照的に、減数分裂では4つの娘細胞しか生じない。体細胞分裂も減数分裂も細胞の増殖に関与するが、その役割は異なる。無性生殖には体細胞分裂のみが関わる一方で、有性生殖には体細胞分裂と減数分裂の両方が関与する。

栄養繁殖と呼ばれることもある*無性生殖は、体細胞分裂に基づく。無性生殖を行う生物は、酵母のような細胞周期ごとに増殖する単細胞生物か、あるいはユタ州のワサッチ山脈の森に生えるアスペン（図8.13）のような多細胞生物かである。アスペンには雄と雌があって有性生殖も可能だが、多くのアスペ

図8.13　巨大なスケールでの無性生殖
この森の木々は全て、1本のアスペンから無性生殖により生じている。これらの木々は遺伝的に事実上同一なクローンである。

ン群落では全ての個体が同じ性で、それらは単一の親個体の**クローン**、すなわち全ての子が親と遺伝的に同一であることがDNA分析で明らかになっている。個体間に見られる遺伝的多様性はどれも、環境がもたらしたDNAの小さな変化に起因する可能性が高い。後述するが、こうしたささやかな多様性は、有性生殖で増える生物において可能となる広範な多様性とは対照的である。

---

*概念を関連づける　無性生殖は陸上植物でごく普通に見られる繁殖様式である。

無性生殖とは違って、**有性生殖**では両親と遺伝的に異なる子が生まれる。有性生殖では減数分裂で作られる**配偶子**が必要であり、これらの配偶子は両親の双方が1つずつ子に提供する。減数分裂で生み出される配偶子は、遺伝的に親とも他の配偶子とも異なり、結果として多様な子が誕生する。こうした遺伝的多様性から、子のなかには特定環境下での生存と繁殖により適応した個体も現れる。遺伝的多様性は無性生殖で増殖する生物にも生じうるが、減数分裂が生み出す多様性はそれよりも格段に大きく、自然選択と進化を推し進める原動力となっている。

学習の要点

- 無性生殖は体細胞分裂によって行われ、有性生殖は減数分裂と体細胞分裂の両方によって行われる。
- 全ての有性生活環は半数体と二倍体の相を持つ。

有性生活環では半数体と二倍体の細胞が作られる

大半の多細胞生物では、生殖に特化していない**体細胞**と呼ばれる細胞は、2本で1対となる染色体を2セット持つ。各対の染色体はそれぞれ、両親に1本ずつ由来する。例えば、46本のヒト染色体のうち23本は母親に、残りの23本は父親に由来する。このような**相同ペア**を構成する染色体は、大きさと形態がよく似ている。相同ペアをなす2本の染色体（**相同染色体**と呼ばれる）は、同一ではないが同等の遺伝情報を有している。例えば、植物の1組の相同染色体ペアが、種子の形を決定するある遺伝子に関して異なる型（対立遺伝子またはアレル）を持つことがある。相同染色体の一方が「シワのある種子」を作るタイプの遺伝子を、他方が「滑らかでシワのない種子」を作るタイプの遺伝子を持つような場合である。詳しくは次章で説明しよう。

生物の大きさとそのゲノム中の染色体数との間に単純な相関関係はない。イエバエは5対の染色体を、ウマは32対の染色体を持つが、ウマよりも小さなコイ（魚類）は52対の染色体を持つ。全ての生物中で最も染色体数が多いのはおそらくシダ植物の*Ophioglossum reticulatum*で、その数なんと1260本（630対）である！

体細胞とは違って、配偶子は1組の染色体セット、すなわち各相同染色体ペアからそれぞれ1本ずつ受け継いだセットを1組持つ。配偶子の染色体数はnで表され、その細胞は**半数体**（**ハプロイド**、**一倍体・単数体**ともいう）と呼ばれる。生殖の過程では半数体の配偶子2個が融合し、**受精**と呼ばれる過程を経て**接合体**を形成する。その結果、接合体は二倍体生物の体細胞と同様に2セットの染色体を持つことになる。接合体の染色体数は$2n$と表され、**二倍体**（**ディプロイド**）と呼ばれる。生物種によるが、接合体は減数分裂あるいは体細胞分裂を行う。いずれにしても、こうして有性生殖が可能な新たな成熟個体が生まれる。

真菌（*Rhizopus oligosporus*）
（半数体生物）

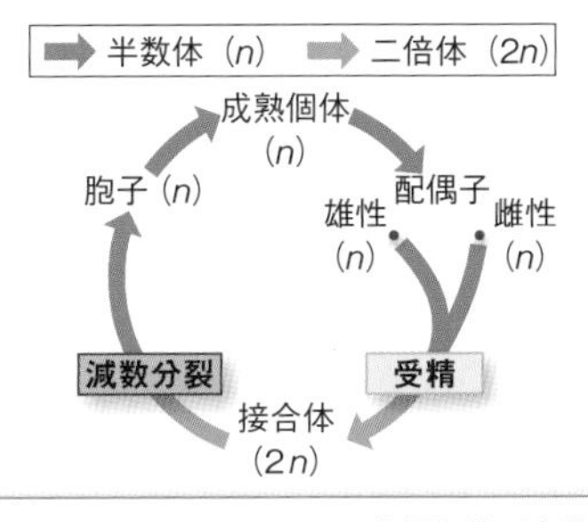

シダ（*Humata tyermannii*）
（二倍体の胞子体）

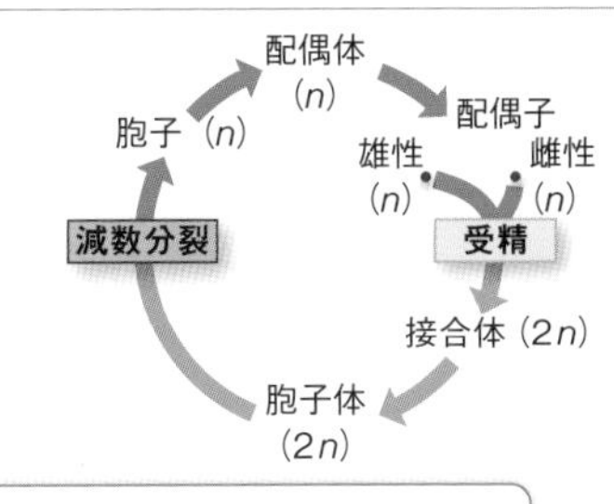

アフリカトキコウ（*Mycteria ibis*）
（二倍体生物）

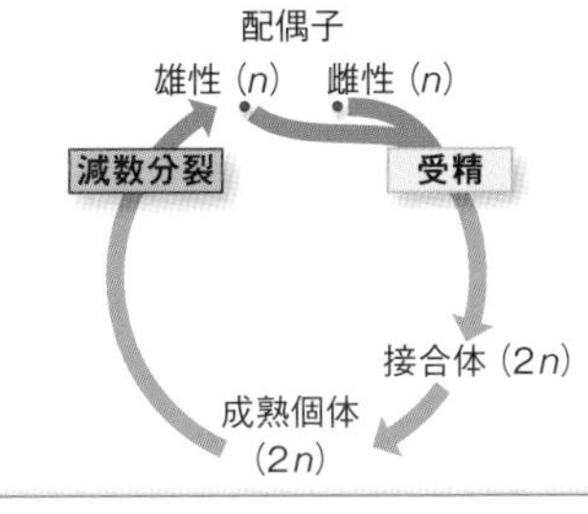

図8.14　有性生殖による繁殖では受精と減数分裂が交互に現れる
有性生殖による繁殖では、半数体（*n*）の細胞または個体と二倍体（2*n*）の細胞または個体が交互に現れる。

有性生活環には必ず、半数体細胞を生じる減数分裂が関与する。**図8.14**はその３つの類型を示している。一部の生活環においては、減数分裂で生じた細胞が分裂し、半数体の成熟個体となる。こうした生物では特殊化した細胞が配偶子となる。その他の生活環では、配偶子が減数分裂により直接形成される。いずれの場合も、配偶子が融合して接合体を形成し、生活環の二倍体段階が始まる。有性生殖が誕生して以来、進化の過程で様々な種類の有性生活環が生み出されている。

有性生殖の本質は、二倍体染色体セットの半分（つまり、遺伝的によく似た染色体ペアの一方）が無作為に選択されて半数体配偶子が形成され、続いて２個の配偶子が融合して二倍体細胞が生み出されることにある。どちらの過程も集団内での遺伝情報の無作為な混合（シャッフリング）に貢献するので、どんな２個体も全く同一の遺伝的構成を持つことはなくなる（一卵性双生児を除く）。有性生殖が実現した多様性は進化の機会を大きく広げている。

減数分裂は体細胞分裂とは違って親細胞とは遺伝的に異なる娘細胞を生み出す。それでは続いて、減数分裂の詳細を観察し、どのようにして遺伝子の混合が起こるのかを見てみよう。

8.5 減数分裂により配偶子が形成される

前節では、有性生殖における減数分裂の役割と重要性について学んだ。ここからはどのように減数分裂が半数体細胞を作るかについて見ていこう。体細胞分裂で生じる細胞とは違い、減数分裂で作られる細胞はそれぞれが遺伝的に異なるとともに、親細胞とも異なる。

減数分裂は、全体を通して、以下の3つの機能を担う。

1. 二倍体（$2n$）から半数体（n）に染色体数を半減する。
2. 半数体配偶子のそれぞれに完全な染色体セットを確実に持たせる。
3. 遺伝的に多様な配偶子を生み出す。

学習の要点

- 減数分裂で作られる配偶子はそれぞれが遺伝的に異なるとともに、親細胞とも異なる。
- 減数分裂における組換えは配偶子の遺伝的多様性を増大させる。
- 減数分裂の過程で遺伝子が無作為に組み合わされ、配偶子に分配される。
- 減数分裂におけるエラーその他の事象が配偶子にさらなる遺伝的多様性をもたらす。

減数分裂は染色体数を半減する

減数分裂は2段階の核分裂で構成され、有性生殖に備えて染色体を半数体数まで半減する。減数分裂の間に核は二度分裂するが、DNAは一度しか複製されない。減数分裂の過程で起こる事象を**図8.15**に図解する。減数分裂の詳細を学ぶにあたっては、この図を参照するといいだろう。**減数第一分裂**と呼ばれる最初の核分裂を特徴づけるのは、以下に挙げる2つの特有の過程である。

1. *相同染色体が互いに近寄り全長にわたって対合する。*体細胞分裂ではこのような相同染色体の対合は起こらない。
2. *相同染色体ペアは分離するが、*2本の姉妹染色分体で構成

54ページへ→

減数第一分裂

前期Ⅰ初期

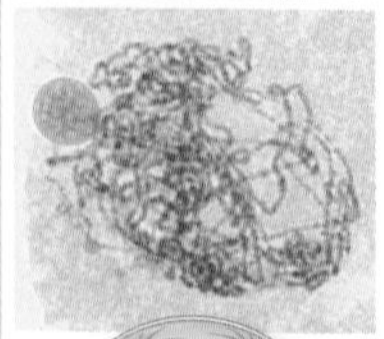

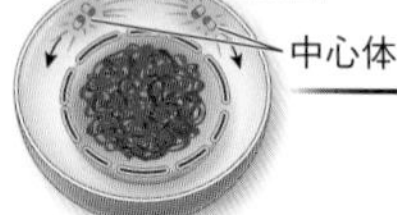

前期Ⅰ中期

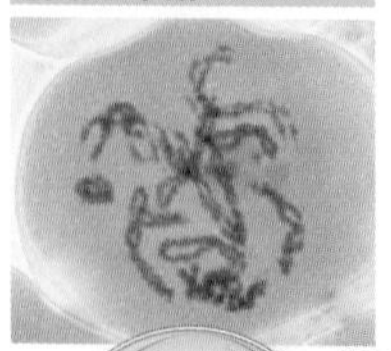

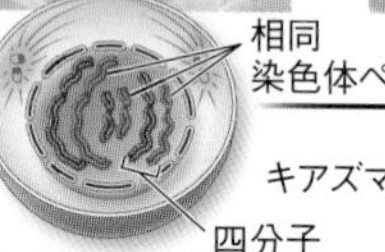

前期Ⅰ後期—前中期

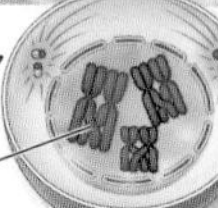

1 間期の後、クロマチンが凝集し始める

2 シナプシスにより相同染色体が対合し、さらに凝集する

3 染色体はコイル状に短くなり続ける。キアズマは、相同染色体ペアの非姉妹染色分体間の遺伝物質の交換をもたらす交差を示している。前中期には、核膜が分解される

減数第二分裂

前期Ⅱ

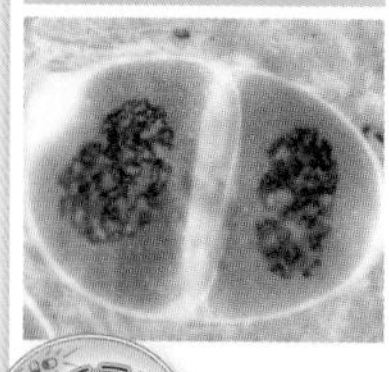

中期Ⅱ

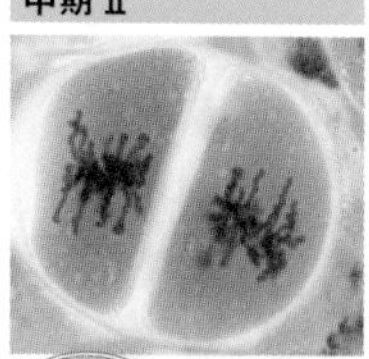

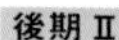

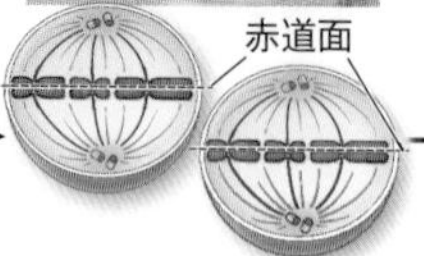

後期Ⅱ

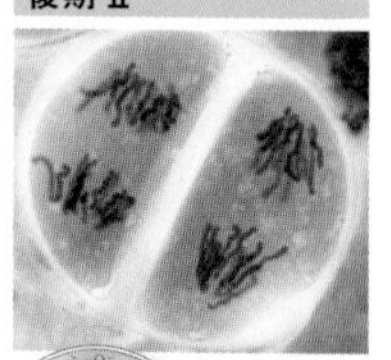

7 DNA 複製が起こらない短い間期に続いて、染色体が再び凝集する

8 ペアをなす染色分体のセントロメアがそれぞれの細胞の赤道面に並ぶ

9 染色分体がついに分離し、反対極へ移動してそれぞれの細胞の染色体となる。交差と独立組み合わせによって、娘細胞はそれぞれ異なる遺伝的構成を持つことになる

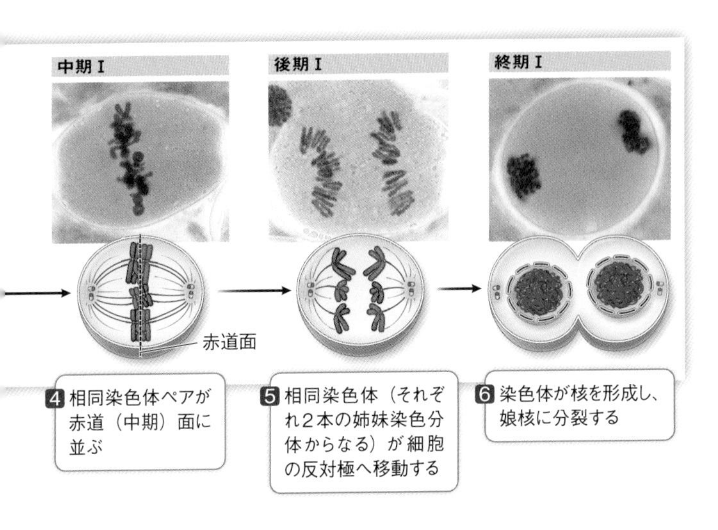

図8.15　減数分裂：半数体細胞を生じる
減数分裂では4個の娘細胞が生じ、それぞれが親細胞の半数の染色体を持つ。4個の半数体細胞は2回の連続した核分裂の結果である。この顕微鏡写真は、ユリの雄性生殖器官で見られる減数分裂を示している。併記の略図は、同じ段階にある動物細胞の分裂の様子を表している（分かりやすくするために、一方の親からの染色体を青色で、もう一方の親からの染色体を赤色で示す）。

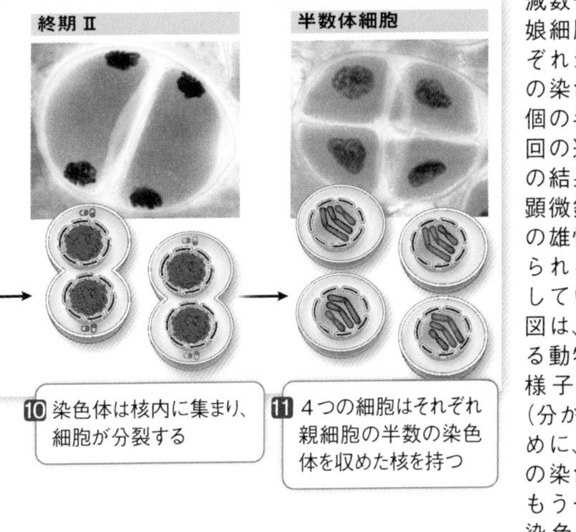

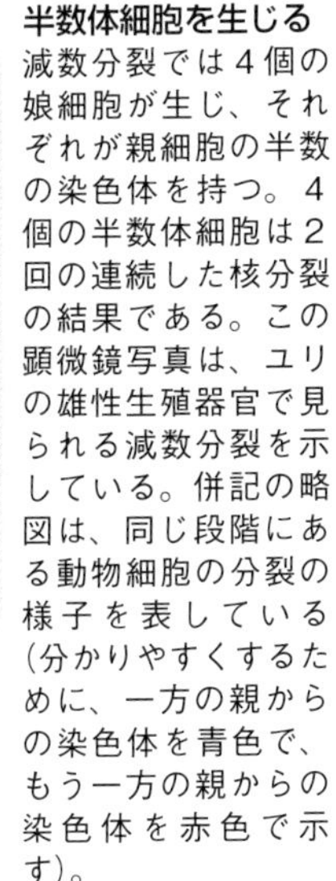

される個々の染色体は分離しない（染色分体は減数第二分裂で分離する）。

体細胞分裂と同様に、減数第一分裂にもS期を含む間期が先行し、その間にそれぞれの染色体が複製される。その結果、各染色体は複製された2本の姉妹染色分体で構成され、コヒーシンタンパク質で結合されている。第一分裂の終わりに、もとの染色体の半分（各相同染色体ペアの片方）だけを含む2つの核が生じる。セントロメアは分離しないから、これらの染色体は依然として2本の姉妹染色分体で構成されている。姉妹染色分体は**第二分裂**で分離するが、その前にはDNA複製が起こらない。その結果、この2段階の減数分裂で、半数体数の染色体を持つ4つの細胞ができる。しかし、これらの4細胞は遺伝的に異なっている。

減数第一分裂における染色分体の交換は遺伝的多様性を生む

減数第一分裂は長い前期Ⅰ（図8.15の❶〜❸）から始まり、その間に染色体が目覚ましく変化する。相同染色体は**シナプシス**（**染色体対合**）と呼ばれる過程で全長が対合する（体細胞分裂では通常、こうしたことは起こらない）。この対合過程は前期Ⅰから中期Ⅰの終わりまで続く。対合した各相同染色体が持つ4本の染色分体は**四分子**（**テトラッド**）、あるいは二価染色体を形成する。例えば、前期Ⅰの終わりのヒト細胞には、それぞれ4本の染色分体からなる23個の四分子が存在する。4本の染色分体は、それぞれの相同染色体ペアを構成する2本の染色体に由来する。

前期Ⅰと中期Ⅰを通じて、クロマチンはコイル状に凝縮し続けるので、染色体はそれまでよりずっと厚みを増したように見える。一定の時期になると、相同染色体は紡錘体の微小管によって、多くはセントロメアの近傍で引き離され始めるが、コヒーシンが介在する物理的な接着によって結びつきは保たれる。前期の後半では、こうした接着を持つ領域はX字形の外観を示し、**キアズマ**（「X字形」の意）と呼ばれる（**図8.16**）。

キアズマは、相同染色体を構成する非姉妹染色分体間での遺伝物質の交換を示している。遺伝学者はこれを**交差**（**乗換え**）（**図8.17**）と呼ぶ。染色体は通常シナプシスが始まるとすぐに交換を開始するが、キアズマは後に相同染色体が互いに遠ざかり始めてようやく見て取れるようになる。交差は**組換え染色分体**を生じ、相同染色体ペアの間で遺伝情報を入れ換えることによって、減数分裂で生じる配偶子の遺伝的多様性を増大させる。交差の遺伝学的影響については、**第9章**でさらに学ぶことにする。

ここでは、分子レベルで起こっている事象について少し考えてみたい。それぞれの染色分体は2本鎖のDNA分子なので、相同染色分体のDNAを構成するヌクレオチドの配列は相同である。DNA分子を切断・再結合して組換え染色分体を形成する過程には、DNA上で隣接するヌクレオチドをつないでいる糖リン酸結合の破壊（**図4.2**）と2本の相同な染色分体を構成するDNA分子を連結する新たな結合の形成が関与する。

体細胞分裂に1～2時間以上を要することは滅多にないが、減数分裂にははるかに長時間を要する。精巣内で減数分裂を行っているヒト男性の細胞では、前期Ⅰに約1週間、分裂全体にはおよそ1ヵ月もかかる。女性では、前期Ⅰは生まれるずっと前の初期胚の発達過程に始まり、毎月の卵巣周期の間に再開して、減数第二分裂中期まで進む。減数分裂は受精が起こって初めて完了するが、卵巣周期は最長数十年後（閉経）まで続く。

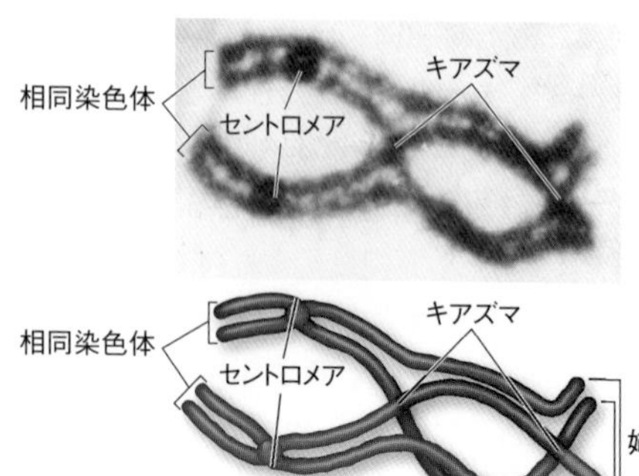

（訳註：赤色と青色で示した姉妹染色分体は既に交差が完了してキアズマが形成された後の状態を示す）

図8.16　キアズマ：非姉妹染色分体間で遺伝的交換が起こっている証拠
この顕微鏡写真はサンショウウオの減数第一分裂前期（前期Ⅰ）に見られる1対の相同染色体（二価染色体）である。相同染色体はそれぞれ2本の染色分体からなり、2ヵ所でキアズマが観察される。

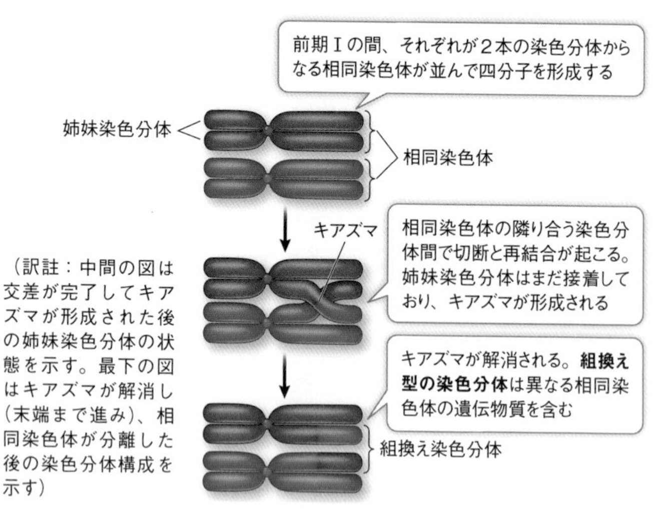

（訳註：中間の図は交差が完了してキアズマが形成された後の姉妹染色分体の状態を示す。最下の図はキアズマが解消し（末端まで進み）、相同染色体が分離した後の染色分体構成を示す）

図8.17　交差により遺伝的に多様な染色体が生じる
交差による遺伝物質の交換は、組換え染色体上で遺伝情報の新たな組み合わせを生む。上図では、2つの異なる色で雄親と雌親に由来する染色体を区別している。

減数分裂の間に相同染色体は独立して組み合わされ分離する

二倍体生物は、２セットの染色体（2*n*）を持つ。そのうち１セットが雄親に、もう１セットが雌親に由来する。生物が成長し発達する間、細胞は体細胞分裂を繰り返す。体細胞分裂では、それぞれの染色体は相同染色体とは独立して行動し、２本の染色分体は後期で反対極へ運ばれる。娘核はそれぞれ2*n*の染色体を有することになる。他方、減数分裂では状況が全く異なる。**図8.18**では、この２つの過程を比較している。

減数第一分裂ではシナプシスの期間に、雌親由来の染色体は雄親由来の相同染色体と対合する。これを理解するために、ヒトゲノムに存在する１番染色体の２つのコピーについて考えてみよう。片方は母親に、もう片方は父親に由来している。減数第一分裂では、この２本の１番染色体が対合する。他の22対も同様である。*母親と父親に由来する相同染色体の対合は体細胞分裂では起こらない*。減数第一分裂後期（後期Ｉ）の相同染色体の分離により新たに形成された細胞はそれぞれ、相同染色体ペアの一方を確実に受け取る（**図8.15の❹〜❻**）。１番染色体の例に立ち戻ると、減数分裂を始めたときには、二倍体細胞が１番染色体を２コピー持っていたが、第一分裂を終えると、各娘核には１コピーのみが含まれることになる。他の22対の染色体コピーも考え合わせると、ヒトの減数第一分裂の終わりには、２つの娘細胞はどちらももとの46本の染色体のうち23本を受け取っていることになる。

各染色体は減数分裂が開始する前、間期のＳ期に複製されていることを思い出そう。減数分裂を始める細胞は当初、染色体DNA分子をそれぞれ４コピー持っていた。したがって第一分裂の終わりには、各娘細胞は２コピーずつを持つ。第二分裂では、第一分裂で分離した相同染色体のそれぞれの姉妹染色分体

60ページへ→

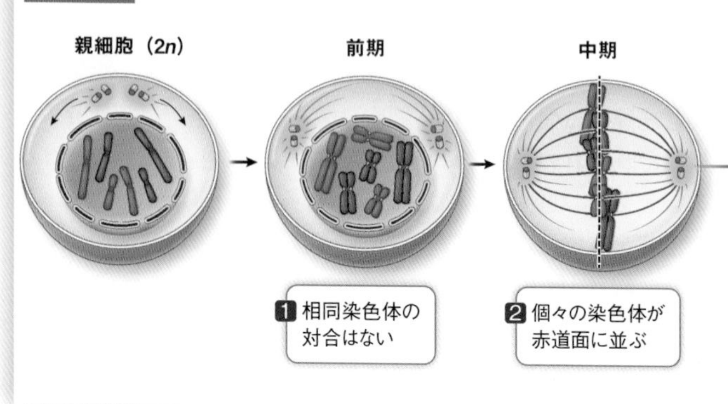

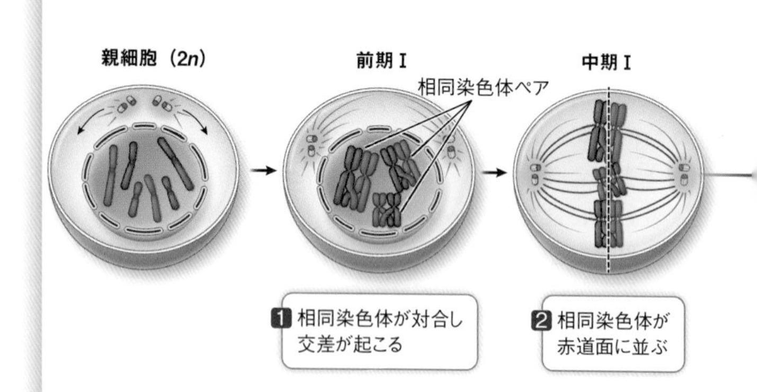

図8.18　体細胞分裂と減数分裂の比較
減数分裂は相同染色体が対合する点、ならびに中期Ｉの終わりに姉妹染色分体が分離しない点で体細胞分裂と異なる。

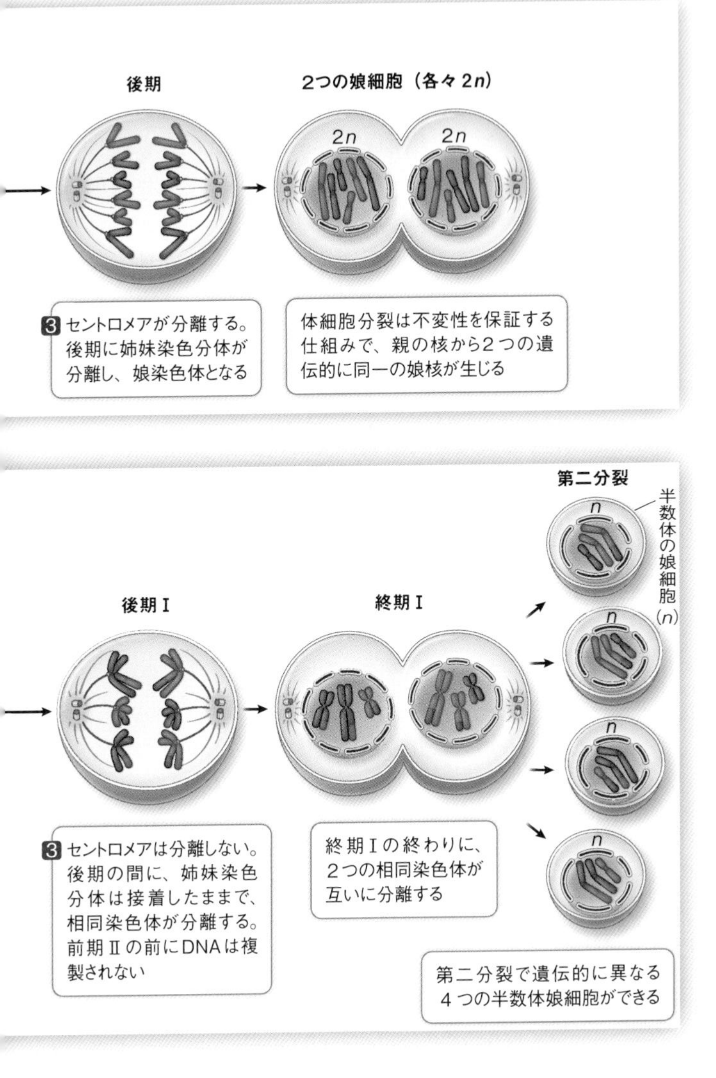
後期
2つの娘細胞（各々2n）
2n
2n
3 セントロメアが分離する。後期に姉妹染色分体が分離し、娘染色体となる
体細胞分裂は不変性を保証する仕組みで、親の核から2つの遺伝的に同一の娘核が生じる
第二分裂
半数体の娘細胞（n）
n
n
n
n
後期Ⅰ
終期Ⅰ
3 セントロメアは分離しない。後期の間に、姉妹染色分体は接着したままで、相同染色体が分離する。前期Ⅱの前にDNAは複製されない
終期Ⅰの終わりに、2つの相同染色体が互いに分離する
第二分裂で遺伝的に異なる4つの半数体娘細胞ができる

がさらに分離し、各染色体DNA分子の1コピーを持つ半数体の配偶子が2つ形成される。つまり、第二分裂では最終的に、半数体配偶子が4つ生成されることになる。

交差は減数分裂の産物に遺伝的多様性が生じる理由の1つである。*独立組み合わせも同様である。この仕組みを通じて、半数体細胞はそれぞれ1セットの完全な遺伝子を受け取るが、このとき二倍体細胞からは、相同染色体ペアのうち、両親のどちらかに由来する1本のみを無作為に受け継ぐ。後期Iに相同染色体ペアのどちらがどの娘細胞に行くかはランダムである。例えば、二倍体の親細胞核が相同染色体ペアを2つ持つとしよう。娘細胞核は、雄親の1番染色体と雌親の2番染色体を受け取るかもしれないし、雄親の2番染色体と雌親の1番染色体、さらには両方が雄親または雌親に由来する染色体を受け取るかもしれない。こうした組み合わせは全て、中期Iに相同染色体がどう並ぶかによって決まる。

---

*概念を関連づける　メンデルは、エンドウの遺伝交配の観察結果から、独立組み合わせの概念を提唱した（第二法則）。**キーコンセプト9.1参照。**

上述した4通りの起こりうる染色体の組み合わせのうち、両親のどちらかとまったく同一の染色体セットを受け継いだ娘核となるのは、2通りだけであることに留意してほしい（交差で交換された遺伝物質は除く）。*染色体の数が多いほど、もとになった親と同じ組み合わせが再現される確率は下がるので、遺伝的多様性が実現する見込みは大きくなる*。二倍体生物の大半は3対以上の染色体セットを持つ。23対の染色体を持つヒト細胞では、独立組み合わせの仕組みだけで2^{23}（8,388,608）通りもの異なる組み合わせができる。交差によって生じる遺伝子

の入れ換えを併せて考慮すれば、可能な組み合わせの数はまさに膨大である。交差と独立組み合わせは、突然変異をもたらす仕組みと並んで、多様な個体群に働く適者生存（優先的な生存と繁殖）に必須な遺伝的多様性、すなわち自然選択による進化の基盤を提供する。

ここまで、減数第一分裂が体細胞分裂と本質的に異なることについて見てきた。だが、減数第二分裂は対照的に、姉妹染色分体が娘核へ分離する過程を含むという点において体細胞分裂と似ている（図8.15の❼～⓫）。しかし、第一分裂時の交差のせいで、体細胞分裂と違って姉妹染色分体は必ずしも同一ではない。第二分裂での染色分体のランダムな組み合わせが、減数分裂で生じる配偶子の遺伝的多様性をさらに増大する方向に働く。２段階の減数分裂を経て最終的に生成されるのは、半数体の娘細胞４個で、それぞれが遺伝的に同一でない染色体を１セット（n）ずつ持つ。

減数分裂のエラーは染色体の構造と数に異常をもたらす

体細胞分裂と減数分裂の複雑な過程はときに、うまく運ばないことがある。減数第一分裂で相同染色体ペアが１組分離しそこなったり、体細胞分裂や減数第二分裂で姉妹染色分体が分離に失敗したりするかもしれない。逆に、相同染色体ペアが減数分裂の中期Ⅰで対合し続けられずに離れてしまい、後期Ⅰで同じ極へ移動してしまうこともある。これらは全て**不分離**の例で、異数性細胞の形成につながる。**異数性**とは、１本以上の染色体が欠失した、あるいは過剰に存在する状況を指す。減数分裂の間に不分離が起こると、全ての細胞で染色体が過剰な、あるいは欠失した状態の子が生まれかねない（図8.19）。

異数性の原因は多くあるが、その１つとして、前期を通じて姉妹染色分体と四分子をつなぎ留めているコヒーシンの分解が考えられる。一例を挙げると、中期Ⅰの赤道面に染色体が並ぶときには、コヒーシンをはじめとするタンパク質のおかげで一方の相同染色体は一方の極を向き、もう一方の染色体は必ず反対の極へ向くことができる。しかし、コヒーシンが不適切な時期に分解されると、両方の相同染色体が同じ極へ向かってしま

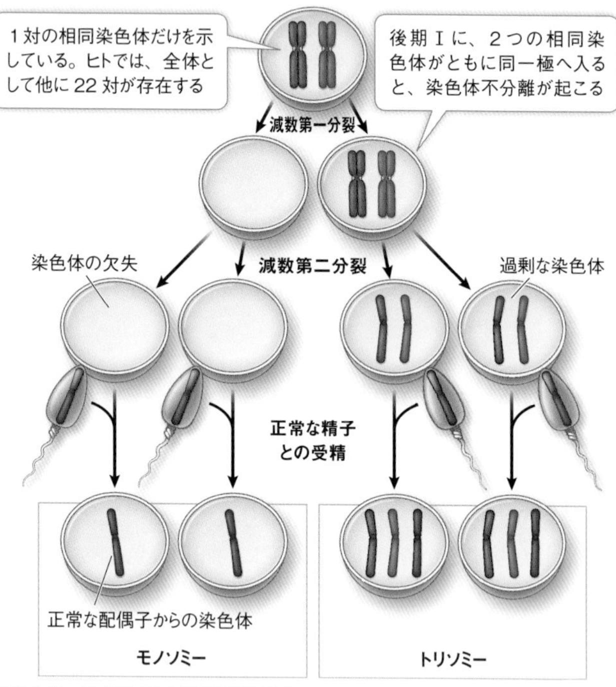

図8.19　染色体不分離が異数性をもたらす
減数第一分裂で相同染色体が分離に失敗した場合（上図）、あるいは体細胞分裂や減数第二分裂で染色分体が分離に失敗した場合、染色体の不分離が起こる。ここには、減数第一分裂の不分離を示す。不分離の結果、異数性が生じる。すなわち、1本以上の染色体が欠失したり、余分に存在したりすることになる。一般に動物では、異数性となった発達中の胚は死にいたることが多い。

う可能性がある。

減数分裂の間に起こる不分離の結果として生じる異数性は、子孫にとってしばしば致死的に働く。染色体数の異常を持つ子孫が生き延びることも稀にあるが、一定の異常が残るだろう。ヒトにおける例にダウン症候群があり、これは雌性配偶子が21番染色体を2コピー受け取った場合に起こる。例えば、21番染色体を2本持つ卵子が正常な精子と受精した場合、接合体はこの染色体を3本持つことになり、21番染色体の**トリソミー**（**三染色体性**）となる。ダウン症候群の子どもは軽度から中等度の知的障害、特有の手や舌や瞼の異常があることが多く、心臓に異常が見られる頻度が高い。約800人に1人の割合でダウン症候群の子どもが生まれる。もし21番染色体を受け取らなかった卵子が正常な精子と受精すれば、接合体はこの染色体を1コピーしか持たないことになる。これは21番染色体の**モノソミー**（**一染色体性**）で、致死的である。

ヒトの接合体では、染色体が1本多いトリソミーあるいは少ないモノソミーは驚くほどの頻度で起こっており、なんと全ての妊娠の10～30%が異数性である。しかし、そうした接合体から発達した胚の大半は出生までたどり着かないか、生まれたとしても、たいてい1歳までに亡くなってしまう（21番染色体の他にも13番と18番染色体のトリソミーは、例外的に生存能力を備えている）。認知される全妊娠件数の少なくとも5分の1は、トリソミーとモノソミーが主な原因で、最初の2ヵ月間に自然に停止（流産）する。妊娠初期の流産は認識されないことが多いので、自然に停止する妊娠の実際の割合は、間違いなくもっと高いはずである。

染色体にまつわる異常は他にもある。**転座**と呼ばれる事象では、染色体の一部が切断されて、他の染色体と連結する。例えば、21番染色体は、その大部分が別の染色体に転座することがある。2本の正常な21番染色体とともにこの転座した部分を受け継いだ者も、ダウン症候群を発症する。

中期染色体の数、形態及び大きさで核型が決まる

細胞が体細胞分裂の中期にあるときには、個々の染色体を数えたり、その特徴を見て取ったりすることが可能である。染色体セットを漏れなく撮影した顕微鏡写真を作成すると、個々の相同染色体の像を対にして、大きさの順番に並べ直すことができる。このように再配置された顕微鏡写真から、細胞内の染色体の数、形態、大きさが明らかになる。この3要素を総称して**核型**と呼ぶ（図8.20）。核型はヒトではトリソミーや転座のような染色体異常の診断に役立ち、細胞遺伝学と呼ばれる医学や農学の一分野を新たに創設するにいたった。しかし、**第12章**で学ぶように、顕微鏡による染色体分析の一部は、直接的なDNA分析に取って代わられている。

倍数体は2つ以上の完全な染色体セットを持つ

キーコンセプト8.4で述べたように、成熟個体の大半は二倍体（多くの動植物）または半数体（多くの真菌）である。ところが、場合によっては、三倍体（$3n$）、四倍体（$4n$）あるいはより高次の**倍数体**の核が形成されうる。これらの数字は、核内に存在する完全な染色体セットの数を示している。減数第一分裂の間に全ての染色体で不分離が起これば、二倍体の配偶子が生じる。これは受精後に同質倍数体となる。同質三倍体や同質四倍体は、新種の形成に貢献している。二倍体の核は2セットの染色体を持つので、相同染色体を形成して後期Ⅰで分離し、正常な減数分裂を遂行できる。同様に、四倍体の核も各染色体を偶数個持つから、染色体はそれぞれ相同な染色体と対合可能である（訳註：四倍体では、4本の相同染色体間で最大四価を含む

(A)
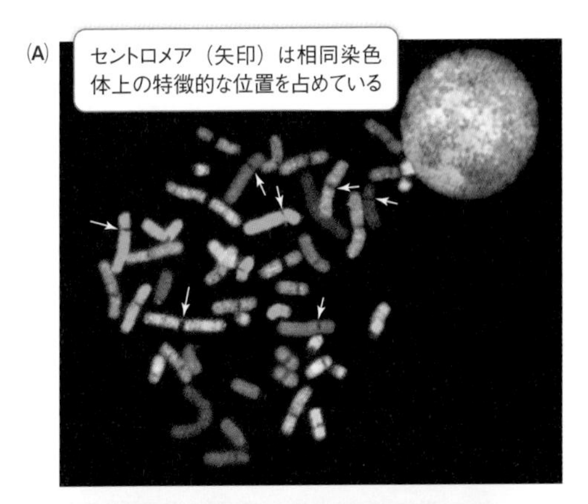

(B)
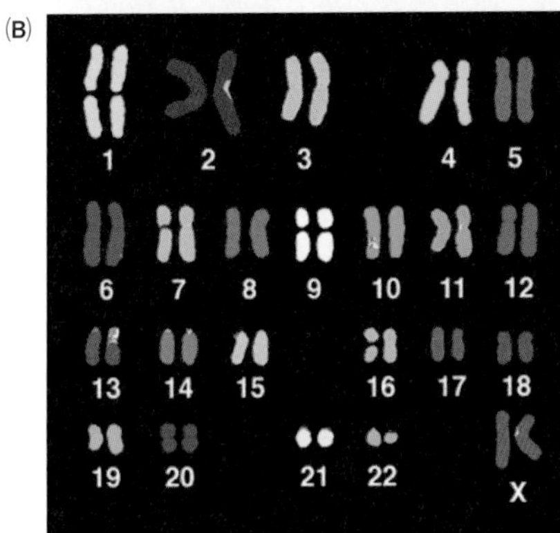

ヒト体細胞は性染色体を含む23対の染色体を持つ。この女性の性染色体はXXだが、男性ではXYとなる

図8.20　ヒトの核型

(A)体細胞分裂中期にあるヒト細胞の染色体。各染色体ペアのDNAは特定の色素で染まる固有の塩基配列を持つので、相同染色体ペアを構成する染色体は同じ特定色に染まる。この段階にある染色体は2本の染色分体からなるが、それらは識別できない。右上の球体は間期の細胞核である。

(B)上の画像をコンピューター解析して作成したこの図は、相同染色体を番号順に並べ、ヒトの核型を明瞭に示している。

様々な対合が起こり、染色体分離が不均等になるから通常は稔性が低下する）。

一方、三倍体の核では、３本のうち１本の染色体が対合相手を欠くか、３本の相同染色体が対合した三価染色体を形成するので、正常な減数分裂はできない。そのため、三倍体の個体は通常不稔である。

倍数体の核は多くの染色体セットを持つので、細胞が大きくなる傾向にある。この事実から、農業では倍数性植物が活用されている。二倍体のバナナ（$2n$=22）は果実が小さく、食用に適さない種子ができるが、三倍体（$3n$=33）は果実が大きく、しかも種子がない。同様の現象は三倍体の種なしスイカでも見られる。最もよく知られ、間違いなく最も重要な倍数性作物はおそらく、コムギだろう。コムギでは異なる種の間で交配が起こり、新たな異質倍数性状態が生まれた（訳註：２つの種が遠縁でゲノムが大幅に異なり染色体が相同でない場合には、二倍性の雑種は減数分裂時の染色体不対合（アシナプシス）により稔性のある配偶子ができずに不稔・不妊となる。ウマとロバの雑種のラバや、ライオンとトラの雑種のライガーがその例である。こうした異種間雑種で、ごく稀に減数分裂を経ずに二倍性の完全な染色体セットを持った配偶子（非還元配偶子）が生じ、それらの間で受精が起こると四倍性の倍数体ができる。こうした倍数体は異質倍数体と呼ばれ、異質四倍体のマカロニコムギがその代表例である。パンコムギは、四倍性の異質倍数体がさらに二倍性の野生種と交雑し、同様の経過を経て生じた異質六倍体である）。

・２つの二倍体種（染色体構成をAAとBBとする）に由来する半数体の配偶子が受精して二倍体の接合体（AB）ができる。この雑種接合体の染色体は全て非相同だから対合できず、不稔である。

・接合体の体細胞分裂で全ての染色体の不分離が起こると四倍体（AABB）となり、稔性のある成熟個体に育つ（訳註：雌雄の親の非還元配偶子AAとBBが受精することで稔性のある異質四倍体ができることもある）。

現在のパンコムギは、以上のような事象が約8000年から１万年前に二度にわたって起こった結果、異質六倍体となった。こうした進化の経緯から、パンコムギの穀粒形成と環境適応の特性は、３つの異なる祖先種に由来する。異質倍数性作物には他にも、ワタ、エンバク、サトウキビなどがある。

複雑な真核生物の細胞分裂の本質的な役割の１つは、死んだ細胞を置き換えることである。では、細胞死の原因とはいったい何なのだろうか？

8.6 細胞死は生物にとって重要である

生体内の細胞の死には２通りある。細胞死の第一の形式である**壊死（ネクローシス）**は、細胞や組織が物理的な力や毒素で損傷したり、酸素や栄養素が欠乏したりしたときに起こる。ネクローシス細胞は多くの場合、膨れ上がって破裂し、内容物を細胞外環境に放出して、ときに炎症を引き起こす。もう１つの細胞死である**アポトーシス**、すなわちプログラム細胞死は遺伝的に決定された一連の事象で、正常な発生段階でも成熟個体の組織でも起こる。

学習の要点

- 細胞はネクローシスまたはアポトーシスのどちらかの過程を経て死ぬ。
- アポトーシスは生物の発生と生存に重大な役割を担う。
- アポトーシスは制御された一連の細胞事象を通じて起こる。

アポトーシス(プログラム細胞死)は個体にとって役に立たない細胞を取り除く

動物では、アポトーシスが起こる理由として、次の2つが考えられる。

1. *個体にとってその細胞がもはや必要でなくなった。*例えば、出生前の胎児の手には、指の間に水かき様の結合組織がある。発達するにつれて、細胞が特異的なシグナルに応答してアポトーシスを起こし、この不要な組織は消失していく。
2. *細胞は長く生きるほど、癌になりかねない遺伝子の損傷を受けやすくなる。*これは特に、放射線や有害物質に曝されがちな生物の表面を覆う上皮細胞に当てはまる。そのような細胞は通常、わずか数日から数週間で死に、新たな細胞に置き換わる。

アポトーシスという事象は、多くの生物でよく似ている。細胞は近傍の細胞から切り離され、酵素によってDNAが(ヌクレオソームの間で)180塩基対ほどの断片に切断され、クロマチンが消化される。細胞は「ブレブ」という膜状の突出部を形成し、これが分裂して細胞断片となる(**図8.21(A)**)。周囲の

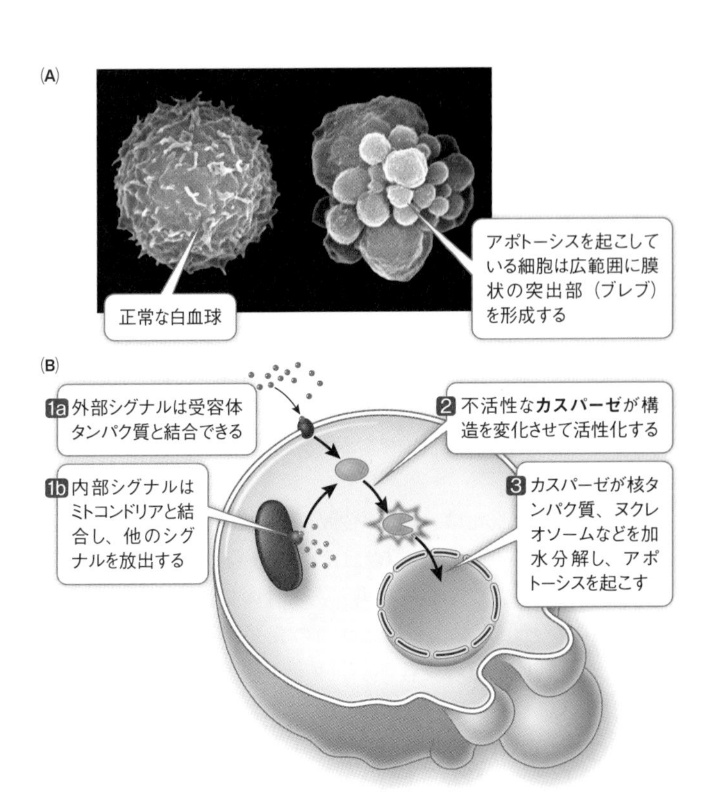

図8.21　アポトーシス（プログラム細胞死）
(A)多くの細胞は必要がなくなった場合や、長く生きている間にDNA損傷が過大に蓄積されて個体に害を及ぼしかねない場合には、「自己破壊」するようにプログラムされている。
(B)細胞内外のシグナルはどちらも、特定の細胞成分を分解する酵素カスパーゼを活性化し、アポトーシスをもたらす。

Q：アポトーシスはほとんど全ての生物で起こり、共通の分子的経路を持つ。これはアポトーシスが進化にとって重要であることを示唆している。アポトーシスの淘汰における利点は何だと考えられるか？

生きた細胞は通常、食作用で死細胞の残骸を取り込む。これは、自然の無駄のなさを示す目覚ましい例と言える。周囲の細胞はアポトーシスを起こした細胞の内容物をリソソーム（加水分解酵素を含む細胞小器官）で分解吸収し、消化された内容物は再利用される。

アポトーシスは植物でも、過敏感反応と呼ばれる重要な防御反応で利用される。植物は、真菌や細菌による感染部位でアポトーシスを起こすことによって病気から身を守ることができる。増殖の場となる生きた組織がなくては、侵入した病害微生物は植物体の他の部分に広がることはできない。硬い細胞壁を持つ植物では、動物細胞のようにブレブを形成しない。その代わり、細胞内容物を液胞中で分解吸収してから、消化物を維管束系に放出する。

プログラム細胞死は、細胞内外からの様々なシグナルによって誘発されうる（**図8.21(B)**）。そのようなシグナルにはホルモン、成長因子、ウイルス感染、ある種の毒素、または広範なDNA損傷などが含まれる。これらのシグナルは特定の受容体を刺激し、続いてその受容体がシグナル伝達系を活性化してアポトーシスに導く。

いくつかのアポトーシス経路はミトコンドリアを標的としていて、例えば、ミトコンドリア外膜の透過性を上昇させるものもある。ミトコンドリアが細胞呼吸を行えなくなれば、細胞はほどなく死ぬ。アポトーシスの間には、**カスパーゼ**と呼ばれる重要な酵素群が活性化される。この酵素群は、次々に事象が連鎖して生じるカスケード機構を介して標的分子を加水分解するプロテアーゼである（訳註：ミトコンドリア外膜の透過性が上昇し、膜間腔に局在するシトクロム*c*が細胞質に放出され、それが不活性のカスパーゼを活性化する）。カスパーゼが核膜やヌクレオソーム、細胞骨格、細胞膜のタンパク質を加水分解すると、細胞は死ぬ。

体細胞分裂は生物の細胞数を増加させ、アポトーシスは細胞を除去する。正常な条件下では、この2つの過程は個体全体の利益になるようにバランスが取れている。次節では、このバランスが崩れて細胞増殖が制御不能になったときに何が起こるかを見ていくことにしよう。

8.7 無秩序な細胞分裂は癌の原因となる

おそらく、先進諸国の人々にとって癌ほど恐ろしい病はないだろうし、多くの人が癌には細胞数の不適切な増加が関与していることを知っている。アメリカ人の3人に1人は、生涯のうちに何らかの癌に罹り、癌が原因で死亡する人は現在4人に1人に上る。アメリカでは毎年150万人が新たに癌を発症し、50万人が癌で死亡しており、癌は心臓病に次いで死因の第2位となっている（訳註：日本人の死亡原因の第1位は癌（腫瘍）で27.4%を占め、第2位の心疾患（高血圧性を除く）の15.3%に大きく差をつけている）。

学習の要点

- 制御に不調をきたした細胞分裂とその転移能力は、癌細胞の持つ、正常細胞とは異なる2つの特徴である。
- 細胞周期の異常は癌の発生・増殖に重要な役割を果たす。
- 癌治療は細胞周期の事象を標的とする。

癌細胞には正常細胞との重要な違いがある

癌細胞はもとになった正常細胞と2つの点で異なる。

1. 癌細胞は細胞分裂に対する制御を失っている。
2. 癌細胞は体内で別の部位に転移できる。

体の細胞のほとんどは成長因子のような細胞外シグナルに曝されたときにのみ分裂する。癌細胞はこうした制御に反応するのではなく、多かれ少なかれ継続的に分裂し続け、最終的に**腫瘍**（大量の細胞の集合体）を形成する。外科医が腫瘍に触れる、あるいはX線フィルムやCTスキャン上で見つけるまでに、腫瘍は数百万もの細胞の塊に成長している。腫瘍には良性と悪性がある。

・**良性腫瘍**はもとになった組織と似ており、成長が遅く、発生部位に限局する。例えば、脂肪腫は脂肪細胞の良性腫瘍で、脇の下で生じた場合には、そこにとどまる。良性腫瘍は癌ではないが、別の器官を圧迫してその機能を妨害する場合は、除去しなければならない。
・**悪性腫瘍**はもとになった組織とは外見がまったく違っている。肺の壁の平らで分化した上皮細胞は、比較的特徴のない丸い悪性の肺癌細胞に変化することがある（**図8.22**）。悪性細胞は、核の大きさや形がまちまちであるといった不規則な構造を持つことが多い。この特徴は、ヘンリエッタ・ラックスの腫瘍細胞を悪性と同定する際にも利用された（本章冒頭で取り上げた研究を参照）。

癌細胞の第二の、そして最も恐るべき特徴は、まわりの組織に侵入し、血流やリンパ管を通じて移動して、体内の別の部位へ広がる能力である。悪性細胞は体の遠く離れた部位に定着すると、分裂と成長を開始し、その新たな場所で腫瘍を形成する。**転移（メタスタシス）**と呼ばれるこの拡散は臓器の機能不全を引き起こし、癌の治療を非常に難しいものにしている。

癌細胞は細胞周期とアポトーシスに対する制御を失っている

本章の始めの部分で、真核細胞の細胞周期の進行を制御するタンパク質について学んだ。

・成長因子のような正の制御因子は細胞周期を促進する。それらは自動車の「アクセル」のようなものである。

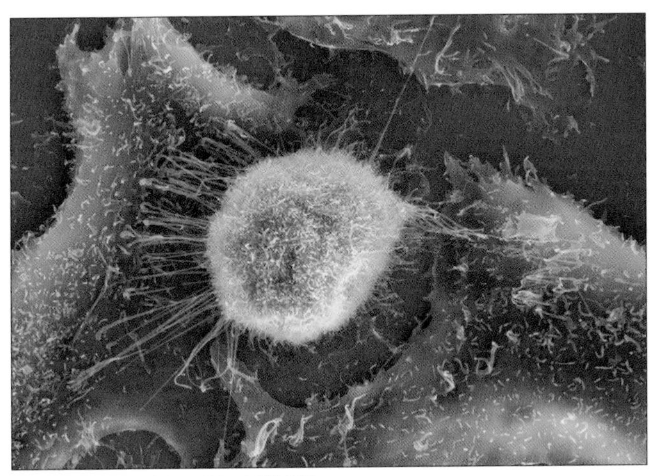

図8.22　癌細胞と周辺の正常細胞
この肺癌細胞（黄緑色）は周辺の正常細胞と大きく異なる。癌細胞は正常細胞より急速に分裂でき、別の器官へ転移することが可能である。こうした形状の小型の癌細胞は致死率が高く、５年生存率はわずか10％にすぎない。症例の多くは、喫煙に起因する。

・網膜芽細胞腫（レチノブラストーマ）タンパク質（RB）のような負の制御因子は細胞周期を抑制する。それらは「ブレーキ」のようなものである。

車を運転するときは、アクセルペダルを踏み込んでブレーキを離す必要がある。これとまったく同じように、細胞では正の制御因子が活性で負の制御因子が不活性でない限り、細胞周期は進行しない。

ほとんどの細胞は、以上２つの制御の仕組みのおかげで、必要時にだけ確実に分裂できる。癌細胞では、この２つの過程に異常が生じている。

・**癌遺伝子**が作るタンパク質は癌細胞の正の制御因子である。それらは正常な正の制御因子が突然変異により過度に活性化あるいは過剰に存在するようになったものであり、癌細胞の分裂を加速する。癌遺伝子産物には、成長因子やそれらの受容体、あるいは細胞分裂を促進するシグナル伝達経路（**第７章**）の他の構成因子などがある。癌遺伝子タンパク質の一例として、乳癌細胞の成長因子受容体が挙げられる（**図8.23(A)**）。正常な乳房細胞のヒト上皮細胞成長因子受容体（HER2）は比較的少数である。したがって、上皮細胞成長因子（EGF）が存在しても、通常は乳房細胞が増殖を促されることはない。しかし乳癌細胞のおよそ25％で、DNAの変異がHER2の発現増加をもたらしている。その結果、細胞周期の正の制御が促進され、変異DNAを持つ細胞の急速な増殖が起こる。
・**癌抑制因子**は癌細胞でも正常細胞でも負の制御因子だが、癌細胞では不活性となる。その１つであるRB（網膜芽細胞腫）タンパク質は、活性であればG1期のR（制限チェックポイント）で働いて、細胞周期を止める（**図8.5**）。だが、一部の癌細胞ではRBが不活性となり、細胞周期が進行する。ウイルスタンパク質のなかには、癌抑制因子を不活化するものもある。例えば、ヒトパピローマウイルスは子宮頸部の細胞に感染してE7と呼ばれるタンパク質を産生する。E7タンパク質はRBタンパク質に結合し、細胞周期の抑制を阻害する（**図8.23(B)**）。p53も重要な癌抑制因子で、これは

(**A**)

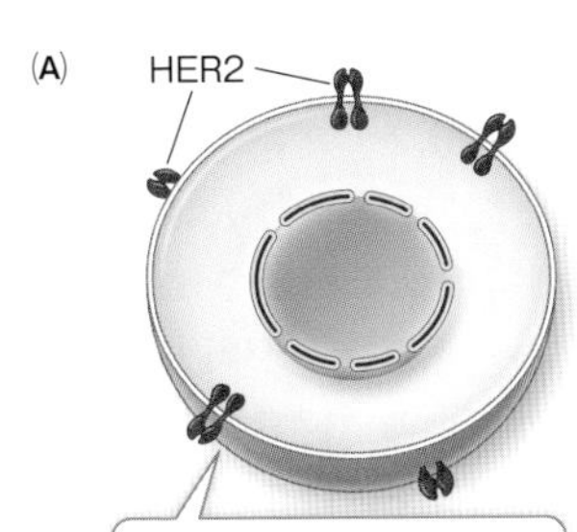

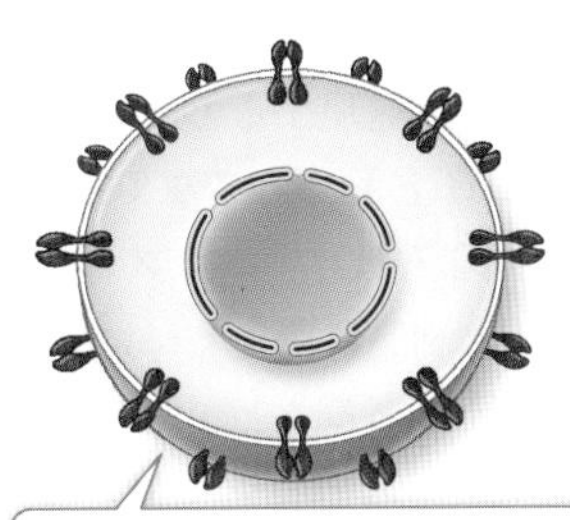

正常な乳房細胞には成長因子受容体HER2がわずかな数しか存在しない

乳癌細胞では、DNAの変化により受容体HER2が多数発現し、成長因子に対する細胞の感受性が高まることがある

(**B**)

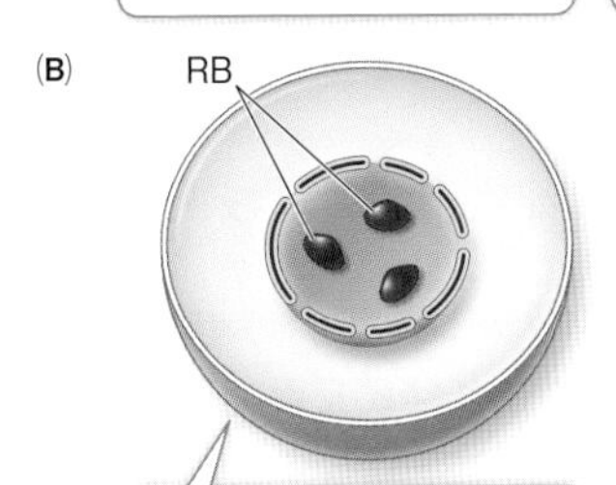

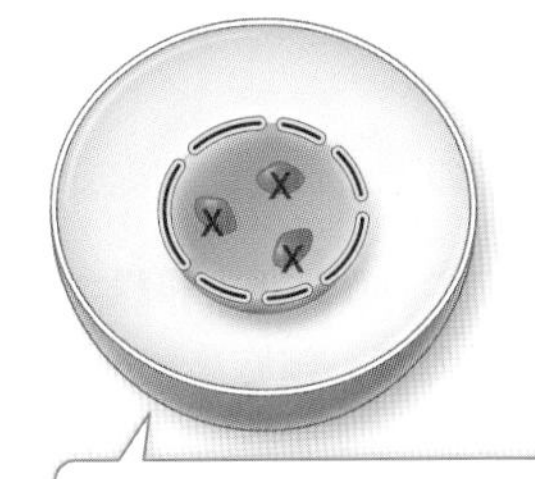

正常な子宮頸部細胞では、RBタンパク質が働いて細胞周期の開始を抑制する

子宮頸癌細胞では、ウイルスのタンパク質（E7）がRBタンパク質を不活化し、細胞周期が進行する

図8.23　癌細胞の分子的変化
癌細胞では、(A)癌遺伝子が作るタンパク質が活性化し、(B)癌抑制タンパク質が不活化する。

細胞周期のチェックポイント経路とアポトーシスに関与する転写因子である。癌抑制因子としてのp53の重要性は、ヒトの癌の半数以上がp53をコードする遺伝子の突然変異を持つという事実からもよく分かる。

癌細胞の細胞周期が進行するためには、癌遺伝子（アクセル）と癌抑制遺伝子（ブレーキ）とともに、複数のタンパク質が必要になる。１つの腫瘍の形成には、いくつかの癌遺伝子と癌抑制遺伝子が関与しうる。例えば、マウスの細胞の重要な癌遺伝子には、発現すると細胞周期を活発化させアポトーシスを阻止する*Myc*と、**第７章**で既に見たシグナル分子*Ras*の２つがある（**図7.10**）。マウス細胞で細胞周期を始動させて正常細胞を腫瘍細胞に変えるには、これらの癌遺伝子が両方とも発現する必要のあることが実験で示されている（**図8.24**）。

アポトーシスの発見（**キーコンセプト8.6**）は生物学者の癌に対する考え方を一変させた。細胞集団では、時間の経過に伴う細胞数の純増加（増殖速度）は付け加わった細胞（細胞分裂の速度）と失われた細胞（アポトーシスの速度）の関数で表せる。

細胞集団の増殖速度＝細胞分裂の速度－アポトーシスの速度

成長していない正常組織では細胞分裂とアポトーシスの速度が等しいので、細胞集団全体として見れば成長が認められな

78ページへ→

実験

図8.24　癌細胞の細胞周期を始動させるには複数の要因が必要だろうか？

原著論文：Land, H., L. Parada and R. A. Weinberg. 1983. Tumorigenic conversion of primary embryo fibroblasts requires at least two cooperating oncogenes. *Nature* 304: 596-602.
Sinn, E., W. Muller, P. Pattengale, I. Tepler, R. Wallace and P. Leder. 1987. Coexpression of MMTV/v-Ha-*ras* and MMTV/c-*myc* genes in transgenic mice: Synergistic action of oncogenes in vivo. *Cell* 49: 465-475.

実験室におけるマウスを用いた実験によって、正常細胞を癌細胞に変化させるには複数の癌遺伝子の発現が必要なことが示された。

仮説▶　正常なマウス細胞を癌細胞に転換するには2つの癌遺伝子*Ras*と*Myc*がともに発現する必要がある。

方法

正常細胞

正常なマウスの細胞は培養皿で分裂せずコロニーを生じないが、癌細胞は分裂する

腫瘍細胞

1 同数のマウス細胞を入れた培養皿を3セット用意する

2 1番目の培養皿には*Ras*遺伝子を含むDNAを、2番目の培養皿には*Ras*遺伝子と*Myc*遺伝子を含むDNAを、3番目の培養皿には*Myc*遺伝子のみを含むDNAを加える

*Ras*遺伝子　　*Ras*遺伝子 +*Myc*遺伝子　　*Myc*遺伝子

結果

Ras* のみ**　　***Ras* + *Myc　　***Myc* のみ**

結論▶　癌細胞の形成には、2つの癌遺伝子*Myc*と*Ras*の両方の発現が必要である。

い。癌細胞では細胞周期の制御に機能不全が生じ、細胞分裂の速度が上がる。さらに、癌細胞はアポトーシスの正の制御因子に対する応答能力を失いかねず（**図8.22**）、そうなると細胞死の速度は低下する。これらの異常はともに癌細胞集団の増殖速度の上昇につながる。

癌治療は細胞周期を標的にする

最も成功を収め広く利用されている癌治療は外科治療である。しかし、物理的な腫瘍の除去がどれほど的確に実施されても、外科医が腫瘍細胞を完全に取り除くのは難しいことが多い（直径１cmほどの腫瘍にさえ10億もの細胞が含まれている！）。腫瘍は一般に正常組織に埋もれている。加えて、腫瘍細胞が分離して他の臓器に広がっているおそれもある。こうした理由から、局部的な外科手術による完治の可能性は低い。したがって、癌の処理や治療として他の手段も併用されるが、それらは一般に細胞周期を標的とする（**図8.25**）。その目的は、細胞分裂速度の低下、アポトーシス速度の上昇、あるいはその両方によって、癌細胞集団を減少させることである。

細胞周期を標的とした癌治療薬の5-フルオロウラシル（5-FU）は、DNAの４種類の塩基の１つであるチミンの合成を遮断する。一方、パクリタキセルという薬剤は分裂期の紡錘体で微小管の機能を阻害する。どちらの治療薬も細胞周期の進行を抑制し、アポトーシスにより腫瘍が縮小する。より劇的な効果を持つのが放射線治療で、高エネルギーの放射線ビームを腫瘍に照射する。この治療によるDNA損傷は広範に及び、DNAを修復するための細胞周期チェックポイントがまったく機能できなくなる。その結果、アポトーシスが起こる。こうした治療の最大の問題点は、腫瘍細胞だけでなく正常細胞にも影響を与える点である。これらの治療は、小腸、皮膚や骨髄（血液細胞が造られる組織）のような正常な分裂細胞を大量に含む組織にとって有毒である。

癌研究においては、癌細胞のみを標的とした治療法の発見に大きな努力が注がれている。近年期待されているものの1つがハーセプチンで、ある種の乳癌細胞の表面に高レベルで発現する成長因子受容体HER2を標的とする（図8.23(A)）。ハーセプチンはHER2に特異的に結合するが、それを刺激しない。これにより、内在性の成長因子はHER2に結合して細胞分裂を促進できなくなる。細胞分裂が阻害される一方、アポトーシスの速度は保たれるので、腫瘍は縮小する。

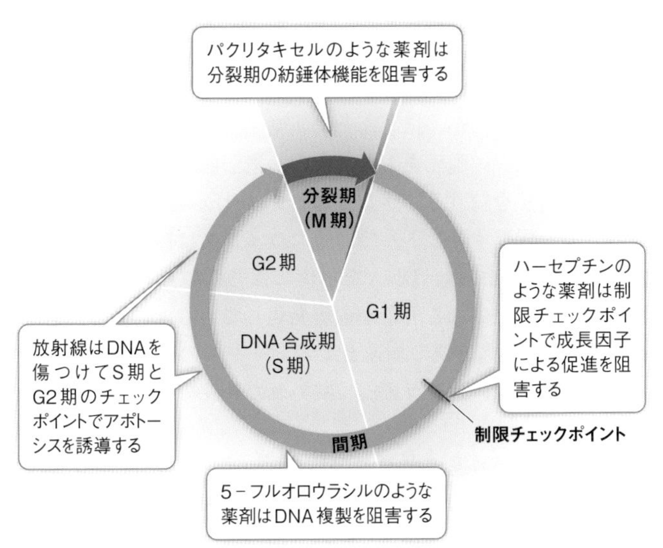

図8.25　癌治療と細胞周期
癌細胞の分裂を抑えるために、医師は細胞周期の異なるチェックポイントを標的とした治療法を併用する。

Q：こうした治療は特定の標的（図8.23）に絞った治療とどう異なるのか？　2つの治療法の副作用に違いはあるだろうか？

本章ではこれまで、細胞周期、ならびに二分裂、体細胞分裂、減数分裂などの細胞分裂について見てきた。また、正常な細胞周期と、癌細胞で制御が妨害される過程について学んだ。さらに、有性生活環で減数分裂がどのように半数性の細胞を産生するのかについても取り上げた。この後の章では、遺伝や遺伝子、DNAについて検討していこう。

生命を研究する

QA 癌細胞の増殖を制御しているのは何か？

正常な組織では、細胞分裂の速度は細胞死の速度によって相殺される。ところが、ほとんどの正常細胞と違って、ヒーラ細胞は細胞増殖が細胞死を大幅に上回る遺伝的な不均衡が存在するために増殖を続ける。ヘンリエッタ・ラックスは子宮頸部細胞の分裂を促進するヒトパピローマウイルスに感染した。加えて、ヒーラ細胞では、DNAを無傷に保ち細胞死を抑制するテロメラーゼと呼ばれる酵素が過剰発現している。こうした性質（すなわち、細胞分裂の加速とアポトーシスの抑制）が組み合わさったことで、ヒーラ細胞は並外れた速度で増殖できるのである。

ヒーラ細胞が腫瘍に由来するのであれば、それは依然として癌細胞であり、腫瘍を形成すると思われるかもしれない。しかし、実際にはそうではない。ヒーラ細胞は今や単に分裂し続ける細胞である。腫瘍細胞にあって、ヒーラ細胞に欠けているのは何だろう？

今後の方向性

腫瘍細胞で異常をきたしている遺伝子を知ることで、その遺伝子から作られる特定のタンパク質を標的とした薬の開発が可能となった。HER2を発現する乳癌をはじめ、いくつかの例の臨床結果は目を瞠るものだった。患者の寿命は延び、このような標的薬で治癒した者さえいる。細胞集団の増殖数を決めるもう一方の要素である細胞死は、細胞分裂ほど注目されてこなかった。広く用いられている、細胞周期全般に影響を及ぼす薬の多くは、単に細胞周期を止めるだけでなく、細胞を損傷してアポトーシスを引き起こすことによって働く。しかしよく知られるように、こうした薬には広範な副作用があり、腫瘍細胞だけでなく正常細胞でも細胞分裂を止め、アポトーシスの引き金となる。アポトーシスにおいて分子レベルで何が起こっているのかについては、既に知られている。腫瘍細胞でのみこの過程を促進する分子標的薬が実現すれば、大きな効果を発揮するだろう。

▶ 学んだことを応用してみよう

まとめ
8.7　細胞周期の異常は、癌の発生・増殖に重要な役割を果たす。
8.7　癌治療は細胞周期の事象を標的とする。

植物の治癒効能は何千年も前から知られている。実験技術が向上して植物組織から有効成分を分離できるようになると、科学者たちは抗癌剤の候補を求めて植物に目を向け始めた。以来、研究者たちは小さな顕花植物から巨大なマツの木にいたるまで数え切れないほどの植物種をスクリーニングして、抗癌作用を持つ物質を探してきた。

研究者たちは、水やその他の溶媒を用いて植物から抽出物を精製した。その抽出物をまずは培養中の癌細胞で、続いてモデル動物で試験した。抗癌作用を持つそうした抽出物が、どのように働くのかを調べたのである。
　細胞が癌化する理由の1つは、細胞周期の制御を失うことにある。この制御に関連するチェックポイントは4つあり、それぞれにサイクリンとサイクリン依存性キナーゼ（Cdk）が関与している。

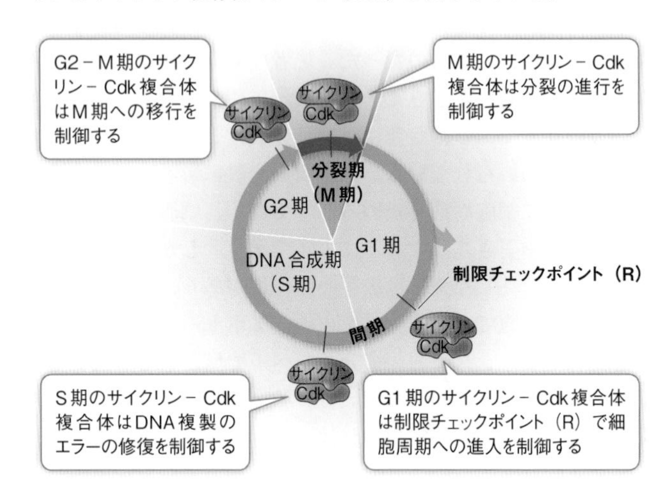

　以下の表は、植物抽出物が持つサイクリン－Cdk酵素活性の阻害能力を調査した結果をまとめたものである。サイクリン－Cdk複合体は、左からG1、S、G2、Mの各期に関与している。酵素活性は、完全な活性を+++で、不活性を0で表す。

植物抽出物	**サイクリンD** －Cdk4活性 **（G1期）**	**サイクリンE** －Cdk2活性 **（S期）**	**サイクリンA** －Cdk2活性 **（G2期）**	**サイクリンB** －Cdk1活性 **（M期）**
1	+++	+++	0	+++
2	+++	+++	+++	0
3	0	+++	+++	+++
4	+++	0	+++	+++

質問
1. 科学者は全ての細胞が同時に同じ細胞周期を通過するように、細胞群を同調して成長させることができる。別々の実験により4種の植物抽出物のそれぞれをG1初期にある癌細胞に加えた場合、

どのようなことが観察されると考えられるか？

2. 腫瘍は数十億の細胞からなる。細胞周期に影響する単一の薬剤に応答する腫瘍はほとんどないから、通常は複数のチェックポイントを標的とする併用化学療法が用いられる。この理由としてどのような説明ができるか？（ヒント：全ての癌細胞が同じというわけではない）
3. 腫瘍の増殖を抑制するために癌患者に投与しうる薬剤を植物抽出物から開発するには、科学者は何をしなければならないだろうか？
4. ある種の癌細胞では、サイクリン－Cdk複合体の活動亢進は、サイクリンあるいはCdkタンパク質が通常より多く存在することに起因している。種々の癌細胞から以下のデータが収集されたとする。このデータによると、癌細胞が採取された腫瘍の治療にはどの植物抽出物を用いるのが最も効果的か？

	癌細胞と正常細胞で発現するタンパク質の比
サイクリンA	0.98
サイクリンB	0.99
サイクリンD	1.02
サイクリンE	1.01
Cdk1	4.25
Cdk2	0.95
Cdk4	0.98
Cdk6	1.04

5. 上の表に示したCdkはそれぞれ、別のタンパク質群に制御されている。各Cdkには、Cdkとサイクリンの結合を抑制するキナーゼと、結合を促進する脱リン酸酵素（ホスファターゼ）が存在する。下図では、マイナス記号でキナーゼによるCdkの不活化を、プラス記号でホスファターゼによる活性化を示す。研究者がキナーゼ活性を抑制する植物抽出物とホスファターゼ活性を抑制する別の抽出物を見出したとする。抗癌剤に活用しうる候補として、研究者はどちらか一方あるいは両方の抽出物に興味を持つだろうか？　説明せよ。

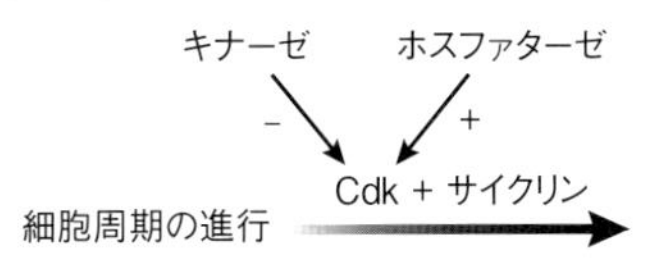

第9章 遺伝、遺伝子と染色体

赤毛は家族内で遺伝する

キーコンセプト

9.1 遺伝子の伝達はメンデルの法則に従う
9.2 複数のアレルによりいくつもの表現型が生じることがある
9.3 遺伝子は相互作用を通じて表現型を生み出しうる
9.4 遺伝子は染色体上に存在している
9.5 真核生物は核外にも遺伝子を持つ
9.6 原核生物は接合を介して遺伝子を伝達しうる

生命を研究する

遺伝の法則とは何か？

赤毛は人間の毛髪では最も珍しく、その頻度はおよそ１％である。最も多く見られるのが北ヨーロッパで、スコットランドでは約15％にも上る。長い間人々は、赤毛と他の性質との関連を見つけようと試みてきた。例えば、赤毛と短気はしばしば関連づけられてきた。ドイツのハンブルク研究所が行った数百人の女性の性的な行動に関する最近の研究からは、赤毛の女性は他のどんな色の毛髪の女性よりも性行動が活発であるという結論が得られている。赤毛の人は他の色の毛髪の人よりも痛みに弱いことを証明しようとする試みもあった。

赤毛が稀な形質であることを思えば、遺伝の科学である遺伝学の初期の研究対象になったのも驚くにはあたらない。本章で学ぶように、現代遺伝学の基礎は、19世紀後半にグレゴール・

メンデルのエンドウを用いた入念な実験によって築かれた。ヒトの家系を調べていた生物学者たちは20世紀の初頭までに、赤毛の子どもは多くの場合、(1) ともに赤毛の親、(2) 一方が黒毛で他方が赤毛の親、あるいは (3) どちらも黒毛の親から生まれることに気づいていた。これは、潜性（劣性）遺伝の形式に合致していた。すなわち、赤毛を決める遺伝子が顕性（優性）の黒毛の遺伝子で覆い隠されるというわけである。しかし例外が見つかるなど、赤毛がどのように遺伝するのかははっきりしなかった。それが初めて明らかになったのは、ブレンダ・エリスがノースカロライナ州ウェイクフォレスト大学のラルフ・シングルトン教授の遺伝学コースを受講した1950年代後半のことであった。

シングルトン教授が赤毛の遺伝理論について語るのを聞いたエリスは、自分の家系を6世代にわたって調べ、赤毛だった人物に注目した。そこから、家系内の赤毛の人物は誰もが、ともに黒毛の親の子どもか、一方が黒毛で他方が赤毛の親の子どもだったと推察できた。黒毛の人物は全員が赤毛の祖先を持っていたから、おそらく赤毛遺伝子の保因者（キャリア）だった。エリスと教授が彼女の家系における赤毛の注目すべき潜性遺伝形式に与えた説明は、それ以後広く認められている。

しかしときに、それまで赤毛の人物がいなかった家系にとつじょ赤毛が生まれることがある。本章では、遺伝の様々な形式とそれらが現れる遺伝学的な仕組みについて検討していこう。

赤毛のような遺伝形質は
どのように世代をまたいで子孫に伝わるのか？

9.1 遺伝子の伝達はメンデルの法則に従う

遺伝に関する生物学の一分野である遺伝学には長い歴史がある。5000年も前に、人間にとって望ましい性質を持つように動物（ウマ）や植物（ナツメヤシ）を意図的に交配させていた確かな証拠がある。おおまかに言えば、ある種を構成する個体群の自然変異を調べ、「最高の個体どうしを交配して、さらに良い個体が生まれることを期待した」のである。しかしこれは「成り行きまかせ」のやり方で、両親の望ましい性質を全て併せ持つ子が生まれる場合もあったが、そうでない場合のほうが多かった。

学習の要点

- 形質が次世代へ受け継がれる仕組みを説明するための仮説は２つあった。
- メンデルのエンドウを用いた交配実験によって遺伝法則が明確に公式化された。
- メンデルの遺伝法則は生殖を通じて増殖するヒトを含む全ての生物に適用可能である。

19世紀中葉まで、交配（育種）実験の結果を説明する理論は２つあった。

1. *融合説*は、遺伝の決定因子（現在私たちが遺伝子と呼ぶもの）は配偶子（卵子や精子のような性細胞）に含まれ、それらが受精して一体化するときに融合すると主張した。違う色のインクが混ざり合うように、２つの異なる決定因子は混ぜ合わされて融合すると個性を失い、もはや決して分けられない。例えば、表面が滑らかな丸種子を付ける個体とでこぼこのシワ種子を付ける個体とを交配した場合には、子は両親の中間の形質を示し、両親の２つの形質を決めていた決定因子は失われることになる。
2. *粒子説*は、それぞれの決定因子は物理的にまったく別個のものであり、配偶子が受精で融合しても決定因子は不変だと主張した。この仮説によれば、丸種子を付ける植物とシワ種子を付ける植物とを交配すれば、子は（その種子の形態にかかわらず）両親の２つの形質の決定因子を保持し続けることになる。

この２つの競合する仮説が検証された経緯は、科学的方法論を用いて一方の理論を採用し他方を退ける方法を教えてくれる印象的な好例である。次節では、オーストリアの修道士で研究者であったグレゴール・メンデルが1850～60年代に実施した実験の詳細を学ぶ。メンデルの実験結果は明確に粒子説を支持していた。

メンデルの法則はエンドウの計画的交配から発見された

現在のチェコ共和国の都市ブルノの修道院で1843年に聖職に就いたグレゴール・メンデルは後にウィーン大学へ派遣され、そこで生物学や物理学、数学を学んだ。メンデルは1853年に修道院へ戻り教員となった（訳註：教員免許の取得試験に失敗したメンデルは代用教員であった）。ナップ院長は植物実験のために修道院の一角に小さな畑を用意し、メンデルを励まして実験を続けさせた。あしかけ８年（1856～1863年）にわたってメンデルはエンドウを相手に何千もの交配実験を行った。細心の注意を払って集めたデータの分析結果は、遺伝が粒子によるものであることをメンデルに示唆していた。

メンデルは自身の理論を1865年に二度の公開講演で発表し、1866年には実験結果を詳述した論文を公表したが、当初、彼の仕事は主流の研究者からは無視された。ところが1900年までには染色体が発見され、生物学者たちは遺伝子が染色体上にあるかもしれないと考えるようになっていた。粒子説に関するメンデルの論文を読んで、生物学者たちは遺伝子と染色体を結び付けられるようになった。

メンデルは、栽培の容易さと計画的な交配のやりやすさからエンドウを実験材料に選んだ。エンドウの花は雌雄の生殖器官である雌蕊(めしべ)と雄蕊(おしべ)を持っており、それぞれが胚珠と花粉に包まれた配偶子を作る。

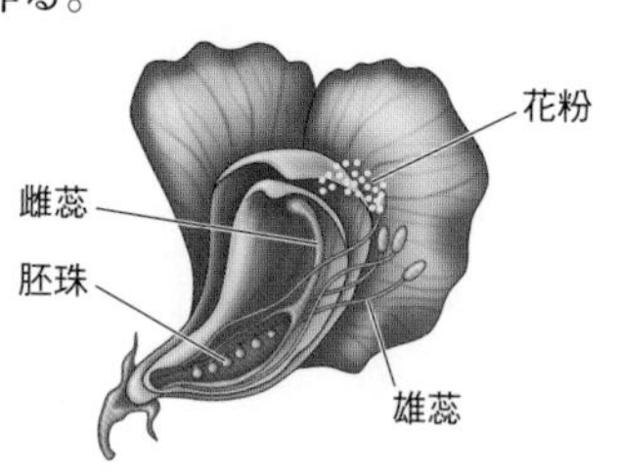

エンドウは通常、自家受精（受粉）を行う。したがって、同じ花の持つ雌雄の配偶子の間で受精が起こる。しかし、雄性器官の雄蕊を花から除去することで、別の個体の花から得た花粉で人為的に受精させることが可能になる。メンデルが実施したのは、まさにこの人為的交配であった。

エンドウには容易に識別できる特徴を持つ多くの品種がある。**特徴**とは、種子の形態のように観察が可能な物理的特性である。一方、**形質**とは、丸種子あるいはシワ種子といったある特徴における特定の型をいう。メンデルは種子の形や色、花の色をはじめ、７つの特徴について対照的な形質を示す品種を選んで用いた。これらの品種は純系であった。つまり、シワ種子を付けるエンドウを同じ品種の他個体と交配したときには、全ての子孫がシワ種子を付けることになる。

以下で述べるように、メンデルはエンドウの特定の形質が継承される仕組みを説明する１組の仮説を立て、それを検証するための交配実験を考案した。メンデルの行った実験は次のようなものだった。

- メンデルは１株の親植物の花から雄蕊（雄性器官）を除去（除雄）して自家受粉できないようにした。続いて、別の親株から花粉を集めて除雄した花の雌蕊の先端（柱頭）につけた。花粉を提供する株と受け取る株は**親世代**に該当し、**P**と示した。
- やがて種子が結実し、植え付けられた。結実した種子と生育した植物体は**第一世代**（$\mathbf{F_1}$）となる（Fは“filial”の頭文字で親子関係を表し、「息子」を意味するラテン語の“filius”に由来する）。メンデルはF_1植物がどちらの親の形質を持つかを調べて、それぞれの形質を示すF_1植物の数を記録した。
- 続く実験では、F_1植物の一部を自家受粉させて、**第二世代**（$\mathbf{F_2}$）を得た。その後、F_2植物の形質も全て調べて数を記録した。

メンデルの第一実験は一遺伝子雑種交配だった

「雑種（ハイブリッド）」という用語は、１つ以上の特徴が異なる生物個体間の交配で生じた子孫をいう。最初の実験でメンデルは、１つの特徴について対照的な形質を示す両親（P）を交配し、F_1世代で一遺伝子雑種（モノハイブリッド）を得た（「モノ」はギリシャ語で「単一」を意味する“monos”に由来する）。メンデルはF_1種子を植え、生じたF_1植物を自家受粉させてF_2世代を得た。この交配法を**一遺伝子雑種交配**と呼ぶ。

メンデルは７つの特徴について同様の実験を実施した。この手法については、種子の形を例に用いて、「**生命を研究する**」：**メンデルの一遺伝子雑種交配実験**で解説する。メンデルが丸種子を付ける品種とシワ種子を付ける品種を交配すると、F_1種子は全て丸となり、シワ種子の形質は完全に消えたように思われた。しかし、F_1植物を自家受粉させてF_2種子を得ると、およそ4分の1がシワ種子であった。この2種類の交配結果は融合説と粒子説を見極める鍵となった。

1. F_1世代では、両親の示す2つの形質が融合されずに、一方の形質のみが現れた（上の例では丸種子）。
2. F_2世代の一部はシワ種子を付けた。この形質は融合によっ

表9.1　メンデルの一遺伝子雑種交配の結果

	親世代の表現型			
	顕性（優性）		潜性（劣性）	
	丸種子	×	シワ種子	
	黄色の種子	×	緑色の種子	
	紫色の花	×	白色の花	
	ふくらんだ莢	×	くびれた莢	
	緑色の莢	×	黄色の莢	
	腋生の花	×	頂生の花	
	長い茎（1m）	×	短い茎（0.3m）	

て消失してはいなかった。

こうした観察から遺伝の融合説は棄却され、粒子説が支持されることとなった。今では、遺伝の決定因子が実際には「粒子」ではなく、それぞれが物理化学的に独立した存在、すなわち、現在では**遺伝子**と呼ばれている染色体上のDNA配列であることが分かっている。

対照的な形質を示す品種間の７組の交配全てで同じようなデータが得られた（**表9.1**）。F_1世代では２つの形質のうち片方のみが現れたが、もう一方の形質はF_2世代の子孫の約４分の１で再び現れた。メンデルはF_1で現れ、F_2の多数でも現れ

F_2世代の表現型			
顕性（優性）	潜性（劣性）	全体	比
5,474	1,850	7,324	2.96：1
6,022	2,001	8,023	3.01：1
705	224	929	3.15：1
882	299	1,181	2.95：1
428	152	580	2.82：1
651	207	858	3.14：1
787	277	1,064	2.84：1

た形質を**顕性**（**優性**）、F_1で現れなかった形質を**潜性**（**劣性**）と呼んだ。F_2世代では、顕性と潜性を示す植物の比率はおよそ3：1だった（**表9.1**で示した比率を計算するには、顕性形質を持つF_2個体の数を潜性形質を持つ個体の数で割ればよい）。

表9.1を見れば分かるように、メンデルはそれぞれの特徴について数百から数千ものF_2世代の種子や植物を数えあげて、各形質を示す個体がどれほどあるのかを調べた。以下でより詳しく論じるが、ある植物が特定の形質を受け継ぐ確率と、他の植物が同じ形質を受け継ぐ確率は独立している。もしメンデルが「丸×シワ」の交配でわずかなF_2個体しか調べなかったとしたら、偶然にも全部が丸種子ということもありえた。あるいは、彼が実際に観察した結果よりもシワ種子の比率がずっと大きかったかもしれない。各形質の再現パターンを発見して遺伝法則を構築するために、メンデルは非常に多くの植物について調べたのだった。

メンデルは粒子説をさらに拡張した。メンデルは、遺伝の決定因子（後に私たちが遺伝子と呼ぶことになるものだが、メンデル自身がこの語を用いることはなかった）はペアの形で存在し、配偶子の形成に際して分離すると主張した（訳註：遺伝子という用語は1905年にウィリアム・ベイトソンが考案した）。そしてエンドウの個体はみな各特徴（種子の形など）について両親から1つずつ受け継いだ2つの遺伝子コピーを持つと結論した。現在では、各遺伝子を2コピー持つ状態を**二倍体**（**2*n***）、1コピーしか持たない状態を**半数体**（***n***）と呼ぶ。この用語については、第8章で細胞周期と減数分裂について学んだときに触れたので、読者のみなさんには既にお馴染みだろう。

メンデルは、各配偶子はそれぞれ遺伝子を1コピー持ち、2つの配偶子の融合によって生じる接合体は、結果として2コピーを持つと結論した。彼はさらに、特定の特徴に関する異なる形質は別の型の遺伝子（今では**対立遺伝子**または**アレル**と呼ばれる）から生じると推論した。例えば、メンデルは種子の形に関して、2種類のアレルを調べている。一方は丸種子、他方はシワ種子を与えるアレルであった。

- ある遺伝子について**ホモ接合**の個体は同型のアレルを2個（例えば、丸種子を決めるアレルを2コピー）持つ。
- ある遺伝子について**ヘテロ接合**の個体は異型のアレルを1個ずつ（例えば、丸種子を決めるアレルとシワ種子を決めるアレルを1コピーずつ）持つ。

ヘテロ接合体では、ペアをなすアレルのうち一方は顕性（例えば丸種子、*R*）で、他方は潜性（シワ種子、*r*）である（訳註：遺伝子型はイタリック体で示す）。慣例に従い、顕性アレルを大文字で、潜性アレルを小文字で表す。顕性と潜性という用語は、それらが並存するときにどちらの表現型が現れるかを述べているだけであることに留意されたい。どちらのアレルがより強いか、より良いか、あるいはより一般的かを意味しているのではない（訳註：アレルが現す形質に優れている、劣っているという意味合いは必ずしもない。したがって、2つの異なるアレルをヘテロ接合で持つ雑種個体で現れる表現型を顕性、隠れているが後代で再び現れる表現型を潜性と呼び、対応するアレルを顕性アレル、潜性アレルと呼ぶ）。

生物の外見に現れる形を**表現型**と呼ぶ。表現型はそれを示している個体の**遺伝子型**あるいは遺伝子構成の産物であるとメンデルは主張した。丸とシワの種子は2つの表現型であり、2種類のアレルを組み合わせて作りうる3種類の遺伝子型から生じている。シワ種子の表現型が遺伝子型*rr*から生じるのに対し

95ページへ→

生命を研究する　メンデルの一遺伝子雑種交配実験

実験

原著論文：メンデルのドイツ語の原著論文 "Versuche über Pflanzen-Hybriden" と、詳細な説明をつけたその英語翻訳版はオンラインで閲覧可能である。(www.mendelweb.org/Mendel.plain.html)

メンデルはエンドウマメの交配実験を行い、結果を丹念に解析して、遺伝の決定因子は粒子であることを示した。

仮説▶ 対照的な形質を示すエンドウの２系統を交配すると、後代では形質が不可逆的に融合する。

方法

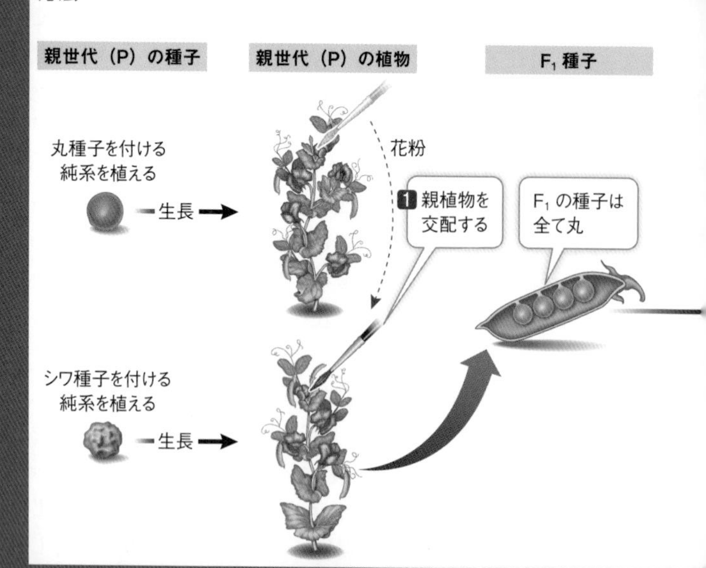

て、丸種子の表現型は遺伝子型RRとRrのいずれかから生じる(Rアレルは顕性形質を、rアレルは潜性形質を決めるから)。

メンデルの第一法則:分離の法則
各遺伝子の2つのコピーは分離する

メンデルの理論は、一遺伝子雑種交配のF_1世代とF_2世代で出現する形質の比率をどのように説明しているのだろう？　メンデルの第一法則である**分離の法則**によれば、*どんな個体でも配偶子を作るときには各遺伝子の2コピーが分離し、それぞれの配偶子がどちらか一方のみを受け継ぐことになる*。したがって、遺伝子型RRの親が作る配偶子は全てRアレルを持ち、遺

97ページへ→

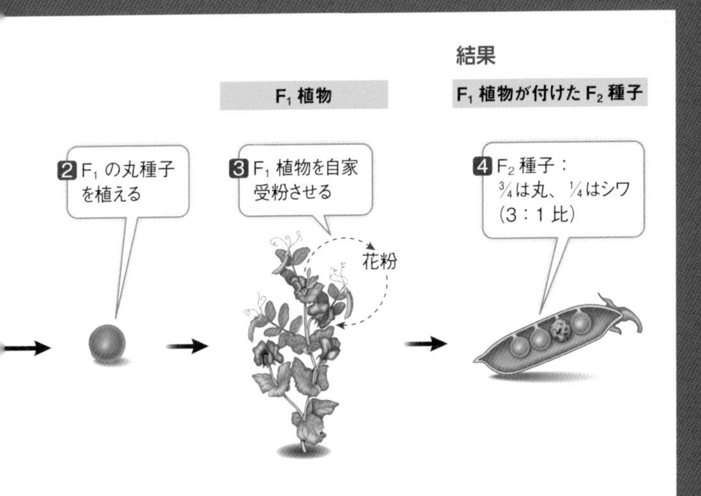

結論▶　仮説は棄却される。形質が不可逆的に融合することはなく、潜性形質が後代で再び現れうる。

データで考える

メンデルの一遺伝子雑種交配は遺伝の融合説を棄却する鍵となった。前項の実験は丸種子とシワ種子の一遺伝子雑種交配であるが、メンデルは他にも緑色の種子と黄色の種子を付ける純系間の交配も行っている。この交配で得たF_1世代は全て黄色の種子をつけた。続いてメンデルは、F_1植物を自家受粉させて得たF_2世代の種子の色を解析した。表は、メンデルの論文で報告されたF_2世代の各植物個体から得た実際のデータの一部である。メンデルは数学的計算をし、この2つの形質の全体比を示した。ただしメンデルは、データのばらつきが遺伝の一般的な比を反映しているのか、単なる偶然なのかを見極めるための統計解析は実施していない（訳註：この目的で今も多用される統計解析法のカイ2乗検定がカール・ピアソンによって開発されたのは1900年のことだった）。

質問▶

1. F_2世代の黄色と緑色の種子の比が3：1であるという仮説に基づき、カイ2乗検定で表の各個体の結果を解析せよ。この仮説について、各個体からどんな結論を下せるか？　0.05より大きい*P*値を与える交配はいくつあるか？
2. 全ての個体データを総計して、もう一度カイ2乗検定をせよ。どんな結論が下せるか？　遺伝の研究では多くの個体を扱う必要があるという点について、この解析から何が言えるか？

	種子の色	
植物個体	黄色	緑色
1	25	11
2	32	7
3	14	5
4	70	27
5	24	13
6	20	6
7	32	13
8	44	9
9	50	14
10	44	18

伝子型*rr*の親が作る配偶子は全て*r*アレルを持つ。*Rr*個体では、配偶子の半数は*R*アレルを、残りの半数は*r*アレルを持つことになる。では、これらの配偶子が融合して次世代を作るときには、どのような遺伝子型が出現するだろうか？　交配で生じるアレルの組み合わせは**パネットの方形**を用いて予想できる。このやり方を用いると、子孫で期待される遺伝子型の出現率を計算する際に、可能な配偶子の組み合わせを漏れなく確実に考慮できる。パネットの方形とは以下のようなものである。

パネットの方形は、ありうる全ての雄性配偶子（半数体の精細胞）の遺伝子型を上辺に、ありうる全ての雌性配偶子（半数体の卵細胞）の遺伝子型を左辺に並べた単純な格子である。格子を構成する四角に配偶子の各組み合わせから生じる二倍体の遺伝子型を埋め込むことで、格子は完成する。

RR×*rr*の交配からできる子孫をパネットの方形で導いてみよう（**図9.1**）。F_1世代の遺伝子型を決めるには、雄性配偶子（花粉管から送り出される精細胞）からの*r*と雌性配偶子（胚珠内の卵細胞）からの*R*を各四角に配置すればよい。この交配の全ての子（F_1世代）は*Rr*遺伝子型で、丸い表現型の種子を付ける。では、このF_1世代を互いに交配してF_2世代を作るとどうなるか？　パネットの方形を埋めれば、F_2世代では*RR*、*Rr*、*rR*、*rr*の４種類のアレルの組み合わせがあり得ることが直ちに分かる（**図9.1**）。*R*が顕性だから、F_2世代で丸種子ができるのは３通り（*RR*、*Rr*、*rR*）あり、シワ種子ができるのは１通り（*rr*）だけとなる。したがって、F_2世代では丸種子と

シワ種子が3：1の比で生じると予想できるが、これはメンデルが実験で比較した全ての形質で観察された比率に驚くほど近い（**表9.1**）。

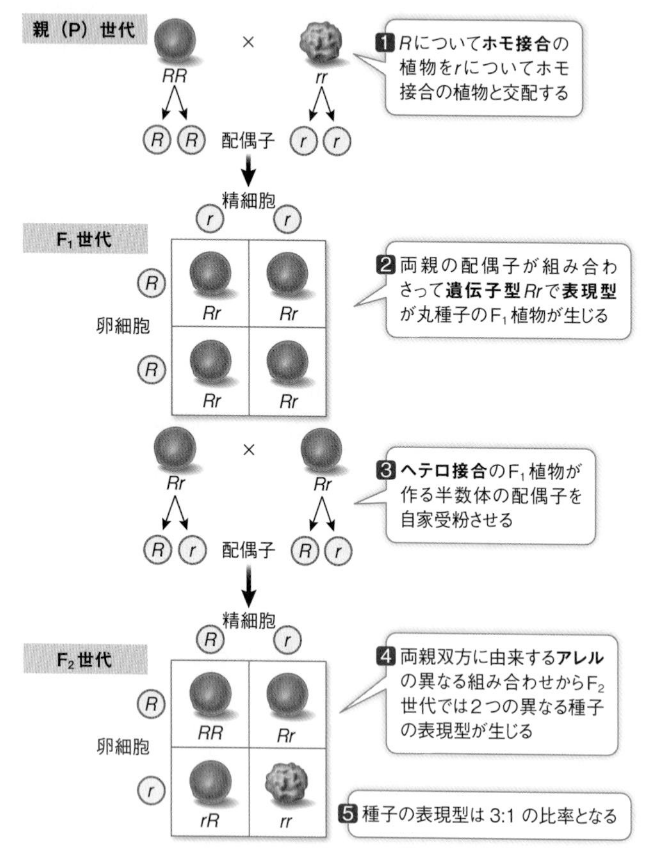

図9.1　メンデルの遺伝実験
メンデルは、遺伝は両親双方に由来し子孫において融合することのない独立した因子に基づくと結論した。

メンデルは、染色体とDNAの発見によって彼の理論が確かな物理化学的基礎に裏付けられていたことが証明されるのを存命中に知ることはできなかった。遺伝子は染色体を構成するきわめて長いDNA分子上の塩基配列であることが今では分かっている。*減数分裂を理解している読者のみなさんは、減数第一分裂で染色体が分離する際に、ペアをなす各遺伝子のアレルが分離する様子を思い描くことができるだろう（**焦点：キーコンセプト図解　図9.2**）。

---

*概念を関連づける　**図8.15**で示したように、相同染色体は減数分裂で分離し、最終的に半数体（*n*）の染色体数を持つ配偶子を作る。

遺伝子は、おもに酵素のような特定の機能を持つタンパク質を作る設計図であるという役割を通して、表現型を決定していることが今日では分かっている。多くの場合、顕性遺伝子が発現して（転写・翻訳されて）機能を持つタンパク質を作る一方で、潜性遺伝子は発現しない、あるいは発現しても機能を持たない変異タンパク質をコードする変異遺伝子である。例えば、遺伝子型*rr*のエンドウが付けるシワ種子の表現型は、デンプン合成に必須のデンプン枝つけ酵素あるいは分枝酵素（SBE1）と呼ばれる酵素タンパク質の欠損で起こる。デンプン量が少ないと、発達中の種子はショ糖を多く含むことになり、浸透圧によって水を多く種子内に取り込んでしまう。しかし、種子が完熟して乾燥すると水分が失われ、種子にシワが寄る。*R*アレルが１コピーあれば十分な量のSBE1が産生され、シワ種子の表現型は発現しない。それゆえ、*R*は*r*に対して顕性だと言えるのである。

焦点：キーコンセプト図解

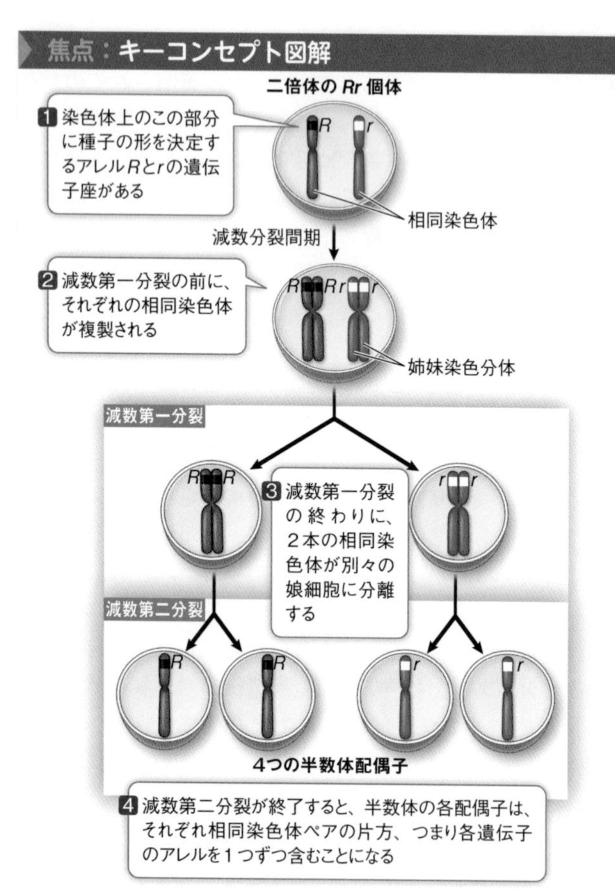

図9.2　減数分裂が対立遺伝子（アレル）の分離を説明する
メンデルは染色体や減数分裂の知識を持っていなかったが、今日では、対をなすアレルが相同染色体上に存在し、減数分裂期に分離することが分かっている。

Q：エンドウの葉の細胞は14本の染色体を持つ。だとすれば、その配偶子は何本の染色体を持つか？

メンデルは仮説を検定交配によって検証した

メンデルは一連の仮説を立て、それを検証する実験を綿密に計画し実施することで遺伝法則に辿り着いた。仮説の1つは、表現型を丸種子とするアレルの組み合わせが2組（*RR*か*Rr*）ありうるというものだった。メンデルはこの仮説を、別の様々な交配から得たF_1種子を検定交配することによって検証した。**検定交配**は、顕性形質を示す個体がホモ接合かヘテロ接合かを判定する際に用いられ、対象となるF_1個体を潜性アレルのホモ接合体と交配する。というのは、潜性形質を示す個体は全て潜性アレルのホモ接合体なので、同定しやすいからである（訳註：潜性形質を示すホモ接合体の作る配偶子は潜性アレルのみなので、次代の表現型から遺伝子型が直ちに分かる）。

種子の形を決める遺伝子について潜性ホモ接合体の種子はシワとなり、その遺伝子型は*rr*である。検定対象の個体の2番目のアレルは当初不明であるから、ひとまず*R_*と表す。このとき、以下の2通りの結果が予想できる。

1. 検定対象の個体が顕性ホモ接合（*RR*）であれば、検定交配の全ての子はヘテロ接合（*Rr*）で顕性形質（丸種子）を示す（図9.3左）。
2. 検定対象の個体がヘテロ接合（*Rr*）であれば、検定交配の子のおよそ半数はヘテロ接合（*Rr*）で顕性形質を示し、残りの半数は潜性アレルのホモ接合（*rr*）となる（図9.3右）。

メンデルは予想のどちらとも合致する結果を得た。つまり、彼の仮説は検定交配の結果を正確に予測していたのである。

実験

図9.3　ホモ接合かヘテロ接合か？

原著論文：メンデルのドイツ語の原著論文“Versuche über Pflanzen-Hybriden”と、詳細な説明をつけたその英語翻訳版はオンラインで閲覧可能である。（www.mendelweb.org/Mendel.plain.html）

顕性形質を示す個体はホモ接合またはヘテロ接合のいずれか一方の遺伝子型を持つ。検定交配で遺伝子型を判定することができる。

仮説▶　検定交配の子によって対象個体がホモ接合かヘテロ接合かを明らかにできる。

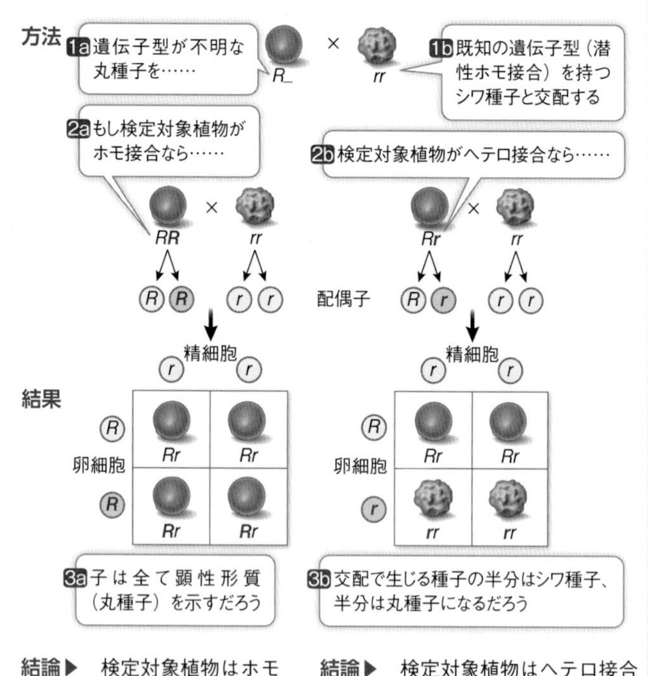

結論▶　検定対象植物はホモ接合だろう。

結論▶　検定対象植物はヘテロ接合だろう。

メンデルの第二法則：独立の法則
異なる遺伝子のコピーは独立に組み合わされる

では次に、２つの異なる遺伝子の遺伝形式を考えてみよう。種子の色（黄色か緑色か）と形（丸かシワか）を決める遺伝子についてヘテロ接合である個体を例にとる。ここでは、顕性アレル*R*と*Y*は一方の親に、潜性アレル*r*と*y*はもう一方の親に由来するとしよう。この個体が配偶子を形成する際には、*R*と*Y*のアレルは常に同じ配偶子に一緒に入り、*r*と*y*のアレルはもう１つの配偶子に入るのだろうか？　それとも、１個の配偶子が潜性アレルと顕性アレルを１つずつ（*R*と*y*または*r*と*Y*）受け取ることが可能なのだろうか？

メンデルはこうした疑問を解くため、新たに一連の実験を実施した。彼は２つの特徴（種子の色と形）が異なるエンドウを用いた。片方の親株は丸く黄色い種子（*RRYY*）のみを、他方はシワで緑色の種子（*rryy*）のみを付ける。これら２系統の交配から生じるF_1世代は全てが*RrYy*である。アレル*R*と*Y*はどちらも顕性だから、F_1種子は全て丸く黄色であった。

メンデルはこうした実験を続け、同一の二重ヘテロ接合体を交配する**二遺伝子雑種（ジハイブリッド）交配**を実施して、F_2世代を得た。この実験にあたって、メンデルは全て二重ヘテロ接合型であるF_1を自家受粉させるだけでよかった（訳註：受粉は雌蕊の柱頭が花粉を受けること、一方で受精は受粉した花粉の精細胞が雌蕊の卵細胞と融合することをいう）。２つの遺伝子のアレルが一緒に継承されるか別々に継承されるかによって、メンデルが予想したように、以下の２通りの結果が考えられる。

1. *アレルは親世代が有していた組み合わせを維持するかもしれない。*この場合には、F_1植物は２つの配偶子型（*RY*と*ry*）を作る。このF_1植物の自家受粉で生じるF_2世代は*２種*

*類の表現型*を示し、一遺伝子雑種の場合とまったく同じように、黄色い丸種子と緑色のシワ種子が3：1の比率で出現するだろう。

2. *Rとrの分離はYとyの分離から独立しているかもしれない。つまり、2つの遺伝子は連鎖していない*。この場合には、4種類の配偶子（*RY*、*Ry*、*rY*、*ry*）が同じ数だけ生じるだろう。これらの配偶子がランダムに組み合わされ

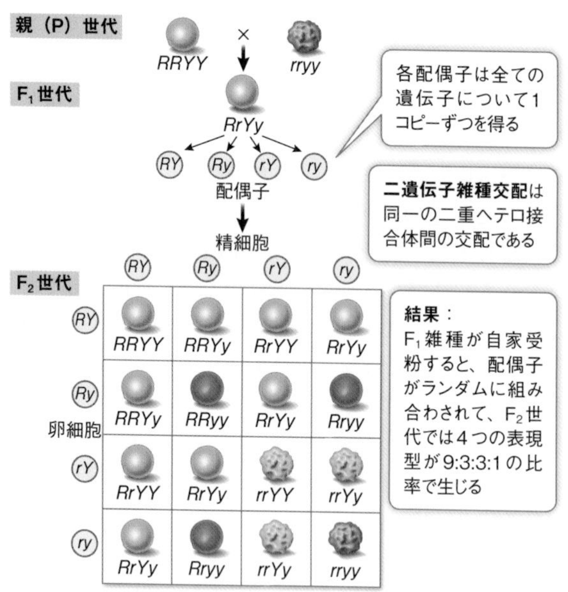

図9.4　独立組み合わせ
この二遺伝子雑種交配では、16通りの配偶子の可能な組み合わせから9通りの異なる遺伝子型が生じる。*R*と*Y*はそれぞれ*r*と*y*に対して顕性だから、9通りの遺伝子型から4通りの表現型が9：3：3：1の比率で出現する。これらの結果は2つの遺伝子が独立して組み合わされることを示している。

ば、F_2世代では*4種類の表現型*（丸で黄色、丸で緑色、シワで黄色、シワで緑色）が得られるはずである。以上の可能性をパネットの方形に当てはめると、これら4種類の表現型は9：3：3：1の比率で出現すると予想できる。

メンデルの実験結果により、2つ目の予測が裏付けられた。4種類の異なる表現型がF_2世代でおよそ9：3：3：1の比率で現れたのである（**図9.4**）。これらの実験結果から、メンデルは第二法則を導いた。*異なる遺伝子のアレルは配偶子の形成に際して互いに独立に組み合わされる*とする**独立の法則**である。上記の例で、Rとrの分離はYとyの分離から独立している。メンデルの第二法則は今では減数分裂から理解できる（**図8.15**）。すなわち、配偶子の形成に際して*染色体は独立に分離*するので、別々の染色体ペア上にある2つの遺伝子もまた独立に分離する（**焦点：キーコンセプト図解　図9.5**）。

確率は遺伝の予想に役立つ

メンデルが成功できた鍵の1つとして、多数の個体を実験に用いたことが挙げられる。各交配実験で得られた多くの子孫を数えあげたことが功を奏して、メンデルは明確なパターンを見出し、それをもとに理論を構築しえたのである。メンデルの研究が広く知られるようになると、遺伝学者たちは特定の交配の子孫で生じる遺伝子型や表現型の比率を予測するために単純な確率計算を用いるようになった。彼らは統計学を用いて、実際の結果が予測と合致するか否かを判断している（これについては、既に96ページの「データで考える」で試みている）。

確率については、コイントスを想像するとよく分かる。確率論の基本的な前提は単純である。

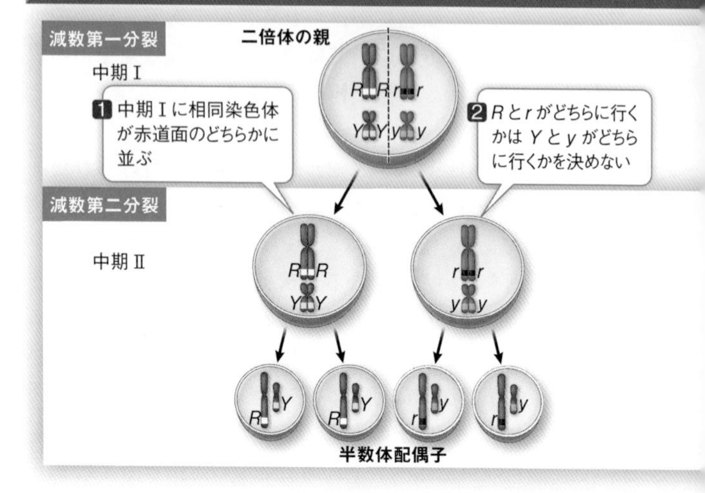

図9.5　アレルの独立組み合わせは減数分裂で説明できる
異なる染色体上の遺伝子コピーは減数第一分裂中期に独立して分離することは既に学んだ。したがって、遺伝子型*RrYy*の親は4種類の異なる遺伝子型の配偶子を形成しうる。

・もしある事象が確実に起こるなら、確率は1である。
・もしある事象が起こりえないなら、確率は0である。
・他の全ての事象が起こる確率は、1と0の間である。

コイントスには起こりうる結果が2通りあり、その起こりやすさはどちらも等しいので、表が出る確率は½、裏が出る確率も同じく½である。

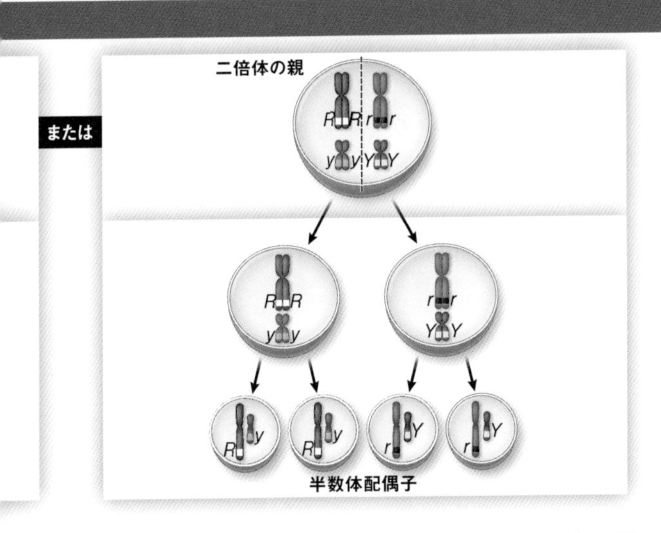

Q：単一の遺伝子をヘテロ接合で持つ二倍体は、２種類の遺伝子型の配偶子しか形成しない。ところが、ここに示したように、２つの遺伝子を持つヘテロ接合体からは４種類の遺伝子型の配偶子ができる。それでは、独立して組み合わされる４つの遺伝子を持つヘテロ接合体は何種類の遺伝子型の配偶子を作り出せるだろうか？（図解せずに答えなさい）

２つの硬貨（例えば１セント硬貨と10セント硬貨）を投げた場合、それぞれの動きは互いに独立している（**図9.6**）。どちらも表になる確率はどれほどだろう？　１セント硬貨が表になるのはコイントス全体のうち半分であり、10セント硬貨も表となる確率はそのうちの半分である。したがって、両方とも表になる確率は $\frac{1}{2} \times \frac{1}{2} = \frac{1}{4}$ となる。一般に、*２つの独立した事象が同時に生起する確率は個々の確率の積によって求められる*（**積の法則**）。積の法則は一遺伝子雑種交配の結果に見られる（図9.1）。遺伝子型RrのF_1植物を自家受粉させて得たF_2植物の遺伝子型がRRとなる確率は、精細胞が遺伝子型Rを持つ確率が$\frac{1}{2}$、卵細胞が遺伝子型Rを持つ確率も$\frac{1}{2}$だから、$\frac{1}{2} \times \frac{1}{2} = \frac{1}{4}$である。同様に、$rr$の子が出現する確率も$\frac{1}{4}$である。

確率はまた二遺伝子雑種交配で生じる表現型の比率を予想す

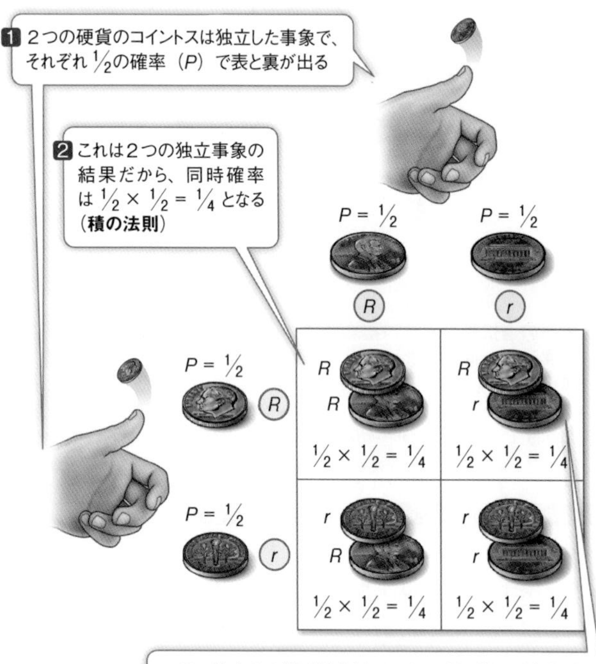

図9.6　遺伝学における確率計算の利用

コイントスの結果と同じく、ある交配で生じる子においてアレルが特定の組み合わせとなる確率は、それぞれの事象の起こる確率の積として求められる。ヘテロ接合体は2通り形成されるので、その確率は両方の確率の和となる。

る際にも役立つ。**図9.4**に示した実験に当てはめたらどうなるかを見てみよう。前述の原則に従って、F_2種子が丸種子である確率を計算できる。この場合は、ヘテロ接合体*Rr*が得られる確率（½）とホモ接合体*RR*が得られる確率（¼）を足せばよく、総和は¾となる（**和の法則**）。同様に考えて、種子が黄色の確率は¾である。2つの特徴は別々の遺伝子により決定され互いに独立しているので、

・種子が丸かつ黄色となる同時確率は $3/4 \times 3/4 = 9/16$ である。

では、F_2種子がシワかつ黄色となる確率はどうだろう？黄色の確率は変わらず¾、シワの確率は $1/2 \times 1/2 = 1/4$ である。したがって、

・種子がシワかつ黄色となる同時確率は $1/4 \times 3/4 = 3/16$ である。

同様の根拠から、

・種子が丸かつ緑色となる同時確率も $3/4 \times 1/4 = 3/16$ である。

そして、

・種子がシワかつ緑色となる同時確率は $1/4 \times 1/4 = 1/16$ である。

4種類全ての表現型を見れば、それらの予想出現比が9：3：3：1となることが分かるだろう。

パネットの方形やこうした単純な確率の計算を用いれば、特定の表現型を持つ子孫の予想比率を算出することができる。上記の二遺伝子雑種交配では、およそ16分の1のF_2種子がシワで緑色になると予想できる。しかしこれは、16個のF_2種子のうち1個が必ずシワで緑色となることを意味しない。コイントスでは常に、表が出る確率はそれ以前のあらゆる回で起こった事象から独立している。3回連続で表だったとしても、次のコ

イントスで表が出る確率は依然として½であり、4回投げて4回表が出ることも十分にありうる。しかし、硬貨を何度も投げ続ければ、そのおよそ半分で表が出る可能性が高い。もし交配の度にわずかな数の子しか調べていなかったら、メンデルは実際に観察した表現型の比率を得ることはできなかっただろう。遺伝の基礎にあるパターンを発見できたのはひとえに、メンデルが大きな数のサンプルを調べたためであった。

メンデルの法則はヒトでも観察できる

メンデルは、エンドウを使った多数の計画的な交配で生じたたくさんの子孫を数えて遺伝の法則を導き出した。どちらのやり方もヒトには適用できないので、人類遺伝学者たちの研究は**家系図**、すなわち、近縁の個人に出現した表現型（及びアレル）を数世代にわたって示す系譜に頼る他ない。家系図については本章冒頭の逸話で既に一例を取り上げたが、次ページではブレンダ・エリスの家系における赤毛の系譜を6世代にわたって見てみよう。

ヒトは多くの子どもを持つわけではないので、その家系図にはメンデルがエンドウで観察したような表現型の明確な比率が現れない。例えば、潜性アレルについてともにヘテロ接合（*Aa*）の男女が子どもをもうけたとすると、どの子も¼の確率で潜性ホモ接合（*aa*）となる。もしこのカップルが数十人の子どもを持ったなら、そのおよそ¼は潜性ホモ接合となるであろう。しかし、1組のカップルがもうける子どもの数はこれよりずっと少ないので、正確に¼という比率を示すことは稀である。例えば、子どもが2人の家族であれば、どちらの子も*aa*（あるいはどちらも*Aa*や*AA*）という場合も珍しくない。

図9.7(**A**)は、稀な顕性アレルの遺伝形式である。このような家系図を見るときに鍵となる特徴を以下に記す。

・当該形質を示す者（この図では全ての発症者）は全てその親のどちらかが同一形質を示す。
・当該形質を示す親の子は約半数がその形質を示す（この点は第三世代の12人のいとこで容易に見て取れる）。

この遺伝形式を、**図9.7(B)**で示した稀な潜性アレルの典型的な遺伝形式と比べてほしい。

・当該形質を示す子がその形質を示さない両親を持つことがある。
・当該形質を発現する者の割合は低い。両親がともにヘテロ接合なら、当該形質を発現する子は約¼である。

稀な潜性表現型を持つ家系では、血族間の結婚が珍しくない。こうした現象が見られるのは、異常な表現型を生じる潜性アレルの頻度が低いためである。表現型が正常な両親が異常な形質を発現した子（遺伝子型*aa*）を持つ場合、両親は２人ともヘテロ接合（*Aa*）でなければならない。もし特定の潜性アレルが一般的な集団中で稀ならば、ともにそのアレルを持つ男女が子どもをもうける確率はきわめて低い。しかし、潜性アレルが家系内に存在するなら、血族間で結婚した両親が揃ってそれを保有している場合もあるだろう（**図9.7(B)**）。このため、文化的に隔離された集団（アメリカのアーミッシュのような宗教による隔離など）や地理的に隔離された集団（離島など）の調査研究は人類遺伝学者にとって非常に大きな価値を持ってきた。こうしたグループに属する人々は、同じ稀な潜性アレルを持つ血族と結婚する可能性が高いからである。

メンデルの遺伝法則は今なお有効である。メンデルの発見

114ページへ→

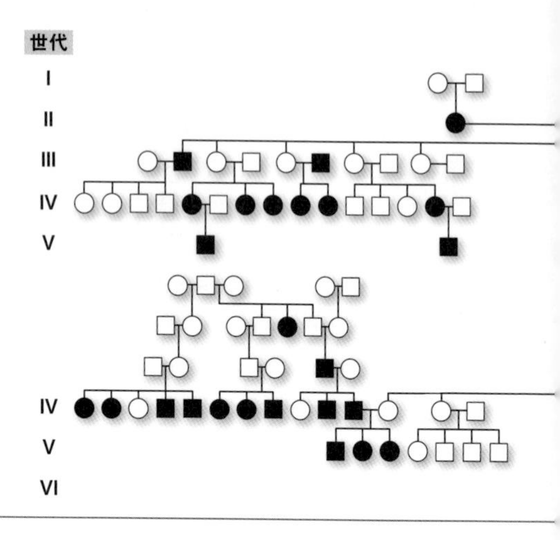

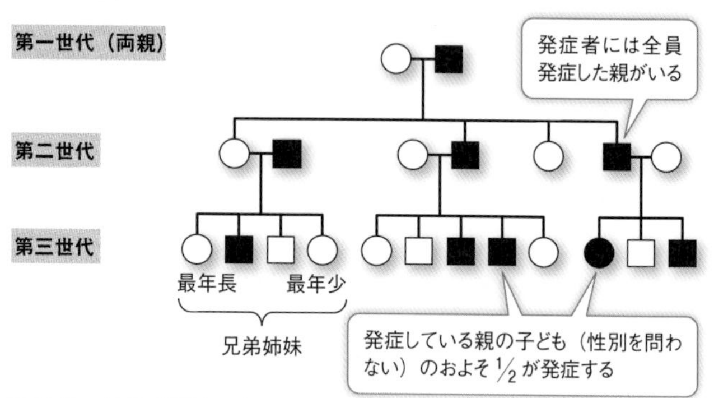

図9.7　家系図解析と遺伝

(A)これは、稀な顕性アレルに起因するハンチントン病を発症した血族の家系図である。この顕性アレルを受け継いだ者は必ず発症する。

(B)この家系図が示す血族は潜性形質のアルビノを発症するアレルを持つ。潜性形質なので、ヘテロ接合の者はアルビノとならないが、子孫にアルビノの原因となるアレルを伝達しうる。この血族では第三世代のヘテロ接合の親はいとこどうしだが、両親にたとえ血縁関係がなくとも、ヘテロ接合であれば同様の結果が生じるだろう。

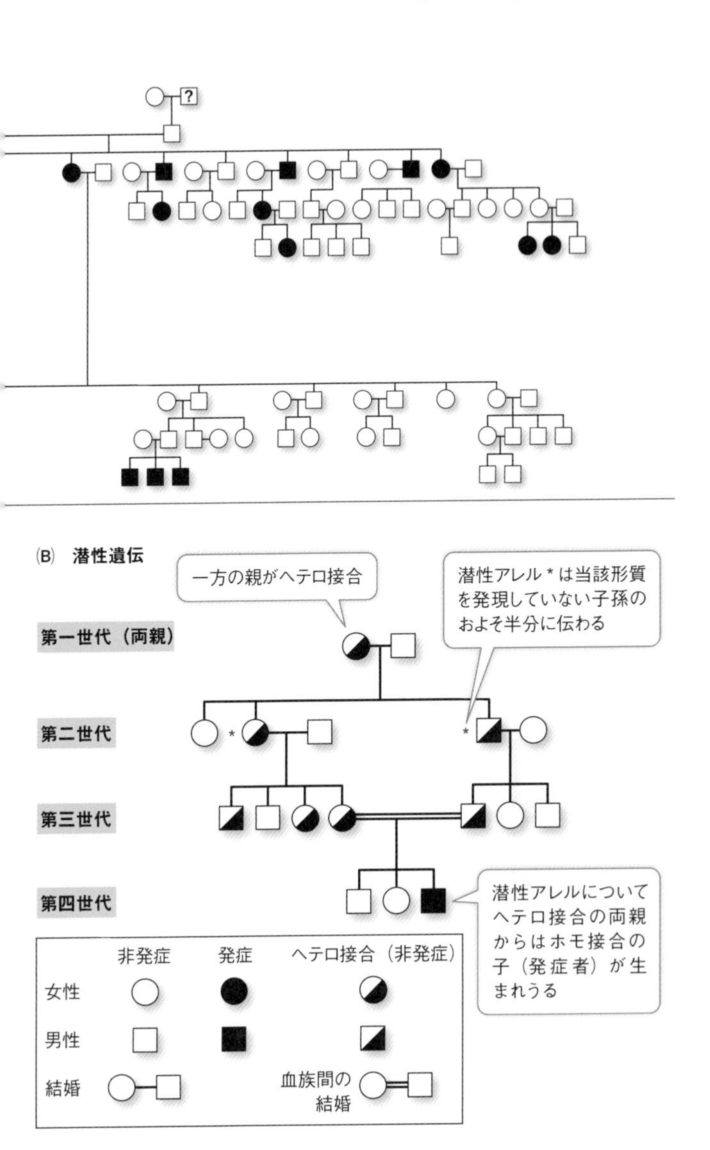
?
(B)　潜性遺伝
一方の親がヘテロ接合
潜性アレル＊は当該形質を発現していない子孫のおよそ半分に伝わる
第一世代（両親）
第二世代
＊
＊
第三世代
第四世代
潜性アレルについてヘテロ接合の両親からはホモ接合の子（発症者）が生まれうる
非発症
発症
ヘテロ接合（非発症）
女性
男性
結婚
血族間の結婚

は、のちの遺伝学におけるあらゆる研究の基礎を築いた。しかし当然ながら、物事は当初考えていたより実際にはずっと複雑なことが分かってきている。ここからは、そうした複雑な例を見ていこう。まずはアレル間の相互作用を取り上げたい。

9.2 複数のアレルによりいくつもの表現型が生じることがある

時間とともに遺伝子には多くの変化が蓄積し、新たなアレルが生み出される。こうして1つの特徴について、いくつものアレルが存在することになる。加えて、アレルは常に単純な顕性・潜性関係を示すわけではない。さらに、1つのアレルが複数の表現型効果を持つ場合もある。

学習の要点

・アレルは相互作用して中間の表現型をもたらす場合がある。

新たなアレルは突然変異によって生じる

遺伝子は**突然変異**を起こしうる。突然変異とは、遺伝物質に生じる次代に伝達可能な安定した遺伝的変化である。換言すれば、あるアレルは突然変異して別のアレルになりうるのである。例えば、ある時点でエンドウは全て茎が長く、この形質は茎の長短を決めるアレルTに依拠していたとしよう。あるときTに突然変異が起こり、新たなアレルtが生じたとする。もしこの*突然変異が減数分裂を行って配偶子を形成する細胞中にあったなら、配偶子の一部はアレルtを持ち、そこから生じるエンドウの子孫の一部もアレルtを持つことになるだろう。

突然変異は多様性を生み出すことによって、生物に進化の素材を提供する。

---

*概念を関連づける　キーコンセプト11.1では、突然変異をDNA塩基配列の変化として説明し、さらにキーコンセプト12.1では、様々な突然変異がそれぞれ違った形で表現型に影響する仕組みを説明する。

遺伝学者は通常、各遺伝子のある特定のアレルを**野生型**と定義する。野生型のアレルは自然界（野生）の大多数の個体が持ち、予想どおりの形質や表現型を発現させるものである。同じ遺伝子のその他のアレルはしばしば変異型アレルと呼ばれ、異なる表現型を与えることがある。この野生型と変異型のアレルは、染色体上の特定の位置にある同じ**遺伝子座**に存在する。野生型アレルを99％未満の確率で持つ（残りの１％以上が変異型アレルである）遺伝子座は、**多型的**（ポリモルフィック；ギリシャ語で「ポリ」は多数、「モルフ」は形を意味する）であると言われる（訳註：多型的な遺伝子座が示す状態を多型と呼ぶ）。

多くの遺伝子は複対立遺伝子（複アレル）を持つ

ランダムな突然変異のために、ある個体群の特定の遺伝子に３つ以上のアレルが存在することがある。各個体はそれぞれが父と母に由来する２つのアレルしか持たない。しかし個体群においては、複数の異なるアレルが存在しうる。事実、そのような例は枚挙にいとまがなく、そうしたアレルにはたいてい階層的な顕性・潜性関係が見られる。*C*遺伝子座の４種類のアレルで決まるウサギの毛色はその一例である。

1. Cは濃い灰色を決定する。
2. c^{chd}は薄い灰色のチンチラカラーを決定する。
3. c^{h}は色素が体の末端部に限って存在する（末端限定的な）ヒマラヤンカラーを決定する。
4. cはアルビノを決定する。

これらのアレルが持つ階層的な顕性・潜性関係は$C>c^{chd}, c^{h}>c$である。アレルCを持つウサギは（4種類のどのアレルと対になっても）どれも濃い灰色となり、遺伝子型ccのウサギはアルビノである。中間色は、**図9.8**に示したとおり、異なるアレルの組み合わせから生じる。この例が示すように、複アレルは発現しうる表現型の数を増やす。生化学的なレベルで言えば、これらのアレルはある酵素の活性レベルを変えることで、色素量に違いをもたらしているのである。

複アレルにまつわる重大かつ深刻な事例の1つとして、ヒトにマラリアを引き起こす寄生体（マラリア原虫）が挙げられ

可能な遺伝子型			
CC, Cc^{chd}, Cc^{h}, Cc	$c^{chd}c^{chd}$, $c^{chd}c$	$c^{h}c^{h}$, $c^{h}c$	cc
濃い灰色	チンチラ	ヒマラヤン	アルビノ
表現型			

図9.8　ウサギの毛色を決める複アレル
これらの写真は、ウサギの毛色を決めるC遺伝子座の4種類のアレルによって与えられる表現型を示している。2つのアレルの様々な組み合わせが毛色と色素分布に違いを生む。

る。マラリア原虫の遺伝子産物は、この病気の影響を低減するために設計され、広く利用されている一部の薬剤の標的となっている。マラリア原虫の当該遺伝子には多くのアレルがあり、一部のアレルは薬剤に非感受性の遺伝子産物を作る（つまり、薬剤は標的タンパク質に結合できない）。マラリア原虫は半数体だから、このような非感受性（耐性）遺伝子のうちの１つを持つマラリア原虫が薬剤処置を受けている人に感染すると、大多数の薬剤感受性アレルを持つ野生型の原虫が死滅するのを尻目に、耐性の原虫は生き残って増殖することになる。薬剤耐性を持つマラリア原虫はヒトに深刻な被害をもたらす。世界保健機関（WHO）の推定によれば、新規のマラリア感染は毎年２億件にのぼり、そのうち約50万人の患者が命を落としている。

顕性はいつも完全なわけではない

メンデルが研究したアレルのペアでは、ヘテロ接合体における顕性は完全である。すなわち、*Rr*個体は常に顕性*R*の表現型を示す。しかし、多くの遺伝子は互いに顕性でも潜性でもないアレルを持つ。ヘテロ接合体が顕性形質ではなく中間的な表現型を示し、一見かつての遺伝融合説を支持するかのように思われる場合がある。例えば、お馴染みの紫色の果実を付ける純系のナスを白色の果実を付ける純系のナスと交配すると、F_1は全て両親の中間のスミレ色の果実を付ける。しかし、さらなる交配実験をすると、見かけ上は融合説に合致するように思われるこの現象も、メンデル遺伝学の観点から説明できることが示される（**図9.9**）。紫色と白色のアレルは失われておらず、F_1植物を自家受粉させると、その２色が再び出現する。

ヘテロ接合体が２種類のホモ接合体の中間的な表現型を示す場合、その遺伝子は**不完全顕性**で制御されているという。換言すれば、どちらのアレルも顕性ではない。不完全顕性は自然界

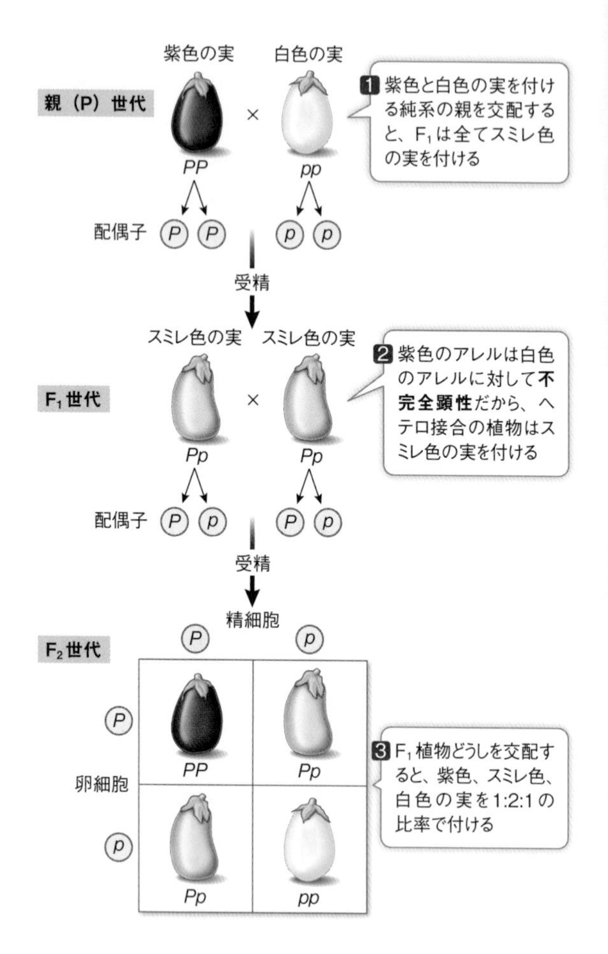

図9.9　不完全顕性もメンデルの遺伝法則に従う
どちらのアレルも顕性でないとき、ヘテロ接合体が中間的な表現型を示す場合がある。ヘテロ接合体の表現型（ここではナスのスミレ色の実）は融合した形質のように見えるかもしれないが、メンデルの遺伝法則から予測されるように、次世代以降で親世代の形質がもとの形で再び現れる。

ではごく一般的で、実のところ、全ての形質がたまたま完全顕性という特徴を持っていたメンデルのエンドウの研究こそ例外的なのである。

不完全顕性では１つの遺伝子座のアレルはどちらも発現している

ときとして、１つの遺伝子座の２つのアレルがヘテロ接合体においてそれぞれの表現型を同時に発現させることがあり、この現象は**共顕性**と呼ばれる。共顕性は、ヘテロ接合体が両親の表現型の中間的な表現型を示す不完全顕性とは異なる点に注意されたい。共顕性の好例は、ヒトのABO式血液型に見られる(これは複アレルの例でもある)。

初期の輸血の試みでは多くの患者の命が失われた。オーストリアの科学者カール・ラントシュタイナーは1900年頃、別々の人から得た血球と血清（血液から血球と血漿中の血液凝固因子を取り除いた部分）を混合すると、特定の組み合わせのみで血球と血清がうまく混ざることを発見した。それ以外の組み合わせでは、ある人の赤血球は別の人の血清が存在すると、凝集して血塊を形成したのである。この発見によって、受血者（レシピエント）の死を招かない輸血の実施が可能になった。

不適合輸血で血塊が生じるのは、「非自己」である分子や生物の侵入からみずからの身体を守ろうとする免疫機構というメカニズムが働くからである。抗体と呼ばれる血清中の特別なタンパク質が外来の分子や粒子と反応する。抗体によって認識される分子や粒子の特定部位を抗原と呼ぶ。赤血球では表面にあるオリゴ糖が抗原として機能する。例えば、血液型がＡ型の人はＡ抗原を作り、Ｂ型の人はＢ抗原を作る。これらの抗原は赤血球の表面に存在する特異的なオリゴ糖である。Ａ型の人がＢ型の血液を輸血されると、Ａ型の受血者の免疫機構が提供者

（ドナー）のB抗原を非自己と認識して、それに対する抗B抗体を産生する（図9.10）。同様に、B型の人はA抗原に対する抗A抗体を産生する（訳註：A型の人は抗B抗体を、B型の人は抗A抗体を輸血歴がなくても持っている）。しかし、共顕性のAB型の人はAとBの両方の抗原を作るが、どちらの抗原に対しても抗体を産生しない。そのため、AB型の人はほぼどんな人からも輸血を受けられる。O型の人はA抗原もB抗原も作らず、どの血液型の人へも血液を提供できるが、同じO型の人からしか輸血を受けられない（図9.10）。

赤血球の表面にあるオリゴ糖は、特定の糖の結合を触媒する

血液型	遺伝子型	体が拒絶する血液型	加えた抗体に対する反応	
			抗A抗体	抗B抗体
A	I^AI^A または I^AI^O	B		
B	I^BI^B または I^BI^O	A		
AB	I^AI^B	なし		
O	I^OI^O	A、B 及び AB		

抗体と反応しない赤血球は均一に分散している

抗体と反応する赤血球は凝集塊を形成する（まだら状の外観）

図9.10　ABO式血液反応は輸血の際に重要である

この表は、A、B、AB、O型の赤血球を抗A抗体あるいは抗B抗体を含む血清と混合した結果を示している。列を上から順に見ていくと分かるように、赤血球は抗A血清あるいは抗B血清と混合すると、血液型ごとにそれぞれ特有の結果が得られる。これが血液型の基本的な判定基準である。O型の人は抗原を持たず、誰にでも血液を供与できる。AB型の人はどちらの抗体も作らないから、誰からでも輸血を受けられる。輸血が不適合なら、その反応（赤血球の凝集）は受血者に深刻な有害事象をもたらしかねない。

酵素によって作られる。ABO遺伝子座はそうした酵素の１つをコードし、それぞれが異なる種類の酵素を作るI^A、I^B、I^Oという３種類のアレルを持つ。アレルI^Aのコードする酵素は*N*-アセチルガラクトサミンをオリゴ糖の既存の鎖に付加し、A抗原を作る。アレルI^Bのコードする酵素は同じ鎖にD-ガラクトースを付加し、B抗原を作る。アレルI^Oは潜性で酵素活性のないタンパク質をコードする。

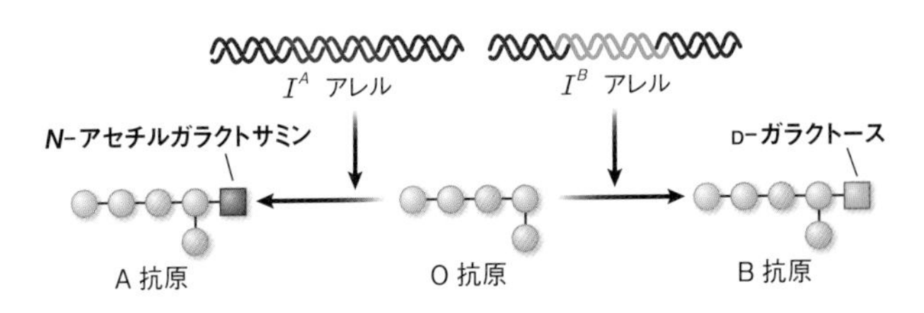

ヒトは両親のそれぞれから１つずつアレルを受け継ぐから、ABO遺伝子座に、I^AI^B、I^AI^O、I^AI^Aなど、３種類のアレルのいかなる組み合わせも持ちうる。アレルI^AとI^Bをともに持つ人はA抗原とB抗原のどちらも作り、赤血球には両方のオリゴ糖が生じるので共顕性である。

複数の表現型効果を持つアレルが存在する

１つのアレルが２つ以上の表現型に影響を与えうることが発見され、メンデルの法則はさらに拡張された。そのようなアレルを**多面発現的**であるという。ヒトの遺伝性フェニルケトン尿症はその一例で、精神遅滞と髪や皮膚の色素欠乏を引き起こす。この疾患は、アミノ酸のフェニルアラニンをチロシンに変換する肝臓の酵素をコードする遺伝子に変異を保有している人で発症する。この酵素の機能がなければ、体内のフェニルアラニン濃度が毒性レベルにまで上昇し、発達に様々な影響を与える。遺伝子とその機能に関する現在の知識に照らせば、代謝でこのように重要な役割を担う遺伝子が多面的な効果を持つのは驚くべきことではない。多面発現の例として、植物や動物でホルモンレベルに影響する産物をコードする遺伝子もあるが、それは多くのホルモンが体内で様々な役割を担っているからである。

ここまでは単一遺伝子がもたらす表現型の特徴について論じてきた。しかし多くの場合、表現型は複数の遺伝子の相互作用により決まる。事態をさらに複雑にしているのが、個体の置かれた物理的な外部環境および生理的な内部環境が遺伝子の発現に影響を与えること、すなわち表現型は多くの場合、遺伝子とともに環境によっても決定されるという事実である。

9.3 遺伝子は相互作用を通じて表現型を生み出しうる

同じ遺伝子の２つのアレルが相互に働いて１つの表現型をもたらすことは既に見た。ヒトの身長のような表現型は、同じ遺伝子の複数のアレルだけでなく、多くの遺伝子とその産物の影響を受ける。ここでは、そうした遺伝子の相互作用にまつわる遺伝学に目を向けよう。

学習の要点

- １つの遺伝子が他の遺伝子の発現に影響する場合がある。
- 環境は表現型に影響しうる。

エピスタシス（「上位に立つ」の意）は、１つの遺伝子の表現型発現が別の遺伝子に影響される場合に起こる。例えば、ラ

ブラドール・レトリバーの毛色は、2つの遺伝子（BとE）がコードするタンパク質によって決定される。

1. アレルB（黒色色素）はb（茶色色素）に対して顕性である。
2. アレルE（毛への色素沈着）はe（色素沈着がなく黄色の毛）に対して顕性である。

EEまたはEeを持つイヌのうち、BBかBbは黒色で、bbは茶色である。eeを持つイヌはB遺伝子が何であろうと黄色である（**図9.11**）。アレルB、bのどちらの発現にもアレルEの産物が必要だから、EはBに対して上位にある（エピスタティック）と言われる。

雑種強勢は新しい遺伝子の組み合わせと相互作用から生まれる

1876年、チャールズ・ダーウィンはトウモロコシの2つの異なる純系、つまりホモ接合の異なる2遺伝系統を交配すると、その子は両親のどちらの系統よりも草丈が25%高かったと報告した。しかしダーウィンのこの観察は、その後30年間はほとんど顧みられなかった。そうしたなか、1908年にジョージ・シャルはこの観察を「再発見」し、子孫では草丈だけでなく穀粒の生産量も劇的に増加するとの報告を行った（**図9.12**）。農学者はこれに注目し、シャルの論文は応用遺伝学の分野で大きな影響を与え続けることになった。雑種トウモロコシの栽培はアメリカをはじめ世界中で急速に広がり、トウモロコシの生産量を4倍にも増やした。この雑種育成の実践は、多くの農作物と家畜に広がっている。例えば、雑種の肉牛は同じ遺伝系統どうしを交配して作られた肉牛よりもずっと大きく成

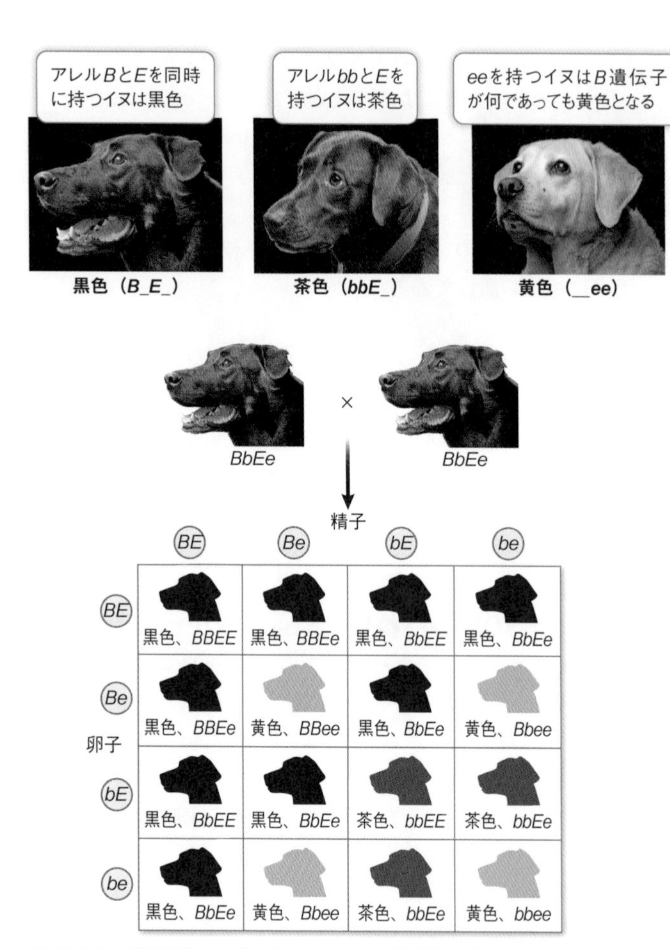

図9.11　遺伝子はエピスタティックな相互作用をすることがある
ある遺伝子が別の遺伝子の表現型上の効果を変化させるとき、エピスタシスが生じる。ラブラドール・レトリバーでは、遺伝子*E*, *e*が遺伝子*B*, *b*の発現を決める。

Q：黄色と茶色のレトリバーに黒色の子のみが生まれたとする。親の遺伝子型としてありうるのは何か？

図9.12　トウモロコシの雑種強勢
ホモ接合の２種類の親系統B73とMo17のトウモロコシを交配すると、より強勢な雑種ができる。

長し、長く生きる。

農民は何世紀も前から、近親個体間の交配（**同系交配**として知られる）は**近交弱勢**をもたらすことを知っていた。近交弱勢とは、有害であることが多い潜性アレルを持つ可能性の高い近親個体間の交配に起因する生物学的適応度の減少をいう。同系交配の子孫は、遠縁個体間の交配の場合よりも小型だったり低品質だったりしかねない。対照的に、系統をまたいだ異種交配からは優れた性質を持つ個体が出現することがあり、この現象は**雑種強勢**あるいは**ヘテロシス**と呼ばれる。

ヘテロシスが発現する仕組みは今なお分かっていないが、食糧生産を改善するうえで農業がどれほどヘテロシスに依存しているかを考えてみれば、その理解はきわめて重要である。これについて２つの競合する仮説が提唱されている。顕性説は、雑種は有害な潜性アレルをホモ接合で持つ確率が低いとの前提に基づき、雑種の優れた成長は近交弱勢がない結果であると説明する。超顕性説は、双方の親系統から受け継いだアレルの新しい組み合わせが相互作用する結果、親系統では起こりえないより優れた特徴が雑種で発現すると仮定する。最近の研究では、雑種で見られる多くの性質が実際に複数の遺伝子の制御下にあることを踏まえて、特定形質のヘテロシスには顕性効果と超顕性効果がともに貢献している可能性が示唆されている。

環境は遺伝子機能に影響を与える

個体の表現型はその遺伝子型のみで決まるのではない。*生物個体の表現型は遺伝子型と環境の相互作用*で決まる。これはゲノム配列決定の時代にあって心しておくべき特に重要な点である（第３巻の**第17章**で扱う）。ヒトゲノムの全塩基配列の解析が完了した2003年、ゲノムは「生命の書」ともてはやされ、ゲノムの知識から得られる恩恵に社会は大きな期待を寄せた（それは今も変わらない）。しかし、この種の「遺伝子決定論」は誤りである。光や温度、栄養などの環境変数が遺伝子型の表現型発現に影響することを、みなさんは既にご存じだろう。

この現象のよく知られた例の１つに、シャムネコやある種のウサギの毛に見られる「末端限定」模様がある（**図9.13**）。それらの動物は、体表全体を覆う濃色の毛皮の成長を制御する遺伝子の変異型アレルを持つ。この変異の結果、当該遺伝子にコードされる酵素は一定の温度（通常は35℃前後）以上で不活性となる。体の大部分ではこの温度以上の体温が維持されるので、体毛はほとんどが薄い色になる。しかし、足、耳、鼻や尻尾のような末端部分の体温はおよそ25℃と低いため、そうした部位の毛色は濃くなる。母親の胎内では末端部分も温かく保たれているので、末端限定模様の動物は出生時には全身が薄色である。

濃い毛色が温度に依存していることは、簡単な実験で分かる。末端限定模様のウサギで背中の薄色の毛を一部だけ取り除き、そこに氷嚢を当てておくと、濃色の毛が再生してくる。こ

図9.13　環境は遺伝子発現に影響する
このウサギとネコは「末端限定」模様と呼ばれる毛色のパターンを示している。これらの動物の遺伝子型は濃い毛色を決定しているが、濃い色素を合成する酵素は平常の体温では不活性となるので、末端部（体の中で特に体温が低い部分）だけにその表現型が現れる。

の事実は、毛を濃色にする遺伝子はそれまでもずっと発現していたが、温度環境が変異酵素の活性を阻害していたことを示している。

表現型に与える遺伝子と環境の影響は、以下の２つの要因（パラメーター）によって説明できる。

1. **浸透度**とは、特定の遺伝子型を持つ個体群のうち、期待される表現型を実際に示す個体の割合である。例えば、遺伝子*BRCA1*の変異型アレルを受け継いだ人の多くは乳癌を発症するが、発症しない人も存在する。したがって、*BRCA1*アレルの浸透度は不完全であると言われる。
2. **表現度**とは、ある遺伝子型が個体で発現する程度をいう。例えば、*BRCA1*の変異型アレルを持つ女性のなかには、表現型の一部として、乳癌と卵巣癌を発症する者がいるが、同じ変異を持っていても乳癌しか発症しない者もいる。したがって、この変異型アレルの表現度には差異があると言える。

複雑な表現型のほとんどは複数の遺伝子と環境によって決定される

メンデルがエンドウで調べたような単純な特徴はそれぞれ明確に区別でき、**質的**に異なる。メンデルが親世代として使用した純系のエンドウは、茎が長いか短いか、花が紫色か白色か、種子が丸かシワかのいずれかであった。しかし、ヒトの身長のような複雑な形質のほとんどでは、表現型は広い範囲にわたって多少とも連続的な分布を示す。背の高い人も低い人もいるが、多くはその両極端の間におさまる。集団中のこのようなばらつきは**量的**変動あるいは連続的変動と呼ばれる（図9.14）。

こうした変動のなかには、個人が保有するアレルによっておおむね決まるものもある。例えば、ヒトの瞳の色はほとんどの場合、濃いメラニン色素の合成と分布を制御する多数の遺伝子に起因する。黒い瞳はメラニン色素が多く、茶色の瞳では少なく、緑色や灰色や青色の瞳ではさらに少ない。メラニン色素が

図9.14　量的変動
量的変動は多数の遺伝子座の遺伝子と環境の相互作用によって生じる。写真の生徒たち（白い服の女子はおおむね、青い服の男子よりも背が低い）の身長は、多くの遺伝子と環境の相互作用を反映して連続的な変動を示している。

少ない人では、瞳の中の他の色素の分布が光の反射による色を決める要因となっている。

しかし多くの場合、*量的変動は遺伝と環境の両方の影響を受ける*。ヒトの身長は間違いなくこの範疇に入る。家族を見てみれば、両親と子どもはしばしば揃って背が高かったり低かったりする傾向がある。しかし、栄養もまた身長の決定に一役買っている。現在の18歳のアメリカ人は、曾祖父母が同じ年代だったときより約６％も身長が高い。このような劇的な効果を生み出す突然変異が母集団全体に広がるには３世代では足りないと考えられるので、身長の差は環境要因によるに違いない。

遺伝学者たちはそうした複雑な特徴をともに決定している遺伝子座を**量的形質遺伝子座（QTL）**と呼ぶ。こうした遺伝子座の同定は主要かつ重要な挑戦課題である。例えば、ある品種のイネが生育期に実らせる穀粒の量は、相互に作用する多くの遺伝因子によって決まる。作物の育種家たちは、高収量のイネ品種を開発するためにそれらの因子を解明しようと多大な努力を重ねてきた。同様に、病気のかかりやすさや行動といったヒトの特徴も、量的形質遺伝子座にいくぶん影響を受ける。近年、ヒトの身長決定に関与する多くの遺伝子の１つが同定された。遺伝子*HMGA2*には身長を４ミリメートル伸ばす能力のあるアレルが存在すると考えられている。

遺伝子が染色体上の特定の座位を占めるという発見をもとに、メンデルの後継者たちは彼の遺伝モデルを物理的に説明するとともに、メンデルの第二法則が当てはまらない事例があることをも解説できるようになった。次節では、その経緯について見ていこう。

9.4 遺伝子は染色体上に存在している

遺伝子の数は染色体の数よりずっと多い。同一染色体上で物理的に連鎖した様々な遺伝子の研究から、メンデルの独立の法則に従わない遺伝形式を明らかにできる。こうした形式は互いに連鎖した遺伝子を同定し、それらが染色体上でどれだけ離れているかを決定するのに有効である。

学習の要点

- 同一染色体上にある遺伝子は連鎖している。
- 同一染色体上の遺伝子の位置を推定する手段として組換え頻度が用いられる。
- 性染色体上の遺伝子によって決定される表現型の遺伝形式は、常染色体上の遺伝子のそれとは異なる。

遺伝的連鎖はショウジョウバエ（*Drosophila melanogaster*）で最初に発見された。小型で交配が容易であり、染色体数が8本と少なく世代時間が短いため、ショウジョウバエは魅力的な実験材料である。1909年の初めに、コロンビア大学のトーマス・ハント・モーガンと学生たちがショウジョウバエの研究に先鞭をつけたが、この昆虫は今日でも遺伝学の研究にとって重要なモデル生物である。

連鎖した遺伝子は一緒に伝達される

ショウジョウバエでモーガンが実施した交配のうちには、メンデルの独立の法則から予測される表現型の出現比率に合致しないものがあった。モーガンは2つの遺伝子座BとVgで既知の遺伝子型を持つショウジョウバエを交配した。

1. B（野生型で灰色の体色）はb（黒色の体色）に対して顕性である。
2. Vg（野生型の翅）はvg（痕跡翅、翅がごく小さい）に対して顕性である。

モーガンは初めに、顕性ホモ接合体の$BBVgVg$を潜性ホモ接合体の$bbvgvg$と交配しF_1世代を作った。続いてF_1の検定交配、$BbVgvg \times bbvgvg$を実施した。モーガンは４つの表現型が１：１：１：１の比率で出現すると期待したが、観察結果は違った。体色を決める遺伝子と翅の大きさを決める遺伝子は独立に組み合わされず、むしろそれらは一緒に遺伝する傾向が強かった（図9.15）。

モーガンには染色体と減数分裂の知識があった。データを説明するために、モーガンはショウジョウバエの２つの遺伝子座が同じ染色体上にある、すなわち、それらが連鎖しているのではないかと考えた。BとVgの遺伝子座が実際に同じ染色体上にあるとしよう。モーガンのF_1の全てが両親の表現型を示したわけではないのはなぜなのか？　換言すれば、この交配から灰色で正常な翅を持つハエと黒色で痕跡翅を持つハエが１：１の比率で現れなかったのはどうしてだろうか？　もし連鎖が完全であれば、すなわち染色体が常に完全で変化しなかったならば、子には親と同じ２種類のハエしか出現しないはずである。しかし、実際にはいつもそうとは限らない。

遺伝子は染色分体間で交換でき、それに基づき染色体地図上に位置付けられる

もし連鎖が完全なら、メンデルの独立の法則は異なる染色体上の遺伝子座についてのみ当てはまるはずである。ところが実

134ページへ→

実験

図9.15Ⓐ　独立に組み合わされないアレルがある

原著論文：Morgan, T. H. 1912. Complete linkage in the second chromosome of the male of *Drosophila*. *Science* 36: 719-720.

モーガンの研究は、ショウジョウバエの体色と翅の大きさを決める遺伝子が連鎖しており、それらのアレルが独立には組み合わされないことを明らかにした。

仮説▶　異なる特徴を制御するアレルは常に独立して組み合わされる。

方法

ヘテロ接合のこの雑種個体は *BBVgVg* × *bbvgvg* の交配で生じた

BbVgvg（灰色の体色、正常翅）♀ × *bbvgvg*（黒色の体色、痕跡翅）♂

結果

遺伝子型	*BbVgvg* 灰色、正常翅	*bbvgvg* 黒色、痕跡翅	*Bbvgvg* 灰色、痕跡翅	*bbVgvg* 黒色、正常翅
独立組み合わせから期待される表現型	575	575	575	575
観察された表現型（個体数）	965	944	206	185

これらはメンデルの第二法則（独立の法則）から期待される結果である

ところが、実際の結果は法則とは一致しなかった

非組換え表現型（*BbVgvg*、*bbvgvg*）　組換え表現型（*Bbvgvg*、*bbVgvg*）

結論▶　仮説は棄却される。これら2つの遺伝子は独立に組み合わされず、（同じ染色体上にあって）連鎖している。

データで考える

図9.15Ⓑ　独立に組み合わされないアレルがある

原著論文：Morgan, T. H. 1912.

メンデルの研究は論文発表から35年を経て「再発見」された。そ

の頃、生物学者たちはメンデルが提唱した遺伝の法則には例外があることを見出しつつあった。トーマス・ハント・モーガンらはショウジョウバエで二遺伝子検定交配を行った。彼らは、連鎖をもっとも明確に検定するには、F_1どうしの交配で期待される表現型の分離比9：3：3：1とのずれの有意差ではなく、F_1と潜性ホモ型の検定交配（図9.3）で期待される分離比1：1：1：1とのずれの有意差を調べるのが有効であると考えた。モーガンのグループは続いて、連鎖は物理的な基礎を持つこと、すなわち遺伝子は染色体上で互いに連鎖しており、減数分裂時に稀に起こる交差（乗換え）によって頻度の低い表現型が出現するという仮説を立てた。これは実際の染色体の動きを調べることで確かめられた。

質問▶

1. モーガンは初めに、黒色で正常な翅のハエ（*bbVgVg*）と灰色で縮れた翅（痕跡翅）のハエ（*BBvgvg*）の二遺伝子交配を行った。F_1のハエどうしを交配すると、下の表に示したF_2表現型が得られた（実験１）。カイ２乗検定を用いて、観察データと9：3：3：1の期待値を比較せよ。両者に違いはあるか？　あるとすれば、その違いは有意か？
2. 連鎖を定量するためにモーガンは、黒色で正常翅のホモ接合体の雌と灰色で痕跡翅のホモ接合体の雄を交配した。モーガンはさらに、F_1の雌を黒色で痕跡翅の雄と交配した（これは、図9.15(A)の実験で示した検定交配と同じではないことに注意。図9.15(A)では、もとの両親は*BBVgVg*と*bbvgvg*であった）。この検定交配の結果は、以下の表の通りである（実験２）。これらの遺伝子は連鎖しているか？　連鎖しているとすれば、これらの遺伝子間の地図距離はどれほどか？　これらの結果が図9.15(A)で示した結果と大きく異なる理由を説明せよ。
3. 第３の実験で、モーガンは体色と翅の遺伝子がともにホモ接合であるハエの２遺伝系統を交配した。F_1は全て灰色・正常翅だった。このF_1どうしを交配した結果を下の表に示す（実験３）。F_1を生んだ両親の遺伝子型と表現型は何か？

	各表現型を示す子の数			
実験	灰色、正常翅	黒色、正常翅	灰色、痕跡翅	黒色、痕跡翅
1	2,316	1,146	737	0
2	578	1,413	1,117	307
3	246	9	65	18

際には、同じ染色体上の別の座位にある遺伝子は、減数分裂の際に分離することがある。減数分裂の前期Ⅰの間に2つの相同染色体が対応する部位を物理的に交換すれば、すなわち交差（乗換え）が起これば、遺伝子は組み換わることがある（**図9.16**）。**キーコンセプト8.2**で論じたように、DNAはS期に複

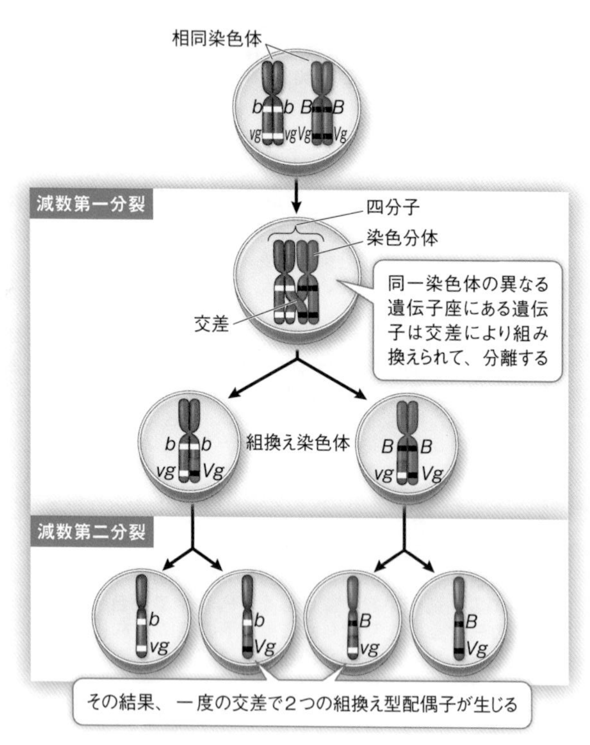

図9.16　交差は遺伝的組換えをもたらす
連鎖した遺伝子が必ずしも一緒に遺伝しない理由は、組換えによって説明できる。同じ染色体上の異なる遺伝子座にあるアレルは交差によって組み換えられ、分離することがある。このような組換えは減数分裂の前期Ⅰの染色分体間で起こる。

製されるから、相同染色体ペアが接近して四分子を形成する前期Ｉまでは、各染色体は２本の染色分体で構成されている。

遺伝子の交換は、四分子を構成する*４本の染色分体のうちの２本*、つまり、相同染色体ペアとなる２つの染色体のそれぞれに由来する２本の非姉妹染色分体間でのみ起こるが、染色体のどの部位でも起こりうることに注意されたい。交換される染色体部位は相互に均等であるから、交差に関与する染色分体はどちらも組換え体となる（すなわち、各染色分体は両親双方の遺伝子を持つことになる）。交換は通常、各相同染色体ペアの全長にわたって何ヵ所かで起こる。

２つの連鎖した遺伝子間で交差が起こった場合、交配で生じる子の全てが親の表現型を受け継ぐわけではなくなる。そうではなく、モーガンの検定交配と同じく、組換え型の子も出現する（図9.15）。それらが現れる頻度は**組換え頻度**と呼ばれ、組換え型の子の数を子の総数で割ることで求められる（図9.17）。遺伝子の交換は離れた遺伝子座間でのほうが起こりやすいから、組換え頻度は染色体上で近接した遺伝子座間よりも*遠く離れた遺伝子座間*で大きくなる。

遺伝学者たちは組換え頻度を計算することで染色体上の遺伝子の位置を推定し、さらに遺伝地図（連鎖地図）を描くことができる。以下の図は、遺伝子の種々の組み合わせに関する検定交配で得られた組換え頻度を用いて作成された、ショウジョウ

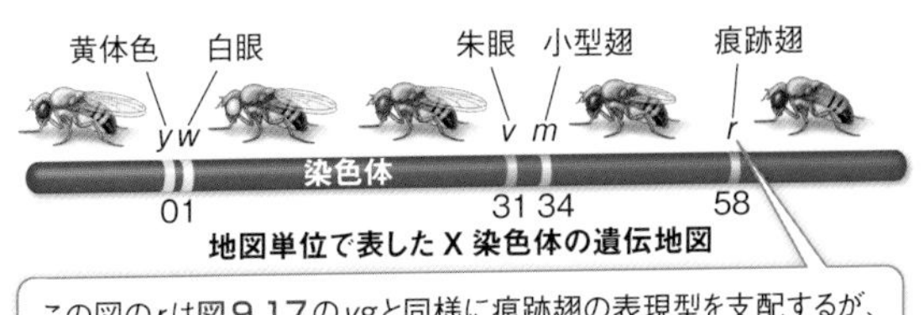

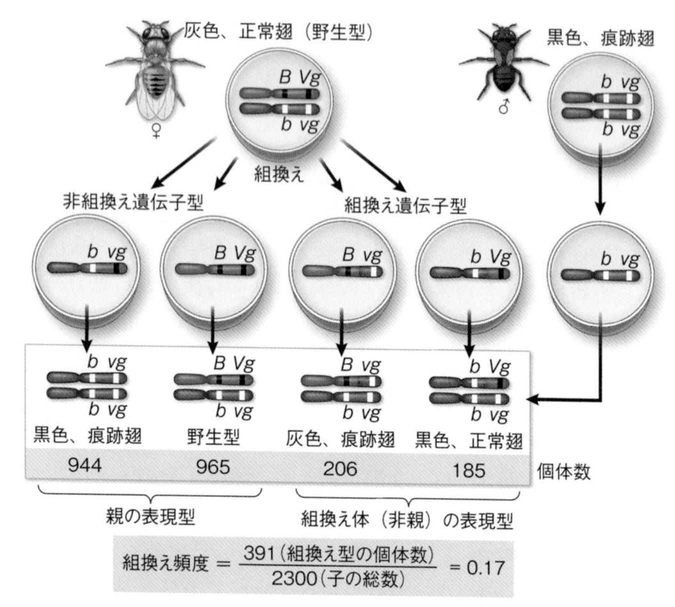

図9.17　組換え頻度
組換え型（両親のどちらとも異なる表現型を示す）の子の頻度は計算できる。

バエのX染色体上の5つの遺伝子を示した地図である（訳註：この元図は、モーガン研究室の学部4年生であったアルフレッド・スターテヴァントが研究室でそれまでに得られていたX染色体上の遺伝子に関する個別の二遺伝子交配の結果を総合して作成した世界初の遺伝子地図である）。

前記の地図では、yとwの組換え頻度は低く、2つの遺伝子は地図上で近傍にある。yとvの組換え頻度はずっと高いので、それらは遠く離れている。組換え頻度は地図単位（「センチモーガン（cM）」とも呼ばれる）に変換されており、1地図単位は平均組換え頻度0.01（1％）に相当する。

*遺伝子DNAの配列決定によって、遺伝学研究の一部領域では染色体地図の重要性は下がった。しかし、地図作りは特定のDNA配列が特定の表現型に対応することを確認するうえでは、依然として有効な手段である。連鎖を利用して、生物学者は遺伝子を単離し、重要な遺伝子と連鎖した遺伝マーカーを同定することができる。これは農業における作物や家畜の育種、さらには医学的に重要な変異を持つヒトの同定におおいに役立つ。

---

*概念を関連づける　**キーコンセプト17.1**で述べるように、遺伝子配列の決定技術は遺伝子の塩基配列を明らかにし、染色体上の遺伝子の開始点と終止点の特定を可能にする。

連鎖は性染色体の研究で明らかになった

メンデルの研究では、顕性遺伝子が雌親に由来するか雄親に由来するかは問題でなく、正逆交雑は常に同じ結果となった。しかし染色体の由来が問題となる場合がある。例えば、ヒトの男性は血友病と呼ばれる出血性疾患を父親からではなく母親から受け継ぐ。アレルがどちらの親に起源するかが問題となる遺伝形式を理解するには、それぞれの種における性決定の形式を考慮する必要がある。

染色体による性決定　トウモロコシでは、二倍体の成熟個体は全て雌雄の生殖器官を併せ持つ。これら２種類の構造を形づくる組織は、根と葉が遺伝的に同一であるのとまったく同じように、遺伝的に同一である。トウモロコシのように、同一個体が雌雄の配偶子を作る生物は**雌雄同体**（monoecious、ギリシャ語で「１軒の家」の意）と呼ばれる。ナツメヤシやほとんどの

表9.2　動物の性決定

動物グループ	仕組み
ミツバチ	雄は半数体（一倍体）、雌は二倍体
ショウジョウバエ	X染色体数と常染色体セット数の比が1以上であれば雌
鳥類	雄はZZ（ホモ接合）、雌はWZ（ヘミ接合）
哺乳類	雄はXY（ヘミ接合）、雌はXX（ホモ接合）

動物のように、雄性配偶子のみを作ることのできる個体と雌性配偶子のみを作ることのできる個体からなる生物は**雌雄異体**（dioecious、同じく「2軒の家」の意）という。換言すると、雌雄異体の生物では、性が異なれば別の個体である。

哺乳類と鳥類では、性は染色体の違いによって決定されるが、その決定様式は生物グループごとに様々である。例えば、哺乳類を含む多くの動物では、異なる1対の**性染色体**によって性が決定される。**常染色体**と呼ばれるその他の染色体は、雌雄ともにペアで存在する。例えば、ヒトは男女ともに22対の常染色体と1対の性染色体を持つ。種々の動物において性を決定する基盤となっている染色体については**表9.2**に要約した。

哺乳類の雌の性染色体はX染色体のペアからなる。一方、哺乳類の雄はX染色体を1本と、雌には見られないY染色体を1本持つ。雌はXX（ホモ接合）で雄はXY（ヘミ接合）と表される（訳註：XYはどちらもペアとなる一方を欠いておりヘミ接合と呼ばれる）。

哺乳動物の雄は2種類の配偶子を作る　哺乳類の雄が作る配偶子は完全な常染色体を1セット持つが、各配偶子がそれぞれの常染色体ペアのどちらか1本を持つのとまったく同じように、配偶子の半数がY染色体を1本持つ。X染色体を持つ精子が卵子と受精してできるXX接合体は雌となり、Y染色体を持つ精子が卵子と受精したXY接合体は雄となる。

性染色体異常が性を決定する遺伝子を明らかにした　XとYのどちらの染色体が性決定遺伝子を持つのかを突き止めて、その遺伝子を同定することができるだろうか？　原因（例えば、Y染色体上に特定の遺伝子が存在するという事実）とそれがもたらす結果（雄性）を明らかにするには、期待される結果が生じない生物学的なエラーの事例に注目するのも１つの手である。

減数分裂や体細胞分裂で起こる染色体の不分離が原因の性染色体の異常な分配（**キーコンセプト8.5**）からX、Y染色体の機能について手がかりが得られた。既に学んだように、相同染色体ペア（減数第一分裂時）あるいは姉妹染色分体ペア（体細胞分裂時あるいは減数第二分裂時）が分離に失敗すると不分離が起こる。その結果、配偶子は１本少ない、あるいは１本余分な染色体を持つことになる。この配偶子が完全な半数体の染色体セットを持つ別の配偶子と融合すれば、生じる子は正常な個体より染色体数が１本少ない、あるいは１本多い異数体となる。

ヒトではときおり、XO個体が生まれる。Oは染色体が欠失していることを表し、XOは性染色体を１本（Xのみ）しか持たない個体ということになる。ヒトのXO個体は軽度の身体的異常を示すが精神的には正常な女性で、通常は不妊である。このXO状態はターナー症候群と呼ばれる。ほとんどのXO胎児は発達の初期段階で自然流産してしまうが、ターナー症候群はヒトで染色体ペア（この場合XY）の一方しか持たない個体が生き延びられることが知られている唯一の例である。また、XXY個体が生じることもあり、男性となる。この状態はクラインフェルター症候群と呼ばれ、極端に長い四肢と不妊がその特徴である。

こうした観察は、男性を決定する遺伝子がY染色体上にあることを示唆していた。研究者たちは以下のような別の染色体異常を持つ人々の観察も踏まえて、ついに当該遺伝子の場所を特定するに至った。

・遺伝的にはXYであるが、Y染色体の一部をわずかに欠いた女性が存在する。
・遺伝的にはXXであるが、Y染色体の小断片が別の染色体に付着している男性が存在する。

上記2例の片方で欠失し、他方で存在しているY染色体断片は同一で、雄性を決定する遺伝子を含んでいる。この遺伝子は、*SRY*（Y染色体性決定領域）と名付けられた。

*SRY*遺伝子は、**一次性決定**に関与するタンパク質をコードしている。一次性決定とは、個体が産生する配偶子と配偶子を作り出す器官（雌雄の生殖器官）の種類を決定することを指す。機能的なSRYタンパク質が存在すれば、胚は発達して精子の産生器官である精巣を作る（イタリック体は遺伝子の名称に、通常のローマン体はタンパク質の名称に使われることに注意されたい）。もし胚がY染色体を持たなければ*SRY*遺伝子は存在せず、SRYタンパク質は作られない。SRYタンパク質がなければ、胚では卵子を産生する卵巣が発達する。この場合、*DAX1*と呼ばれるX染色体上の遺伝子が精巣阻害因子を作る。したがって、男性におけるSRYタンパク質の役割は*DAX1*遺伝子がコードする精巣阻害因子を阻害することである。SRYタンパク質は男性の細胞でこの機能を担うが、女性には存在しないので、*DAX1*が雄性の発達を妨げることが可能となる。

生殖腺の機能の1つに、ホルモン（テストステロンやエストロゲンなど）を産生し、体の別の場所へ信号を送って**二次性徴**の発達を制御することがある。二次性徴とは、体形の違い、乳房の発達、体毛や声などの雄性的形質と雌性的形質が外部に表出したものである。二次性徴は男性と女性の違いを際立たせるが、直接的な生殖メカニズムの一部ではない。

ショウジョウバエの伴性遺伝　**表9.2**で確認したように、ショウジョウバエの性決定は性染色体の*比率*に依存しているが、それは性染色体の数が変化しうるからである。しかし通常は、ショウジョウバエのゲノムは４対の染色体からなる。すなわち、３対の常染色体と（ヒトと同様に）大きさの異なる１対の性染色体である。雌のハエはX染色体を２本、雄はX染色体とY染色体を１本ずつ持つから、雌はXXで雄はXYである。他の生物の場合と同じく、XとYは真の意味で相同染色体とは言えない。というのは、*X染色体上の多くの遺伝子はY染色体には存在しない*からである。ショウジョウバエのX染色体は、特定の遺伝子との関連が判明した最初の例である。

トーマス・モーガンはショウジョウバエの眼の色を制御する**性に連鎖した**遺伝子を同定した。この遺伝子の野生型アレルを持つと赤眼となるが、潜性の変異型アレルでは白眼となる。モーガンの交配実験は、眼の色を決める遺伝子座がX染色体上にあることを明らかにした。眼の色を決めるアレルをW（赤眼）とw（白眼）とすれば、X染色体上のアレルの存在はX^WとX^wとして表される。

モーガンはホモ接合の赤眼の雌（X^WX^W）を白眼の雄と交配した。Y染色体はこの遺伝子のアレルを１つも持たないから、雄はX^wYと表せる（二倍体生物に１コピーしか存在しない遺伝子は全て**半接合**（**ヘミ接合**）であると言われる）。赤眼の表現型は白眼に対して顕性で、全ての子は雌親から野生型のX染色体（X^W）を受け継ぐから、この交配で生じる子は雌雄ともに全て赤眼となる（**図9.18(A)**）。表現型に現れるこの結果

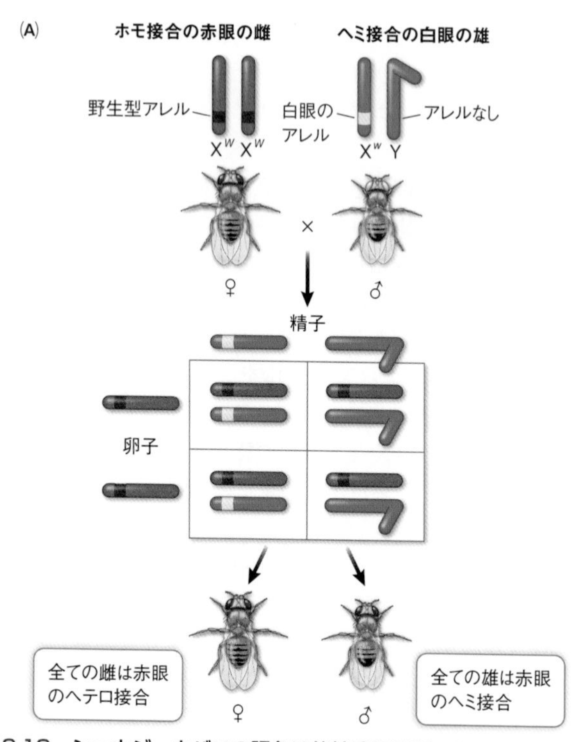

図9.18　ショウジョウバエの眼色は伴性遺伝形質である
モーガンはショウジョウバエで白眼変異を引き起こすアレルはX染色体上にあることを証明した。この場合、正逆交雑では同一の結果とならないことに注意されたい。
↗

は、Wアレルが性染色体ではなく常染色体上にあったとしても変わらないだろう。その場合には、雄親の遺伝子型は潜性ホモ接合wwとなる。

モーガンが白眼の雌（X^wX^w）と赤眼の雄（X^WY）との交配、すなわち逆交配を実施すると予期せぬ結果が得られた。全ての子が赤眼のヘテロ接合体とはならず、*雄は全てが白眼で雌*

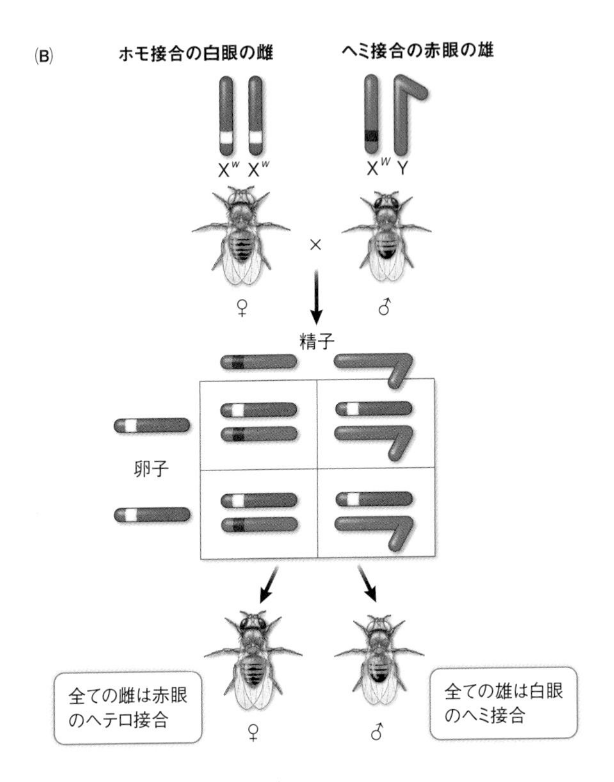

Q：赤眼の雌を白眼の雄と交配し、白眼の雄が生まれたとき、赤眼の雌親の遺伝子型は何か？

は全てが赤眼となったのである（**図9.18(B)**）。この逆交配で得た雄はX染色体を白眼の雌親から1本だけ受け継いでいるから、白眼のアレル*w*についてヘミ接合であった。しかし、雌はアレル*w*を持つX染色体を雌親から、アレル*W*を持つX染色体を雄親から受け継いでいるので、赤眼のヘテロ接合（X^WX^w）であった。次に、このヘテロ接合の雌を赤眼の雄と交配すると、雄性の子の半数は白眼だったが、雌性の子は全て

が赤眼であった。以上全ての結果から、眼の色を決める遺伝子はY染色体ではなくX染色体上にあることが示された。

これらをはじめとする種々の実験を経て、**伴性遺伝**という術語が生まれた。伴性遺伝とは、性染色体上にある遺伝子による遺伝である（この用語は誤解を与えるきらいがある。なにしろ、雌雄どちらもX染色体を持つのであるから、「性に伴う」遺伝は実際には、生物の性別に直接関連してはいないのである）。哺乳動物ではX染色体はY染色体より大きく、多数の遺伝子を持つ。このため、伴性遺伝の事例の大半にX染色体上の遺伝子が関与している。

ヒトを含む有性生殖を行う生物の多くは性染色体を持つ。ヒトもほとんどのショウジョウバエと同じように、男性はXY、女性はXXであり、X染色体上に存在する遺伝子のうちY染色体上にもあるものはごく少ない。図9.19に示したもののようなX染色体に連鎖した潜性の表現型に関する系譜解析からは、以下のようなパターンが明らかになる（図9.7に示した伴性遺伝ではない表現型の系譜と比較せよ）。

- この表現型は女性よりも男性にはるかに高頻度で現れる。表現型の発現には、女性では稀なアレルが2コピー存在しなくてはならないのに対し、男性では1コピーあれば足りるからである。
- 変異を持つ父親は娘にしかそれを伝達できない。息子は全て父親のY染色体を受け継ぐためである。
- X染色体に連鎖した変異型アレルを1つ受け継いだ娘はヘテロ接合の保因者である。この娘の表現型は正常だが、自分の息子と娘の両方に変異型アレルを伝えうる。ヘテロ接合の母親の場合、X染色体の半数は正常なアレルを持つから、その子は平均で半数が変異型アレルを受け継ぐ。

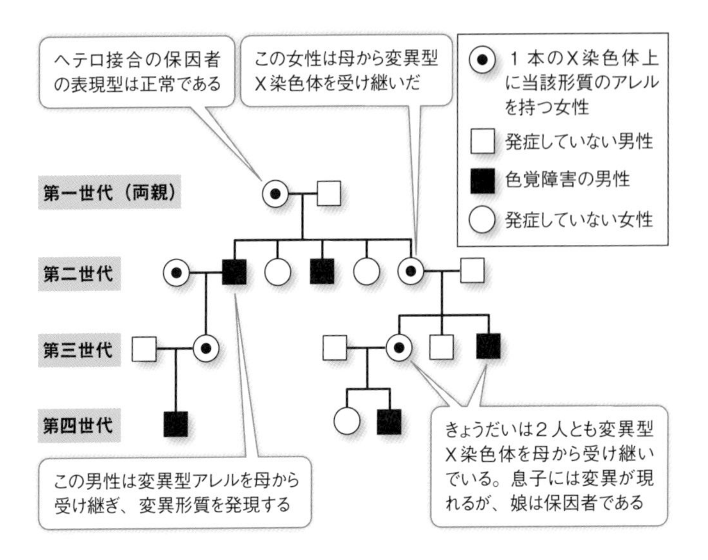

図9.19　ヒトの赤緑色覚障害は伴性遺伝形質である
赤緑色覚障害の原因となる変異型アレルはX染色体上の潜性形質として発現するから、当該アレルを持つヘミ接合の雄では必ず発現する。

・変異が父親から娘（表現型は正常）へ渡り、続いて娘の息子へ受け継がれた場合、変異型の表現型は世代を１つまたいで現れることになる。

本章でここまで論じてきた遺伝子は全て細胞核に存在する。ミトコンドリアや色素体といった他の細胞小器官も遺伝子を持つと知ったら、みなさんは驚くかもしれない。こうした遺伝子はどんなもので、どのように受け継がれるのだろうか？

9.5 真核生物は核外にも遺伝子を持つ

真核細胞内で遺伝物質の存在する小器官は核だけではない。*ミトコンドリアと色素体（プラスチド）もまた少数の遺伝子を保有している。例えば、ヒトでは核ゲノムにはタンパク質をコードする遺伝子が約２万1000個あり、ミトコンドリアゲノムには37の遺伝子がある。植物などが持つミトコンドリアゲノムのサイズは多様で色素体ゲノムのおよそ３～４倍大きい。

学習の要点

・ミトコンドリアと色素体は核遺伝子とは異なる遺伝形式に従う遺伝子を保有している。

---

*概念を関連づける　キーコンセプト5.5では、細胞内共生説について論じた。この説は、一部の細胞小器官（具体的にはミトコンドリアや色素体）が、より大きな別の細胞に取り込まれた原核生物から生じたのであろうと説く。

細胞小器官の遺伝子の伝達形式は、いくつかの理由から核遺伝子のそれとは異なる。

・多くの生物でミトコンドリアや色素体は雌親からのみ伝達される。卵子が多量の細胞質と細胞小器官を含むのに対して、精子で半数体の配偶子との結合に際して生き残るのは、その核のみである。したがって、みなさんは母親のミトコンドリアを（ミトコンドリア遺伝子とともに）受け継いでいるが、父親のミトコンドリアは保有していない。
・１個の細胞には数百のミトコンドリアと色素体が存在することもある。したがって、細胞は細胞小器官の遺伝子については二倍体ではなく、高次の倍数体である。
・細胞小器官の遺伝子は核遺伝子よりずっと速いスピードで突然変異する傾向があるので、複数のアレルを持つことが多い。

細胞小器官で働くタンパク質をコードする遺伝子の多くは核内にあるが、細胞小器官が持つ遺伝子はそれらの器官の集合と機能にとって重要であり、その突然変異は生体に重大な影響を与えうる。そのような変異に基づく表現型は当然、細胞小器官の役割を反映したものとなる。例えば、植物や光合成能を持ついくつかの原生生物では、ある色素体遺伝子の突然変異がクロロフィル分子を光化学系に集合させるタンパク質に影響を与える。その結果、表現型は基本的に緑色ではなく白色となる。この表現型は非メンデル遺伝である母性遺伝の形式に従って継承される（**図9.20**）。また、呼吸鎖に影響を与えるミトコンドリア遺伝子の突然変異はATP合成の低減をもたらす。動物では、こうした変異は神経系や筋肉、腎臓など高いエネルギーを必要とする組織に特に際立った影響を及ぼす。

メンデルとその後継者たちは、半数体の配偶子を作る二倍体の真核生物に焦点を当てていた。メンデルによる研究の再発見から半世紀を経て、今度は原核生物でも遺伝的組換えを可能にする過程が見つかった。ここからは、その過程について考察していこう。

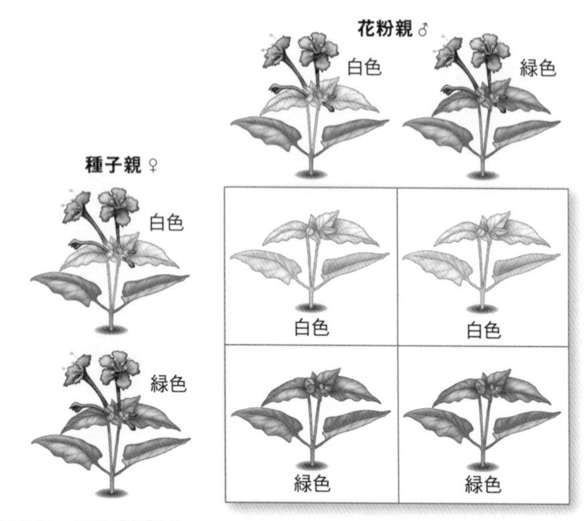

図9.20　細胞質遺伝
オシロイバナでは、葉の色は雌親植物からのみ遺伝する。白色の葉は葉緑体の変異で生じる。

9.6 原核生物は接合を介して遺伝子を伝達しうる

第5章で論じたように、原核細胞は核を欠いており、遺伝物質のほとんどを細胞中心部の核様体に存在する1本の染色体として保有している。原核生物は二分裂で無性的に増殖し、事実上遺伝的にまったく同一の子孫が作り出される。すなわち、原核生物の細胞増殖で生まれる子孫はクローンとなる（**第8章**）。したがって、こうした生物の個体には有性生殖のような遺伝子を交換する方法がないのではないかと読者のみなさんは考えるかもしれない。しかし、原核生物でも真核生物と同様に突然変異が起こり、そこから生じた新たなアレルが遺伝的多様性を増大させている。加えて、原核生物も細胞間で遺伝子を転移する有性的な仕組みを持っていることが判明している。

学習の要点

・原核生物は接合によってプラスミド上の遺伝物質を交換する。

細菌は接合を介して遺伝子を交換する

細菌におけるDNA転移の発見につながった実験がどのようなものであったかを説明するために、6つの遺伝子がそれぞれ異なるアレルを持つ大腸菌の2系統を考えてみよう。一方の系統は3遺伝子について顕性（野生型）アレルを、残りの3遺伝子について潜性（変異型）アレルを持ち、もう一方の系統はこの反対の状態にあるとする。要するに、2つの系統は次のような遺伝子型を持っていることになる（細菌は半数体で各遺伝子を1コピーしか持たないことを思い出されたい）。

ABCdef　と　*abcDEF*

（ここで、大文字は野生型アレルを、小文字は変異型アレルを表す）

実験室で2系統を一緒に培養しても、多くの細胞はクローンを作る。すなわち、生育する細胞のほぼ全てがもとの遺伝子型を持っている。しかし何百万もの細菌細胞のなかには、遺伝子型*ABCDEF*を持つものがいくつか現れる。

完全な野生型であるこれらの細菌が生じるのはどうしてなのか？　第一の可能性は突然変異である。遺伝子型*abcDEF*の細菌で*a*アレルが*A*に、*b*が*B*に、*c*が*C*に突然変異したのかもしれない。この説明の問題点は、生物のDNA配列に突然変異が起こる頻度は、どの部位であれ非常に低いことにある。3つの突然変異が同一細胞で起こる確率はきわめて低く、*ABCDEF*

という遺伝子型を持つ細胞が実際に出現する割合よりずっと低い。だとすれば、変異型の細胞は野生型の遺伝子を何か別の仕組みで獲得したに違いない。今ではその仕組みが細胞間のDNA転移であることが判明している。

電子顕微鏡で観察すれば、細菌間の遺伝子転移は細胞どうしの物理的接触を介して起こることが分かる（**図9.21(A)**）。接触はまず、**性線毛**という細い突起物が１つの細胞（供与細胞）から伸びて別の細胞（受容細胞）に付着し、２つの細菌細胞を引き寄せることから始まる。続いて、接合管と呼ばれる細い細胞質の橋を通して、遺伝物質が供与細胞から受容細胞に転移する。受容細胞から供与細胞へ逆向きのDNA転移は起こらない。この過程は**細菌の接合**と呼ばれる。

ひとたび受容細胞中に入ると、供与DNAは受容細胞のゲノムと組み換わることができる。ちょうど減数分裂の前期Ｉに染色体が遺伝子ごとに対合して並ぶように、供与細胞のDNAは受容細胞中で相同遺伝子のそばに並ぶ。こうして交差が可能になる。供与細胞由来の遺伝子の一部は受容細胞のゲノム中に組み込まれ、受容側の遺伝的構成を変える（**図9.21(B)**）。受容細胞が増殖する際には、組み込まれた供与遺伝子は全ての子孫細胞に受け継がれる。

細菌の接合はプラスミドに制御される

多くの細菌は主要な染色体に加えて、**プラスミド**と呼ばれる小型で環状のDNA分子を持っており、これは染色体とは独立して複製される。*プラスミドは通常、最大でも数十個しか遺伝子を保有せず、それらは以下のいくつかのカテゴリーに分類できる。

・*珍しい代謝能力を与える遺伝子*　例えば、炭化水素を分解す

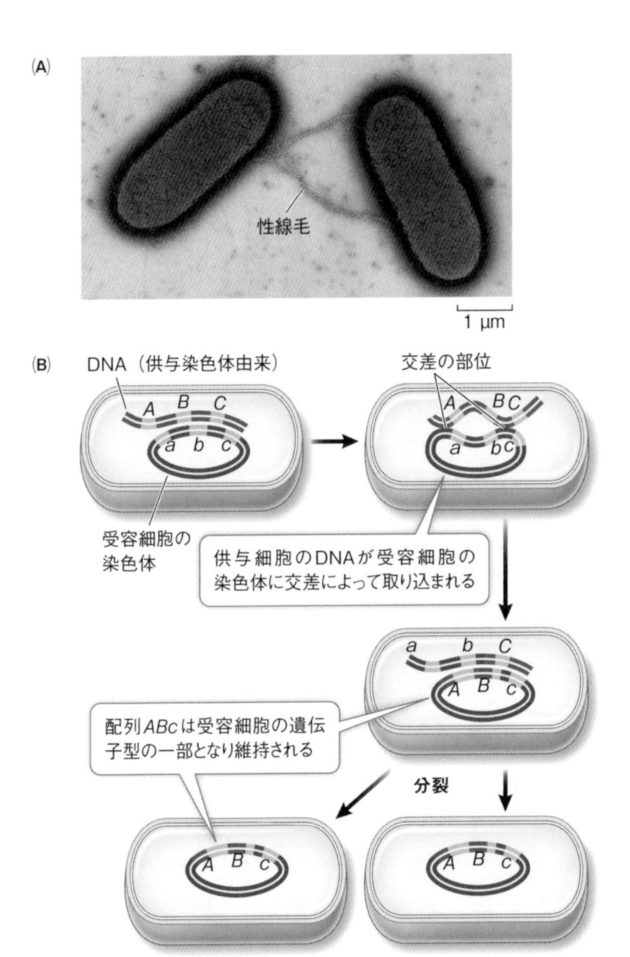

図9.21　細菌の接合と組換え
(A)性線毛は２つの細菌を引き寄せ、細胞質の接合管が形成される。接合管を通して供与細胞から受容細胞にDNAが転移する。
(B)供与細胞のDNAは交差により受容細胞の染色体に組み込まれうる。

る能力を与えるプラスミドを持つ細菌は、流出油による汚染を浄化するために活用できる。

・*抗生物質耐性遺伝子*　抗生物質耐性遺伝子を持つプラスミドはR因子と呼ばれ、接合を通じて細菌間を転移できることから、人間の健康にとって大きな脅威の1つとなっている。

・*性線毛を作る能力を与える遺伝子*

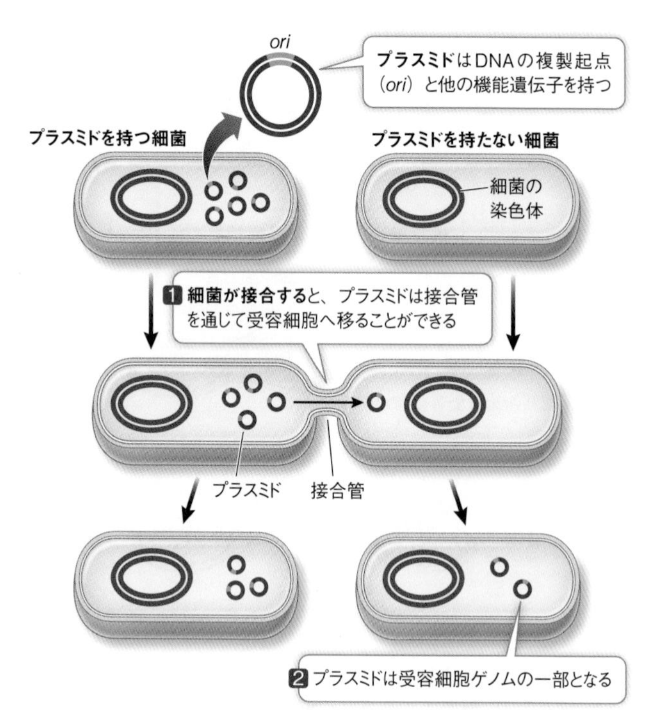

図9.22　プラスミドによる遺伝子転移
プラスミドが接合を介して別の細胞に入ると、その遺伝子は受容細胞中で発現可能になる。

---

*概念を関連づける　キーコンセプト18.2で論じるように、生物学者は新たなDNAを他の細胞へ導入するためのベクターとしてプラスミドを利用できる。こうした組換えDNA技術は、研究対象である遺伝子のコピーを多数作り出し、遺伝子解析やその遺伝子がコードするタンパク質の大量合成に活用できる可能性がある。

接合の間にある細菌から別の細菌へ転移するのは、通常プラスミドである（**図9.22**）。性決定因子のFプラスミドでは、供与菌のプラスミドDNA鎖が１本受容菌に転移し、同時に相補的なDNA鎖が合成されると、供与菌と受容菌それぞれでプラスミドが1コピーずつ、合計２コピーが完成する。

生命を研究する

QA　赤毛のような遺伝形質は
どのように世代をまたいで子孫に伝わるのか？

毛髪の色は、アミノ酸のチロシン（**表3.2**）から合成されるメラニン色素で決まる。メラニン色素には、ユーメラニン（蓄積量に応じて黒色か茶色）とフェオメラニン（赤色かブロンド色）の２形態がある。色素産生は細胞間信号伝達の機能を示す優れた例の１つである（**第７章**）。メラノサイトと呼ばれる皮膚細胞は、メラノコルチン信号に対する受容体MC1R（メラノコルチン１受容体）を持つ。メラノコルチンは受容体に結合して信号伝達系を始動させ、フェオメラニンよりずっと多くのユーメラニンを産生するように細胞を活性化する。

潜性形質には共通して言えることだが、赤毛も遺伝子の変異に起因しており、この場合は16番染色体上の*MC1R*遺伝子の変異による。潜性形質だから、毛髪が赤くなるには両親双方から変異を受け継がなくてはならない。*MC1R*遺伝子には複数のアレルが存在する。正常な受容体を発現させる野生型（*R*）に加えて、どれも赤毛となる３種類の潜性アレル（*r*、変異型）である。

３種類の潜性アレルのうち２つを受け継いだ人はどうなるのだろうか？　受容体MC1Rは発現しないので、ユーメラニン経路を活性化する信号には結合せず、代わりにフェオメラニンが作られる。十分量のフェオメラニンが蓄積すると毛髪が赤くなる。遺伝する赤毛のタイプがブロンド、ストロベリー・ブロンド、鳶色のどれになるのかは、どの潜性アレルを受け継いだのかによって決まる。

今後の方向性

個々の遺伝子とそれらのアレルの詳細が分かってくるにつれて、生物学者たちは遺伝子産物が互いに、あるいは環境中の因子（環境物質）とどのように作用し合うのかを予想できるようになりつつある。

喫煙が肺癌を引き起こすことは周知の事実だろう。しかし、ヘビースモーカーながら発病しない人もいる。こうした人々は喫煙に伴う有害物質の作用を軽減するアレルをしばしば持っていることが判明している。私たちは誰でも、環境物質を変化させる物質を作る遺伝子を持っている。喫煙の場合、典型的なアレルの遺伝子産物はタバコの煙に含まれる分子を、DNAを損傷して癌を誘発する毒物に変える。ところが、この遺伝子の変異型アレルが合成する遺伝子産物はこの活性化反応を起こさないから、変異型アレルを持つ人々は喫煙による肺癌を比較的発症しにくい。

あらゆる生物のゲノムには、環境との相互作用にかかわる同じような遺伝子が存在している。そうした遺伝子について明らかにできれば、表現型の決定に対する環境と遺伝子の相対的な関与を理解できるに違いない。

▶ 学んだことを応用してみよう

まとめ
9.4　同一染色体上の遺伝子は連鎖している。
9.4　組換え頻度は染色体上の遺伝子座を推定するために活用することができる。

ショウジョウバエ（*Drosophila melanogaster*）はどこからともなく現れて、バナナやモモなどの熟した果実のまわりを飛び回る。ショウジョウバエの起源が西アフリカにあることを突き止めた生物学者たちは、ショウジョウバエの成育圏の拡大には人間の関与があったという仮説を立てた。ショウジョウバエは今では世界中のほぼどこにでもいる。台所では厄介者扱いされるショウジョウバエだが、世代時間が短く、飼育が容易で、多くの形質を簡単に観察できることから、特に遺伝学研究では実験生物として重宝されている（訳註：ショウジョウバエは炭酸ガスで一時的に麻痺させることが可能だから、顕微鏡下での観察が容易である）。

ショウジョウバエを用いて、同じ常染色体上にある３つの遺伝子でコードされ、簡単に同定できる形質を研究しているとしよう。それらの遺伝子座を以下に図で表す。小文字は潜性アレルを、大文字は顕性アレルをそれぞれ示している。数字は染色体上のそれぞれの遺伝子の位置を地図単位で表している。

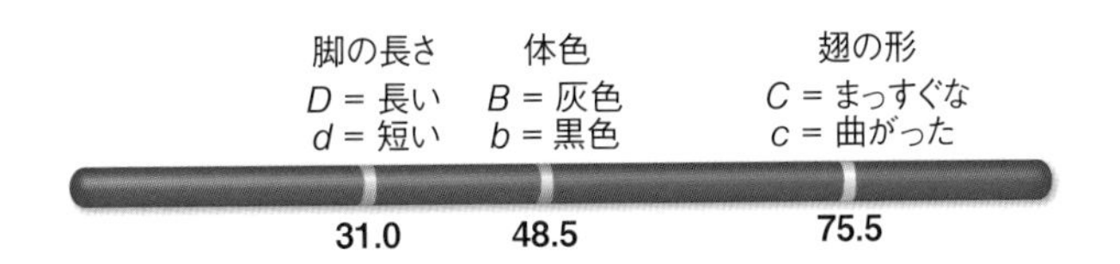

質問
1.　交差が起こらず、F_2世代はF_1どうしの交配により生じると仮定して、*DDbb* × *ddBB*の交配で得られるF_1とF_2世代の遺伝子型と表現型を述べよ。

2. 交差が起こらず、F_2世代はF_1どうしの交配により生じると仮定して、*BBcc* × *bbCC*の交配で得られるF_1とF_2世代の遺伝子型と表現型を述べよ。
3. 交差が起こった場合、上記の各交配ではさらにどんな表現型が現れるか？　交差に基づく組換え体の頻度が高いのはどちらの交配か？　説明せよ。
4. 質問1の*DDbb* × *ddBB*の交配で、減数分裂で交差が生じている段階の染色体を描け。交差の前、間及び後の染色体と染色分体を示せ。遺伝子とアレルをそれぞれ明記せよ。

第10章 DNAと遺伝における その役割

ウイルスバースト（ウイルスの破裂）：中心部の破裂した小さなウイルスから飛び出した長い糸状のDNA

キーコンセプト

10.1 遺伝物質としてのDNAの機能は実験によって明らかになった
10.2 DNAはその機能に適した構造を持つ
10.3 DNAは半保存的に複製される
10.4 DNAのエラーは修復できる
10.5 ポリメラーゼ連鎖反応はDNAを増幅する

生命を研究する

DNA複製を標的とした癌治療

精巣癌は生殖細胞の急激な分裂を伴い、しばしば他の器官に転移する。若い男性に最も多く見られる癌で、シスプラチンと呼ばれる薬剤のおかげで、成人癌では珍しく治癒率の高いものの1つとなっている。

1965年、ミシガン州立大学の研究者バーネット・ローゼンバーグは、電場が細胞に与える影響に興味を持った。彼はバッテリーにつないだプラチナ電極を装着した培地で大腸菌を培養した。その結果は驚くべきものだった。大腸菌が分裂を止めたのである。電磁気が細胞に与えるこうした影響を一般化するために、ローゼンバーグは銅と亜鉛の電極を使って再び実験を行った。ところが今回は、大腸菌は分裂を続けた。細胞分裂を阻害したのはプラチナ電極だけだった。

このデータを踏まえて、ローゼンバーグは仮説を変更した。

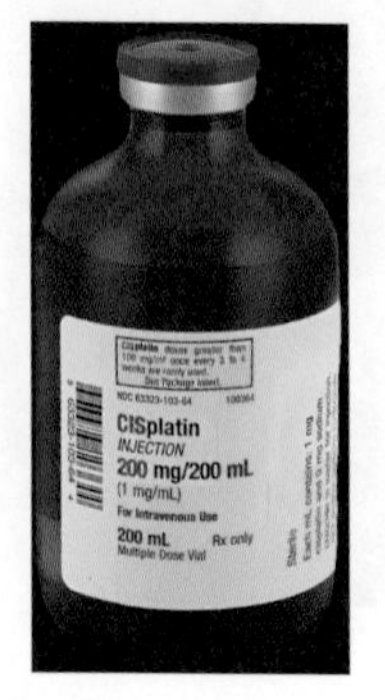

電磁気ではなく、プラチナ電極から培地に漏れ出た「何か」が細胞分裂を止めたのだと考え直した。ローゼンバーグはこの仮説を確認するために、あらかじめプラチナ電極を差し込んでおき、それを取り外した培地に大腸菌を加えた。するとやはり、大腸菌は分裂しなかった。癌細胞の細胞分裂が制御不能であることを承知していた彼は、培養器中の癌細胞を用いて実験を繰り返した。ローゼンバーグは癌細胞の増殖を停止させることに成功し、それがシスプラチンの分離・開発につながった。この薬剤は精巣癌できわめて大きな成功を収め、他の癌にも適用されて一定の成果を挙げている。では、この薬剤はどのような仕組みで働いているのだろうか？

シスプラチンはDNA複製を不可能にすることで効果を発揮する。第9章で学んだように、細胞分裂には遺伝物質すなわちDNAの完全で正確な複製が欠かせない。DNAの2本鎖は解けて分離し、それぞれの鎖が新しい鎖を作る鋳型として働く。2本鎖は水素結合などの弱い力で結び付いているだけなので、分離が可能である。シスプラチンはDNAの両鎖上のヌクレオチドと共有結合を形成し、2本鎖を不可逆的に架橋する。その結果、DNA鎖は分離できなくなり、複製と発現が不可能になる。DNAがこのような深刻な損傷を受けると、その細胞はプログラム細胞死を起こす。

DNA複製を阻害する薬剤の仕組みを説明するには、
DNA複製について何を知っていなければならないのか？

10.1 遺伝物質としてのDNAの機能は実験によって明らかになった

遺伝学者は20世紀の初めまでに、遺伝子の存在を染色体と関連づけていた。そこで、染色体中の遺伝物質の化学的実体を正確に特定することに研究の的が絞られ始めた。

学習の要点

- 細胞染色の技術により、DNAが遺伝物質である最初の証拠が得られた。
- ある系統の細菌を別の系統に遺伝的に転換できること、その形質転換因子がDNAであることが実験によって明らかにされた。
- 放射性物質で標識されたタンパク質とDNAを用いた実験によって、ウイルスの感染時に宿主細胞へ導入され複製される物質がDNAであることが判明した。

状況証拠はDNAが遺伝物質であることを示唆していた

100年前には既に、科学者たちは染色体がDNAとタンパク質からなることを知っていた。この頃、DNAに特異的に結合し、細胞内に存在するDNA量に直接比例して細胞核を赤く染める染料が新たに開発された。この技術によってDNAが遺伝物質である状況証拠が得られた。

- *DNAはあるべきところに存在した*。DNAは遺伝子を保有していることが知られていた核と染色体の重要な構成要素であることが確認された。
- *DNAは適切な量だけ存在した*。体細胞（生殖機能に特殊化していない体の細胞）のDNA量は、生殖細胞（卵子と精子）のDNA量の2倍であった。この結果は、それらの細胞がそれぞれ二倍体と半数体の細胞であることから期待されたとおりであった。

・*DNA量は種間で異なっていた*。違う種の細胞を染料で染めて色の濃さを測定すると、種ごとに独自の核DNA量が決まっているように見えた。

しかし、状況証拠は因果関係を科学的に証明するものではないことを、読者のみなさんは既に理解しているだろう。なにしろ、核にはタンパク質も存在しているのである。科学者は仮説を実験によって検証する。DNAが遺伝物質であることを示す有力な証拠は、細菌を用いた実験とウイルスを用いた実験の2つから得られた。

ある型の細菌のDNAが別の型の細菌を遺伝的に転換させる

イギリスの内科医フレデリック・グリフィスは1920年代に、人間に肺炎を引き起こす病原体の1つである肺炎連鎖球菌（*Streptococcus pneumoniae*）、または肺炎球菌（*pneumococcus*）と呼ばれる細菌を研究していた（**図10.1**）。グリフィスはこの恐ろしい病気のワクチン開発を目指していたのである（抗生物質はまだ発見されていなかった）。グリフィスは実験に2系統の肺炎球菌を用いた。

1. S系統（S型）の細胞は表面が滑らか（*S*mooth）に見えるコロニー（菌叢）を作った。多糖類の莢膜（細胞壁の最外層）で覆われたこれらの細胞は、宿主の免疫系による攻撃から守られていた。S型細胞をマウスに注入すると、細菌は増殖して肺炎を発症させた（S系統は強毒性であった）。

実験

図10.1　遺伝的形質転換

原著論文：Griffith, F. 1928. The significance of pneumococcal types. *Journal of Hygiene* 27: 113-159.

グリフィスの実験は、肺炎球菌の強毒性S型株の持つ何かが、S型株が熱で殺菌された後でも、弱毒性のR型株を致死性のS型に転換できることを証明した。

仮説▶　死んだ細菌細胞に含まれる何らかの物質が生きている細菌細胞を遺伝的に転換できる。

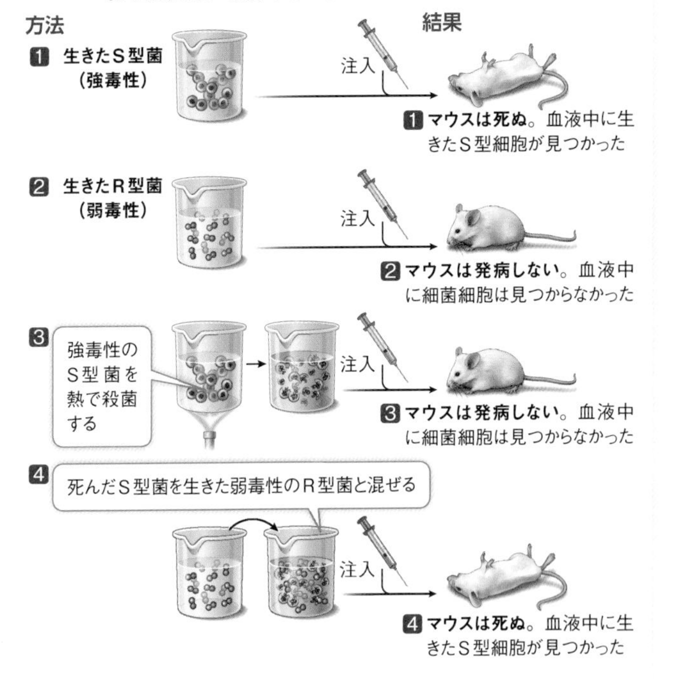

結論▶　ある細胞から得た化学物質で他の細胞を遺伝的に転換できる。

2. R系統（R型）の細胞は表面がざらざらした（*R*ough）コロニーを作った。防護のための莢膜を持たず、弱毒性であった。

グリフィスは熱で死滅させたS型肺炎球菌細胞をマウスに接種したが、それらは肺炎を引き起こさなかった。しかし、生きたR型菌と熱で殺菌したS型菌の混合物をマウスに接種すると、驚いたことにマウスは肺炎を発症して死んだ。死んだマウスの血液を調べたグリフィスは、そこに大量の生きた肺炎球菌を発見した。しかもそれらの多くは、なんと強毒性のS型菌の特徴を有していたのである！　グリフィスは、死んだS型菌細胞が存在したために、生きているR型菌細胞の一部が強毒性のS型菌に転換したと結論した。これらの転換菌はマウスの体内で成長・増殖して肺炎を発症させた。転換型のS型菌が分裂・増殖してさらなるS型菌を生み出したという事実は、R型からS型への変化が遺伝的であることを示唆していた。

肺炎球菌のこうした形質転換はマウスの体内でしか起こり得ないのだろうか？　答えは否だった。同様の形質転換は、試験管内で生きたR型菌を熱で殺菌したS型菌と混合したとき、さらには殺菌したS型菌の無細胞抽出物と混合したときにさえも起こった（無細胞抽出物は破壊した細胞の内容物を全て含むが、無傷の細胞は含んでいない）。以上の結果は、死滅したS型肺炎球菌に由来する何らかの物質が生きたR型菌に遺伝的変化をもたらしうることを証明していた。

1944年に、現ロックフェラー大学のオズワルド・エーヴリーらは細菌の形質転換を引き起こす物質を以下の２つの方法で同定した。

1. *他の可能性の排除*。形質転換物質を含む無細胞抽出物を、タンパク質、RNA、DNAのような遺伝物質の候補となる分子を分解する酵素でそれぞれ処理した。処理後の試料を試験したところ、リボヌクレアーゼとプロテアーゼ（それぞれ、RNAとタンパク質の特異的分解酵素）で処理した試料は依然としてR型菌をS型菌に転換する能力を保持していた。しかし、デオキシリボヌクレアーゼ（DNAの特異的分解酵素）で処理した試料の形質転換活性は失われていた（**図10.2**）。

2. *実証実験*。形質転換物質を含む無細胞抽出物からほぼ純粋なDNAを単離した。そのDNAは単独で細菌の形質転換を引き起こした。

現在では、S型肺炎球菌のコロニー表面を滑らかに見せている多糖類の莢膜の合成を触媒する酵素があり、それをコードする遺伝子がR型菌細胞へ転移して形質転換が起こることが分かっている。

ウイルスの感染実験はDNAが遺伝物質であることを裏付けた

エーヴリーらによる細菌の形質転換実験でさえも、DNAが遺伝物質であると多くの生物学者を納得させることはできなかった。問題点の1つは、DNAがわずか4種類のヌクレオチドでできているという事実で（**キーコンセプト4.1**）、様々な機能を備えた多様な生物の設計図となりうる物質にしては、DNAはあまりに均質だと思われたからだった。化学的にも構造的にも多様性を持つタンパク質（20種のアミノ酸のポリマー）こそがこの役割を担う物質である可能性は、依然として残されていた。遺伝物質がDNAなのか、タンパク質なのかを見極めるため、ウイルスを用いた実験が考案された。

実験

図10.2　DNAによる遺伝的形質転換

原著論文：Avery, O. T., C. M. MacLeod and M. McCarty. 1944. Studies on the chemical nature of the substance inducing transformation of the pneumococcal types. *Journal of Experimental Medicine* 79: 137-158.

エーヴリーらは強毒性のS型肺炎球菌株のDNAがグリフィスの実験における形質転換物質であることを証明した（図10.1）。

仮説▶　肺炎球菌の形質転換物質の化学的実体はDNAである。

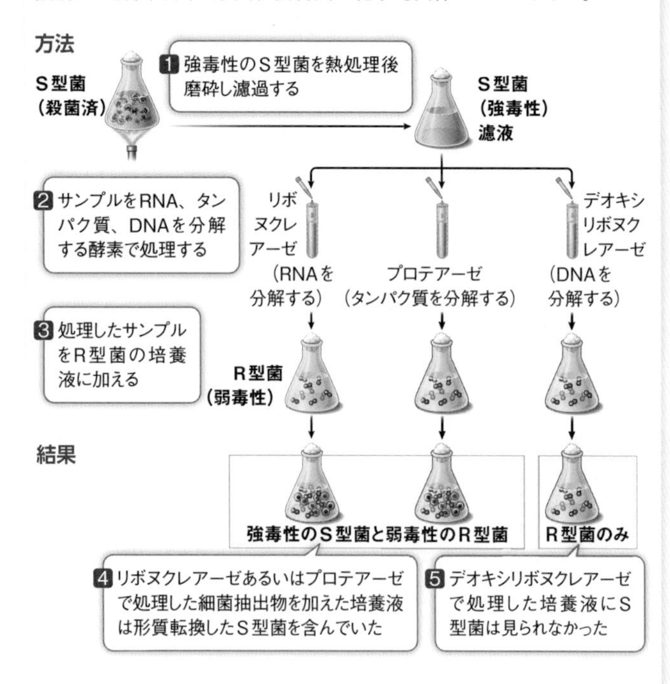

結論▶　デオキシリボヌクレアーゼだけが形質転換物質を分解するから、この形質転換物質はDNAに違いない。

ニューヨークのコールドスプリング・ハーバー研究所のアルフレッド・ハーシーとマーサ・チェイスは、大腸菌（*Escherichia coli*）に感染するウイルス、T2バクテリオファージを研究していた。T2ファージはタンパク質の外被の内側に詰め込まれたDNAの核からなる（**図10.3**）。大腸菌を攻撃するとき、ファージの一部（全てではない）は大腸菌細胞内に侵入する。およそ20分後には細胞が破裂（訳注：溶菌）し、感染したウイルス粒子と全く同一の多数の新たなウイルス粒子が放出される。ウイルスが何らかの方法で宿主細胞の分子装置を乗っ取り、細胞をウイルス粒子の複製装置に変える能力を持っているのは間違いない。ハーシーとチェイスは、宿主細胞に侵入してこの遺伝的変化を誘発しているのがウイルスのどの部分なのか（DNAかタンパク質か）を突き止めるための実験計画を整えた。ウイルスの生活環を通してこの２つの構成物質を追跡しようと考えた２人は、各物質を放射性同位体で標識した。

- *タンパク質はイオウの放射性同位体で標識された。*タンパク質は多少のイオウを（アミノ酸のシステインとメチオニンに）含んでいるが、DNAはイオウを含まない。イオウには放射性同位体の^{35}Sが存在する。ハーシーとチェイスは^{35}Sを含む培地で培養した大腸菌にT2ファージを感染させて、そこから放出されるウイルスのタンパク質を放射性同位体で標識した（すなわち、ウイルスに放射性同位体を含ませた）。
- *DNAはリンの放射性同位体で標識された。*DNAは多くのリンを（デオキシリボースとリン酸からなる骨格中に）含む（**図4.4**）が、タンパク質はリンをほとんどあるいは全く含まない。リンにも放射性同位体の^{32}Pが存在する。ハーシーとチェイスは^{32}Pを含んだ培地で培養した大腸菌に別のT2ファージを感染させて、そこから放出されるウイルスのDNA

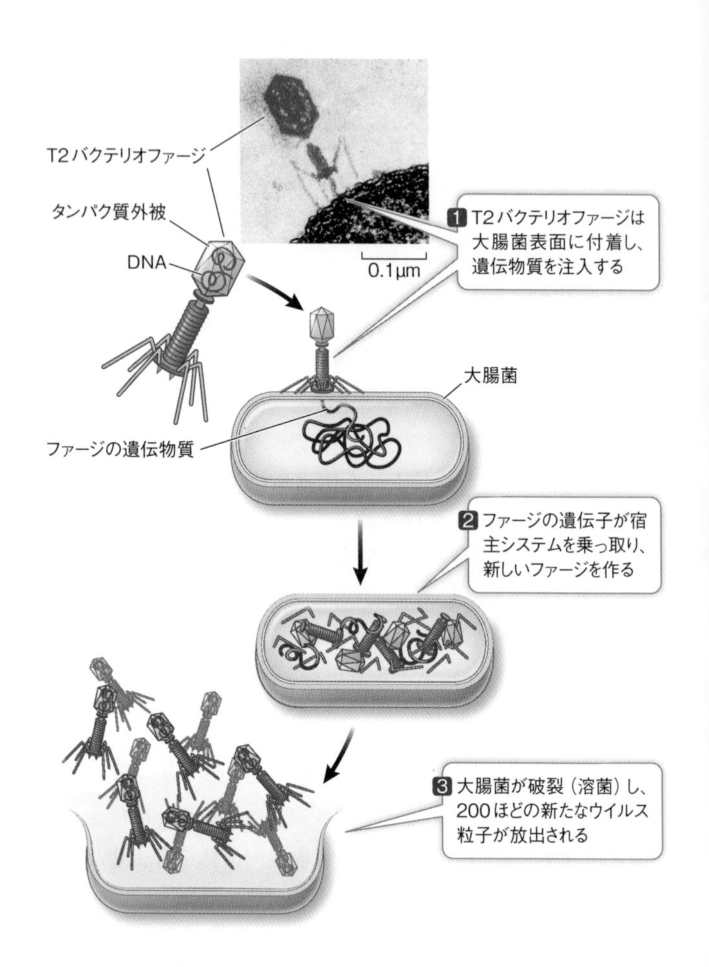

図10.3　T2バクテリオファージ：増殖周期
T2バクテリオファージは大腸菌に寄生し、宿主細胞に依存して新たなウイルス粒子を産生する。T2ファージの外部構造はタンパク質のみからなり、そのタンパク質外被の内部にDNAが含まれている。T2ファージが大腸菌細胞に感染すると、その遺伝物質が宿主細胞中に注入される。

を^{32}Pで標識した。

ハーシーとチェイスは放射性同位体で標識したこれらのウイルスを使用して、以下の２つの実験を行った（図10.4）。

一方の実験では^{32}Pで標識したT2ファージを大腸菌に感染させ、もう一方の実験では^{35}Sで標識したT2ファージを大腸菌に感染させた。数分後に、各混合培養物をそれぞれミキサーで勢いよく攪拌して、大腸菌を破砕することなく、ファージのうち大腸菌内に入り込んでいない部分をふるい落とした。続いて、遠心分離機で各実験の大腸菌を残りの培養物（ウイルスの残渣）から分離した。その結果、一方では遠心ペレット（沈殿物）中の大腸菌細胞にほとんどの^{32}P（つまり、ウイルスのDNA）が含まれており、もう一方ではウイルス残渣を含む上澄み液にはほとんどの^{35}S（つまり、ウイルスの外被タンパク質）が残っていた。この結果は、大腸菌中に取り込まれた物質がDNAであったこと、したがってDNAこそが大腸菌細胞の遺伝プログラムを書き換えることのできる分子であることを強く示唆していた。

真核細胞もDNAによる遺伝的な形質転換が可能である

DNAによる真核細胞の形質転換は**トランスフェクション**と呼ばれることが多い。トランスフェクションは、**遺伝マーカー**を用いて証明することができる。遺伝マーカーとは、受容細胞に導入することで、その細胞に観察可能な表現型を与える遺伝子である。研究者は目的とする遺伝子を導入して形質転換を誘発する場合、原核生物でも真核生物でも、遺伝的に決定される形質、例えば抗生物質耐性や栄養要求性などの形質を付与する遺伝マーカーを用いることが多い。こうすることで、目的遺伝子とともにマーカー遺伝子が導入された細胞は増殖できるが、非導入細胞は増殖できなくなり、選択が可能となる。哺乳動物のトランスフェクション実験で広く用いられる遺伝マーカーの1つは、抗生物質ネオマイシンに対する耐性を付与する遺伝子

実験

図10.4　ハーシーとチェイスの実験

原著論文：Hershey, A. D. and M. Chase. 1952. Independent functions of viral protein and nucleic acid in growth of bacteriophage. *The Journal of General Physiology* 36: 39-56.

ハーシーとチェイスが放射性物質で標識したT2ファージを大腸菌細胞に感染させると、細胞中で検出されたのは標識DNAだけであった。感染細胞をミキサーで攪拌して大腸菌からファージの外被を取り除き、続いて遠心分離機で大腸菌細胞を沈殿させた。標識されたタンパク質は上澄み液に残った。この実験から遺伝物質はDNAであり、タンパク質ではないことが示された。

仮説▶　大腸菌細胞に侵入して新しいファージの組み立てを指示する遺伝物質は、ファージの構成物質であるDNAかタンパク質のどちらかである。

方法

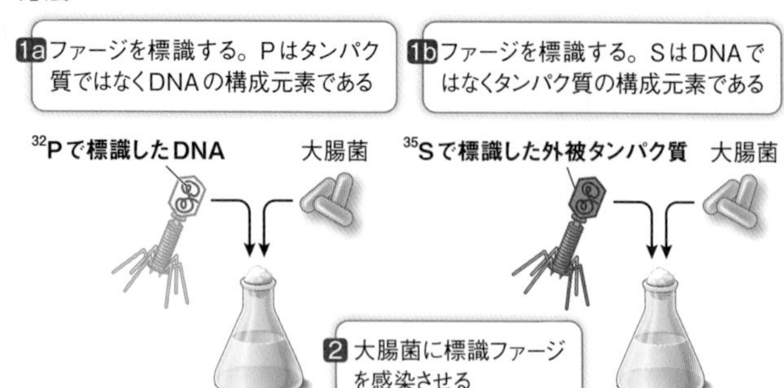

↗

である。トランスフェクションは、細胞によるDNAの取り込みを可能にする化学的処理をはじめ、様々な方法で行いうる。どんな細胞も、卵細胞さえもトランスフェクションが可能であ

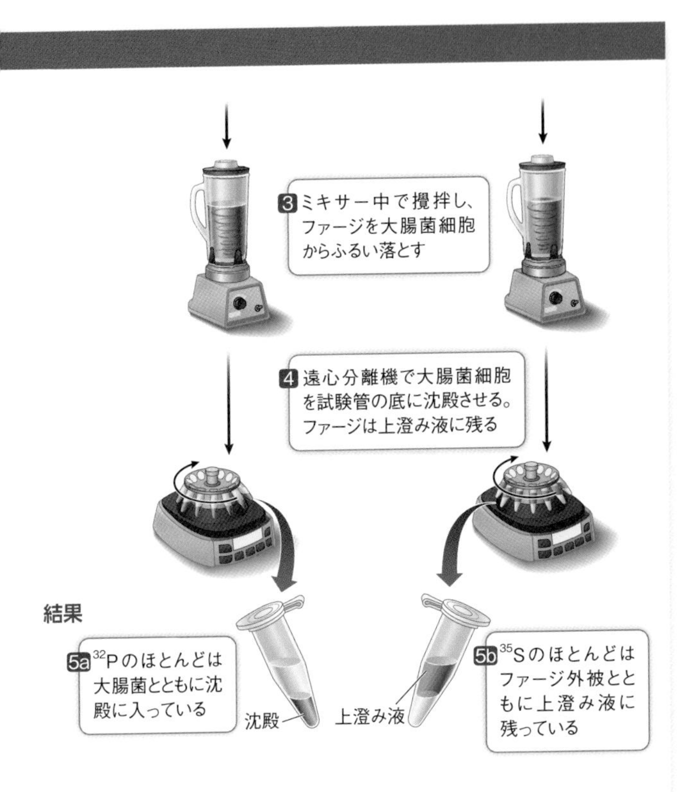

結論▶　大腸菌細胞に侵入して新しいファージの組み立てを指示するのは、タンパク質ではなくDNAである。

る。卵細胞の場合、**形質転換生物**（**トランスジェニック生物**）として知られる遺伝的に全く新しい形質転換個体が生じうる。真核生物の形質転換は、DNAが遺伝物質である決定的な証拠となっている。

形質転換とウイルス感染の実験を通じて、生物学者はDNAが遺伝物質であるとの確信を得た。実のところ、その数十年も前からDNAが化学的にはヌクレオチドのポリマーであることが知られていた（訳註：1874年に、テュービンゲン大学のヨハン・フリードリヒ・ミーシャーが白血球から分離したヌクレインに含まれる酸を核酸と名付けた）。そこで科学者たちの次なる関心は、DNAの正確な三次元構造に向けられることになった。

10.2 DNAは その機能に適した構造を持つ

DNAの構造を究明するにあたって、研究者たちは２つの疑問に答えを得たいと考えていた。⑴細胞分裂の間に、DNAはどのように複製されるのか？　⑵DNAはどのように特定のタンパク質合成を指示するのか？　様々な種類の数多くの実験から得られた証拠が１つの理論的枠組みのなかで総合的に考察された結果、ついにDNAの構造が解明された。

学習の要点

- ワトソンとクリックはX線回折のデータと化学的証拠を総合して、DNAの二重らせんモデルを組み立てた。
- 遺伝物質は生物学的機能に適した４つの重要な機能を担っている。

ワトソンとクリックはどのようにDNA構造を解き明かしたのか？

DNAの線維が単離されると、生物物理学者と生化学者はDNA構造の手がかりを求めてそれらを詳細に調べた。最終的にその構造を解明するうえで役立った証拠として、X線結晶学とDNAの化学組成の徹底的な特性分析から得られたきわめて重要なデータが挙げられる。

X線回折から得られた物理的証拠　ある種の化学物質は、単離・精製されると結晶化が可能となる。結晶化した物質中の原子配置は、物質を透過するX線の回折パターンから推定できる。1950年代初頭にニュージーランド出身の生物物理学者モーリス・ウィルキンズは、X線回折の研究に最適な非常に規則正しい構造を持つDNA線維を作製する方法を見出した。ウィルキンズの試料は、ロンドンにあるキングスカレッジのロザリンド・フランクリンによって分析された（**図10.5**）。フランクリンのデータは、DNAが1回転ごとに10個のヌクレオチドを含む二重（2本鎖の）らせんで、各回転の長さは3.4ナノメートル（nm）であることを示唆していた。分子の直径は2 nmであるから、糖とリン酸からなる各DNA鎖の骨組みはらせんの外側に位置しているに違いなかった。

塩基組成から得られた化学的証拠　生化学者たちはDNAがヌクレオチドのポリマーであることを知っていた。ヌクレオチドはそれぞれがデオキシリボース糖、リン酸基、窒素を含む塩基からなる分子である（**図4.1**）。DNAの4種類のヌクレオチド間の唯一の違いは、その含窒素塩基にある。つまり、プリン塩基の**アデニン**（**A**）と**グアニン**（**G**）、およびピリミジン塩基の**シトシン**（**C**）と**チミン**（**T**）である。

1950年代初頭に、コロンビア大学の生化学者エルヴィン・シャルガフらは、様々な生物のDNA、あるいは同一個体の異なる組織から得たDNAの組成には一定の規則性が存在することを報告した。この発見から次のような法則が導かれた。いかなるDNA試料でもアデニンの量はチミンの量と等しく(A=T)、グアニンの量はシトシンの量と等しい (G=C)。その

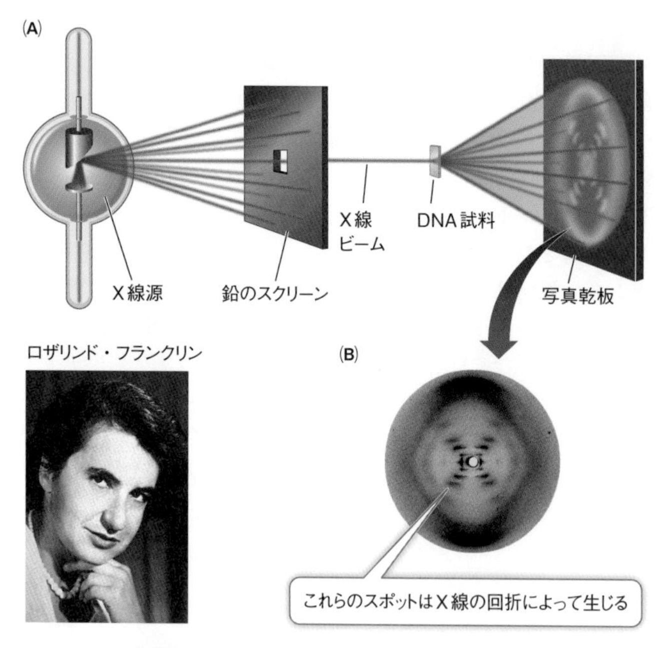

図10.5 X線回折がDNAの構造解明に役立った

(A)結晶化した化学物質中の原子配置は、結晶を透過するX線の回折パターンから推定できる。DNAのパターンは非常に規則正しく繰り返されている。

(B)ロザリンド・フランクリンの結晶回折とその決定的な回折画像「写真51番」(上図) は、科学者たちがDNA分子のらせん構造を思い描くのにおおいに役立った。

結果、プリン塩基の全量（A+G）はピリミジン塩基の全量（T+C）と等しくなる。

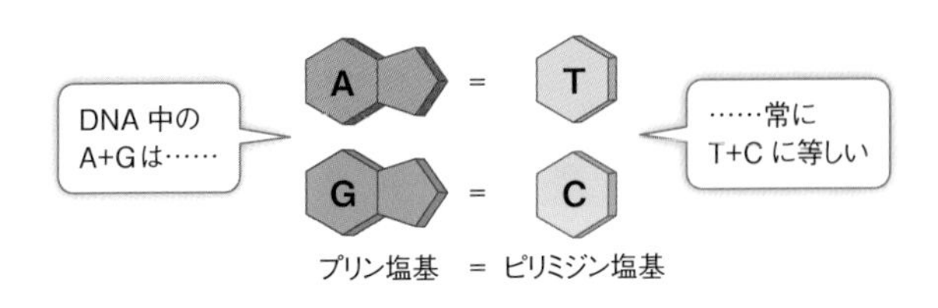

シャルガフの法則は、DNAの二重らせんにおける塩基の配置に関する重要な手がかりとなった。この法則は調査対象とした全ての生物に当てはまったが、A+TとG+Cの相対含量は生物ごとに異なる点にシャルガフらは気づいた。ヒトDNAでは、AとTはそれぞれDNAに存在する含窒素塩基の30%を、GとCはそれぞれ20%を占めている。換言すれば、ヒトDNAにはA+Tが60%、G+Cが40%の比率で存在する。

ワトソンとクリックのDNAモデル　化学を受講したことがある読者なら、既知の物理的・化学的性質と結合角に基づいて球（原子）と棒（結合）を組み立てて分子を形成する分子モデル（訳註：球棒モデル）の製作法についてはご存知だろう。この分子モデルの製作法を応用してDNA構造を解明したのが、当時ケンブリッジ大学のキャヴェンディッシュ研究所に所属していた物理学者フランシス・H・クリックと遺伝学者ジェームズ・D・ワトソンであった（**図10.6(A)**）。２人はこのとき、先に記した物理的証拠と化学的証拠を活用した。

・フランクリンのX線回折画像と一致するように、ワトソンとクリックのモデルでは、２本鎖の内側にヌクレオチドの塩基が、外側に糖とリン酸の「骨格」がある。さらに、２本の

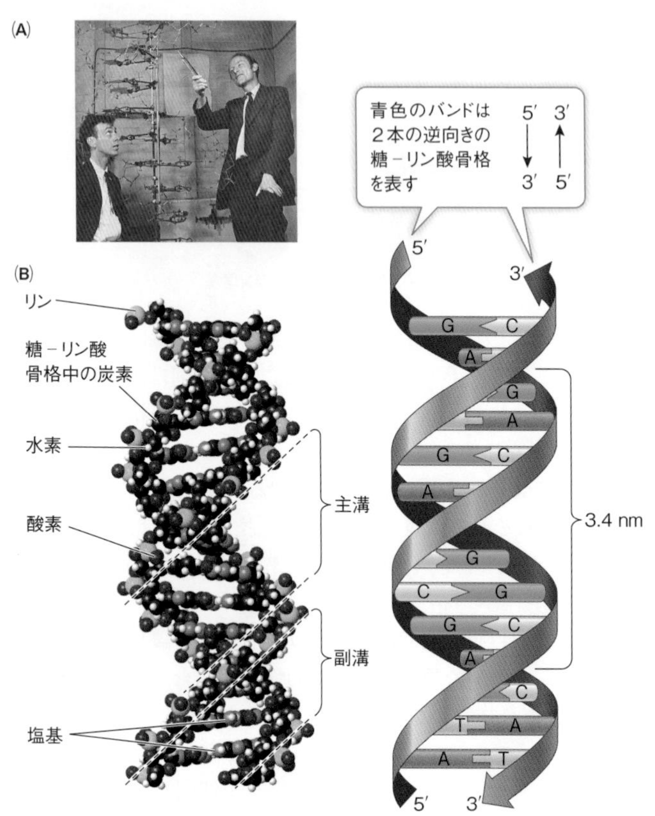

図10.6　DNAは二重らせんである

(A)DNA分子が二重らせん構造を持つことを提唱したジェームズ・ワトソン（左）とフランシス・クリック（右）。

(B)生化学者は今では、DNA分子内のいかなる原子の位置も正確に特定できる。ワトソンとクリックによる原モデルの基本的な特徴が実証されていることを確かめるには、糖とリン酸からなる二重らせん鎖をたどり、そこから水平に伸びるはしごの横木のような塩基に注目すればよい。

Q：次の化学的な力はDNA内のどこで働いているだろうか？　水素結合、共有結合、ファンデルワールス力について答えよ。

DNA鎖は反対向きに走っている、すなわちそれらは**逆平行**である。そうでなければ2本の鎖はうまく組み合わさらない。

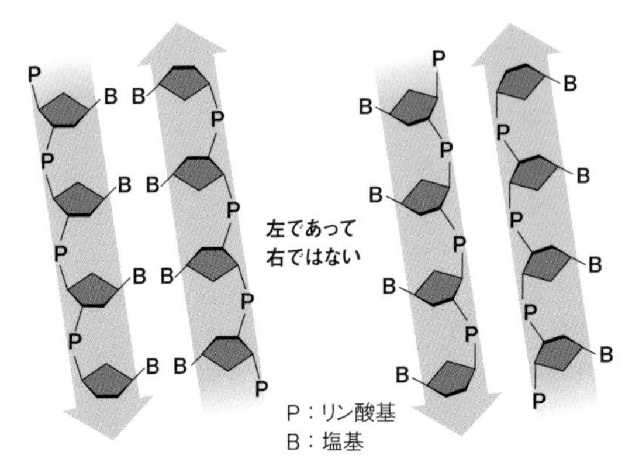

・シャルガフの法則（A=TかつG=C）を満たすために、ワトソンとクリックのモデルでは片方の鎖のプリン塩基は反対鎖のピリミジン塩基と1つずつ常に対合している。こうした**塩基対**（A－TとG－C）は二重らせん間の一定の幅に収まっており、X線回折で確認されたもう1つの事実とも符合する。

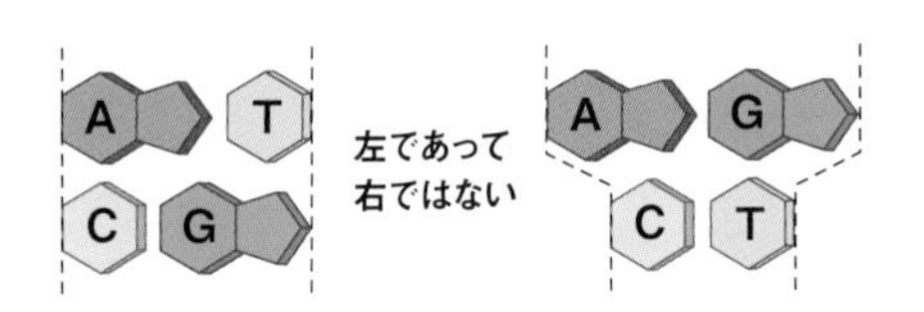

クリックとワトソンは1953年2月下旬に、ブリキ製のDNA分子模型を完成させた。この構造はそれまでに知られていたDNAの化学的性質を見事に体現しており、その生物学的機能の理解に向けて扉を開いた。

DNA構造は４つの鍵となる特徴によって定義できる

DNA分子の分子構造は４つの特徴によって要約できる（図10.6(B)）。

1. DNAは２本の鎖からなる*二重らせん*（*ダブルヘリックス*）構造で、外側に糖とリン酸の骨格を持ち、内側に塩基対が並んでいる。
2. 通常、DNAのらせんは*右巻き*である。右手の親指を上向きに立てて残りの４本の指を曲げると、らせんは4本の指の向きに、親指と同じく上に向かって曲線を描いている（右巻きと左巻きのらせんについては図3.8）。
3. DNAは*逆平行*である（２本の鎖が反対向きに走っている）。
4. DNAは*主溝*と*副溝*を持ち、含窒素塩基の外縁がそこで露出している。

らせん（ヘリックス）　ポリヌクレオチド鎖の糖－リン酸骨格は、らせんの外側でコイルを形成し、含窒素塩基が中心を向いている。鎖は２種類の化学的な力で結合している。

1. 特異的に対合する塩基間に働く*水素結合*　シャルガフの法則に従って、アデニン（A）とチミン（T）が２つの水素結合を形成して対合し、グアニン（G）とシトシン（C）が３つの水素結合を形成して対合している。

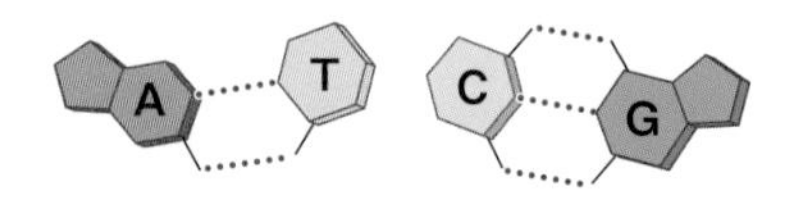

全ての塩基対は１つのプリン（AかG）と１つのピリミジ

ン（TかC）からなる。この形式は**相補的塩基対合**として知られている。

2. 同じ鎖の近接した塩基の間に働くファンデルワールス力
塩基の環が互いに近づくと、弱い引力によってポーカーのチップのように積み重なる傾向がある。

逆平行の鎖　各DNA鎖の骨格は、5つの炭素からなる単糖（五炭糖、ペントース）であるデオキシリボースのユニットが連結したものである。

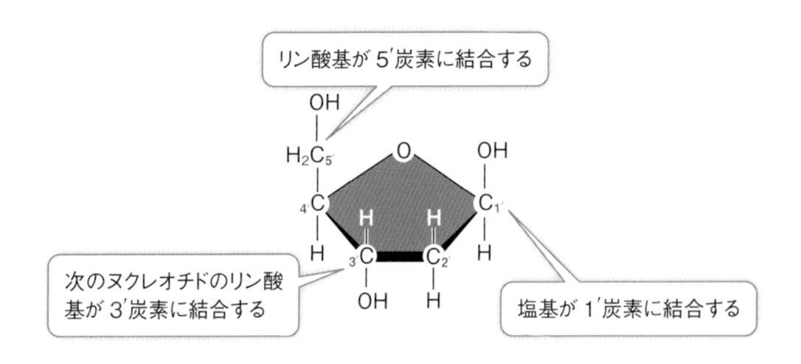

プライム（′）の付いた数字は、この糖分子中の炭素原子の位置を表している。DNAの糖－リン酸骨格では、リン酸基が1つのデオキシリボース分子の3′炭素と次のデオキシリボースの5′炭素と結合し、連続するデオキシリボースをつないでいる。

したがって、ポリヌクレオチドの両末端は異なる形をとる。鎖の一端は遊離した（他のヌクレオチドと結合していない）5′リン酸基（$—OPO_3^-$）であり、これは**5′末端**と呼ばれる。もう一方の端は遊離した3′水酸基（—OH）であり、これは**3′末端**と呼ばれる。DNAの二重らせんでは、1本の鎖の5′末端がもう一方の鎖の3′末端と対になっていて、その逆も同じである。換言すれば、各鎖を5′から3′に向かう矢印として描けば、2本の矢印は逆方向を指すことになる（図4.4(A)も参照)。

溝における塩基の露出　図10.7(A)を参照して、らせんの主溝と副溝に注目してみよう。このような溝が形成されるのは、2本の鎖の骨格が二重らせんの一方の側（副溝を形成する側）で他方（主溝を形成する側）より接近しているからである。図10.7(B)は、主溝と副溝において形成されうる、水素結合で対合した平板な塩基対の4つの配置を上から見下ろした図であ

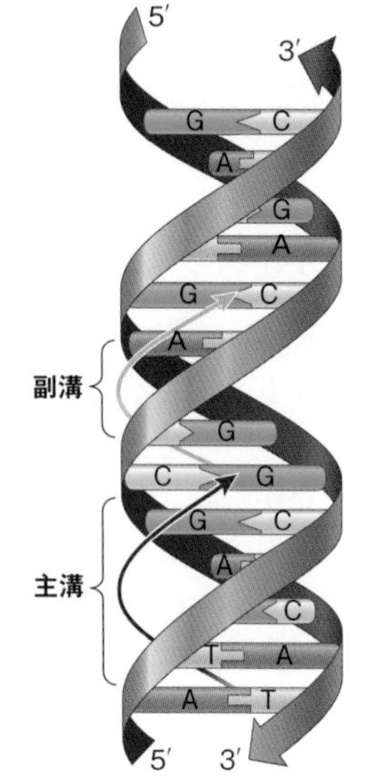

図10.7　DNAの塩基対は他の分子と相互作用しうる
(A)DNA二重らせんの主溝と副溝
(B)塩基対の配置
これらの略図は、二重らせん内で形成されうる4種類の塩基対の配置を示している。緑色の影をつけた原子は、タンパク質のような他の分子と水素結合を形成するために利用できる。

る。露出した塩基対の外縁部分はさらなる水素結合を形成しうる状態にある。不対合の状態にある原子や基はA－T対とG－C対で配置が異なっている点に注意されたい。このように*A－T対とG－C対の表面は化学的に異なる*ので、タンパク質のような他の分子は特定の塩基対の配列を認識して結合することが可能になる。これはDNAが機能するために必須である。*特定の塩基対の配列にタンパク質が結合することは、DNAとタンパク質の相互作用の鍵*であり、この相互作用はDNAに書かれた遺伝情報の複製と発現に欠かせない。

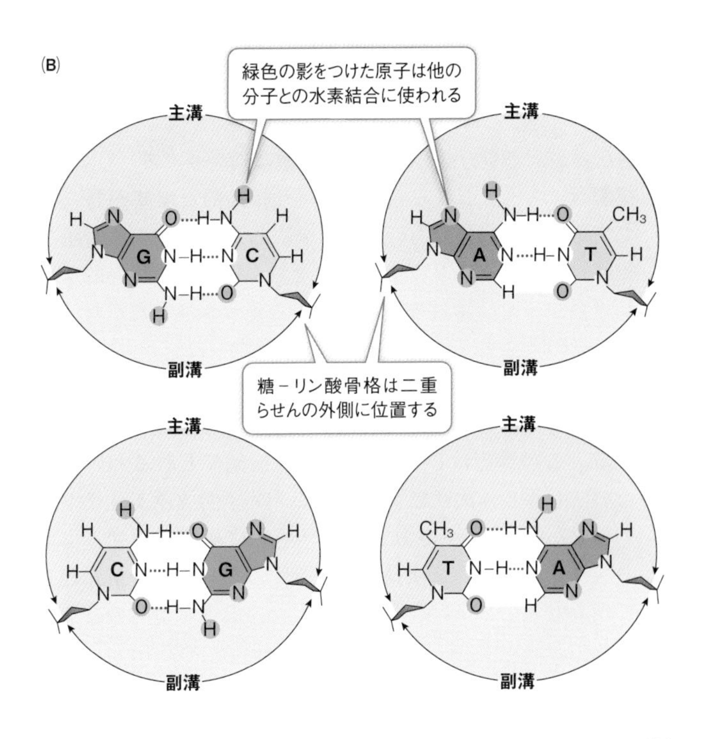

DNAの二重らせん構造はその機能に必須である

遺伝物質は4つの重要な機能を担うが、ワトソンとクリックが提唱したDNAの構造は、そのうち3つの機能の遂行に見事なまでに適合していた。

1. *遺伝物質は生物の遺伝情報を内蔵している。*数百万ものヌクレオチドからなるDNAの塩基配列は、莫大な量の情報をコード（符号化）して保存することが可能である。種間や個体間の違いはDNAの塩基配列の差異から説明できる。DNAはこの役割にうまく適合している。
2. *遺伝物質はそれがコードしている情報の突然変異（永続的な変化）による影響を受けやすい。*DNAにとって、直線的な塩基対の配列に生じる些細な変化も突然変異となりかねない。
3. *遺伝物質は細胞分裂の周期中に正確に複製される。*DNAの複製は、AとTおよびGとCという相補的な塩基が対合して実現する。自分たちの発見を公表した1953年の原著論文で、ワトソンとクリックは「私たちが仮定した特異的な塩基対合が、遺伝物質の複製機構のあるべき形をただちに示唆していることを、私たちは見逃さなかった」と控えめに指摘している。
4. *遺伝物質（DNAにコードされた情報）は表現型として発現する。*この機能はDNA構造から直接見てとれるわけではない。しかし、次章で学ぶように、DNAのヌクレオチド配列はRNAにコピーされ、アミノ酸の直線的な配列、すなわちタンパク質の一次構造を特定するための暗号情報として使われる。タンパク質の折りたたみ構造は個体の多くの表現型を決定する。

ひとたびDNA構造が理解されると、DNAの複製方法を調べることが可能となった。次節では、この見事な過程がどのように進行するのかを解明した実験を詳しく見ていこう。

10.3 DNAは半保存的に複製される

ワトソンとクリックが提唱したDNAの複製機構はほどなく確認された。研究者たちはまず初めに、単純な基質とある酵素を含む試験管内でDNAが複製可能であることを示した。続く研究で、二重らせんの2本の鎖はそれぞれ新たなDNA鎖の鋳型として働くことが明らかになった。

学習の要点

- メセルソンとスタールの実験はDNAの半保存的複製を裏付ける証拠を提供した。
- 半保存的なDNA複製にはデオキシリボヌクレオシド三リン酸、DNAポリメラーゼ、DNAの鋳型が必要である。
- DNA複製は1つの複製起点（*ori*）から2方向に進行する；大腸菌は1つの*ori*を、真核生物の染色体は複数の*ori*を持つ。
- *ori*における最初の複製では、DNAヘリカーゼと1本鎖DNA結合タンパク質が利用される。

DNAの試験管内合成には次の物質が必要である。

- デオキシリボヌクレオシド三リン酸のdATP、dTTP、dGTP、dCTP。これらはDNAポリマーの合成に必要なモノマーである。
- 新たなDNA分子のヌクレオチド配列を指示する**鋳型**として

働く特定配列を持ったDNA分子。
- 重合反応を触媒する酵素**DNAポリメラーゼ**。
- DNAポリメラーゼが機能するための適切な化学的環境を整える塩濃度とpHを持つ緩衝液。

試験管内でDNAの合成ができるという事実によって、DNAがその複製に必要な情報を含んでいることが実証された。次の課題は、DNA複製様式の3つの候補のうち細胞内で実際に起こっているのはどれかを解明することであった。

1. *半保存的複製*：親鎖のそれぞれが新たな鎖（新生鎖）の鋳型として働き、合成された2つのDNA分子はそれぞれが古い鎖と新生鎖を1本ずつ持つ（**図10.8(A)**）。
2. *保存的複製*：もとの二重らせんは新しい二重らせんの鋳型になるが、新生鎖には含まれない（**図10.8(B)**）。
3. *分散的複製*：もとのDNA分子の断片が新しい2つのDNA分子組み立ての鋳型として働き、それぞれの分子がおそらくランダムに古い鎖と新しい鎖の断片を含む（**図10.8(C)**）。

ワトソンとクリックの原著論文は、DNA複製が半保存的であることを示唆していたが、上記の試験管内合成法ではこれら3つのモデルのうちどれが正しいのかを選ぶ根拠を得ることはできなかった。

エレガントな実験によって DNA複製は半保存的であることが証明された

1958年に、カリフォルニア工科大学（カルテック）のマシュー・メセルソンとフランクリン・スタールの研究によって、

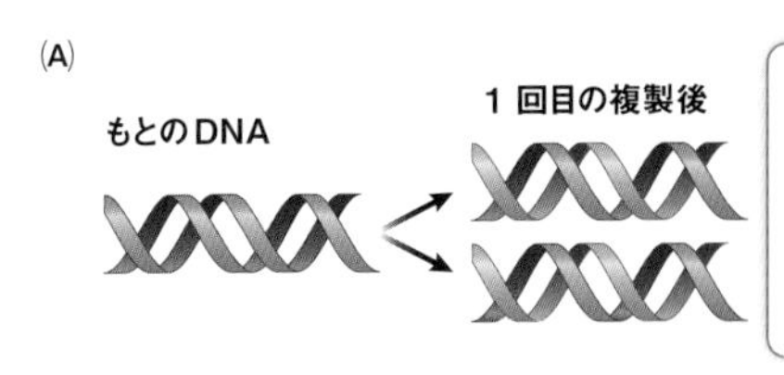

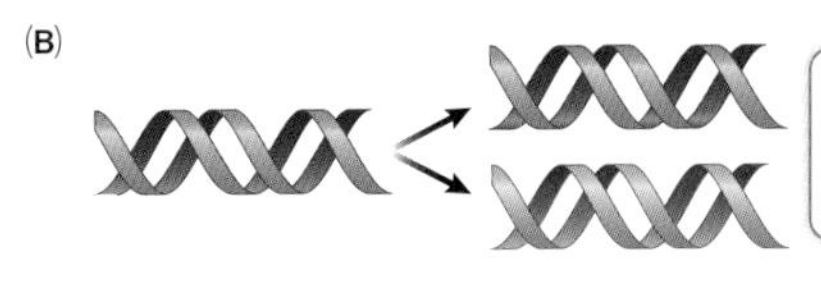

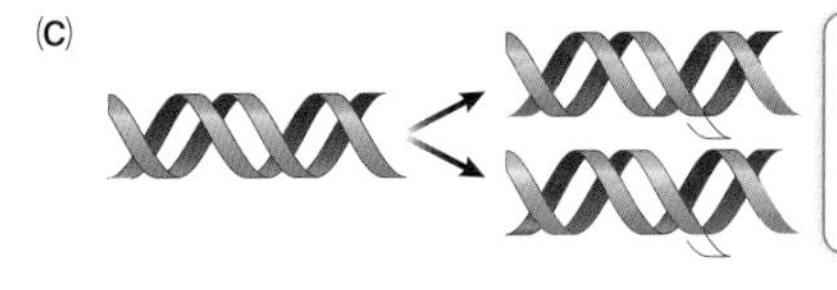

図10.8　DNA複製の3つのモデル
どのモデルでも、もとのDNAは青色で、新しく合成されたDNAは赤色で示してある。

科学界はDNAが**半保存的複製**によってコピーされることを確信した。2人はDNAの親鎖と新生鎖を識別するために密度標識法という手法を用いた。科学史家たちは、この実験を生物学における「最もエレガントな実験」の1つに挙げている。その成果は言うに及ばず、この一事からだけでも、この実験を詳細に学んでみる価値がある。

実験の鍵は、窒素の「重い」同位体の利用にあった。重窒素（^{15}N）は稀な非放射性同位体で、それを含む分子は通常の窒素^{14}Nを含む化学的に同一の分子より密度が大きい。まず、2種類の大腸菌（*E. coli*）の培養物を一方は^{15}Nを含む培地で、もう一方は^{14}Nを含む培地で作り、何世代にもわたって培養した。2つの培養物から抽出したDNAを混合して塩化セシウム溶液中で遠心分離機にかけると、遠心力の下で塩化セシウムの密度勾配が形成され、遠心管中に2本の独立したDNAバンドが形成された。^{15}Nを含む培養から得たDNAは^{14}Nを含む培養から得たDNAより重いので、密度勾配のなかで^{14}Nのものとは異なる位置にバンドを形成した。この2本のバンドの写真は、**「生命を研究する」：メセルソンとスタールの実験“データで考える”**の図Aに示した。

次に、メセルソンとスタールは^{15}N培地で別の大腸菌を培養し、これを通常の^{14}N培地に移して培養を続けた。細胞はDNAを複製し、20分ごとに分裂した。彼らは一定時間ごとに培養の一部を採取し、試料からDNAを抽出した。**生命を研究する：メセルソンとスタールの実験**で、最初の4世代の結果をたどることができる。得られた結果は、DNAの半保存的複製モデルでしか説明がつかなかった。半保存的複製モデルを証明する決定打となったのは、第1世代の終わりには全てのDNAが中間の密度であったが、第2世代の終わりには、中間密度と低密度の2本のバンドが等量で現れ、それ以降は軽いバンドの割合が増加するという観察結果だった（訳註：中間バンドは第3世代の終わりには4分の1、第4世代の終わりには8分の1という具合に減少した）。もし保存的複製モデルが正しければ、中間密度のバンドは出現しなかったはずである。また、もし分散的複製モデルが正しければ、DNAは第1世代の終わりには全てが中間密度を示すが、世代が進むにつれて軽いバンドへのシフトが見られたはずである。

この実験からしばらくして、他の研究者がシスプラチン（本章冒頭の逸話で述べた物質）の存在下でDNA複製を調べた。培地にシスプラチンを加えてメセルソンとスタールの実験を繰り返したが、数世代を経てもDNAの密度に何の変化も起こらなかった。つまり、遠心分離後の試験管にはDNAバンドが1

187ページへ→

生命を研究する　メセルソンとスタールの実験

実験

原著論文：Meselson, M. and F. Stahl. 1958. The replication of DNA in *Escherichia coli*. *Proceedings of the National Academy of Sciences USA* 44: 671-682.

遠心分離機を用いて、密度の異なる安定同位体で標識したDNA分子を分離した。この実験でDNA複製の半保存的モデルを支持するパターンが明確に示された。

仮説▶DNAは半保存的に複製される。

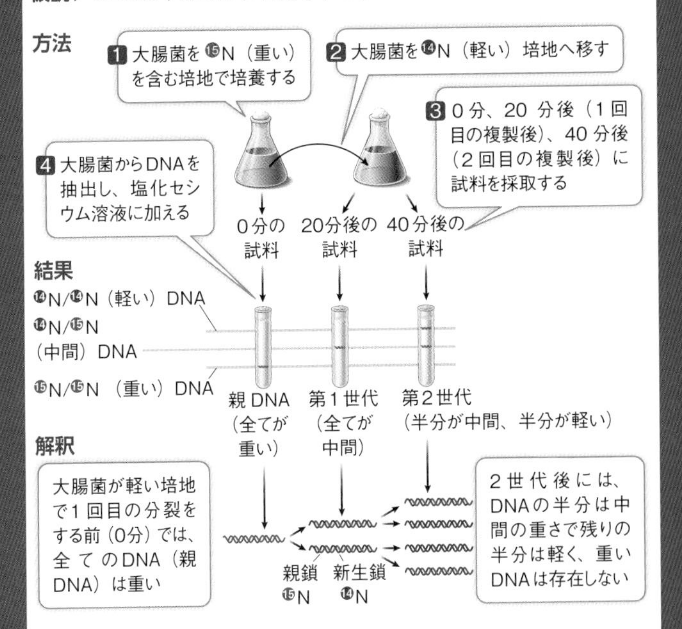

結論▶このパターンは新たなDNA分子が親DNA由来の鋳型鎖を1本含む場合にのみ観察される。よって、DNA複製は半保存的である。

データで考える

メセルソンとスタールの実験は、その本質的な単純さと美しさから、生物学における「最もエレガントな実験」の1つと評されている。メセルソンとスタールは、図Aの実験結果で示したように、密度勾配を利用してDNA分子がどう複製されるのかを調べた。右のグラフはDNA量を表す。

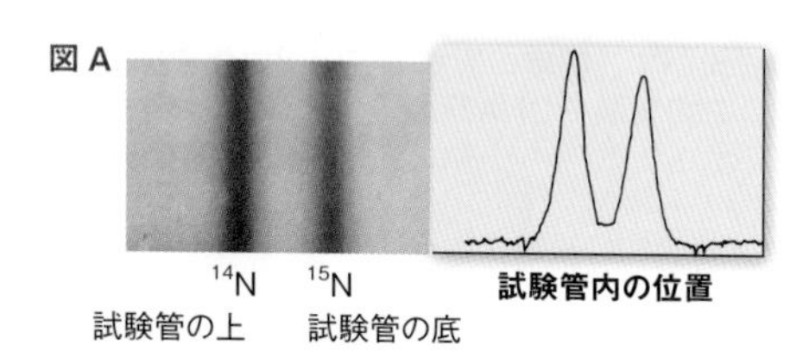

図Bは、4世代にわたる培養で生じた各世代に実施した実験結果を示している。試料にはそれぞれ同数の大腸菌が含まれ、各パネルの総DNA量は同一である。

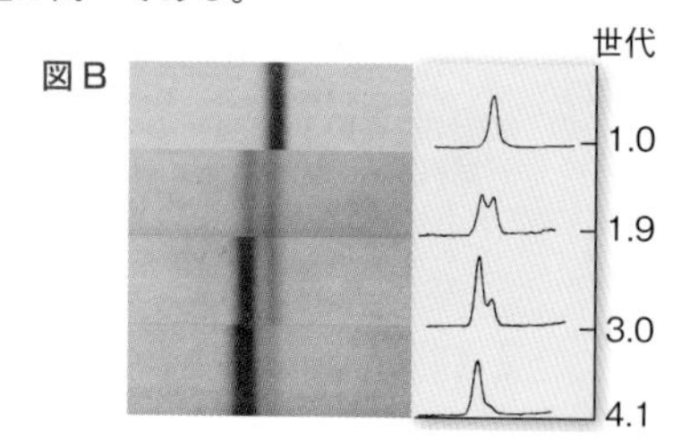

質問▶

1. グラフの頂点の位置から、各世代における重い、中間、軽いDNAの総量に占める割合を推定せよ。推定結果をまとめた表を作成し、それらがメセルソンとスタールの結論を支持するか検討せよ。
2. 大腸菌をさらに3世代分裂させ続けていたら、どのようなデータが得られただろうか？
3. メセルソンとスタールが軽いDNAで実験を始め、続く世代で^{15}Nを加えていったとしたら、どのようなバンドパターンが得られたか？
4. 保存的複製モデルが正しかったとしたら、どのようなデータが得られただろうか？　また、分散的複製モデルが正しかった場合はどうか？

本しか形成されなかったのである。この観察から、シスプラチンの存在下ではDNAの２本鎖は分離せず、複製できないに違いないと研究者は考えた。シスプラチンがDNA鎖の分離を阻止する仕組みについては、本章の最後により詳細に論じる。まずは、DNA複製の化学を見ていこう。

DNA複製には２つの段階がある

細胞におけるDNAの半保存的複製には複数の異なる酵素やタンパク質が関与する。複製は大きく分けて２つの段階を経て進行する。

1. DNAの二重らせんは巻き戻されて２本の鋳型として分離し、新たな塩基対合が可能になる。
2. 新たなヌクレオチドが鋳型鎖と相補的な塩基対を形成しながらホスホジエステル結合を介して共有結合し、鋳型鎖の塩基と相補的な塩基配列を持つポリマーとなる。

DNAを構成するヌクレオチドは、それぞれデオキシリボースとリン酸基１つを含むデオキシリボヌクレオシド一リン酸である（**図4.1**）。集合してDNAを形づくる遊離した４種類のモノマーは、デオキシリボヌクレオシド三リン酸のdATP、dTTP、dGTP、dCTPで、まとめてdNTPsと表され、それぞれが3つのリン酸基を持つことから三リン酸と呼ばれる。3つのリン酸基はデオキシリボース糖の5′炭素に結合している（**図10.9**では、新たに加わるヌクレオチドの図中に示した）。

DNA複製にあたって、*ヌクレオチドは新たな伸長鎖の3′末端に共有結合で付加される*点に注意されたい。DNA鎖の末端に位置するデオキシリボースの3′炭素は遊離の水酸基（—OH）を持っている。ホスホジエステル結合（縮合反応）

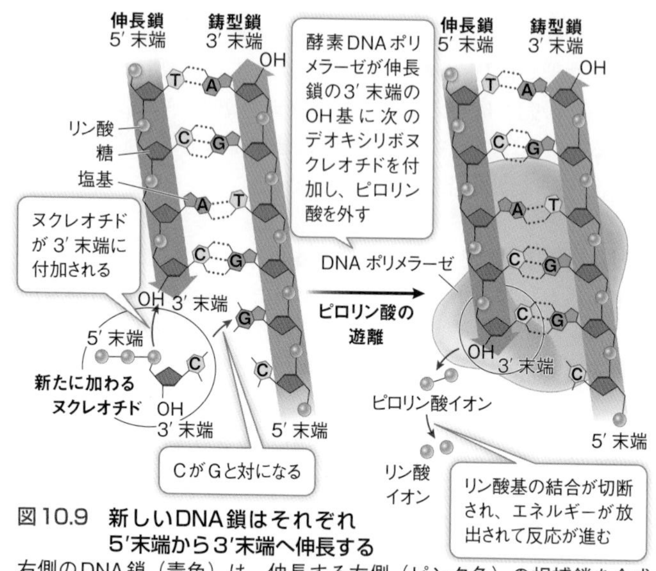

図10.9　新しいDNA鎖はそれぞれ5′末端から3′末端へ伸長する
右側のDNA鎖（青色）は、伸長する左側（ピンク色）の相補鎖を合成するための鋳型である。この図では丸で囲んだdCTPが付加されている。

の形成時には、新たに加わるdNTPの２つのリン酸基がピロリン酸（PPi）として切断され、残りのリン酸が末端のデオキシリボースの3′炭素に結合する（**図4.2**）。ATPが加水分解されてAMPが作られ（続いてピロリン酸が２つのリン酸に加水分解され）るときにエネルギーが放出されるように、dNTPの加水分解でもエネルギーが放出され、そのエネルギーが縮合反応の進行に利用される。

DNAポリメラーゼが伸長鎖にヌクレオチドを付加する

DNA複製は巨大なタンパク質複合体（複製前複合体）がDNA分子の特異的な部位に結合することから始まる。この複合体は、新しいDNA鎖が伸長する際にヌクレオチドの付加を触媒する酵素DNAポリメラーゼをはじめ、複数の異なるタンパク質で構成される。全ての染色体は**複製起点**（***ori***）と呼ばれる領域を少なくとも1つ持っており、そこへ複製前複合体が結合する。複合体中のタンパク質が*ori*内部にある特異的なDNA配列を認識すると、結合が起こる。

複製起点（*ori*）　大腸菌が1つだけ持つ環状染色体には、約4×10^6塩基対からなるDNAが存在する。245塩基対の*ori*配列は染色体の特定部位に存在する。複製前複合体が*ori*に結合すると、DNAは巻き戻され、複製が環状DNAに沿って両方向へ進行して2つの**複製フォーク**が形成される（図10.10(A)）。大腸菌DNAの複製速度はおよそ毎秒1000塩基対で、染色体全体が（2つの複製フォークで）複製されるまでには約40分を要する。一方、急速に分裂中の大腸菌細胞は20分ごとに分裂する。これらの細胞では、最初の染色体が完全に複製される前に、新しくできた染色体の*ori*で次の複製が開始される。こうして、細胞は親染色体の複製が完了するのを待つことなく、より高い頻度で分裂することができる。

真核生物の染色体は概して原核生物のそれよりずっと長く(最大で10億塩基対にもなる)、環状ではなく直鎖状である。もし複製が1つの*ori*でしか起こらず、2つの複製フォークが互いに遠ざかっていくのだとしたら、1本の染色体全体を複製するのに数週間はかかるだろう。そのため、真核生物の染色体は多数の複製起点（自律複製配列）を持ち、それらが1万～4万塩基対の間隔で分散している（図10.10(B)）。

DNA複製はプライマーから始まる　DNAポリメラーゼは新しいヌクレオチドを既存の鎖に共有結合を介して連結することで

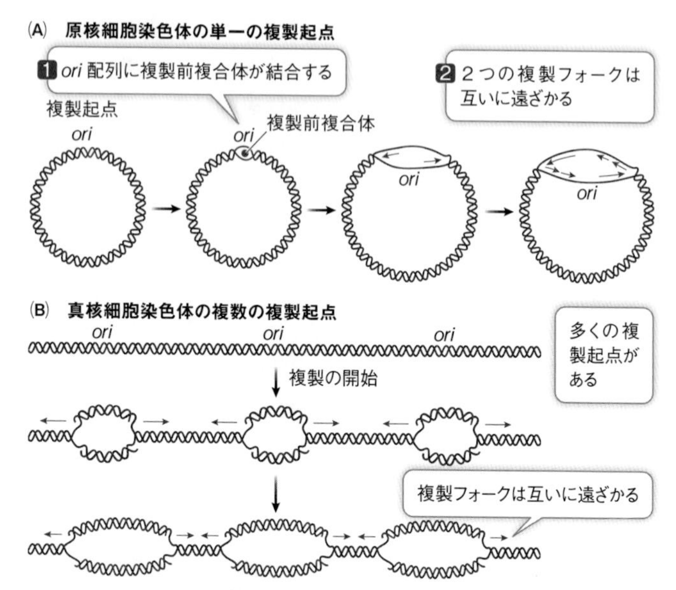

図10.10　DNAの複製起点
(A)原核生物の染色体は通常、複製起点を1つ持ち、そこからDNA複製が始まって両方向に進行する。
(B)一般に原核生物よりもずっと大きい真核生物の染色体は、たいてい複数の複製起点を持っている。

ポリヌクレオチド鎖を伸長させる。しかし、このプロセスは**プライマー**と呼ばれる短い「開始」鎖がなければ始まらない。ほとんどの生物でこのプライマーは短い1本鎖のRNAであるが(図10.11)、プライマーがDNAである生物も存在する。プライマーは鋳型DNAに相補的であり、**プライマーゼ**と呼ばれる酵素がヌクレオチドを1つずつ付加することで合成される。続いてDNAポリメラーゼがプライマーの3′末端にヌクレオチドを付加していき、DNAの当該領域の複製が完了するまで新生鎖は伸長を続ける。その後RNAプライマーは分解されてその

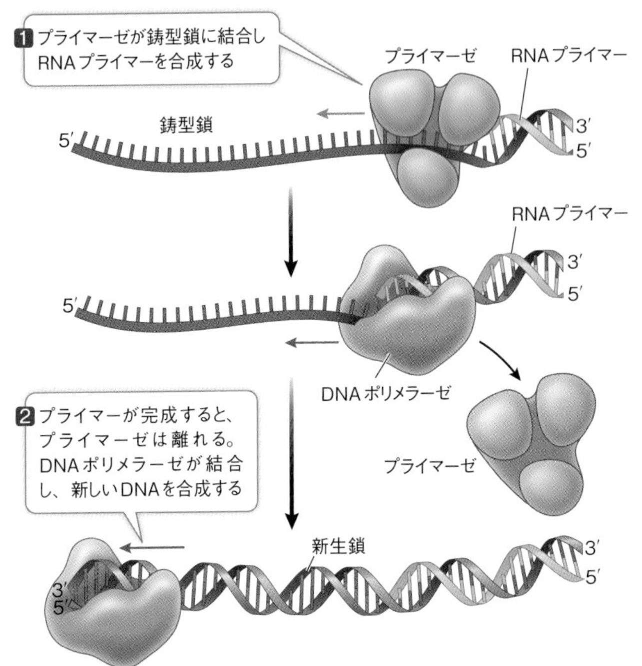

図10.11　DNA複製はプライマーとの結合により開始する
DNAポリメラーゼは、新しいヌクレオチドを付加することのできるプライマー、すなわちDNAあるいはRNAの開始鎖を必要とする。

部位にDNAが付加され、形成されたDNA断片は別の酵素の働きで連結される。DNA複製が完了すると、いずれの新生鎖もDNAだけで構成された鎖となる。

DNAポリメラーゼは巨大である　DNAポリメラーゼはその基質（dNTPs）や非常に細い鋳型DNA鎖よりずっと大きい。細菌の酵素－基質－鋳型からなる複合体の分子モデルでは、この酵素は掌、親指と4本の指を軽く開いた右手のような形をしている（図10.12）。「掌」の内部は酵素の活性中心で、基質である個々のdNTPと鋳型DNAを近寄せる。「指」の領域は、4種類のヌクレオチドの塩基の異なる形を識別するのに適した形状をしており、水素結合によって塩基と結合すると「親指」の方向へ回転する。ほとんどの細胞は複数のDNAポリメラーゼを持つが、染色体のDNA複製に関与するのはそのうち1つだけである。その他はプライマーの除去やDNAの修復に関与

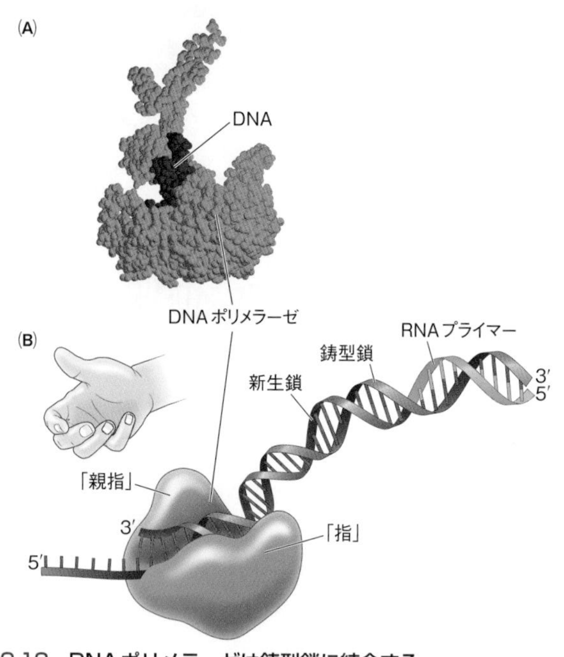

図10.12　DNAポリメラーゼは鋳型鎖に結合する

(A)DNAポリメラーゼ酵素（茶）はDNA分子（赤と青）よりずっと大きい。

(B)DNAポリメラーゼは手のような形で、この側面図では、「指」がDNAを握りしめているように見える。この「指」は4種類の各塩基の特有な形状を識別できる。

する。ヒトでは15種類のDNAポリメラーゼが同定されているが、大腸菌は5種類しか持たない。

他の多くのタンパク質がDNAの合成を助ける

DNAポリメラーゼ以外の様々なタンパク質も別の形で複製に関与している。その一部を**焦点：キーコンセプト図解　図10.13**に示した。複製起点で最初に起こるのは、DNA鎖の局所的な巻き戻しと分離（変性）である。**キーコンセプト10.2**で論じたように、2本の鎖は水素結合とファンデルワールス力で結びついている。**DNAヘリカーゼ**と呼ばれる酵素は、ATPの加水分解で得られたエネルギーを使って鎖を解きほぐして分離させる。次いで、**1本鎖DNA結合タンパク質**（SSB）が解けた鎖に結合し、それらが再会合して二重らせんとなるのを防ぐ。このプロセスにより、鋳型鎖は2本とも相補的な塩基対の形成に利用できるようになる。

複製フォークにおける
2本のDNA鎖の伸長方法はそれぞれ異なる

鋳型として働けるように、DNAが巻き戻って塩基を露出させる部位である複製フォークでは、DNAがジッパーのように一方向に開く。**図10.14**を参照して、複製フォークで短時間のうちに何が起こっているのか想像してみよう。2本のDNA鎖は逆平行、すなわち一方の鎖の3′末端が他方の鎖の5′末端と対合することを思い出してほしい。

- 新たに複製中の一方の鎖（**リーディング鎖**）は、複製フォークが開くにつれて3′末端で連続的に伸長できる方向を向いている。
- もう一方の新しい鎖（**ラギング鎖**）は、複製フォークが開くにつれて、露出している3′末端がフォークからどんどん遠ざかる方向を向いていて、複製されないギャップが生じる。この複製の不都合を克服する特別な仕組みがないかぎり、ギャップは増大し続けることになる。

ラギング鎖の合成には、比較的小さな不連続の断片によってDNAが複製されていく必要がある（断片は、真核生物では100〜200個のヌクレオチド、原核生物では1000〜2000個のヌクレオチドからなる）。こうした不連続の断片は、リーディング鎖の場合と同様に、新生鎖の3′末端にヌクレオチドを１つ

焦点：キーコンセプト図解

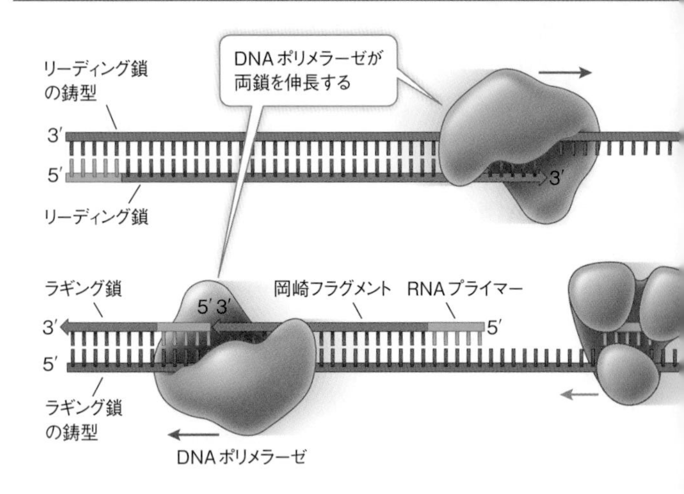

図10.13　複製複合体では多くのタンパク質が共同して働く
DNA複製には、DNAポリメラーゼに加えて数種のタンパク質が関与している。ここに示した2個のDNAポリメラーゼ分子は、実際には同じ複合体の一部である。

ずつ付加することにより合成されるが、この新生鎖の合成は複製フォークの移動方向とは逆向きに進行する。新たに伸長したDNA鎖の断片は、発見者である日本人生化学者の岡崎令治の名に因んで、**岡崎フラグメント**と呼ばれる（図10.14）。リーディング鎖が連続的に「前方へ」伸びていくのに対して、ラギング鎖は、ギャップを挟みながら「後方へ」向かう短い断片として伸長する。

リーディング鎖の合成にはプライマーが1つあれば足りるが、岡崎フラグメントの合成には、フラグメントごとにプライマーゼによってプライマーが合成される必要がある。細菌で

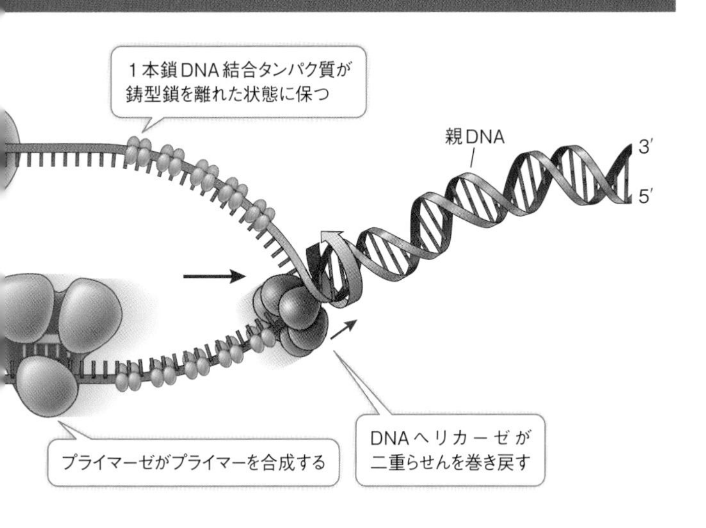

Q：1つの複製起点から2つの複製フォークが反対方向に移動する2方向複製では、同じDNA鎖がリーディング鎖にもラギング鎖にもなりうるか？

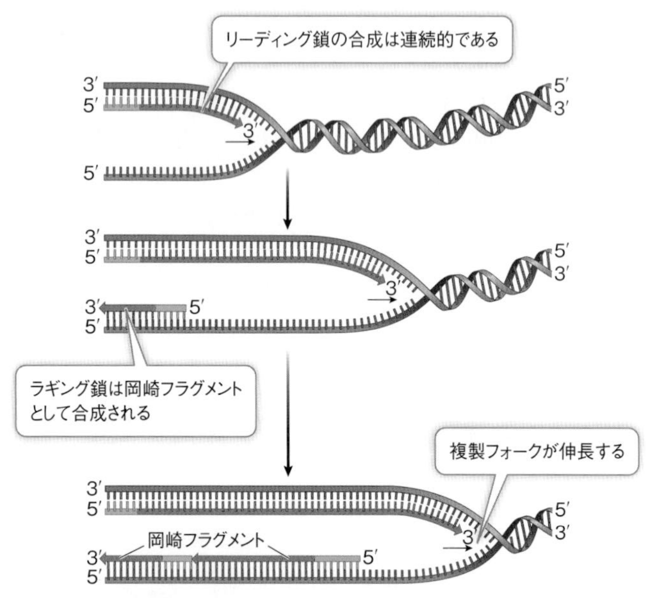

図 10.14　2本の新生鎖の伸長方法は異なる
DNAの親鎖が巻き戻されると、鋳型鎖は逆平行であるにもかかわらず、新生鎖はどちらも5′から3′の方向へ合成される。リーディング鎖は連続的に前方へ伸長するが、ラギング鎖は岡崎フラグメントと呼ばれる短い不連続な断片として伸長する。真核生物の岡崎フラグメントは数百のヌクレオチドからなり、それぞれの間にはギャップがある。

は、前のフラグメントのプライマーに到達するまで、DNAポリメラーゼⅢがプライマーにヌクレオチドを付加して岡崎フラグメントを合成する（**図10.15**）。この時点で、DNAポリメラーゼⅠが古いプライマーを取り除いてDNAに置き換える。すると、後には小さなニック（切れ目）が残される。つまり、隣接する岡崎フラグメント間にあるべき最後のホスホジエステル結合が欠けた状態となるのである。酵素**DNAリガーゼ**はこの結合の形成を触媒し、フラグメントを連結してラギング鎖を

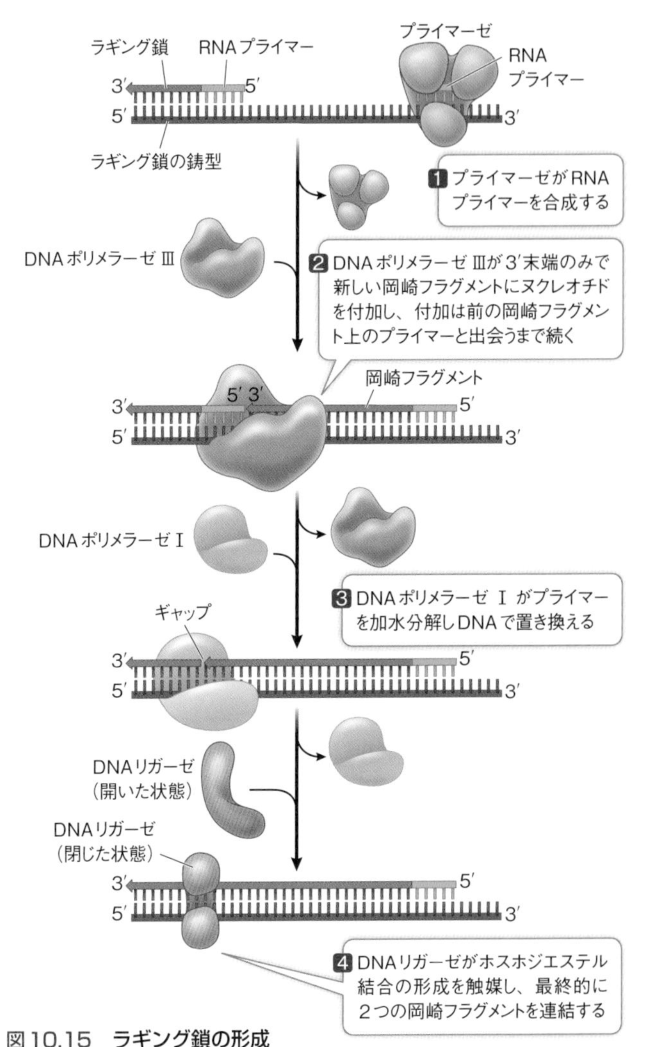

図10.15　ラギング鎖の形成
細菌では、DNAポリメラーゼⅠとDNAリガーゼがDNAポリメラーゼⅢとともに働いて、ラギング鎖の合成という複雑な仕事を遂行する。

完成させる。DNA複製は、DNA鎖に働く様々なタンパク質による目覚ましい共同作業の賜物である。DNA複製に関与するタンパク質を複製フォークにおける活動の時系列に沿って振り返ってみよう。

- *DNAヘリカーゼ*は二重らせんを巻き戻し、2本鎖を解きほぐす。
- *1本鎖DNA結合タンパク質*は分離した鎖に結合し、二重らせんの再形成を阻害する。
- *DNAプライマーゼ*がRNAプライマーを合成する。
- *DNAポリメラーゼ*が新たにヌクレオチドを連結してDNAの新生鎖を形成し、プライマーを除去する。
- *DNAリガーゼ*がDNAポリメラーゼの合成した岡崎フラグメントを連結する。

こうしたタンパク質の共同作業によって、原核生物では毎秒1000塩基対を超える速度で新たなDNAが合成されるが、合成中のエラーは100万塩基あたり1つ未満である。

スライディングクランプがDNA複製を加速する　DNAポリメラーゼによる合成がこれほど速いのはなぜだろう？　酵素による化学反応の触媒については、**キーコンセプト14.3**で学ぶ。

基質が酵素に結合する　→　1つの産物が形成される　→
酵素が離れる　→　サイクルが繰り返される

もしヌクレオチドごとにこの合成サイクルが繰り返されているとしたら、DNA複製は実際ほど速くは進まないだろう。そうではなく、DNAポリメラーゼの機能は**プロセッシブ**（**連続移動的**）で、この酵素はDNA分子に結合すると、一度に多数のホスホジエステル結合の形成を触媒するのである。

複数の基質が酵素に結合する　→　多くの産物が形成される　→
酵素が離れる　→　サイクルが繰り返される

DNAポリメラーゼとDNAの複合体は、**スライディングDNAクランプ**によって安定する。これは、同一のサブユニットが複数集合したドーナツ形のタンパク質である（図10.16）。ドーナツの「穴」はDNAの二重らせんがちょうど通る大きさで、両者の間には潤滑剤として働く薄い水分子の層が存在する。クランプはDNAポリメラーゼとDNAの複合体に結合し、酵素とDNAの間の堅固な結合を維持する。もしクランプがなければ、20～100のホスホジエステル結合を形成したところでDNAポリメラーゼはDNAから解離してしまう。クランプのおかげで、DNAポリメラーゼは一度に5万ものヌクレオチドを重合させることが可能なのである。

DNAは複製複合体を糸のように貫通している　ここまでの説明から、DNA複製を鉄道線路（DNA）に沿って機関車（複製複合体）が動くようなことだと考えた読者が多いことだろう。しかし、実際にはそうではない。いかなる真核生物においても、複製複合体は核内の特定部位に付着して静止しているようなのである。動くのはDNAのほうで、基本的に1本の2本鎖分子として複製複合体に滑り込み、2本の2本鎖分子として出てくる。

テロメアは完全には複製されず、修復の対象となる場合が多い

キーコンセプト10.4で解説するように、DNAは放射線や化学物質により損傷しかねない。損傷を受けると、DNAの修復

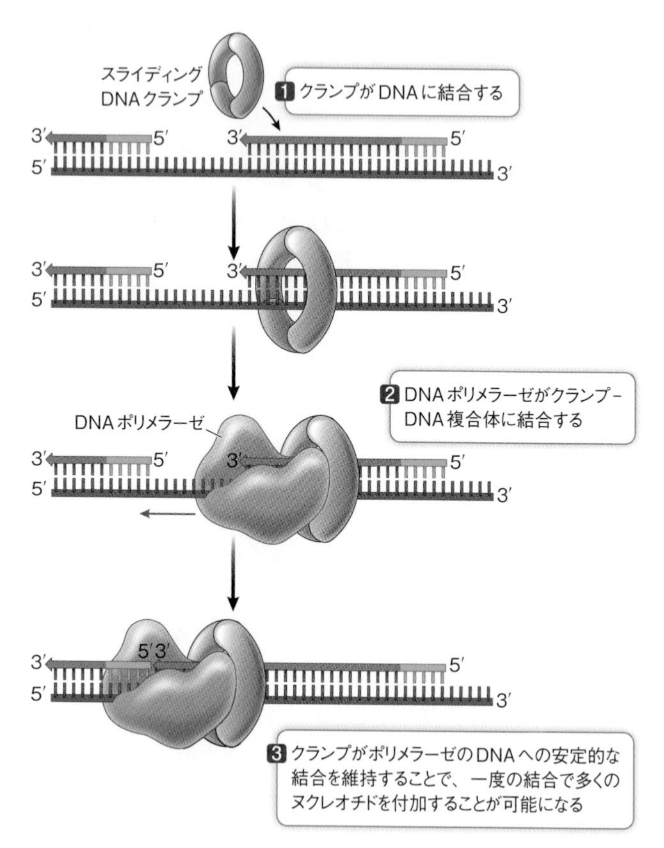

図10.16　スライディングDNAクランプがDNA合成の効率を高める
基質DNAへの酵素DNAポリメラーゼの結合をスライディングDNAクランプが維持することで、酵素は鋳型と基質に何度も結合し直す必要がなくなり、DNA合成の効率が高まる。

機構が活性化され、遊離の3′末端と5′末端を露出させているDNAの切断点が、DNA合成活性とDNAリガーゼ活性の共同作業によって再連結される。このため、染色体の末端は潜在的な問題を孕んでいる。つまり、DNAの修復機構が2本の染色体の末端を切断点と誤認して、それらを連結してしまうかもしれないのである。そうなれば、ゲノムの完全性が台無しになってしまうだろう。

多くの真核生物には、染色体の末端に**テロメア**と呼ばれる反復配列が存在する。ヒトのテロメア配列は5′-TTAGGG-3′で、各染色体の末端でおよそ2500回も反復している。これらの反復配列は、DNAの修復機構に染色体末端を切断点だと誤認させないための特別なタンパク質と結合する。さらに、反復配列は同じように防御の役割を持つループを形成する。

しかし、染色体の末端は別の問題も抱えている。既に見たように、ラギング鎖の複製はRNAプライマーに岡崎フラグメントが付加されることで起こる。末端のRNAプライマーが除去されると、伸長のための3′末端がなくなるために、そこを埋めるDNAが合成できない。多くの細胞では、各染色体末端に残された短い1本鎖DNAは取り除かれる。したがって、染色体は細胞分裂の度に少しずつ短くなっていくことになる（図10.17）。

ヒトの各染色体はDNA複製と細胞分裂の周期を終了する度に、テロメアDNAの50～200の塩基対を失いかねない。細胞分裂を何度も繰り返すと、染色体の末端付近にある遺伝子は失われ、細胞は死を迎える。この現象によって、細胞系譜の多くが個体の寿命ほど長く存続できない理由をある程度説明できる。テロメアが失われてしまうからである。ところが、骨髄幹細胞や配偶子を形成する細胞のように絶えず分裂している細胞は、テロメアDNAを維持するための特別な仕組みを持っている。こうした細胞では**テロメラーゼ**と呼ばれる酵素が、失われたテロメア配列の補充を触媒する。テロメラーゼは、テロメアDNAの反復配列の鋳型として働くRNA配列を持っている。

テロメラーゼはヒトの癌の90%以上で発現しており、癌細胞が絶えず分裂を続ける能力を持つ重要な要因の1つなのかも

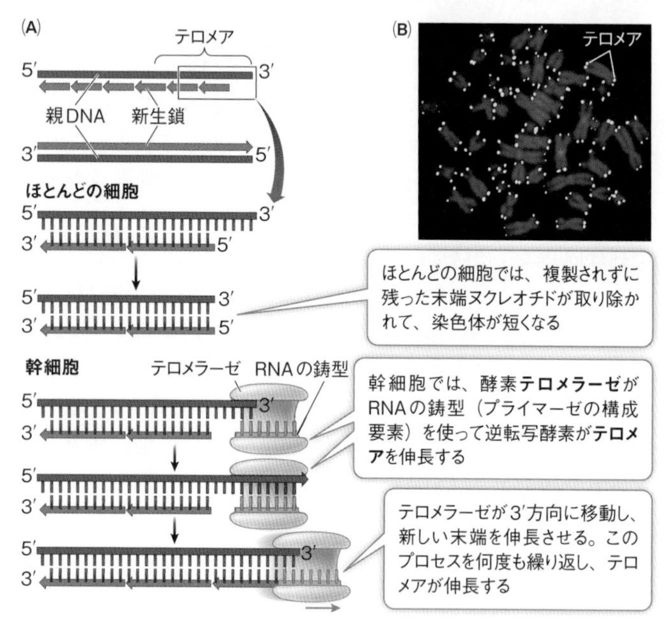

図10.17　テロメアとテロメラーゼ

(A)ほとんどの細胞では、3′末端の複製されなかったDNAが取り除かれるので、複製の度に染色体は短くなる。しかしRNAの鋳型（プライマーゼの構成要素）を使って逆転写酵素がテロメアを伸長し、染色体が短くなるのを防いでいる。
(B)青く染色されたヒト染色体両末端のテロメア領域が、明るい蛍光染色で示されている。

Q：配偶子を形成する細胞でテロメラーゼが発現するのはなぜか？

しれない。ほとんどの正常細胞はこうした能力を持たないので、テロメラーゼは腫瘍を特異的に攻撃するよう設計される薬剤の魅力的な標的となる。テロメラーゼと老化の関係にも、関心が集まっている。形質転換によってヒト培養細胞でテロメラーゼを過剰に発現させると、テロメアは短くならない。20～30の細胞世代を経た後でも死滅せず、細胞は不死となる。この発見が個体の老化とどう関係しているのかについては、今後の解明が待たれる。DNA複製の複雑な過程は驚くほど正確に進行するが、決して完全ではない。では、エラーが生じた場合には何が起こるのだろうか？

10.4 DNAのエラーは修復できる

DNAは正確に複製され、維持されなければならない。これは、原核生物か複雑な多細胞生物かにかかわらず、全ての細胞が適切に機能するために必須である。しかしDNAの複製は完全に正確というわけではなく、DNAは化学物質などの環境因子の影響で変化する。こうした脅威に直面しながら、生命はどのようにしてこんなにも長い間生き延びてきたのだろうか？

学習の要点

- DNAのエラーは、複製の間にも、塩基の化学変化の結果としても生じる。

修復機構がDNAを保存する

DNAポリメラーゼは、ポリヌクレオチド鎖の組み立てに際して間違いを犯す。おおむね複製10万回あたり1回程度の割合で誤った塩基が挿入される。これはたいした問題ではないように思われるかもしれないが、ヒトの細胞は約30億の塩基対を持つことを考えれば、誤りは蓄積していく。もしポリメラーゼの間違いが修復されなければ、ヒト細胞が分裂する度に、複製された新たな鎖におよそ6万もの誤った塩基が増えていくことになるだろう。さらに悪いことに、塩基対合のエラーは自然にも起こりうる。塩基そのものが化学的に不安定であり、放射線のような外部因子による損傷を受けると、*突然変異が生じて適切な対合が妨げられる。

---

*概念を関連づける　DNAの突然変異の分子生物学については**キーコンセプト12.1**で、突然変異の遺伝的影響については**キーコンセプト9.2**で解説している。

幸いにも、細胞はDNA複製のエラーを正し、損傷したヌクレオチドを修復することができる。細胞は少なくとも3種類のDNA修復機構を常に備えている。

1. **校正機構**はDNAポリメラーゼが複製時に犯した誤りを正す。
2. **ミスマッチ修復機構**は複製直後にDNAを走査して、塩基対のミスマッチを残らず修正する。
3. **除去修復機構**は化学的な損傷で生じた異常な塩基を取り除き、有効な塩基で置き換える。

多くのDNAポリメラーゼは、伸長中の鎖に新しいヌクレオチドを付加する度に校正機能を発揮する（**図10.18(A)**）。DNAポリメラーゼは塩基対合の誤りを認識すると、不適切に付加されたヌクレオチドを除去して再挿入を行う（複製複合体の他のタンパク質も、校正の役割を担っている)。この過程のエラー率は修復1万塩基対あたり1対程度にすぎず、これによって複製全体のエラー率を10^{10}複製塩基あたり1つ程度にまで低減できる。

DNA複製が完了すると、第2のタンパク質群が新たに複製されたDNA分子を調べて、校正で見過ごされた塩基対のミスマッチを探す（図10.18(B))。例えば、このミスマッチ修復機構がA－T対の代わりにA－C対を検出したとしよう。修復機構は、A－C対の2つの塩基のうちどちらが間違っているのかを認識して修復する。正しい対がA－Tならば、修復機構はCをTで置き換えて、A－T対に修正する。反対に、正しい塩基対がG－Cであると認識すると、AをGで置き換える。ミスマッチ修復がうまくいかない場合、DNA配列は変化（突然変異）する。ある種の大腸癌は、ミスマッチ修復の失敗が一因となって起こる。

細胞周期の間（例えば、G1期）に、DNA分子が損傷を受けることもある。高エネルギー放射線、環境からの化学物質や自然に起こる化学変化によっても、DNAは損傷する。例えば、DNAの同一鎖上で隣り合うチミン塩基が紫外線（波長はおよそ260 nm）を吸収すると、塩基間に共有結合が生じてチミン二量体が形成される。これらの二量体は複製時の塩基対合を妨害して、ランダムな塩基の挿入を引き起こす。これはヒトの皮膚癌の主要な原因である。除去修復機構はこうした種類の損傷に対処する（図10.18(C))。

DNAの複製と修復の仕組みの理解が進み、科学者たちが遺伝子研究のための技術開発をすることが可能になった。そこで次は、そのような技術の1つを見ていくことにしよう。

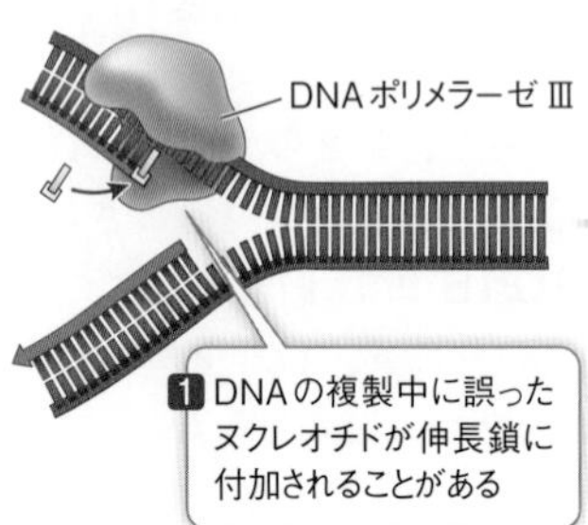

(B) ミスマッチ修復

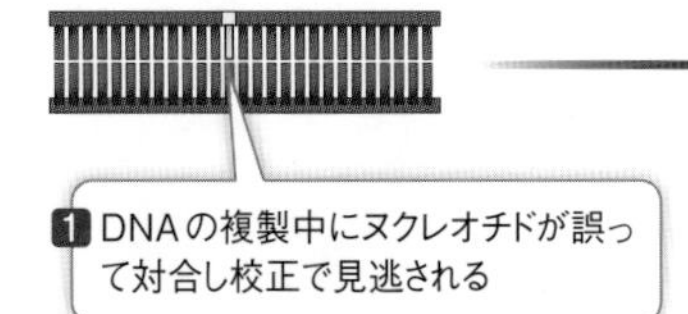

(C) 除去修復

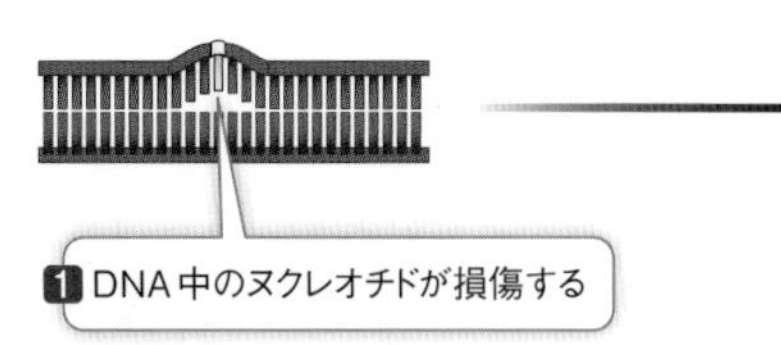

図10.18　DNAの修復機構
複製複合体のタンパク質はDNA修復機構で機能し、DNA複製のエラー率を低減する。既存のDNA分子に生じた損傷は、別の（除去修復）機構によって修復される。

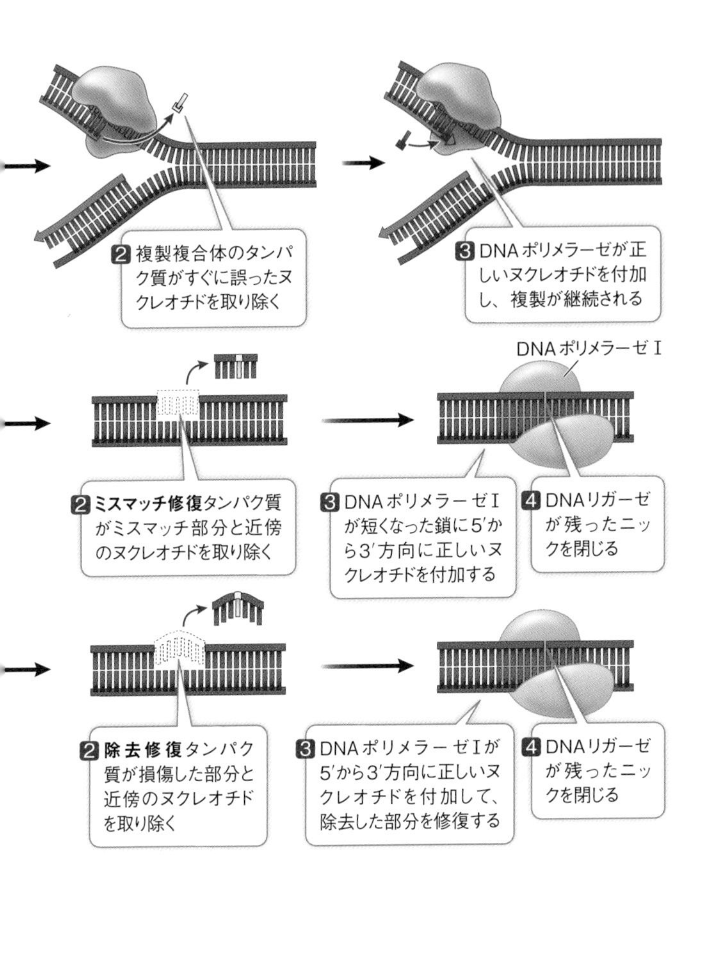
2 複製複合体のタンパク質がすぐに誤ったヌクレオチドを取り除く
3 DNAポリメラーゼが正しいヌクレオチドを付加し、複製が継続される
DNAポリメラーゼⅠ
2 ミスマッチ修復タンパク質がミスマッチ部分と近傍のヌクレオチドを取り除く
3 DNAポリメラーゼⅠが短くなった鎖に5′から3′方向に正しいヌクレオチドを付加する
4 DNAリガーゼが残ったニックを閉じる
2 除去修復タンパク質が損傷した部分と近傍のヌクレオチドを取り除く
3 DNAポリメラーゼⅠが5′から3′方向に正しいヌクレオチドを付加して、除去した部分を修復する
4 DNAリガーゼが残ったニックを閉じる

10.5 ポリメラーゼ連鎖反応はDNAを増幅する

細胞におけるDNA複製の本質的な原理は、遺伝子とゲノムの分析に欠かせない重要な実験技術の開発に応用された。この技術によって、科学者たちは短いDNA配列のコピーを数多く合成することが可能になった。

学習の要点

・ポリメラーゼ連鎖反応（PCR）はDNA断片を速やかに数多く複製するために開発された。

ポリメラーゼ連鎖反応でDNA配列を数多く複製できる

実験室でDNAを調べたり遺伝子操作を実施したりするためには、DNA配列のコピーを大量に合成することが必要な場合がしばしばある。生物試料から分離できるDNAの量は研究に用いるには少なすぎることが多いので、DNAの増幅が必要である。**ポリメラーゼ連鎖反応（PCR）**の技術は、試験管内でDNAの短い領域を何度もコピーすることによってこの複製過程を基本的に自動化している。

PCRの反応混合物には以下が含まれる。

・生物試料から得た、鋳型として働く2本鎖DNA試料
・増幅対象となるDNA配列の両末端に相補的な、人工的に合成された2つの短いプライマー
・4種類のdNTPs（dATP、dTTP、dGTP、dCTP）
・分解されることなく高温に耐えうるDNAポリメラーゼ
・適切な塩濃度とともに中性に近いpHを維持するための緩衝

剤

PCRによる増幅は一連のステップが何度も繰り返される周期的な過程である（図10.19）。

1. 第1ステップでは、反応混合物を沸点近くまで加熱し、鋳型DNAの2本鎖を分離（変性）させる。
2. 次に反応混合物を冷却し、鋳型鎖へのプライマーの結合（アニーリング）を可能にする。
3. 続いて、反応混合物をDNAポリメラーゼの至適温度にまで温めて、相補的な新しい鎖の合成反応を触媒させる。

PCRの1サイクルには数分かかり、この間に標的DNA配列のコピーが2つ合成され、2本鎖状態の新しいDNA鎖ができる。このサイクルを何度も繰り返せば、DNA配列のコピー数は指数関数的に増加する。

PCR法では、実験室で相補的なプライマー（通常は15〜30塩基の長さ）を作るために、標的DNA配列の各鎖の3′末端の塩基配列が分かっていなければならない。DNA配列の特異性によって、この長さの2つのプライマーは通常、1個体のゲノムに存在するDNAのある1領域にしか結合しない。驚くほど多様なDNA配列に対するこの特異性こそが、PCRの有効性の鍵となっている。

PCRにまつわる当初の問題点の1つは、その操作の温度要件にあった。DNAを変性させるには、90℃以上に加熱しなければならないが、その温度ではほとんどのDNAポリメラーゼが失活してしまう。PCR法の開発初期には、各サイクルで変性後に新たな酵素を添加する必要があり、この点が実用性の面からPCR法が広く普及するための障壁となっていた。だがこの問題は、自然が解決してくれた。イエローストーン国立公園の温泉やその他の熱水が湧き出る場所には、いみじくもサーマス・アクアティクス（*Thermus aquaticus*、「熱い湯」の意）という名の細菌が生息している。この細菌が95℃もの高温に耐えて生きられる仕組みが、ウィスコンシン大学マディソン校のトーマス・ブロックらによって綿密に調べられた。その結果、サーマス・アクアティクスが、高温でも変性しないDNAポリメラーゼを含む熱耐性の代謝機構を持つことが判明したのである。

PCRによるDNA増幅の問題点について頭を悩ませていた科

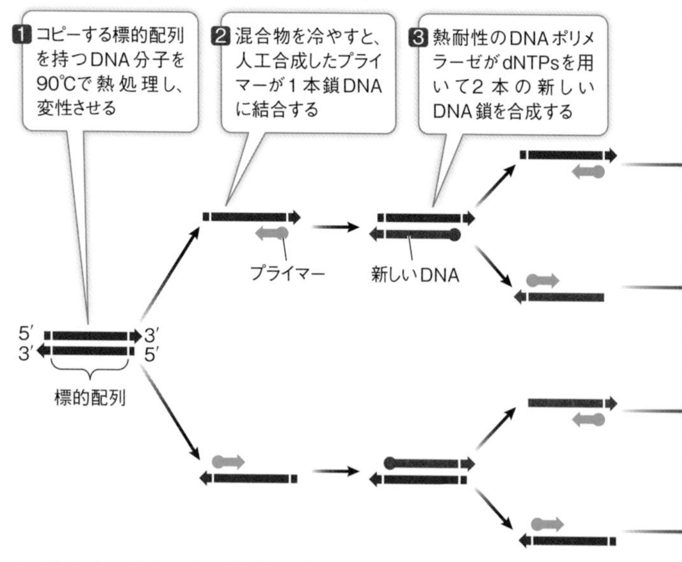

図10.19　ポリメラーゼ連鎖反応
この周期的な過程の各ステップを何度も繰り返すことで、同一のDNA断片のコピーが数多く生じる。この技術によって、化学分析や遺伝子操作に必要な十分量のDNAが合成できる。

学者たちは、ブロックの基礎研究論文を読んで、巧妙なアイデアを思いついた。PCR法にサーマス・アクアティクスのDNAポリメラーゼを用いればよいのではないか？　90℃の変性温度にも耐えられるので、1サイクルごとにDNAポリメラーゼを加える必要はなくなるだろう。このアイデアは功を奏して、生化学者キャリー・マリスは1993年にノーベル化学賞を受賞した。PCRは遺伝学研究に多大な影響を与えた。なかでも特筆に値する応用のいくつかについては、**第12・13・17・18章**で学ぶことにしよう。こうした応用は、個人や生物を同定するためのDNA増幅から病気の検出まで幅広い範囲に及んでいる。

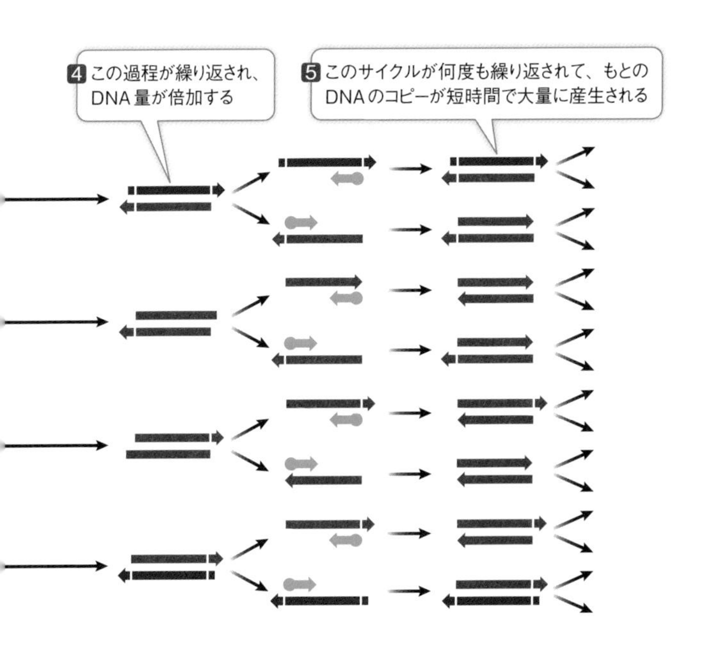

Q：PCRのプライマーとDNA複製のプライマーにはどのような関係があるか？

生命を研究する

Q A DNA複製を阻害する薬剤の仕組みを説明するには、DNA複製について何を知っていなければならないのか？

プラチナ電極が細胞分裂を阻害するという発見にまつわる本章冒頭の逸話を思い出してほしい。この発見をきっかけに、研究者たちはプラチナを含む薬剤を開発して、制御不能な癌細胞の増殖を阻害できないかと考え始めた。バーネット・ローゼンバーグが開発した薬剤シスプラチンは、ある種の癌の増殖阻止に驚くべき効果を示した。DNAの化学とその複製機構の理解が進むとともに、シスプラチンの作用機序も分かってきた。

生命を研究する：メセルソンとスタールの実験の項では、DNAが半保存的に複製すること、すなわち分離したDNA鎖が新しい鎖の鋳型になることを解明した実験について論じた。さらに、シスプラチンが存在するとDNAの半保存的複製が起こらないという発見から、複製の前提である鎖の分離にシスプラチンが干渉していることが窺われる点にも言及した。こうした事象はどうして起こるのだろうか、またそれはシスプラチンとどう関係しているのか？

シスプラチンは2つのアミノ基と2つの塩素原子に結合したプラチナ原子を含んでいる（**図10.20(A)**）。ローゼンバーグの実験では、プラチナ電極が溶液中の塩類と反応してシスプラチンが形成された。プラチナ原子と塩素原子の結合は弱く、塩素原子は電子に富んだ物質で置き換わる（化学の知識を持つ読者なら、こうした物質が求核剤と呼ばれることをご存知だろう）。DNAでは、グアニン塩基の窒素原子（**図10.20(B)**）の1つがシスプラチンの塩素原子1個に置き換わり、強い共有結合を形成する。反対鎖上でも近くにグアニンがあると、シスプラチン分子のもう1つの塩素原子も置換され、シスプラチンは

(A)　シスプラチン

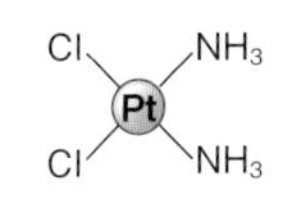

(B)　グアニン

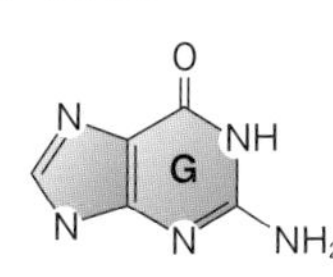

(C)　シスプラチンによるDNA鎖の架橋結合

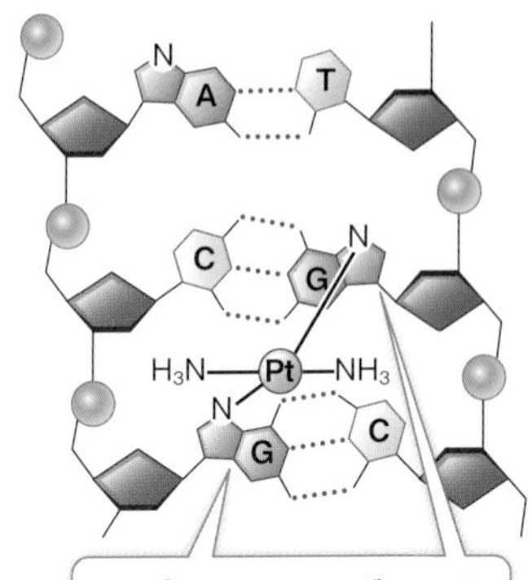

図10.20
シスプラチン：小さいが致命的な分子

DNAの両方の鎖にしっかりと結びつく。要するに、DNA鎖は架橋されて、複製に必要な分離が不可能となるわけである（図10.20(C)）。複製なしでは細胞は分裂できず、細胞死を起こす。シスプラチンが引き起こすタイプのDNA損傷は、通常のいかなるDNA修復機構によっても修復不能である。

今後の方向性

真核生物の染色体は、それぞれが数千万もの塩基対を持つ長いDNA鎖からなる。各染色体は細胞周期のS期に一度だけ、かつ完全に複製されなければならない。複製は1つの起点から両方向へ進むが、一般にS期は染色体全体を複製できるほど長くはないから、多くの複製起点があるに違いない。この過程の解明は生物学者たちの主要な挑戦課題である。最近のある発見は、DNAの複製複合体がそれぞれの複製起点に到達する仕組みを理解する手がかりとなるかもしれない。DNAから転写されたRNA分子はほとんどが、それらの合成された部位から離れていくが、その場に残るものもある。DNA鋳型に相補的なそうした短いRNA分子は、DNAに戻り塩基対を形成して結合する。このすばやい結合により事実上、DNAの非鋳型鎖はRNAに置き換わることになり、ループ構造が形成される。長い染色体上のこうした部位では、鋳型DNA鎖がRNAと結合したために相補鎖と結合できなくなったDNA領域を伴うループができる。新たな証拠は、露出したDNA塩基を伴う「Rループ」がDNAの複製複合体タンパク質の結合を認識する働きを持つことを示唆している。

▶ 学んだことを応用してみよう

まとめ

10.3　DNA複製は複製起点（*ori*）から2方向に進行する。大腸菌の染色体は1つの*ori*を、真核生物の染色体は複数の*ori*を持つ。

原著論文：Huberman, J. A. and A. D. Riggs. 1968. On the mechanism of DNA replication in mammalian chromosomes. *Journal of Molecular Biology* 32: 327-341.

生物学者たちは様々な方法を用いて生体システムに関する仮説を立てる。例えば、数学的アプローチはヒト細胞におけるDNA複製を学ぶ助けになる。

DNA複製は細胞で常に継続している過程ではなく、細胞周期のS期に限定されている。哺乳類の分裂中の細胞では、一般にS期は約8時間である。DNAポリメラーゼがヌクレオチドを連結して新しいDNA鎖を作る速度は、毎秒約50塩基対である。ヒト細胞の最短染色体のDNAは約50×10^6塩基対を、最長染色体は250×10^6塩基対を含む。

質問

1. 上記の情報に基づき、1つのDNAポリメラーゼが最短染色体の全DNA分子を一方の末端から他方の末端まで中断することなく複製するのに必要な時間を計算せよ。その時間と細胞が実際にDNA複製を完了させなくてはならない8時間とを比較せよ。比較結果は、DNA複製には*ori*が1つしかかかわっていないことを示唆しているか、それとも別の仮説を提示しているか？

ここで、研究結果から考えてみよう。ご承知のとおり、チミンはDNAの4種類の塩基の1つである。科学者は実験室で、チミン塩基を含むヌクレオチドであるチミジンの通常の水素同位体（^{1}H）を放射性のトリチウム同位体（^{3}H）で置き換えることができる。S期にある分裂細胞に4種類全てのヌクレオチドを与え、短時間だけ^{3}Hチミジンも加える（「パルス標識」と呼ぶ）と、新たに合成されたDNA鎖は放射活性を持つ。DNAをスライドガラス上に広げれば、特別の方法（オートラジオグラフィー）を用いて放射活性を持つ鎖を顕微鏡で観察することができる。

2. 下図は、S期の最後の4時間に^{3}Hチミジンでパルス標識したヒトS期細胞から抽出した1本鎖（新しく合成された鎖）の短いDNA断片が持つ放射活性を示している。

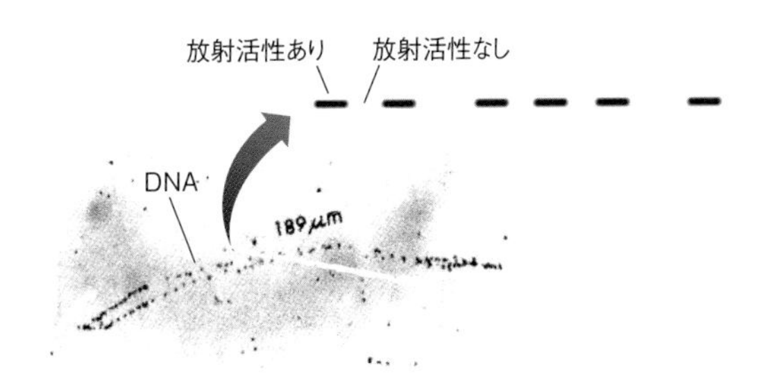

1つのDNA分子上の*ori*の数についてどのような結論を下せるか？　それは質問1で得た結果と一致するか？

2番目の実験では、S期が始まった直後の細胞に^{3}Hチミジンのパルスを与えた。数時間後、細胞に非放射性の^{1}Hチミジン（「パルス」に続く「チェイス（追跡）」）を与えて、それ以後に合成されたDNAが標識されないようにした。その後時間を置いて染色体DNAを抽出し、同じ染色体を観察した。下図は上と同じ1本鎖DNA断片の実験結果である。

3. DNA複製は起点から１方向に進行しているか、それとも２方向に進行しているか？　その理由も説明せよ。
4. ２番目の実験から得られる２本鎖DNAを描き、標識されたヌクレオチド、および標識されないヌクレオチドが見つかる位置を示せ。

第11章 DNAからタンパク質へ：遺伝子発現

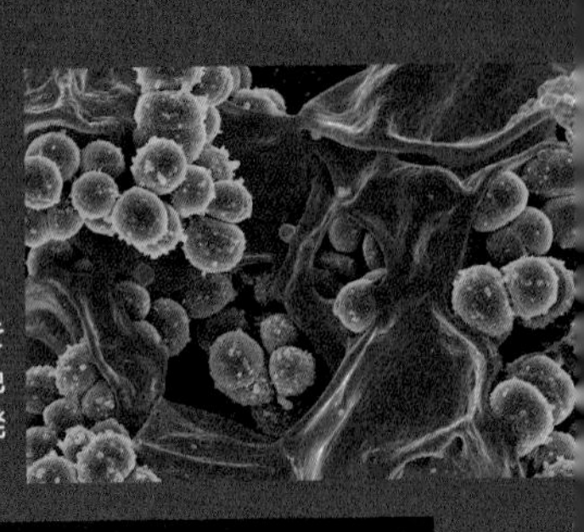

アメリカ合衆国とヨーロッパで重篤な病状と死を招く大きな要因となっているメチシリン耐性黄色ブドウ球菌（MRSA）による感染症は、遺伝子発現を標的とする抗生物質で治療する。

キーコンセプト

11.1　遺伝子はタンパク質をコードする
11.2　情報は遺伝子からタンパク質へ流れる
11.3　DNAが転写されてRNAが作られる
11.4　真核生物の前駆体mRNA転写産物は翻訳に先立って修飾される
11.5　mRNAの情報はタンパク質に翻訳される
11.6　ポリペプチドは翻訳中あるいは翻訳後に修飾・輸送される

生命を研究する

遺伝暗号を活用してスーパー耐性菌と闘う

黄色ブドウ球菌（*Staphylococcus aureus*）は、ヒトの皮膚と鼻に常在する数十億の細菌の１つで、通常は無害である。しかし時折、とりわけ老化や病気で免疫システムが弱まったときには、重い皮膚感染を引き起こしたり、鼻や傷口から体内に侵入して、心臓や肺などの臓器で場合によっては死にいたるほどの重篤な感染症の原因となったりする。

最近まで、黄色ブドウ球菌の感染はペニシリンやメチシリンなどの関連薬剤の投与でほぼ治療できていた。これらの抗生物質は、細菌の細胞壁合成に関わるいくつかの酵素に結合して不活化する。抗生物質で処理された細菌が分裂して生じた新しい細胞は生存できない。

ところが不運にも、黄色ブドウ球菌の一部の系統は変異型のペニシリン結合タンパク質を獲得して、抗生物質に対する耐性を持つにいたった。変異型の酵素は抗生物質の存在下でも細胞壁の合成を触媒できる。この変異型タンパク質をコードする変異型遺伝子*mecA*は、接合によって細菌間で転移することができる（**キーコンセプト9.6**）。

*mecA*の変異型は正常型と何が異なり、その違いはどのような仕組みで抗生物質耐性をもたらすのだろうか？　野生型アレルと比べると、*mecA*遺伝子の変異型アレルにはヌクレオチド配列に小さな変化がある。この変化がそこから発現するタンパク質のアミノ酸配列の変化（一次構造の変化）をもたらし、次いで二次構造と三次構造にも影響が及んで、タンパク質は抗生物質と結合できない形状に折りたたまれる。

この実例は遺伝の基本的な知識を伝えている。すなわち、*遺伝子はタンパク質として発現する*こと、より具体的に言えば、*DNAのヌクレオチド配列はタンパク質のアミノ酸配列として発現する*ことである。1つの遺伝子のヌクレオチド配列が特異的なタンパク質を作り出す機序は、遺伝暗号の解読という生物学研究上の画期的な出来事によって明らかにされた。

抗生物質に強い耐性を示す変異型細菌は「スーパー耐性菌」として知られる。大きな懸念となっているスーパー耐性菌の1つが、メチシリン耐性黄色ブドウ球菌MRSAである。約50人に1人が保菌者という現状に照らせば、MRSAは公衆衛生上の重大な脅威と言える。病院や介護施設など感染の危険が最も大きい場所での注意深いモニタリングと治療によって、MRSAの発症件数は減少している。感染は、細菌のタンパク質合成を標的にした新しいタイプの抗生物質で対処されている。

ある種の抗生物質の作用を理解する際、遺伝暗号の知識はどのように役立つか？

11.1 遺伝子はタンパク質をコードする

第4章ではDNAと遺伝子発現におけるその役割について学んだ。続いて**第10章**ではDNAが遺伝情報の担い手である証拠を示し、細胞分裂に先んじてDNAが複製される仕組みについて解説した。本章では、タンパク質が遺伝子発現の主要な産物であることを示す証拠に焦点を当て、遺伝子がタンパク質として発現する仕組みについて論じていく。

学習の要点

- 各遺伝子がそれぞれ1種類のタンパク質をコードするという主張は、実験的証拠により裏付けられている。

DNAが遺伝物質であることが知られる前から、科学者たちは既に表現型を決める分子的な仕組みを理解していた。彼らは、ヒトからパンカビに及ぶ多様な生物種で野生型と変異型のアレルを保有する個体間の化学的な違いを研究し、そこから表現型の主要な相違が特定のタンパク質の違いから生じるという事実を知っていたのである。しかし、それぞれの個体で異なるタンパク質がどのように発現するのかにまでは理解が進んでいなかった。

ヒトの遺伝病の観察から遺伝子が酵素を決定するという説が提唱された

遺伝子の産物がタンパク質であることを示す初めての確証は、ある突然変異形質の調査から得られた。20世紀初頭（1908年）、イギリスの医師アーチボルド・ガロッドは、珍しい病気を持つ子どもたちを調べた。病気の特徴の1つに、尿が空気に触れると黒く染まるという症状があり、それは乳幼児のオムツを見れば一目瞭然であった。この病気にはその症状を的確に表現したアルカプトン尿症(「黒尿症」)という名前が付けられた。

ガロッドは、この病気がいとこどうしの両親から生まれた子どもで最も多く発症していることに気づいた。メンデルの遺伝法則がちょうど「再発見」された頃であったことから、ガロッドはこう考えた。いとこのアレルは平均で1/8が共通しているはずだから、いとこどうしの両親から生まれた子どもは稀な変異型アレルを受け継いでいるのかもしれない。ガロッドは、アルカプトン尿症は病気の原因となる変異型アレルが引き起こす潜性の表現型であると主張した。

ガロッドはさらに分析を進め、発症した子どもで起こっている生化学的な異常を同定した。彼は子どもたちからホモゲンチジン酸という珍しい化合物を見つけた。ホモゲンチジン酸は、子どもたちの血液、関節(結晶化してひどい痛みを引き起こした)と尿(黒色に変化した)に蓄積していた。ホモゲンチジン酸の化学構造はアミノ酸のチロシンとよく似ていた。

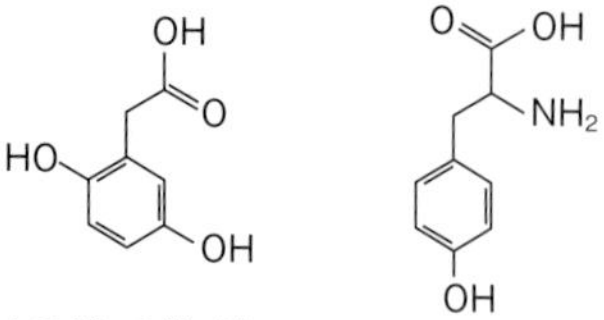

ホモゲンチジン酸　チロシン

生物学的触媒としての酵素の機能はその少し前に発見されていた。ガロッドは、ホモゲンチジン酸はチロシンの分解産物であると主張した。通常ホモゲンチジン酸は無害な産物に分解されるが、アルカプトン尿症の患者ではこの転換が進まないのではないかとの見解を示した。ガロッドはさらに、発症した子どもではホモゲンチジン酸の分解に必要な酵素が産生されていないという仮説を立てた。彼は、この分解を触媒する酵素の合成には正常なアレル（野生型の表現型をもたらす）が必要なことを示唆した。

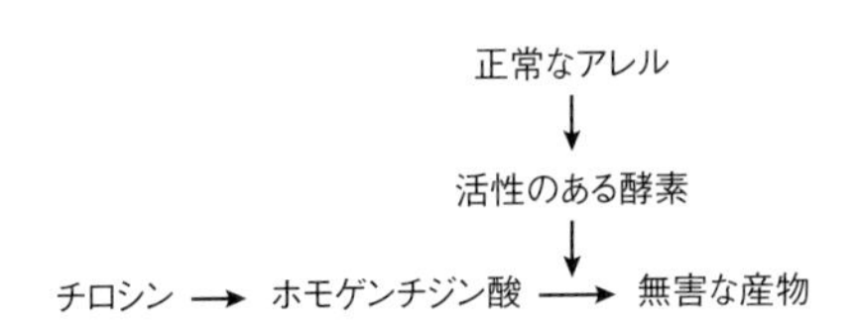

このアレルが変異すると酵素は不活性となり、ホモゲンチジン酸が蓄積するのであろう。

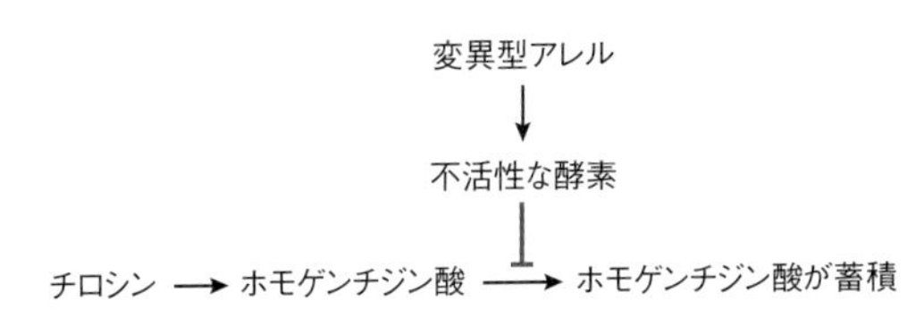

ガロッドは、１つの酵素に対して１つの遺伝子があるに違いないと結論し、「先天的代謝異常」という用語を新たに作り出して、遺伝的に決定されるこの生化学的疾患を説明した。しかしこの仮説の裏付けは、実際の酵素とそれを生み出す特異的な遺伝子の突然変異が同定されるのを待たねばならなかった。ホモゲンチジン酸酸化酵素が同定され、正常な人では活性があるが、アルカプトン尿症患者では不活性であることが分かったのは1958年であり、特異的なDNA変異について報告されたのは1996年のことだった。

生物学者たちは、より広く遺伝子と酵素を関連づけるための材料として、実験室で操作できるより単純な生物に目を向けた。

遺伝子が酵素を決定するという事実はアカパンカビの実験で立証された

生命を支配する原理を解明する研究を進める際に、生物学者たちは実験操作が容易な生物に目を向けることが多い。そのような**モデル生物**は、魅力的な実験対象となるためのいくつかの特徴的な性質を持っている。例えば、モデル生物には以下のような特徴がある。

・実験室や温室で育てやすい。
・世代時間が短い。
・交配などによる遺伝的な操作が容易である。
・頻繁に多くの子孫をもうける。

生物学者はこれまでも、モデル生物を利用して遺伝法則を発展させ、さらにそれを他の生物にもより広く適用することに成功してきた。本書でも既にこうした生物のいくつかについて学んだ。

・エンドウ（*Pisum sativum*）はメンデルの遺伝学実験で使用された。
・ショウジョウバエ（*Drosophila melanogaster*）はモーガンの遺伝学実験で使用された。
・大腸菌（*Escherichia coli*）はメセルソンとスタールのDNA複製実験で使用された。

ここで、子嚢（しのう）菌のアカパンカビ（*Neurospora crassa*）をこのリストに加えよう。アカパンカビはその生活環のほとんどを半数体（一倍体・単数体ともいう）として過ごすので、アレル間に顕性と潜性の区別は存在せず、全てのアレルが表現型として発現し、ヘテロ接合の状態で隠れてしまうことがない。また、アカパンカビは実験室での培養が容易である（訳註：加えて、異なる交配型の分生胞子間で交配とそれに続く減数分裂が起こるだけでなく、同じ交配型の菌糸を融合させて1つの細胞中に2つの半数体核を持つヘテロカリオン（異核共存体）を作製できることから、迅速かつ詳細な遺伝解析が可能である）。ジョージ・ビードルとエドワード・テータムが率いるスタンフォード大学の生物学者たちは、アカパンカビの表現型を生化学的に定義するための研究に着手した。

ガロッドと同じく、ビードルとテータムも特定の遺伝子の発現は特定の酵素の活性をもたらすという仮説を立てた。彼らはこの仮説を直接検証するための実験を開始した。研究グループはアカパンカビを、スクロース（ショ糖）とミネラル、野生型が合成できない唯一のビタミンであるビオチンを含む培地に植えた。この最少培地では、野生型のアカパンカビの酵素は、増殖に必要な全ての代謝反応を触媒することが可能である。

彼らは次に、野生型のアカパンカビに**突然変異原**として機能するX線を照射した。突然変異原とは、DNAを損傷してその配列に後代へ伝達可能な変化である**突然変異**を誘発するものを指す。X線照射後、アカパンカビの一部は最少培地で増殖できなくなった。こうした突然変異系統は、ある種のビタミンのような特定の栄養素を培地に追加したときにのみ増殖した。ビードルとテータムは、これらの遺伝系統は追加した栄養素の合成に必要な酵素を産生するための情報をコードした遺伝子に突然変異を持つという仮説を立てた。彼らは、最少培地に加えることで増殖を可能にする特定の化合物を、突然変異系統ごとに見つけ出すことに成功した。実験結果は、突然変異の効果が単純であること、すなわち各突然変異が1つの代謝経路において1つの酵素の欠陥をもたらすことを示唆していた。この結論は、ガロッドの結果を裏付けるもので**一遺伝子一酵素説**と呼ばれることになった。

生物学の分野では、突然変異は因果関係を決定するための強力な手段となる。その能力がいかんなく発揮されたのが、生化学的経路の解明においてであった。そのような経路は、各事象（化学反応）がそれ以前の事象の生起に依存する連続的な事象で構成されている。一般的な推論は以下のように行われる。

・観察　特定の遺伝子（*a*）が存在すると、特定の酵素（A）で触媒される特定の反応が起こる。ゆえに、両者の間には関連がある。
・仮説　遺伝子*a*が酵素Aの合成を決定している。
・仮説の検証　遺伝子*a*の突然変異を誘導する。機能を持つ酵素Aが合成されず、反応は起こらないと予想される。

227ページへ→

実験

図11.1(A)　一遺伝子一酵素

原著論文：Srb, A. M. and N. H. Horowitz. 1944. The ornithine cycle in *Neurospora* and its genetic control. *Journal of Biological Chemistry* 154: 129-139.

スルプとホロヴィッツは、アルギニン（arg）を合成できないアカパンカビの突然変異系統を複数得た。アルギニンの合成には、オルニチンとシトルリンを含むいくつかの化合物が必要であった。これらの化合物を１つずつ計画的に培地に加えて変異系統を培養した結果から、それらはそれぞれ生化学経路に関与する酵素の機能を１つずつ失っていると彼らは推測した。

仮説▶　各遺伝子は１つの生化学経路の１つの酵素を決定する。

方法　各arg変異株の胞子（分裂してコロニーを作るカビの単一細胞）を、化合物を加えたあるいは加えない最少培地に移植する。

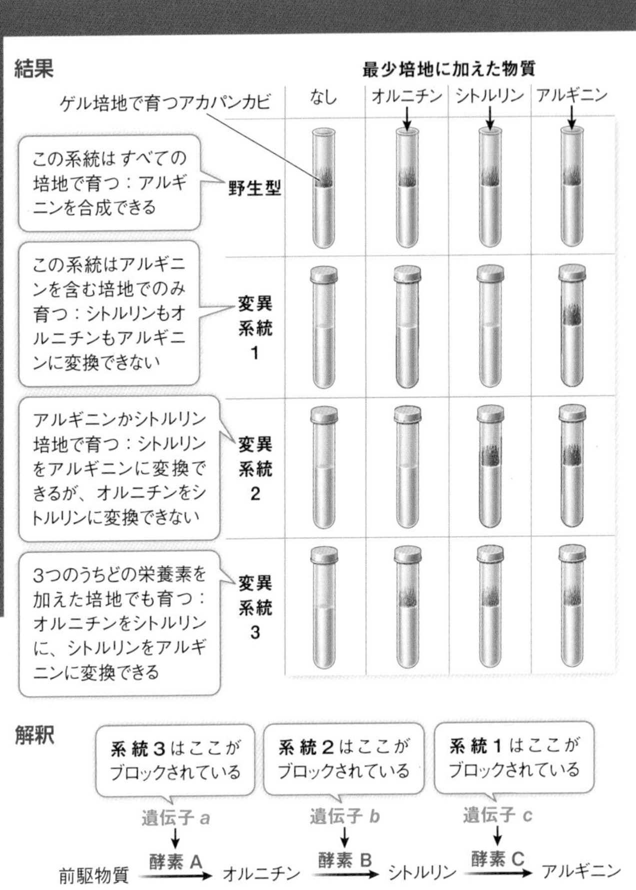

細胞がある特定の化合物を別の化合物に変換できなければ、その変換に必要な酵素を欠いていると考えられ、変異は当該酵素をコードする遺伝子に起こっていると推定される。

結論▶　各遺伝子は特定の１つの酵素を規定している。

データで考える

図11.1Ⓑ　一遺伝子一酵素

原著論文：Srb, A. M. and N. H. Horowitz. 1944.

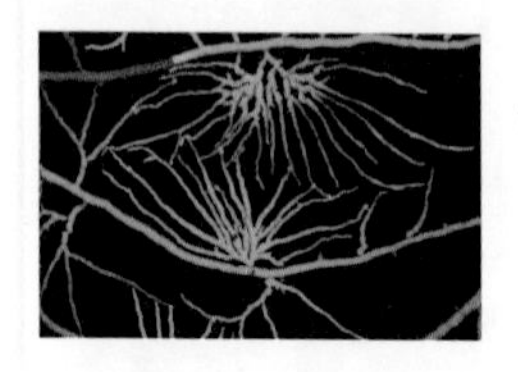

アカパンカビ（左）は、接合して二倍体細胞を形成しているときを除き、生活環のほとんどを半数体として過ごす。接合に続いて二倍体細胞は減数分裂を行い、半数体の胞子（子囊胞子）を形成する。ビードルとテータムはX線を用いてアカパンカビに突然変異を誘導し、最少培地では育たないが、特定の化合物を補った培地では生育する変異系統を分離した。2人の共同研究者であったエイドリアン・スルブとノーマン・ホロヴィッツは、アルギニンを合成できないものの、アルギニンを添加した培地では育つことができる15の変異系統（arg変異系統）を解析した。種々の化合物を試験し、オルニチンとシトルリンの2つがアルギニンの代わりにいくつかの変異系統の生育を可能にすることを見出した（図11.1Ⓐ）。そのうち3系統の生育結果を5日間培養したカビ菌糸の乾燥重量で表し、表の上から3行に示した。

系統	添加なし	オルニチン添加	シトルリン添加	アルギニン添加
34105	1.1	25.5	30.0	33.2
33442	2.3	2.5	42.7	35.0
36703	0.0	0.0	0.0	20.4
二重変異系統	0.0	0.0	0.0	22.0

質問▶

1. 実験（図11.1Ⓐ）で示したアルギニン合成の生化学経路に基づくと、各系統ではタンパク質（A、B、C）をコードする遺伝子（*a*、*b*、*c*）のどれが変異していたか？
2. 培地に何も加えないときでも、変異系統34105と33442である程度の生育が見られたのはなぜか？
3. この3系統では、アルギニンに代わる基質として19種類の別のアミノ酸を試験したが、生育は全く認められなかった。この結果について説明せよ。
4. 変異系統間の交配によって両親系統の変異を併せ持つ二重変異系統を作製した。変異系統33442と36703に由来する二重変異系統は表の最終行に示した生育特性を持っていた。これらの結果を、遺伝子、変異、生化学経路の観点から説明せよ。

ビードルとテータムの同僚であったエイドリアン・スルプとノーマン・ホロヴィッツの2人は、以上のような見地から実験を設計し、アミノ酸のアルギニンが培地に含まれないと生存できないアカパンカビの突然変異系統を選抜した。特定の化合物を培地に加えていく手法によって、スルプとホロヴィッツはアルギニン合成にいたる生化学経路の一連の段階を同定することができた（図11.1）。

1つの遺伝子が1つのポリペプチドを決定する

一遺伝子一酵素の関係には、現在の分子生物学の知識に照らしていくつかの変更が加えられている。様々な酵素をはじめとする多くのタンパク質は、複数の*ポリペプチド鎖あるいはサブユニットからできている。したがって、**一遺伝子一ポリペプチド**の関係というのがより正確である。

---

*概念を関連づける　図3.11に描かれているヘモグロビンは、複数のポリペプチド鎖からなるタンパク質の一例である。ヘモグロビンは、αとβという2種類のサブユニットを2つずつ持ち、各サブユニットは別々の遺伝子にコードされている。

ここまでは、タンパク質合成という観点から言えば、各遺伝子の機能は1つの特定のポリペプチド産生を指示することであると理解してきた。しかし、全ての遺伝子がポリペプチドをコードしているわけではない。以下および**第13章**で見るように、ポリペプチドには翻訳されずに、別の機能を担うRNA分子に転写されるDNA配列も数多く存在する。

一遺伝子一ポリペプチドの関係を示す証拠を見てきたわけであるが、この関係ははたしてどのように機能しているのだろうか？　すなわち、DNAにコードされた情報はどのようにして特定のポリペプチドの合成に利用されているのだろうか？

11.2 情報は遺伝子からタンパク質へ流れる

第10章と**キーコンセプト11.1**で論じたように、DNAは遺伝物質であり、タンパク質とRNAをコードしている。本章ではここから、タンパク質をコードする遺伝子の発現過程に焦点を当てていこう。遺伝子発現については、**キーコンセプト4.1**で簡単に概説した。この過程は2段階で起こることを振り返ってみよう。

1. **転写**の過程で、DNA配列（遺伝子）の情報が相補的なRNA配列に写し取られる。
2. **翻訳**の過程で、上記のRNA配列に基づいてポリペプチドのアミノ酸配列が作られる。

遺伝子発現のこのモデルを最初に提唱したのは、DNAの構造を解明したフランシス・クリックとジェームズ・ワトソンだった。2人はこの概念をさらに押し進めて、遺伝子発現は一方向にしか進み得ないことを示唆した。すなわち、DNAの情報を使ってタンパク質を合成することはできるが、タンパク質の情報を使ってDNAを合成することは決してできないというのである。クリックは当時、この概念を「分子生物学の**中心原理（セントラルドグマ）**」と呼んだ。

学習の要点

- 遺伝子発現には転写と翻訳の過程が含まれる。
- ある種のウイルスゲノムは1本鎖のRNAから構成されており、こうしたウイルスが宿主細胞に感染すると、1本鎖RNAが逆転写されてDNA合成が行われる。

3種類のRNAがDNAからタンパク質への情報の流れに関与している

RNAには多くの種類がある。遺伝子発現では、そのうちの3つが決定的な役割を担っている。

メッセンジャーRNAと転写　タンパク質をコードする遺伝子が発現すると、遺伝子を構成するDNAの2本鎖の一方が転写されて相補的なRNA鎖が合成され、次いでRNAは修飾を受けて**メッセンジャーRNA（mRNA）**が作られる。真核細胞では、mRNAは核から細胞質へ移行し、そこでポリペプチドに翻訳される（**焦点：キーコンセプト図解　図11.2**）。mRNAのヌクレオチド配列が、リボソームで組み立てられるポリペプチド鎖のアミノ酸配列の順序を決定する。

リボソームRNAと翻訳　**リボソーム**は基本的に、多くのタンパク質と複数の**リボソームRNA（rRNA）**からなるタンパク質合成装置である。rRNAの1つはアミノ酸どうしのペプチド結合形成を触媒してポリペプチドを作り出す。

トランスファーRNAによるmRNAとタンパク質の仲介　**トランスファーRNA（tRNA）**と呼ばれるもう1種類のRNAは、特定のアミノ酸と結合することもmRNAの特定のヌクレ

焦点：キーコンセプト図解

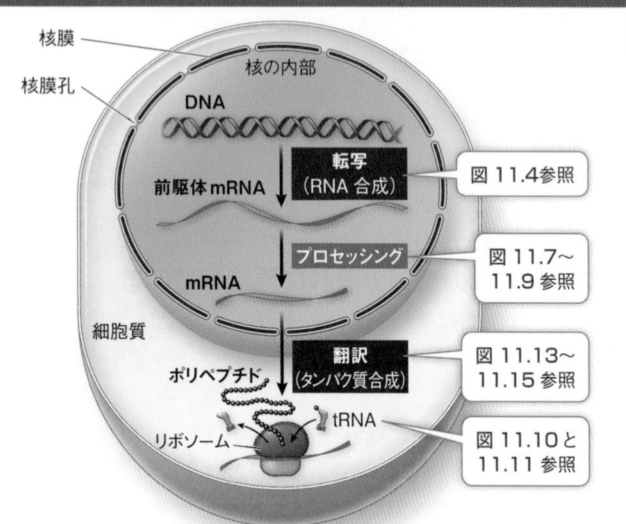

図11.2　遺伝子からタンパク質へ
この図解は真核細胞で見られる遺伝子発現の過程の概略である。核の大きさは通常、ここに図示したものの1/4ほどである。

Q：原核細胞の場合、一般にこの図解はどのように変わるか？

オチド配列を認識することもできる。伸長するポリペプチド鎖に次に加えるべきアミノ酸を認識するのがこのtRNAである。

RNAがDNA配列を決める場合がある

これまでDNAが遺伝物質であると述べてきたが、ある種のウイルスには上記の一般的な遺伝子発現の過程とは異なる例外が存在する。**キーコンセプト10.1**で見たように、ウイルスは細胞を持たず、宿主の細胞中で増殖する感染性の粒子である。

インフルエンザやポリオの原因となるもののような少なからぬウイルスが、DNAではなくRNAを遺伝物質として保有している。すなわち、ウイルスRNAのヌクレオチド配列が遺伝情報の運搬体として働き、発現してタンパク質を作る。RNAは通常1本鎖だから、こうしたウイルスはどのように複製するのかという疑問が生じる。より具体的に言えば、遺伝物質RNAはどのように複製されるのかという問題である。ほとんどのRNAウイルスの複製はRNAからRNAへの転写を介して行われ、ウイルスゲノムに相補的なRNA鎖が合成される（訳註：この合成を触媒するのはRNA依存性RNAポリメラーゼである）。続いてこの「反対鎖」をもとに転写によってウイルスゲノムのコピーが多数作り出される。

RNAで構成されたゲノムを持つウイルスの全てがRNAからRNAへの転写で複製するわけではない。ヒト免疫不全ウイルス（HIV）や稀な腫瘍ウイルスのようなある種のウイルスは、宿主細胞に感染した後、RNAゲノムからDNAのコピーを作る。このDNAコピーは次に宿主ゲノム内に挿入される。RNAからDNAを合成する反応を**逆転写**といい、この種の逆転写を行うウイルスを**レトロウイルス**と呼ぶ。レトロウイルスは、自らのRNA合成を宿主細胞の転写装置に依存している。このRNAはウイルスタンパク質に翻訳されることも、新たなウイルス粒子中にウイルスゲノムとして挿入されることもある。

ウイルスの遺伝的性質については後の章で再度取り上げることにして（**キーコンセプト13.3**）、本章の残りの部分では、原核生物と真核生物の遺伝子発現に焦点を当てよう。この過程を

理解することは、生物が分子レベルでどのように機能しているのかを理解するために必須であり、農業や医療のような領域で生物学を人間のよりよい暮らしに応用するうえでの鍵となる。まずは、DNAの情報がRNAに転写される仕組みから見ていこう。

11.3 DNAが転写されてRNAが作られる

RNAの合成はDNAの指令に従って行われる。DNAの一方の鎖の塩基配列がRNA合成の鋳型として使われるから、合成されたRNAの配列は、もとの鋳型DNA鎖に相補的である。ただし、RNAはチミン（T）の代わりにウラシル（U）を持ち、デオキシリボースの代わりにリボースを持つという違いがある。合成されたRNAは鋳型DNA（アンチセンス鎖）の鏡像であるが、RNAの配列はDNAのもう一方の鎖、つまり非鋳型鎖（センス鎖）の配列と同一であることに注意されたい。したがって、DNAの情報内容はRNA配列に保存されると言える。

学習の要点

- 全てのRNAポリメラーゼは共通するいくつかの特徴を持つ。
- 遺伝暗号によってRNAの特定のヌクレオチド配列がポリペプチドの特定のアミノ酸配列に翻訳される。

特定のDNA配列から特定のRNA配列を形成する転写には、複数の構成要素が必要とされる。

・相補的な塩基対の形成に必要な鋳型DNA、すなわちDNA

の2本鎖のうちの1本
- 基質として働く4種類のリボヌクレオシド三リン酸（ATP、GTP、CTP、UTP）
- 酵素RNAポリメラーゼ
- RNAポリメラーゼにとって適切な化学的環境を作るための塩類とpH緩衝液（試験管内で転写が行われる場合）

DNAの鋳型からは数種類のRNAが作られる。遺伝学の観点から最も重要なのはmRNAである。しかし、それに加えてrRNAとtRNAも転写によって産生される。タンパク質合成におけるそれらの役割については以下に記す。ポリペプチド同様、これら2種類のRNAも特定の遺伝子にコードされている。真核生物ではその他にも、核内低分子RNA（snRNA）、マイクロRNA（miRNA）、低分子干渉RNA（siRNA）を含む様々な低分子RNAが同じく転写によって作られる。真核細胞で見出されるRNAの一部をまとめて、**表11.1**に示す。miRNAとsiRNAの役割については**第13章**で詳述する。

表11.1　真核生物のRNA分子種

RNAの種類	活性の細胞内局在	役割
リボソームRNA（rRNA）	細胞質（リボソーム）	mRNAとtRNAの結合、タンパク質合成
メッセンジャーRNA（mRNA）	細胞質	遺伝子配列の運搬体
トランスファーRNA（tRNA）	細胞質	mRNA配列とタンパク質配列の間のアダプター
マイクロRNA（miRNA）	核、細胞質	転写と翻訳の制御
低分子干渉RNA（siRNA）	核、細胞質	他のRNAの制御
核内低分子RNA（snRNA）	核	RNAプロセッシングの制御

RNAポリメラーゼは共通の性質を持つ

原核生物と真核生物の**RNAポリメラーゼ**は、どちらも鋳型DNAからのRNA合成を触媒する。細菌にはRNAポリメラーゼが1種類しか存在しないが、真核生物には複数のRNAポリメラーゼが存在する。とはいえ、それらはどれも共通の構造を持っている（**図11.3**）。DNAポリメラーゼと同様に、RNAポリメラーゼも5′から3′に向かってヌクレオチドの付加を連続的に触媒する、すなわち酵素と鋳型が結合すると、一度に数百

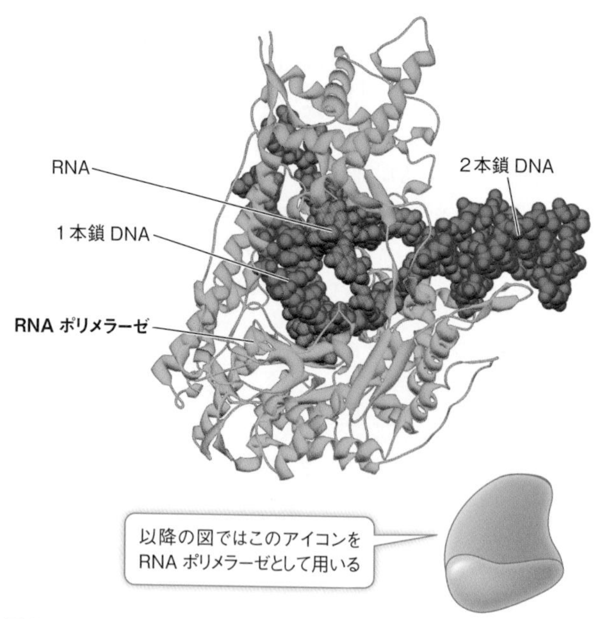

図11.3　DNAと相互作用するRNAポリメラーゼ
ここに描かれているのはT7バクテリオファージのRNAポリメラーゼ（黄色）であるが、他のRNAポリメラーゼの多くも概ね似たような形状をしている。酵素とDNAの大きさの違いに注意せよ。本書では以下、図中のアイコンを用いてこの酵素を表すこととする。

のRNA塩基の重合をもたらす。しかしDNAポリメラーゼとは異なり（**図10.11**）、RNAポリメラーゼはプライマーを必要としない。

転写は3段階で起こる

転写は、(1)**開始**、(2)**伸長**、(3)**終結**という3段階の明確な過程に分けられる。**図11.4**でこれらの過程を辿ってみよう。

開始　転写はRNAポリメラーゼが**プロモーター**と呼ばれるDNAの特別な配列に結合して始まる（**図11.4(A)**）。真核生物の遺伝子は通常、それぞれが1つずつプロモーターを備えているが、原核生物とウイルスでは複数の遺伝子が1つのプロモーターを共有すること（訳註：ポリシストロニック）が多い。プロモーターは、以下の2点に関する情報をRNAポリメラーゼに「伝える」重要な制御配列である。

1. どこから転写を開始するのか
2. DNAのどちらの鎖を転写するのか

プロモーターは特定の方向性を持つから、RNAポリメラーゼを正しい方向に導いて、鋳型として用いる適切な鎖に向かわせることができる。各プロモーターの一部が転写の始まる**開始点**となる。開始点の「上流」（非鋳型鎖の5′、鋳型鎖の3′）にある一群のヌクレオチドがRNAポリメラーゼの結合を助ける。特定のDNA配列とRNAポリメラーゼの両方に結合できるタンパク質が、RNAポリメラーゼをプロモーター部位に誘導する。原核生物では**シグマ因子**、真核生物では**転写因子**と呼ばれるこうしたタンパク質の働きによって、細胞中でどの遺伝子がいつ発現するのかが決まる。

238ページへ→

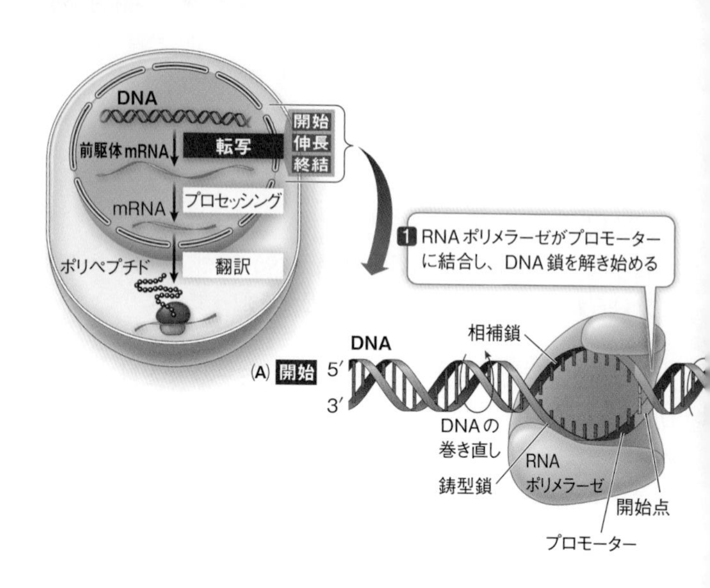

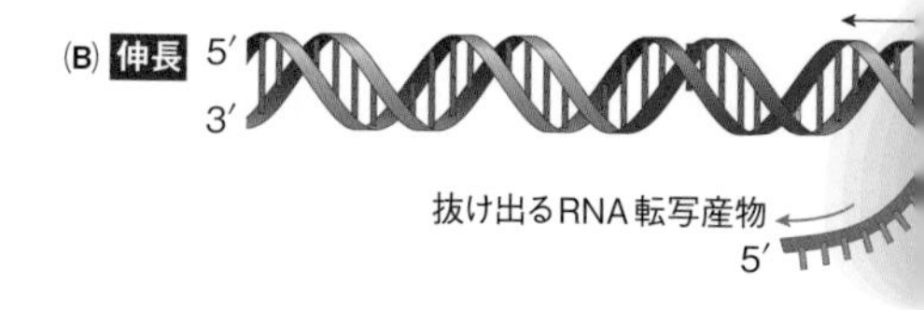

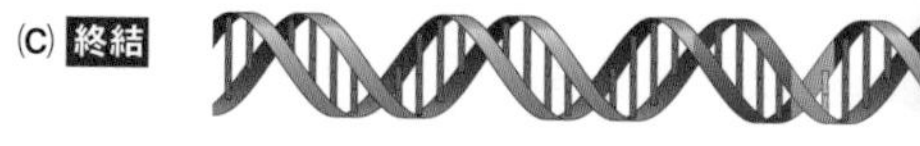

図11.4
DNAが転写されてRNAが形成される
DNAはRNAポリメラーゼにより局所的に巻き戻されて、RNA合成の鋳型として働く。RNA転写産物は合成されるとDNAから離れ、転写を終えたDNAは再び二重らせん構造に戻る。転写は開始、伸長、終結という3段階の明確な過程からなる。RNAポリメラーゼはここに示した図よりも実際にはずっと大きく、およそ50塩基を覆っている。 ↗

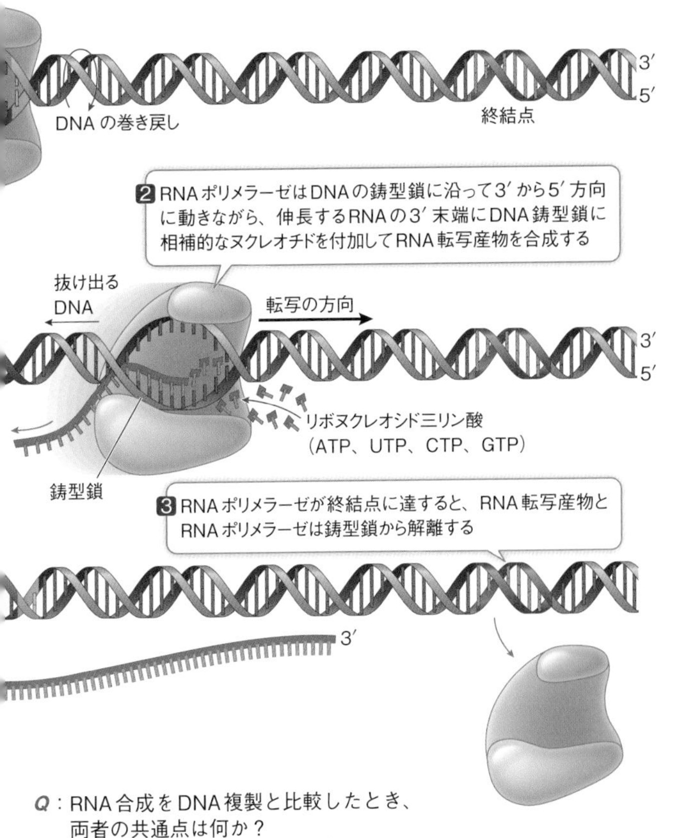

Q：RNA合成をDNA複製と比較したとき、両者の共通点は何か？

遺伝子には必ずプロモーターが備わっているが、全てのプロモーターがまったく同じというわけではない。例えば、あるプロモーターは他よりも転写開始を効率よく行える。さらに、原核生物と真核生物では転写の開始に違いがある。遺伝子の発現制御におけるプロモーターとその役割については**第13章**で論じることにしよう。

伸長　RNAポリメラーゼがプロモーターに結合すると、伸長の過程が始まる（**図11.4(B)**）。DNAは一度に10塩基ほどが巻き戻り、RNAポリメラーゼが鋳型鎖を3′から5′の方向に読み取る。新たなRNAの最初のヌクレオチドがその5′末端を形成し、その後は鋳型DNAに相補的なヌクレオチドが最初のヌクレオチドの3′末端に付加されていく。このように、RNAの転写産物は鋳型DNA鎖とは逆平行になる。

読者は覚えておられるだろうが、**キーコンセプト10.3**で既に説明したように、DNAポリメラーゼは基質としてdNTP（デオキシリボヌクレオシド三リン酸）を使用し、付加される各dNTPの5′-リン酸と伸長するポリヌクレオチド鎖の3′-OH末端の間に共有結合を形成する（**図10.9**）。dNTPから2つのリン酸基を除去するときに放出されるエネルギーを利用して、この反応は進行する。RNAポリメラーゼもこれと同じく、（リボ）ヌクレオシド三リン酸（NTP）を基質として利用し、各基質分子から2つのリン酸基を取り除いて、放出されたエネルギーを用いて重合反応を進行させる。

RNAポリメラーゼは校正機構を持たないから、転写エラーが1万〜10万回あたり1回の割合で起こる。しかし、RNAのコピーは大量に作り出され、その代謝回転も比較的速いことから、こうしたエラーがDNAの突然変異ほど重大な害を及ぼす危険性はない。

終結　鋳型DNA鎖の開始点が転写の始まる部位を指定するように、終結を指定する特定の塩基配列がある（図11.4(C)）。転写終結の仕組みには2種類ある。一部の遺伝子では、新たに合成された転写産物が折りたたまれて分子内の塩基間で水素結合が形成される。こうしてループができると、この構造が鋳型DNAとRNAポリメラーゼから転写産物を離脱させる。その他の遺伝子では、転写産物の特異的配列にある種のタンパク質が結合し、RNAを鋳型DNAから切り離す。

遺伝暗号がポリペプチドを構成するアミノ酸を決定する

遺伝暗号はきわめて重要な情報であり、遺伝子に対応するmRNAのヌクレオチド配列はこの暗号によってアミノ酸配列に翻訳され、最終的に当該遺伝子が指定するタンパク質となる。すなわち、遺伝暗号はどのアミノ酸を使ってタンパク質を組み立てるかを指定する。遺伝暗号は連続した、重なり合わない、3文字の「単語」の行列だと考えればよい。3つの「文字」はmRNAポリヌクレオチド鎖の隣り合う3つの塩基に相当する。3文字からなる各「単語」は**コドン**と呼ばれ、コドンはそれぞれ対応するアミノ酸を1つ指定している。各コドンはそれに対応するDNA分子中の3塩基、すなわち、転写の際に鋳型となったトリプレットに相補的な配列となる。一言でいえば、遺伝暗号とは、コドンをそれがコードする特定のアミノ酸に結び付ける暗号である。

暗号の特徴　分子生物学者たちが遺伝暗号の「解読」を開始したのは、1960年代初めのことだった。彼らが取り組んでいたのは、相当に複雑な問題であった。わずか4「文字」の「アルファベット」で20以上の「暗号単語」をどうしたら書けるか、というのである。つまり、どうすれば4種類の塩基（A、U、G、C）で20種類の異なるアミノ酸をコードできるかという問題であった。

その答えは、3文字からなるコドンに基づくトリプレット暗号である可能性が高いと考えられた。4つの文字（A、U、G、C）しかないのだから、1文字の暗号で20種類のアミノ酸をコードすることは明らかに不可能である。それでは4種類しかコードできない。2文字の暗号では4×4=16通りのコドンを明確に表せるが、それでもまだ不十分である。しかし3文字の暗号であれば4×4×4=64通りの組み合わせが可能で、20種類のアミノ酸をコードするのに十二分な数になる。

1961年、アメリカ国立衛生研究所（NIH）のマーシャル・W・ニーレンバーグとJ・H・マテイが、暗号解読のための最初の突破口を切り開いた。複雑な天然のmRNA分子ではなく、ごく単純な既知のmRNA配列の暗号を解読するほうがはるかに容易であることに2人は気づいた。そこで彼らは、1種類のヌクレオチド塩基しか持たないmRNA分子、例えばウラシルのヌクレオチドだけからなるポリU mRNAのような暗号分子の合成に取り掛かった。ニーレンバーグとマテイの目標は、試験管内で行われる翻訳の過程を通じて、人工のmRNAがコードするポリペプチドを同定することであった。**「生命を研究する」：遺伝暗号を解読する**で解説するが、彼らの実験により最初のコドン同定が成し遂げられた。その後まもなく、他の科学者たちによって残りの暗号も突き止められた（訳註：これに大きく貢献したのは、ハー・ゴビンド・コラーナによる64通りの遺伝暗号の人工合成であった）。これはDNA中の情報（遺伝子）とタンパク質中でのその発現（表現型）とを結び付ける大きな研究成果であった。それぞれのタンパク質を構成するアミノ酸

244ページへ→

生命を研究する　遺伝暗号を解読する

実験

原著論文：Nirenberg, M. W. and J. H. Matthaei. 1961. The dependence of cell-free protein synthesis in *E. coli* upon naturally occurring or synthetic polyribonucleotides. *Proceedings of the National Academy of Sciences USA* 47: 1588-1602.

ニーレンバーグとマテイは、試験管内（in vitro、無細胞）タンパク質合成系を用いて、既知の構成を持つ合成RNAが指定するアミノ酸を突き止めた。

仮説▶　1種類のある特定の塩基だけが繰り返す人工mRNAは、1種類のある特定のアミノ酸だけが繰り返すタンパク質の合成を指示する。

方法

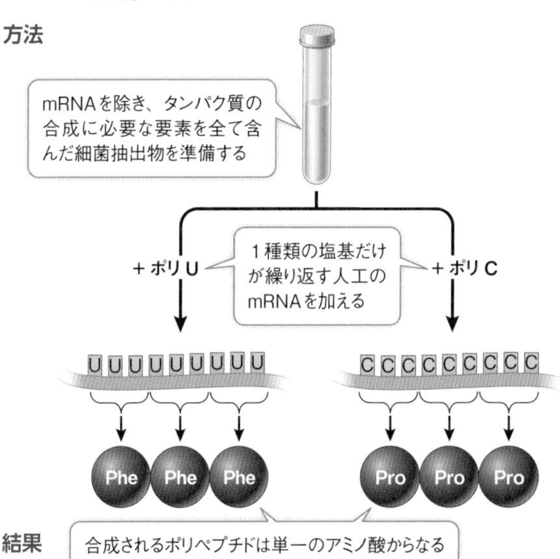

結果

結論▶　ポリUはフェニルアラニンのコドンを保有し、ポリCはプロリンのコドンを保有している。

データで考える

DNAとタンパク質の関係が立証されたのに続いて、RNAの3つのヌクレオチド（トリプレット）が個々のアミノ酸を指定していることを示す遺伝学的証拠が得られた（訳註：この遺伝学的証拠は、フランシス・クリック、シドニー・ブレナーと共同研究者たちによるラムダファージの変異系統を用いた見事な遺伝学解析から得られた）。これを受けて、どのトリプレットがどのアミノ酸をコードしているのかを同定する研究競争が始まった。そうしたなか、作製した細胞抽出物からタンパク質を合成できる試験管法が開発された（訳註：in vitro無細胞タンパク質合成系を用いた暗号決定の実験には、1955年にセヴェロ・オチョアが発見したポリヌクレオチドリン酸化酵素が大きく貢献した。この酵素により人工的にRNAを合成することが可能となった）。暗号を特定するために、1種類の放射性アミノ酸を含む20種類のアミノ酸を全て添加するという方法がとられた。アメリカ国立衛生研究所（NIH）の研究者であったマーシャル・ニーレンバーグとドイツ出身の博士研究員ハインリッヒ・マテイは、塩基にウラシルのみを持つ合成RNA（ポリU、コドンUUU）を作製し、20本の試験管で調べた。各試験管には20種類のアミノ酸を全て添加したが、試験管ごとに違うアミノ酸を1種類ずつ放射性マーカーで標識した。放射標識されたポリペプチドが形成されたのはそのうち1本だけで、繰り返し連結したアミノ酸のフェニルアラニンのみからなるタンパク質が合成された。

質問▶

1. 1本の試験管には、人工mRNAのポリUをタンパク質合成に必要な他の全ての要素とともに加えた（完全な系）。その他の試験管は、表Aに示すように、完全な系とは条件が異なっていた。各試料の放射性フェニルアラニンの取り込み量を調べ、表Aに示す結果を得た。各条件について、結果を説明せよ。

表A

条件	カウント／分（cpm）（放射線の計数率）
完全な系	29,500
ポリU mRNAを除去	70
リボソームを除去	52
ATPを除去	83
RNアーゼを添加（RNAを加水分解する）	120
DNアーゼを添加（DNAを加水分解する）	27,600
フェニルアラニンの代わりに放射性グリシンを加える	33
フェニルアラニンを除く19種類の放射性アミノ酸の混合物を加える	276

2. 試験管に様々な時間間隔でポリUを加えた。それと並行して試料を繰り返し採取し、放射性アミノ酸の取り込み量に基づいてタンパク質合成を調べた（赤い点と線。さらに、青い点と線で示したRNA無添加の対照群の結果と比較した）。その結果を下図に示す。これらのデータは、タンパク質合成が添加したRNAに依存していることに関して何を示しているか？

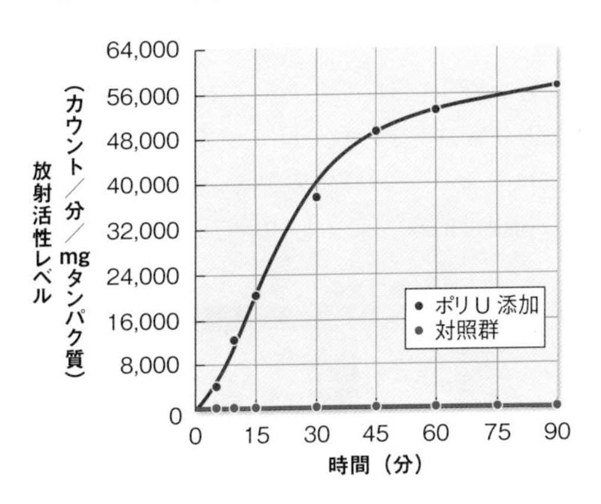

3. 質問2の実験を別のアミノ酸を用いて実施し、表Bの結果を得た。ポリUのコドン特異性について、これらの結果を説明せよ。

表B

放射性アミノ酸	カウント／分／mg タンパク質（放射活性レベル）
フェニルアラニン	38,300
グリシン、アラニン、セリン、アスパラギン酸、グルタミン酸	33
ロイシン、イソロイシン、トレオニン、メチオニン、アルギニン、ヒスチジン、バリン、リシン、チロシン	899
プロリン、トリプトファン	
システイン	113

がコドンによって綴られていると理解できたことは、遺伝学と変異に関する根本的な理解につながったばかりでなく、本章冒頭に記したMRSA（メチシリン耐性黄色ブドウ球菌）の出現のような病気の遺伝的基礎を解き明かす研究にも大きく貢献した。

全ての遺伝暗号を**図11.5**に示した。タンパク質を構成するアミノ酸の種類よりもコドンの数のほうが多い点に注意されたい。タンパク質はちょうど20種類のアミノ酸から作られているが、４種類の利用可能な「文字」（塩基）を組み合わせてで

第一文字 ＼ 第二文字	U		C		A		G		第三文字
U	UUU	フェニルアラニン	UCU	セリン	UAU	チロシン	UGU	システイン	U
	UUC		UCC		UAC		UGC		C
	UUA	ロイシン	UCA		UAA	停止コドン	UGA	停止コドン	A
	UUG		UCG		UAG	停止コドン	UGG	トリプトファン	G
C	CUU	ロイシン	CCU	プロリン	CAU	ヒスチジン	CGU	アルギニン	U
	CUC		CCC		CAC		CGC		C
	CUA		CCA		CAA	グルタミン	CGA		A
	CUG		CCG		CAG		CGG		G
A	AUU	イソロイシン	ACU	トレオニン	AAU	アスパラギン	AGU	セリン	U
	AUC		ACC		AAC		AGC		C
	AUA		ACA		AAA	リシン	AGA	アルギニン	A
	AUG	メチオニン 開始コドン	ACG		AAG		AGG		G
G	GUU	バリン	GCU	アラニン	GAU	アスパラギン酸	GGU	グリシン	U
	GUC		GCC		GAC		GGC		C
	GUA		GCA		GAA	グルタミン酸	GGA		A
	GUG		GCG		GAG		GGG		G

図11.5　遺伝暗号
遺伝情報は、mRNAに3文字単位のコドンとしてコードされている。コドンはウラシル（U）、シトシン（C）、アデニン（A）、グアニン（G）の４種類の塩基を持つヌクレオシドーリン酸からなり、mRNA上で5′末端から3′末端の方向に読み取られる。コドンを解読するには、左端の列で最初の文字（第一文字）を見つけ、最上部の行を辿って第二文字を探してから、右端の列を目的の第三文字まで下ればよい。こうして探し当てたマス目にコドンが指定するアミノ酸が記されている。例えば、コドンAUGはメチオニン、GUAはバリンである。

きる3文字のコドンは64（4^3）通りある。アミノ酸を上回る数のコドンが存在するのはどうしてだろう？　理由の1つとして、ほぼ全てのアミノ酸にそれに対応するコドンが複数存在することが挙げられる。例えば、ロイシンは6種類の異なるコドンでコードされている（**図11.5**）。コドンを1種類しか持たないのは、メチオニン（AUG）とトリプトファン（UGG）だけである。そのため、遺伝暗号は冗長である（縮重あるいは縮退している）と言われる。また、アミノ酸をコードする以外の機能を担うコドンもごく少数ながら存在する。例えば、AUGはメチオニンをコードするだけでなく、翻訳の開始シグナルである**開始コドン**としても働く。UAA、UAG、UGAの3つのコドンは**停止コドン**、すなわち翻訳の終結信号である。翻訳装置がこのうちのどれか1つに到達すると、翻訳は停止してポリペプチドが翻訳複合体から離れる。

「冗長な」コドンと「多義的な」コドンを混同してはならない。もしコドンが多義的であったなら、1つのコドンが2種類以上の異なるアミノ酸をコードすることになり得るため、伸長中のポリペプチド鎖にどのアミノ酸を組み込めばいいのかが判然としなくなるだろう。その一方、暗号の冗長性は単に「ここにロイシンを配置する」と明確に指示する暗号が複数通り存在することを意味する。よって、遺伝暗号は多義的ではない。1つのアミノ酸が複数のコドンで暗号化されることはあるが、1つのコドンがコードできるのは1種類のアミノ酸だけである。

遺伝暗号は（ほぼ）普遍的である　地球上の全ての種は同一の基本的な遺伝暗号を利用している。ということは、この暗号の起源は古く、生物進化の全過程を通じて変わることなく保存されてきたに違いない。ところが、これには例外が知られている。例えば、*ミトコンドリアDNAと葉緑体DNAの暗号は原核生物の使用する暗号や真核細胞の核DNAのための暗号とはわずかに異なっている（訳註：ヒトを含む哺乳類のミトコンドリアでは、停止コドンのUGAがトリプトファンをコードしている）。さらに原生生物のあるグループでは、UAAとUAGが停止コドンではなくグルタミンをコードしている。こうした相違の重要性はいまだ判然としないが、例外がきわめて稀なことだけは確かである。

---

*概念を関連づける　**キーコンセプト9.5**で論じたように、細胞小器官、とりわけミトコンドリアと葉緑体は、起源である原核生物の持っていたゲノムの名残と考えられる少数の遺伝子を含んでいる。こうした細胞小器官は細胞内共生という進化の過程を経て、真核細胞内へ取り込まれたからである。

共通の遺伝暗号は、進化の共通言語として働く。自然選択は遺伝的変動の結果として現れる表現型の変動に作用する。遺伝暗号はおそらく生命進化の初期に生じたのであろう。**第4章**で学んだように、模擬実験では原始の地球で個々のヌクレオチドとヌクレオチドポリマーが自然発生したらしいことが示唆されている。詳しくは**第18章**で取り上げるが、共通の暗号は遺伝子工学においてもきわめて大きな意義を持つ。というのも、それはヒト遺伝子の暗号が細菌遺伝子の暗号と同じことを意味するからである。ヒト細胞と大腸菌細胞は同じ「分子言語を話す」ので、実験的な操作でヒトの遺伝子を大腸菌細胞で発現させうることには、感心こそすれ驚くべき点はない。

「生命を研究する」：遺伝暗号を解読するで解説したニーレンバーグとマテイの実験で使われたコドンは、mRNAのコドンであった。転写により当該mRNAを作り出した鋳型DNA鎖の塩基配列は、これらのコドンに相補的かつ逆平行である。したがって、例えば、鋳型DNA鎖の3′-AAA-5′はフェニルアラニンをコードするmRNAの5′-UUU-3′コドンに対応する。

・鋳型DNAの3′-ACC-5′はトリプトファンをコードするmRNAの5′-UGG-3′コドンに対応する。

DNAの非鋳型鎖はmRNAと同一の配列（ただしUの代わりにT）を持ち、しばしば「コード鎖」あるいは「センス鎖」と呼ばれる。慣例により、DNA配列は通常コード配列の5′末端から始まる形で描かれる。

タンパク質のコード領域を数多く持つ長いDNA分子では、一方の鎖が全ての遺伝子のコード鎖で、もう一方が鋳型鎖であると思われるかもしれない。だが実際には、一方の鎖から転写される遺伝子もあれば、もう一方の鎖から転写される遺伝子もある。転写に際しては、長いDNA分子に沿って２本鎖の間で役割の切り替えが起こるのである。だから、特定のDNA分子の一方の鎖を全ての遺伝子に対する「コード鎖」と呼ぶことはできないが、特定の遺伝子に関して一方の鎖がコード鎖で、その相補鎖が鋳型鎖であると言うのは正しい。

これまで学んできた転写の一般的な特徴については当初、大腸菌のようなモデル原核生物で解明された。その後生物学者たちは同じ手法を用いて、真核生物の転写過程の研究に乗り出した。すると、基本事項は同じであるが、いくつかの注目すべき（しかも重要な）違いが判明した。ここからは、真核生物の遺伝子発現をより詳細に論じていくことにしよう。

11.4 真核生物の前駆体mRNA転写産物は翻訳に先立って修飾される

遺伝暗号は全ての生物に共通なのだから、真核生物の遺伝子発現の過程も原核生物におけるそれと同じだと推察されるかもしれない。実のところ、それは基本的に正しい。前節では、全ての生物に共通する転写の特徴を学んだ。そこで本節では、両者の違いに着目する。原核生物と真核生物の転写の主要な違いを**表11.2**に列挙した。

表11.2　原核生物と真核生物の遺伝子発現の違い

特徴	原核生物	真核生物
転写と翻訳の場	細胞質で同時に行われる	転写は核で、続いて翻訳は細胞質で行われる
遺伝子の構造	DNA配列はアミノ酸配列と同一の順序である	コード配列の間に非コード配列（イントロン）が介在する
転写後、翻訳前のmRNA修飾	通常はない	イントロンが取り除かれ、5′末端キャップと3′ポリA尾部が付加される

学習の要点

- 真核生物のmRNA転写産物は、翻訳に先立ってスプライシングと末端修飾を受ける。

原核生物でも真核生物でも、リボソームに運ばれるmRNAのヌクレオチド配列はその個体のDNA中の遺伝子配列に相補的である。これを証明する方法の1つに、**図11.6(A)**に示した**核酸ハイブリダイゼーション**という技術がある。この手法は2段階からなる。

1. 遺伝子を含む染色体DNAの試料を変性させて塩基対間の水素結合を壊し、2本鎖を解離させる。
2. この変性させたDNAを1本鎖のmRNA（**プローブ**と呼ばれる）とともにインキュベート（加温）する。プローブが標的DNAと相補的な塩基配列を持っていれば、プローブと標的DNAの塩基対間で水素結合が形成されて二重らせんができる。こうして生じた2本鎖はその起源が異なるから、この2本鎖領域はハイブリッド（雑種）と呼ばれる。

ハイブリダイゼーション実験はDNAとRNAの様々な組み合わせ（RNAを標的にDNAをプローブとする実験、標的・プローブともにDNAとする実験など）で実施しうる。多くのハイブリダイゼーション実験では、プローブを何らかの方法で標識し、その標的配列への結合を検出できるようにする措置が講じられる。2本鎖のハイブリッドは電子顕微鏡で見ることもできる。

真核生物では、イントロンと呼ばれる非コード配列が染色体上の遺伝子内部に存在することが多い

原核生物と真核生物の転写の違いは、両者のmRNAプローブをそれぞれの染色体DNAとともにインキュベートすることで明らかになる。

- 原核生物では、リボソームに輸送されるmRNAの塩基配列と染色体DNAの塩基配列の間に、通常1対1の直線的な相補性が存在する（図11.6(B)、上）。
- 真核生物では、ハイブリダイゼーションが見られない1つあるいは複数のループ構造がmRNA-DNAハイブリッドから飛び出しているのがしばしば観察され、リボソームで翻訳さ

れるmRNA中に相補的な配列を持たない部分がDNA配列中にあることが窺われる（図11.6(B)、下）。

真核生物では、翻訳のためにリボソームへ運ばれるmRNAに鋳型となるDNA配列の一部が含まれていないことが発見されると、この「余分な」DNAは実際に転写されているのかと

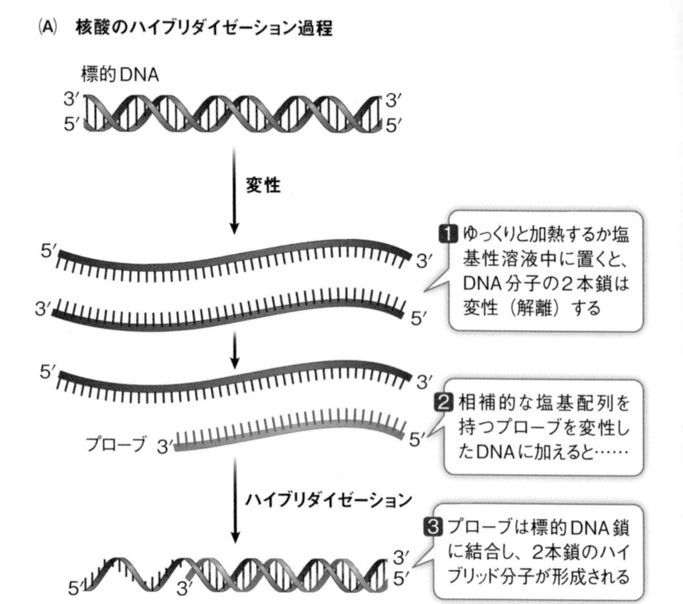

図11.6 核酸ハイブリダイゼーションとイントロン
(A)塩基の対合によって、プローブに相補的な配列を検出できる。
(B)ハイブリダイゼーション実験によって、真核生物の遺伝子にはイントロンがあるが、原核生物の遺伝子には通常イントロンがないことが分かる。

いう疑問が浮上した。転写はこうした「余分な」配列を飛ばして行われるのだろうか、それともmRNAに転写された後、リボソームへ到着する前に何らかの方法でその部分だけが除去されるのだろうか？　この疑問を解消するためには、細胞核で合成される最初のmRNAである**前駆体mRNA**（図11.2）と染色体DNAを用いてハイブリダイゼーション実験を実施すれば

(B) ハイブリダイゼーション実験により、真核生物の遺伝子には非コード領域のイントロンが存在することが分かる

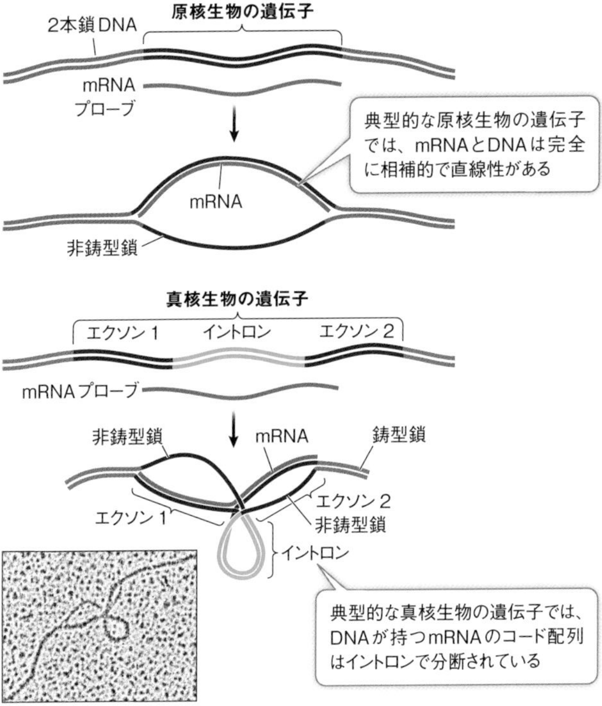

原核生物の遺伝子
2本鎖DNA
mRNAプローブ
典型的な原核生物の遺伝子では、mRNAとDNAは完全に相補的で直線性がある
mRNA
非鋳型鎖

真核生物の遺伝子
エクソン1
イントロン
エクソン2
mRNAプローブ
非鋳型鎖
mRNA
鋳型鎖
エクソン2
非鋳型鎖
エクソン1
イントロン
典型的な真核生物の遺伝子では、DNAが持つmRNAのコード配列はイントロンで分断されている

mRNA-DNAハイブリッドの電子顕微鏡像

よい。前駆体mRNAが鋳型DNAと直鎖状でループのない完全なハイブリッドを形成すれば、**イントロン**として知られるDNAの非コードの介在領域が実際に転写され、その後核内で前駆体mRNAから除去されていることを確認できる。この実験によって、リボソームに到達するmRNA中にはコード配列（**エクソン**）だけが残されることが実証された。**RNAプロセッシング**として知られる転写後のイントロン除去の仕組みを図11.7に示す。

イントロンは遺伝子のDNA配列を分断するが、攪乱はしない。鋳型鎖中のエクソンの配列は、連結によって正しい順序で並べられれば、成熟mRNAの配列に相補的なひと続きの配列となる。1つのタンパク質のなかで特定の機能を持つ領域を**ドメイン**と言うが、それぞれのドメインが離れた位置にあるエクソンによってコードされる例もしばしば見られる。例えば、ヘモグロビンを構成するグロビンポリペプチドは2つのドメイン

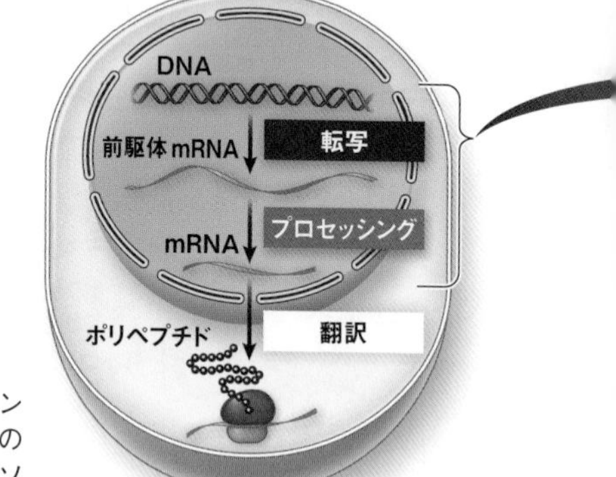

図11.7
真核生物遺伝子の転写
ここに図解したβグロビン遺伝子は約1600塩基対の長さである。3つのエクソン（タンパク質をコードする配列）は、146のアミノ酸のコドンと停止コドンを含む。2つのイントロン（1000近い塩基対からなるDNAの非コード配列）はいったん転写されるが、転写産物である前駆体mRNAから除去される。

を持ち、片方はヘムと呼ばれる非タンパク性の色素と、もう片方は他のグロビンサブユニットと結合する。これら2つのドメインはグロビン遺伝子の異なるエクソンでコードされている。真核生物の遺伝子は、全てではないものの、ほとんどがイントロンを持っており、原核生物でも稀にイントロンが見つかることがある。ヒトで最大の遺伝子はタイチン（コネクチン）と呼ばれる筋肉タンパク質をコードする遺伝子で、363個のエクソンからなり、全体として3万8138個のアミノ酸をコードしている。

前駆体mRNAのプロセッシングは翻訳に向けて転写産物であるmRNAの準備を整える

真核生物の転写産物は、核を離れて細胞質へ移る前にいくつかの修飾を受ける。前駆体mRNAの両端が修飾され、イントロンは除去される。

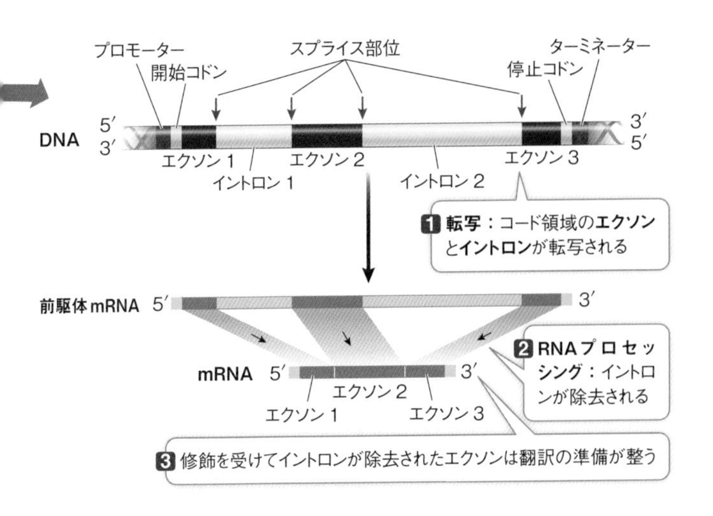

両端の修飾　前駆体mRNAのプロセッシングは、核内で分子の両端において一度ずつ2段階で起こる（図11.8）。

1. 前駆体mRNAが転写される度に、その5′末端に**5′キャップ**が1つ付加される。5′キャップとは化学的に修飾された（グアニン塩基の7位の窒素にメチル基がついた）グアノシン三リン酸（m7-GTP）であり、翻訳のためにmRNAがリボソームへ結合するのを促進し、RNAを分解するリボヌクレアーゼの作用からmRNAを保護する。
2. 転写終結時に、前駆体mRNAの3′末端に**ポリA尾部**が付加される。転写はDNAの停止コドンの下流で終結する。真核生物では通常、前駆体mRNAの最後のコドンの3′末端近くに「ポリアデニル化」配列（AAUAAA）が存在する。この配列はある酵素に前駆体mRNAの切断を指示する信号として働く。切断がなされると直ちに、別の酵素が前駆体mRNAの3′末端に100個から300個のアデニンヌクレオチド（ポリA尾部）を付加する。このポリA尾部は成熟

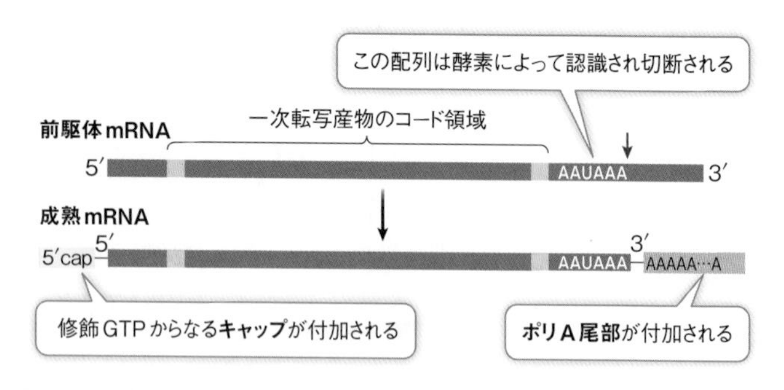

図11.8　真核生物の前駆体mRNA両端のプロセッシング
転写産物である前駆体mRNAの両端の修飾（5′末端のキャップと3′末端のポリA尾部の付加）はmRNAの機能にとって重要である。

mRNAの核外への輸送に役立つとともに、mRNAの安定性にとっても重要である。

イントロンを除去するスプライシング　真核生物では、核内で前駆体mRNAのイントロンが取り除かれる。もしこうしたRNA配列が除去されなければ、まったく別のアミノ酸配列となり、機能を欠いたタンパク質が合成されかねない。**RNAスプライシング**と呼ばれる仕組みがイントロンを除去してエクソンをつなぎ合わせる。この重要な過程については、**図11.9**で段階を追って見ることができる。

ヒトの遺伝病の分子的な研究から、RNAスプライシングを理解する手がかりが得られている。例えば、βサラセミアという遺伝病がある人々はヘモグロビンのあるサブユニットの産生に欠陥がある。この病気の患者は赤血球の供給が不十分なため、重篤な貧血に苦しむことになる。βサラセミアの原因となる遺伝的な突然変異は、イントロンのコンセンサス配列（共通配列）で起こることもある。コンセンサス配列とは、スプライシング装置がβグロビン遺伝子のRNAに結合する部位である（**図11.9❶**）。その結果、βグロビンの前駆体mRNAが正しくスプライシングされず、機能を持たないタンパク質をコードするβグロビンmRNAが作られる。この発見もまた、生物学者が突然変異を利用して、生体反応の過程を解明できることを実証する好例の1つである。

核でプロセッシングが完了すると、成熟mRNAは核孔を通って細胞質へと輸送される。プロセッシングの間に5′ヌクレオチドキャップに結合したタンパク質は、核孔の受容体によって認識される。こうしたタンパク質が協調して働き、mRNAは核孔を通り抜ける。プロセッシングがなされていない、または不完全な前駆体mRNAはそのまま核内に残る。

こうして転写と転写後修飾によって、ポリペプチドのアミノ酸配列に翻訳される準備が整ったmRNAが完成する。ではここからは、翻訳の過程に目を向けていこう。

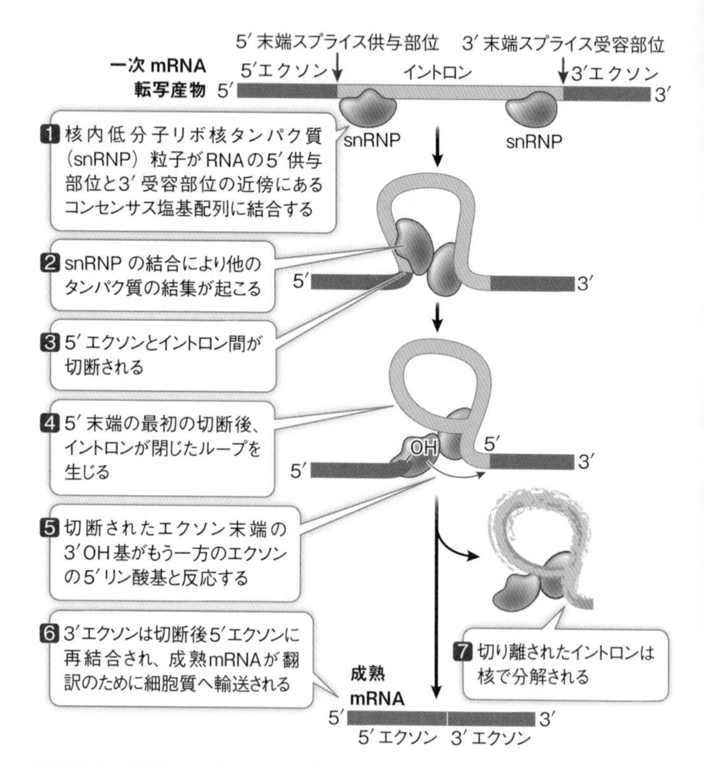

図11.9　RNAスプライシング
前駆体mRNA上のイントロンのエクソン境界領域にあるコンセンサス配列に核内低分子リボ核タンパク質（snRNP）が結合すると、これに続いて他のタンパク質も次々に結合し、前駆体mRNAはきわめて正確に切断される。

11.5 mRNAの情報はタンパク質に翻訳される

2つの異なる言語（例えば、英語と日本語）があり、一方の言語のある単語がもう一方の言語で何を意味するのかを知りたいときには、外国語辞書かオンラインの翻訳機に頼る必要があるだろう。同じように、mRNAの情報（ヌクレオチド配列で書かれた言語）をタンパク質の情報（アミノ酸配列からなる言語）に変換するには「翻訳機」が必要である。生物学では、その翻訳機の役割を担う特別な種類のRNA分子をトランスファーRNA（tRNA）と呼ぶ。正確な翻訳を確実に行う、すなわちmRNAが指定するタンパク質が間違いなく合成されるためには、tRNAは(1)それぞれのコドンを正確に読み、(2)各コドンに対応したアミノ酸を選んでリボソームまで運び込まなくてはならない。

学習の要点

- リボソームは開始、伸長、終結からなる一連の事象の進行に従って、mRNAからポリペプチド鎖への翻訳を触媒する。
- ポリソームは、1本のmRNA分子から同時に多くのポリペプチド鎖を合成することを可能にする。

---

tRNAがmRNAの暗号を「解読」し、適切なアミノ酸を運び入れると、リボソームの構成要素がアミノ酸間のペプチド結合の形成を触媒する。そこでまずは、tRNAがコドンを読み取って適切なアミノ酸をリボソームへ運ぶ仕組みについて見ていこう。

トランスファーRNAは特定のアミノ酸を運び、mRNAの特定のコドンに結合する

20種類のアミノ酸1つ1つに対して、特定のtRNA分子が少なくとも1種類は存在する。各tRNA分子には3つの機能があり、その機能を果たしているのが分子の構造と塩基配列である(**図11.10**)。

1. *tRNAは特定のアミノ酸と結合する*。各tRNAは特定の酵素（アミノアシルtRNA合成酵素）に結合し、20種類あるアミノ酸のなかから特定の1つを付加される。アミノ酸との共有結合による結び付きはtRNAの3′末端（CCA-3′）で起こる。アミノ酸を付加されたtRNAは「充塡された(アミノアシル化された)」tRNAと呼ばれる。
2. *tRNAはmRNAに結合する*。tRNAのポリヌクレオチド鎖の中央付近には**アンチコドン**と呼ばれる3つの塩基が存在し、それはtRNAが運び込む特定のアミノ酸に対応するmRNAコドンと相補的である。例えば、アルギニンのmRNAコドンは5′-CGG-3′であるから、その相補的なtRNAアンチコドンは3′-GCC-5′となる。コドンとアンチコドンは2本鎖DNAと同じく、非共有結合性の水素結合によって結び付く。
3. *tRNAはリボソームと相互作用する*。リボソームの表面にはtRNA分子の三次元構造にぴったりと合う部位がいくつか存在する。リボソームとtRNAの相互作用も非共有結合性である。

タンパク質の20種類のアミノ酸をコードするために61通りの異なるコドンがあることを思い出してほしい（**図11.5**)。この事実は、それぞれが異なるアンチコドンを持つ61種類の

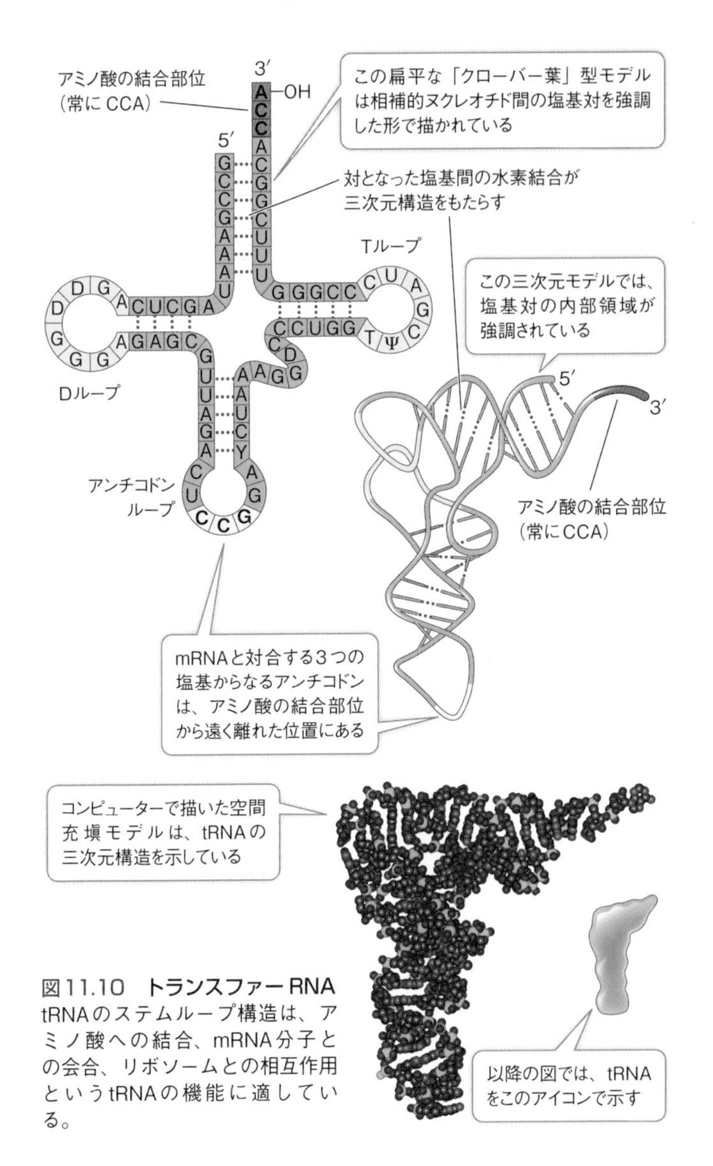

図11.10　トランスファーRNA
tRNAのステムループ構造は、アミノ酸への結合、mRNA分子との会合、リボソームとの相互作用というtRNAの機能に適している。

tRNAを細胞が作らなければならないことを意味しているのだろうか？　答えは否である。細胞はその3分の2ほどの数のtRNAでうまくやりくりしている。というのも、コドンの3′末端塩基（対応するアンチコドンの5′末端塩基）の特異性は必ずしも厳格ではないからである。この現象はゆらぎと呼ばれ、これによってアンチコドンの5′の位置に通常とは異なるまたは修飾された塩基が入ることが可能になる。こうした通常とは異なる塩基の1つがイノシン（I）で、A、C、Uのどれとも対合できる。例えば、3′-CGI-5′のようにアンチコドンにイノシンを持つtRNAは、アラニンに対応する3つのコドンGCA、GCC、GCUを認識して結合できる。ゆらぎは一部のコドンでしか起こらないが、重要なのは、それによる遺伝暗号の多義的な解釈は決して許さないことである。すなわち*mRNAコドンはどれも、各々に対応する特定のアミノ酸を運ぶ1種類のtRNAにしか結合しない。*

tRNAにはそれぞれ特異的なアミノ酸が付加される

アミノアシルtRNA合成酵素として知られる一群の酵素に触媒されて、tRNAはそれぞれ適切なアミノ酸で充塡される（アミノ酸が付加される）。各酵素は1種類のアミノ酸とそれに対応するtRNAに特異的である。ATPを利用した反応によってアミノ酸とtRNAの間に高エネルギー結合が作られる（図11.11）。この結合エネルギーは後に、伸長するペプチド鎖においてアミノ酸のペプチド結合を形成するために利用される。

tRNAとそれに対応するアミノ酸の間には特異性が不可欠である。例えば、以下のような反応はきわめて特異性が高い。

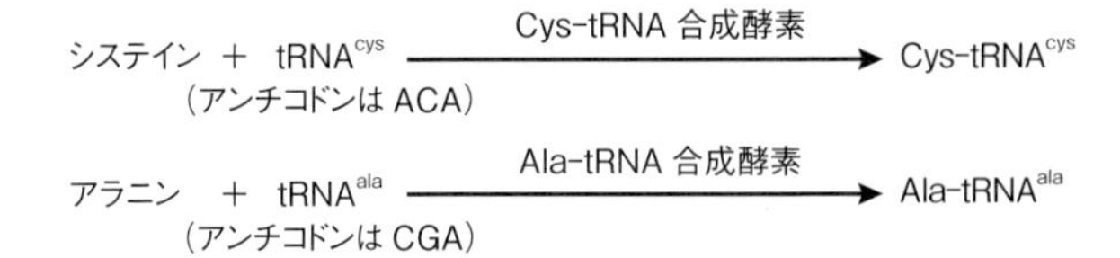

パデュー大学のシーモア・ベンザーらは、巧妙な実験によってこの特異性の重要性を明らかにした。ベンザーらはCys-tRNA^{cys}分子を化学処理し、システインを化学修飾してアラニンに変えた。通常とは異なるアミノ酸を付加されたこのハイブリッド充塡tRNA^{ala}をタンパク質合成系に加えたら、アミノ酸とtRNAのどちらの構成要素が認識されるだろうか？　結果はtRNAであった。合成されたタンパク質の各所で、システインがあるべき場所にアラニンが挿入されていた。システインに特異的なtRNAは、mRNAのシステインに対応する全てのコドンへ「積み荷」であるアラニンを運搬していた。この実験によって、タンパク質合成機構が認識するのは充塡されたtRNAのアンチコドンであって、そこに付加されたアミノ酸ではないことが明確に示された。

リボソームは翻訳の作業場である

リボソームは翻訳という重大な仕事が行われる作業場となる分子である。その構造のおかげで、mRNAと充塡されたtRNAは正しい位置につなぎ止められ、ポリペプチド鎖の効率的な組み立てが可能となる。リボソームは1種類のタンパク質だけを特異的に合成するのではない。あらゆる種類のmRNAと充塡されたtRNAを利用できるから、様々なタンパク質産物を合成できる。何度も繰り返し使用できるうえ、通常は1つの細胞に数千ものリボソームが存在している。

リボソームは他の細胞構造に比べれば小さいが、数百万ダル

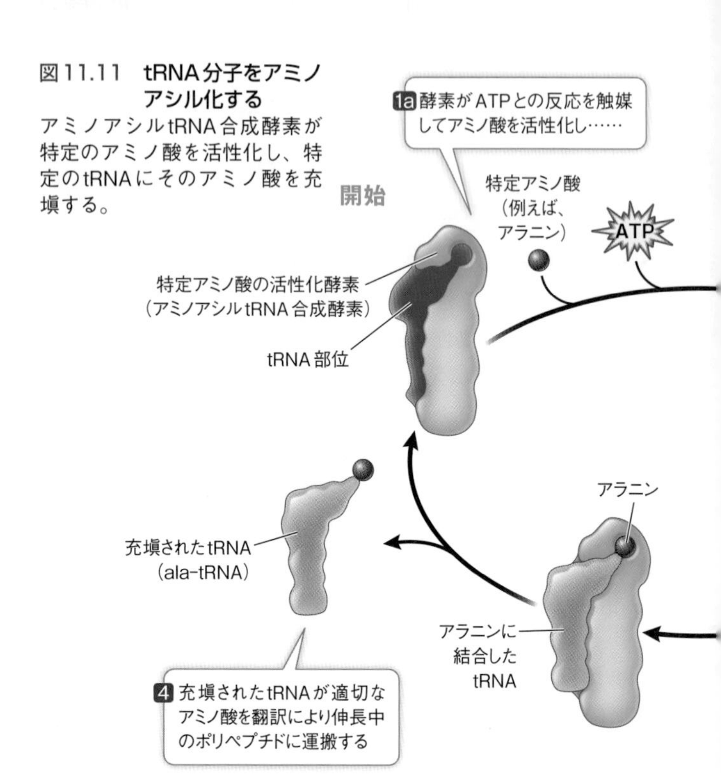

トンという質量を持ち、充填されたtRNAよりはずっと大きい。リボソームはそれぞれ、大小2つのサブユニットで構成されている（**図11.12**）。この2つのサブユニットでは数十の分子が非共有結合的に作用し合っている。事実、タンパク質とRNAの疎水性相互作用が阻害されると、リボソームは解体してしまう。すなわち、2つのサブユニットが分離し、全てのRNAとタンパク質がバラバラになる。ところが、阻害物質が取り除かれれば、それらはひとりでに組み立てられて、寸分違わずもとの複雑な構造に戻るのだ！　これは驚くべきことであ

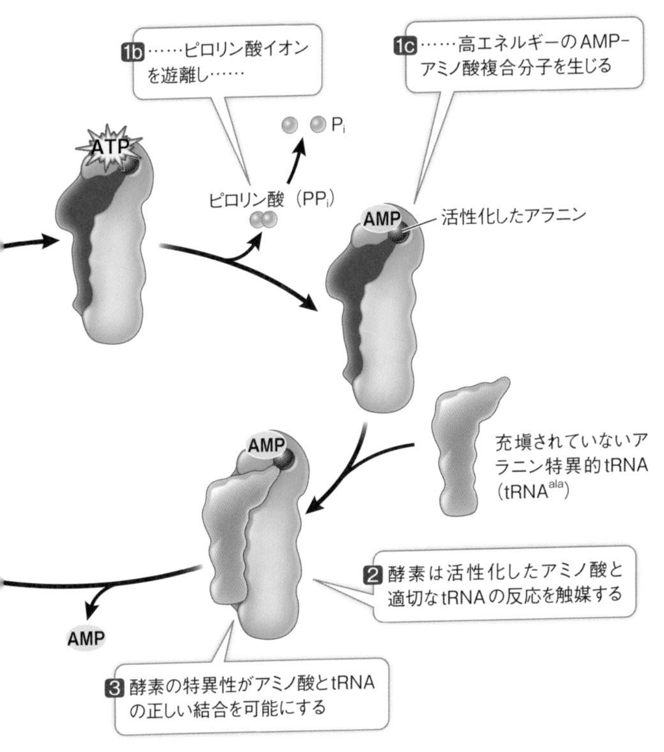

る。まるで、バラバラのジグソーパズルのピースを空中に放り投げたら、地面に落ちたときにはすっかり完成しているようなものである。リボソームには、多くの分子からなる細胞が保有する分子装置に備わる高度な特異性がよく表れている。

真核生物では、大サブユニットは3個のリボソームRNA（rRNA）分子と49個の異なるタンパク質分子で構成され、それらが正確に配置されている。小サブユニットは1個のrRNA分子と概ね33個の異なるタンパク質分子でできている。原核生物のリボソームは真核生物のそれより幾分小さく、その

rRNAやリボソームタンパク質も異なっている。ミトコンドリアと葉緑体もリボソームを持っており、それらのなかには原核生物のリボソームに似たものも存在する（**第5章**）。

リボソームの大サブユニットには、tRNAが結合する3つの部位が存在し、それぞれA、P、Eと名付けられている（**図11.12**）。mRNAとリボソームが連動して動くのに合わせて、充塡されたtRNAはこの3つの部位を順に横切っていくことになる。

1. A部位（アミノアシルtRNAの結合部位）：充塡されたtRNAのアンチコドンがmRNAのコドンに結合し、伸長中のポリペプチド鎖に付加すべきアミノ酸が正しく並べられ

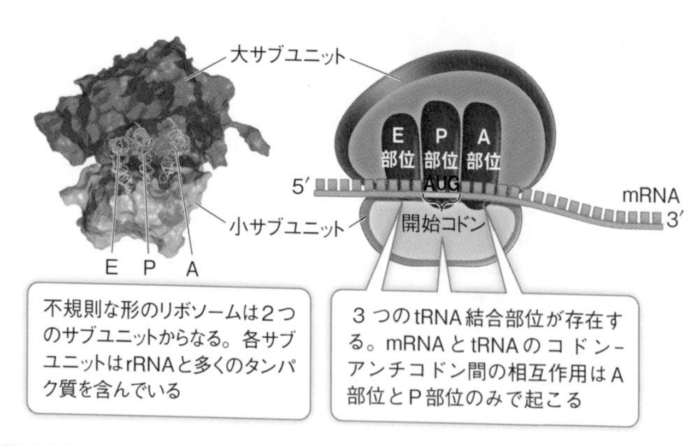

図11.12　リボソームの構造
各リボソームは、大小2つのサブユニットで構成されている。タンパク質合成に使われていないときには、サブユニットは分離している。

Q：リボソームは数十のタンパク質分子と複数のtRNA分子で構成され、非共有結合で会合している。そこにはいかなる化学的な力が働いているか？　また、それらの力が阻害されて分子がバラバラになるのはどのような場合か？

る。
2. P部位（ペプチジルtRNAの結合部位）：tRNAの運んできたアミノ酸が伸長中のポリペプチド鎖に付加される。
3. E部位（出口）：アミノ酸の外れたtRNAがリボソームから放出され、遊離のtRNAは細胞質へ戻って次のアミノ酸を充塡し、合成プロセスを再開する。

リボソームは、mRNAとtRNAの正確な相互作用を確実にするという機能を持つ。すなわち、正しいアンチコドンを持つ充塡されたtRNA（例えば、3′-UAC-5′）をmRNAの適切なコドン（5′-AUG-3′）に間違いなく結合させるという機能である。結合が適切に生じると、対合した塩基の間に水素結合が形成される。小サブユニットを構成するrRNAは、3塩基の適切な対合を確認する役割を担っている。3つの塩基対全てで水素結合が形成されていなければ、tRNAはmRNAコドンに対応していない誤ったものであるに相違ないので、リボソームから追い出されてしまう。

翻訳は3段階で進行する

翻訳は、mRNAの情報（DNAに由来する）を用いて特定のアミノ酸配列を指定し、結合させ、ポリペプチドを合成する一連の過程である。転写と同様に、翻訳も開始、伸長、終結の3段階で起こる。

開始　mRNAの翻訳は、充塡されたtRNAとリボソーム小サブユニットがmRNAに結合して**開始複合体**を形成することから始まる（**図11.13**）。

原核生物ではまず、リボソーム小サブユニットのrRNAがmRNA上の相補的なリボソーム結合部位（AGGAGG、シャイ

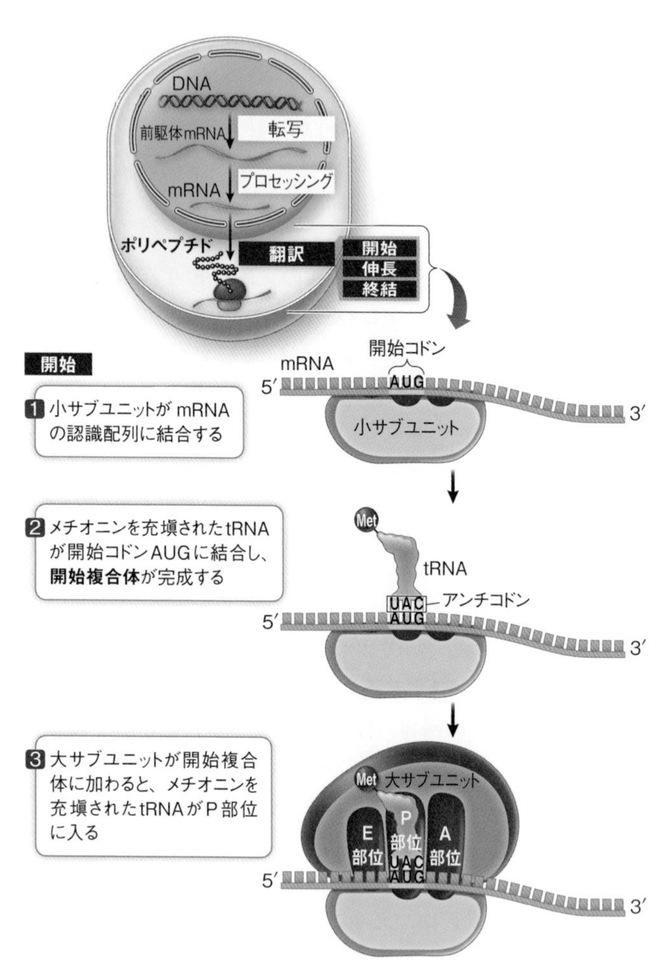

図11.13　翻訳の開始
翻訳は開始複合体の形成から始まる。リボソームの小サブユニットが原核生物ではシャイン・ダルガーノ配列に、真核生物では5′キャップに結合して翻訳が始まる。

ン・ダルガーノ配列として知られる）に結合する。この認識配列は実際の開始コドンの10塩基足らず上流に位置するが、そのおかげで開始コドンは大サブユニットのP部位と隣り合って並ぶ形で配置される。

mRNA5′…… AGGAGG ………（開始コドン）…… 3′
rRNA3′ …… UCCUCC ………（P部位）………… 5′

真核生物ではリボソームへのmRNAの結合方法が少し異なる。リボソーム小サブユニットはmRNAの5′キャップに結合し、その後mRNAに沿って移動して開始コドンに達する。

mRNAの開始コドンを示す遺伝暗号がAUGであったことを思い出してほしい（**図11.5**）。メチオニンを充塡されたtRNAのアンチコドン（3′-UAC-5′）が相補的な塩基対合によって開始コドン（5′-AUG-3′）に結合すると、開始複合体が完成する。したがって、ポリペプチド鎖の最初のアミノ酸は常にメチオニンとなる（訳註：真正細菌と細胞小器官ではN-ホルミルメチオニンである）。しかし、全ての成熟タンパク質がN末端のアミノ酸としてメチオニンを持つわけではない。多くの場合、開始メチオニンは翻訳後に酵素によって除去される。

メチオニンを充塡されたtRNAがmRNAに結合すると、今度はリボソーム大サブユニットが複合体に加わる。ここでメチオニンを充塡されたtRNAはP部位に移り、A部位にはmRNAの２番目のコドンが並ぶ。これら３つの要素（mRNA、大小２つのリボソームサブユニット、メチオニンを充塡されたtRNA）からなる複合体は、開始因子と呼ばれるタンパク質群によって組み立てられる。

伸長　続いて、mRNAの２番目のコドン（例えばプロリンのコドン）と相補的なアンチコドンを持つ充塡されたtRNAがリボソーム大サブユニットの空いたA部位に入ってくる（図11.14）。大サブユニットは以下の2つの反応を触媒する。

1. P部位にあるtRNAとアミノ酸の結合を切断する。
2. 切断によりP部位から放出されたばかりのアミノ酸とA部位に入ってきたtRNAに充塡されているアミノ酸の間でペプチド結合の形成を触媒する。

リボソーム大サブユニットはこれら2つの反応を遂行することから、**ペプチジル転移酵素**（トランスフェラーゼ）活性を持つと言われる。このようにして、メチオニン（P部位のアミノ酸）は新しく合成されるタンパク質のN末端となる。2番目のアミノ酸はメチオニンにペプチド結合しているが、A部位のtRNAともつながったままである。

リボソームの大サブユニットはどのようにペプチド結合形成を触媒しているのだろうか？　カリフォルニア大学サンタクルーズ校のハリー・ノラーらは一連の実験で以下の事実を発見した。

・大サブユニットからほぼ全てのタンパク質を除去しても、ペプチド結合形成の触媒能は失われなかった。
・rRNAを大幅に修飾すると、ペプチジル転移酵素活性は失われた。

これらの実験は、*rRNAこそが触媒*であることを示していた。リボソームの精製と結晶化によって、科学者はその構造を詳細に解析できるようになり、ペプチジル転移酵素活性におけるrRNAの触媒作用を確認することが可能になった。これらの

伸長

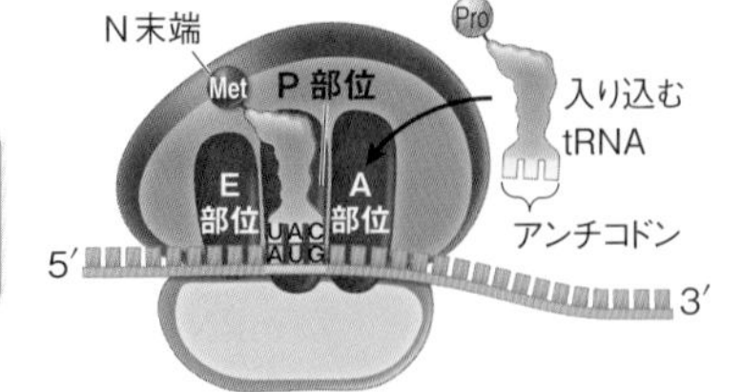

1 **コドンの認識**：入り込むtRNAのアンチコドンがA部位のコドンと結合する

2 **ペプチド結合の形成**：大サブユニットのペプチジル転移酵素活性によりプロリンがメチオニンと連結される

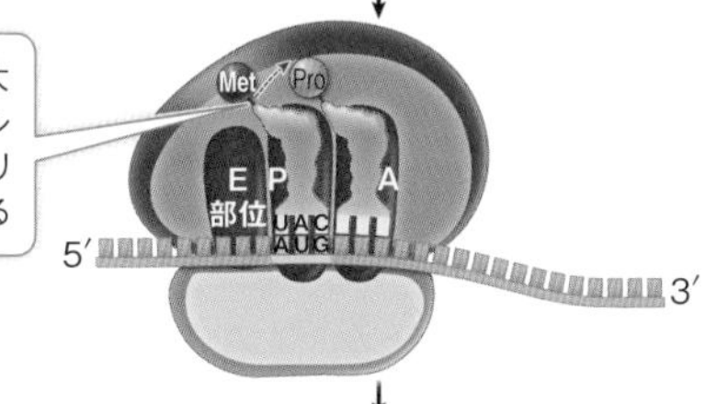

3 **伸長**：アミノ酸がはずれたtRNAがE部位へ移動後にそこを離れると、リボソームはコドン1つ分だけ移動し、伸長するポリペプチド鎖がP部位へ移動する

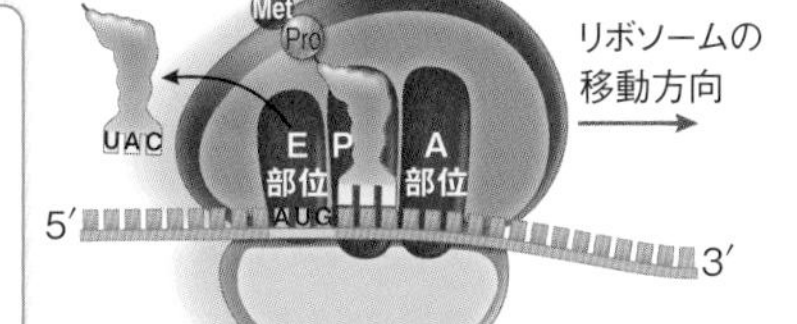

4 このプロセスが繰り返される

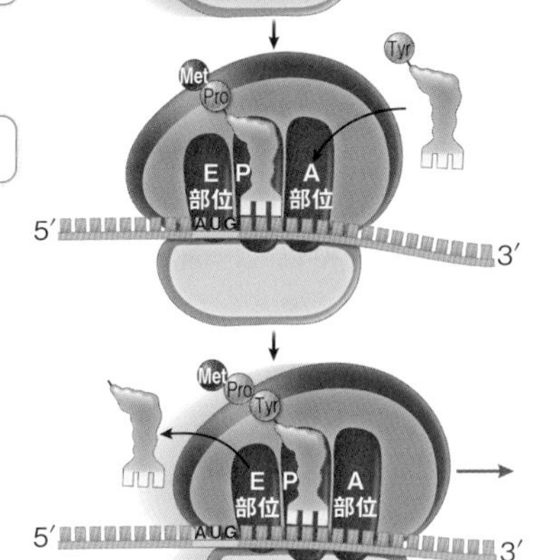

図11.14　翻訳の伸長
mRNAの翻訳が進むにつれてポリペプチド鎖が伸長する。

発見は、RNA、特に*触媒RNAがDNA誕生以前に進化したという仮説の根拠となっている。

メチオニンが切り離された最初のtRNAはE部位へ移動し、リボソームから離れて細胞質に戻り、また新たなアミノ酸を付加される。リボソームがmRNAに沿って5′から3′の方向にコドン1つ分だけ動くのに合わせて、ジペプチド（メチオニンと2番目のアミノ酸からなるペプチド鎖）を結合した2番目のtRNAがP部位へ移る。以上のステップが繰り返されることで、伸長過程が継続的に進行し、ポリペプチド鎖が成長する。この過程を**図11.14**で辿ってみよう。これら全ての段階で、伸長因子と呼ばれるリボソームタンパク質群が働いている。

---

*概念を関連づける　**キーコンセプト4.3**で見たように、RNA分子表面の折りたたまれた三次元構造にはタンパク質のそれと同じような特異性があり、そのおかげで触媒機能を担うことが可能になっている。リボソーム自体のヌクレオチドに関わる反応を含め、生物学的反応の速度を向上させうる触媒RNAとしての活性を持つリボザイムの発見は、RNAが自己複製の触媒としての機能を持つことを提唱した「RNAワールド」仮説を後押しした。

終結　停止コドン（UAA、UAG、UGA）がA部位に入ると、伸長サイクルが停止し、翻訳が終結する（**図11.15**）。停止コドンはどのアミノ酸とも対応しておらず、いかなるtRNAとも結合しない。その代わりにタンパク質放出因子と結合し、ポリペプチド鎖とP部位にあるtRNAの間の結合が加水分解によって切断される。新たに完成したポリペプチドはリボソームから離れる。そのC末端は最後に鎖に加わったアミノ酸であり、N末端は（少なくとも完成時は）開始コドンAUGに対応するメチオニンである（訳註：真核生物と古細菌では、多くの場合、N末

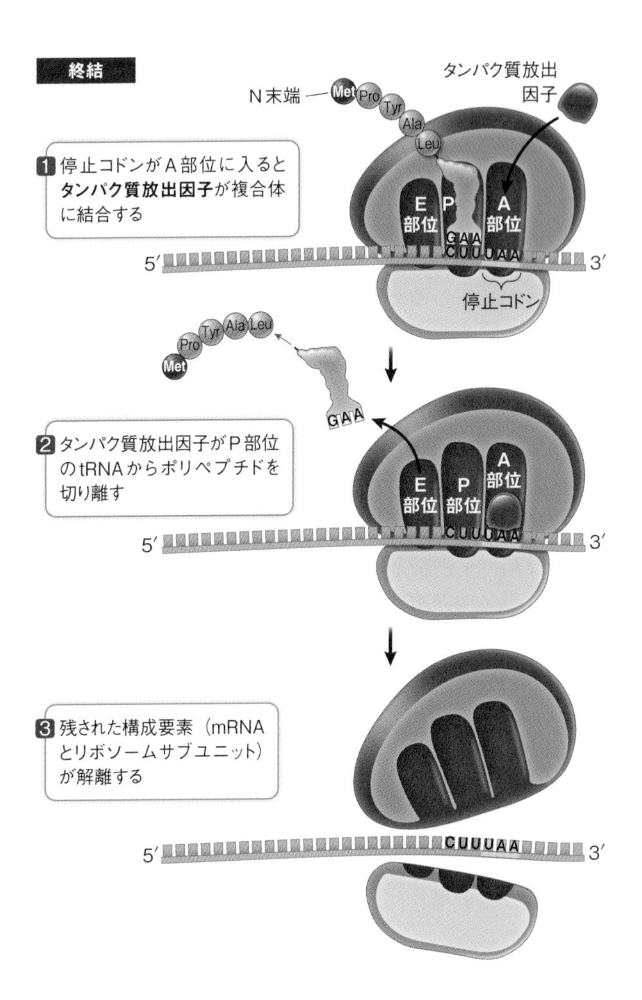

図11.15　翻訳の終結
リボソームのA部位にmRNAの停止コドンが入ると翻訳は終結する。

Q：もし停止コドンがなかったら、どうなるか？

表11.3　転写と翻訳を開始、終結する信号

	転写	翻訳
開始	プロモーターDNA	mRNAの開始コドン（AUG）
終結	ターミネーターDNA	mRNAの停止コドン（UAA、UAG、UGA）

端のメチオニンは修飾を受けて取り除かれる)。ポリペプチド鎖のアミノ酸配列中には、自らの構造と細胞中での最終的な行き先を決めるための情報が備わっている。

表11.3に転写と翻訳の開始および終結を指示するmRNAの信号をまとめた。

ポリソームを形成してタンパク質の合成速度を上げる

複数のリボソームが1本のmRNA分子の翻訳を同時に行い、いくつものポリペプチド鎖を一斉に合成することができる。最初のリボソームが翻訳開始部位から十分遠くまで移動すると、すぐに第2の開始複合体が形成され、それが第3、第4と続いていく。こうしてできる1本のmRNA鎖と、数珠つなぎに並ぶリボソーム、そしてそこから伸びる成長中のポリペプチド鎖をまとめて**ポリリボソーム**あるいは**ポリソーム**と呼ぶ(**図11.16**)。活発にタンパク質を合成している細胞には多数のポリソームが存在し、遊離のリボソームやリボソームサブユニットはほとんどない。

リボソームから放出されたポリペプチド鎖は、直ちに機能を発揮するとは限らない。では次に、ポリペプチドの運命と機能を左右する翻訳後の変化について、いくつか見ていくことにしよう。

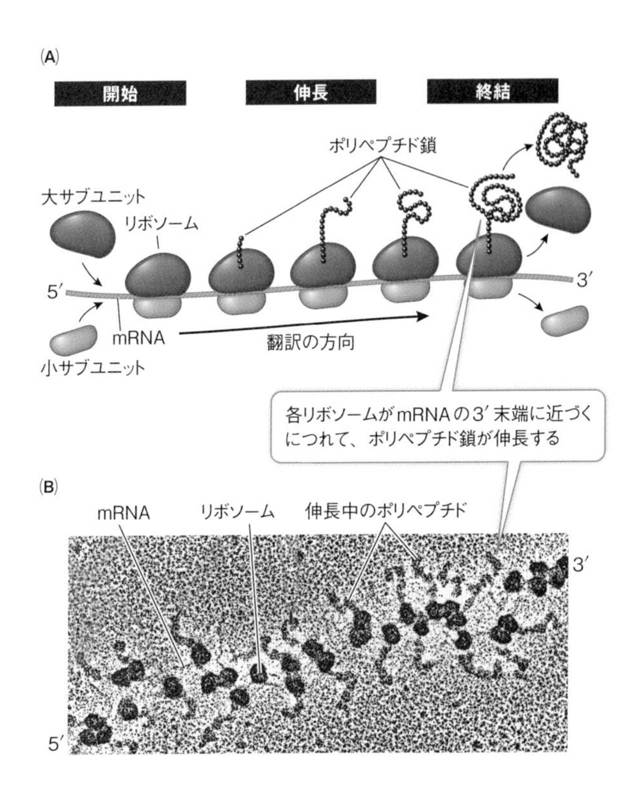

図11.16　ポリソーム
(A)ポリソームは1本のmRNA分子に沿って移動する多くのリボソームと、そこから伸長しているポリペプチドにより構成される。
(B)ポリソームの電子顕微鏡像。

11.6 ポリペプチドは翻訳中あるいは翻訳後に修飾・輸送される

ポリペプチドの機能する場が細胞質内の合成場所から遠く離れていることがある。これは特に真核生物でよく見られる。ポリペプチドには細胞小器官に運ばれるものもあるし、細胞外へ搬出されるものさえある。さらに、機能的に重要な化学的変化や修飾が付け加えられる場合が多い。本節では、タンパク質合成におけるこうした翻訳後修飾の様相について解説していこう。

学習の要点

- タンパク質の細胞内での直接輸送や細胞外への搬出は、タンパク質に付加されたシグナル配列によって指示される。
- タンパク質の翻訳後修飾には、タンパク質分解による切断、糖鎖の付加（グリコシル化）、リン酸化といった化学的修飾がある。

タンパク質の細胞内での行き先はどのような仕組みで決まるのか？

リボソームから放出されたポリペプチド鎖は、直ちに折りたたまれて立体構造をとり、細胞質内のその場で細胞機能を発揮することもある。しかし、新たに形成されたポリペプチドが別の場所で働くべきものだった場合、**シグナル配列**（または**シグナルペプチド**）がポリペプチドに細胞内の行き先を告げる。シグナル配列とは、ポリペプチドに付加された短いアミノ酸配列である。タンパク質はそれぞれの行き先に応じて、異なるシグナル配列を持っている。

タンパク質合成は常に遊離のリボソームで始まり、「デフォルト状態（特に指定なしの標準状態）」でのタンパク質の行き先は細胞質である。つまり、シグナル配列がなければ、タンパク質は合成された場と同じ細胞内区画にとどまる。一方タンパク質のなかには、核、ミトコンドリア、プラスチド（色素体）やペルオキシソームなどへ向かうよう指示するシグナル配列を持つものもある（**図11.17**）。シグナル配列はこれらの細胞小器官の表面に存在する特異的な受容体タンパク質に結合する。シグナル配列が結合すると、移動してきたタンパク質の本体は標的の細胞小器官の内部に入り込む。例えば、核内への移行を指示する核局在化シグナル（NLS）には以下のような配列がある。

-Pro-Pro-Lys-Lys-Lys-Arg-Lys-Val-

このシグナル配列がタンパク質を核へ導いていることは、どうすれば確認できるだろうか？　NLSペプチドの機能は、**図11.18**に示したような実験により立証された。NLSを持つタンパク質と持たないタンパク質を実験室で合成し、細胞中に注入してその行き先を調べたところ、NLSを持つタンパク質だけが核で見出された。

20個ほどの疎水性アミノ酸からなるシグナルをN末端に持つポリペプチドは、粗面小胞体（RER）へ輸送されてさらなる修飾を受ける（**図11.17**）。このシグナルは付加された特別なアミノ酸配列ではなく、最初に翻訳されたN末端にあるごく一般的な疎水性配列にすぎない点に留意されたい。このシグナルによって翻訳は一時中断され、リボソームは粗面小胞体の膜に存在する受容体に結合する。結合を受けて、ポリペプチドとリボソームの複合体では翻訳が再開され、伸長中のタンパク質は粗面小胞体の膜を通過して内部へ入っていく。そのようなタンパク質の一部は、ルーメンと呼ばれる粗面小胞体の内腔やその膜にとどまるが、ゴルジ装置やリソソーム、細胞膜といった細胞内膜系内のどこか別の場所へ移るものもある。(以下に述べるような) 細胞内膜系内の特定の行き先を指示する特異的なシグナル配列や修飾を欠いたタンパク質は通常、細胞膜と融合した分泌小胞を通じて細胞外へ排出される。

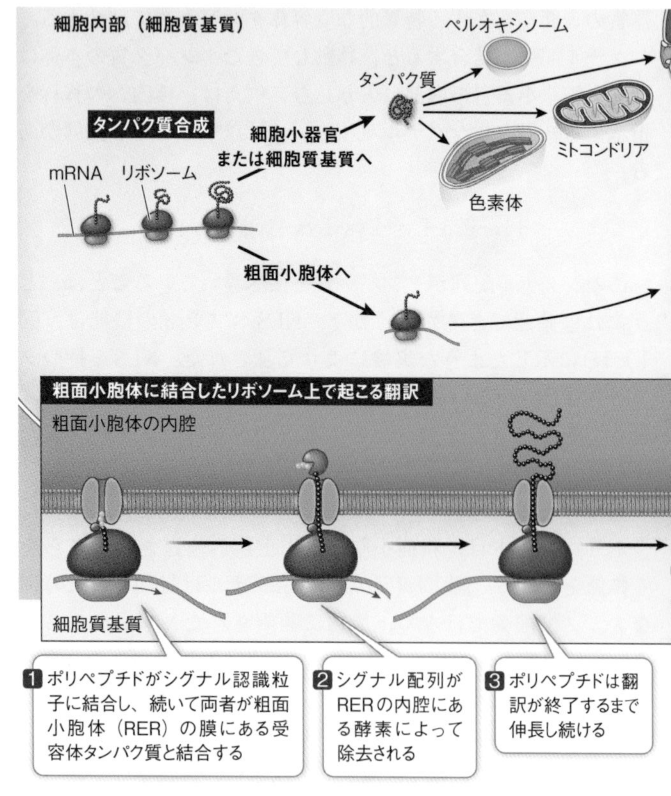

図11.17 真核細胞中で新たに翻訳されたポリペプチドの輸送
新たに翻訳されたポリペプチド上のシグナル配列は、それらの「宛て先」である細胞小器官の膜上にある特定の受容体タンパク質に結合する。ひとたびタンパク質が結合すると、受容体は膜にチャネルを形成

シグナルの重要性は、乳幼児期に発症して死にいたる遺伝病である先天的代謝異常症の1つ、封入体細胞病（アイセル病ともいう）の例でよく理解できる。この病気の患者は、リソソームに輸送されるタンパク質に特別な糖を付加するゴルジ装置の

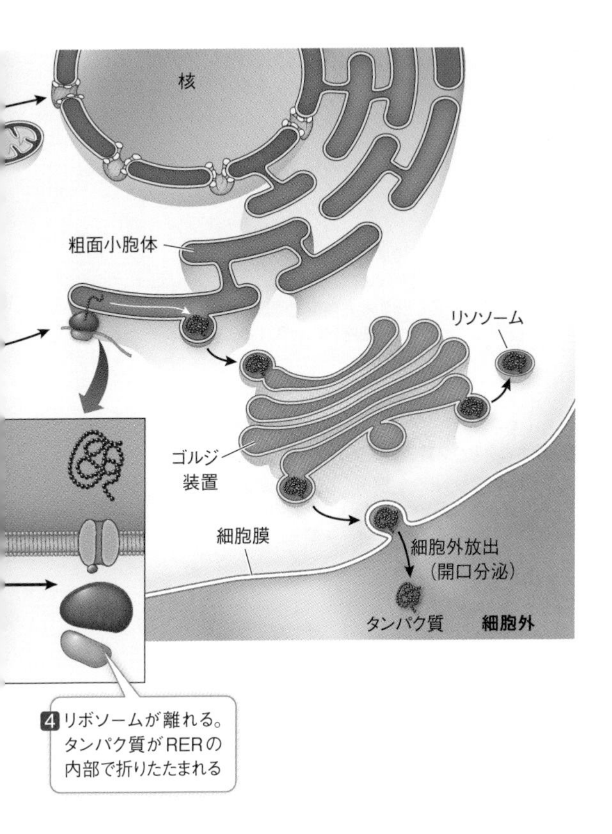

し、タンパク質はそこを通って小器官内に入り込む。

Q：アミノ酸配列からなる「宛て先」を持たないタンパク質はどうなるか？

実験

図11.18　シグナルを試験する

原著論文：Dingwall, C. et al. 1988. The nucleoplasmin nuclear location sequence is larger and more complex than that of SV-40 large T antigen. *Journal of Cell Biology* 107: 841-849.

ディングウォールらは一連の実験で、核局在化シグナル（NLS）はタンパク質の核への輸送に必要かつ十分な条件であるのかを試験した。

仮説▶　NLSはタンパク質の核内への輸送に必須である。

方法

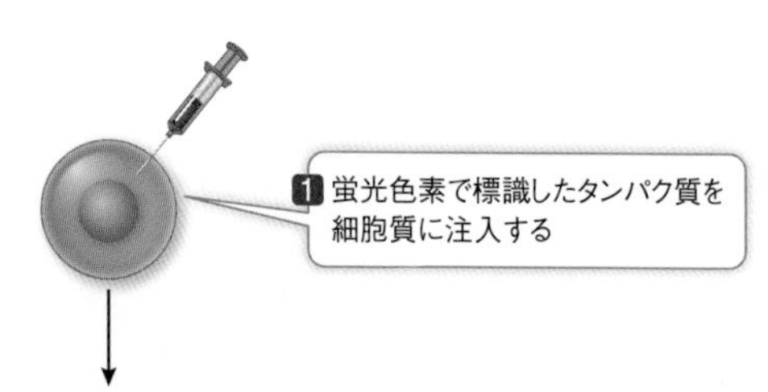

結果　**注入されたタンパク質**

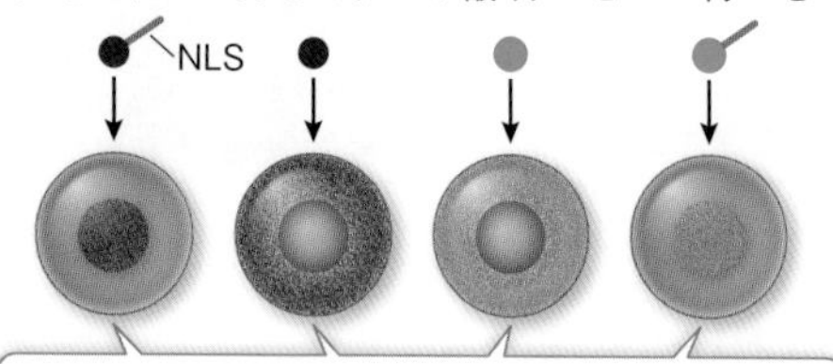

結論▶　NLSは核タンパク質の核内移入に必須であり、通常は細胞質に存在するタンパク質を核に導くのに十分である。

酵素（N－アセチルグルコサミン-1-リン酸基転移酵素）をコードする遺伝子に変異を持つ。それらの糖はシグナル配列と同じように働くので、欠如してしまえば、種々の巨大分子の加水分解に不可欠な酵素群が、本来活性を持つはずの場所であるリソソームに到達できない。酵素を欠損した細胞では巨大分子がリソソームに蓄積し、細胞内でのリサイクルの仕組みが機能せず、深刻な影響が生じて早期の死にいたる。

ミトコンドリアと葉緑体は一部のタンパク質を自ら合成しその他のタンパク質を外部から搬入している

第5章で見たように、ミトコンドリアと葉緑体（色素体またはプラスチド）は少量のDNAを持つ半自律的な細胞小器官である。どちらも、特別なRNAポリメラーゼや細胞質内のものとは異なる特別なリボソームなどを含む原核生物型の完全なタンパク質合成機構を持つ。これらの細胞小器官のDNAは、核DNAと比べて遺伝的な暗号能力は小さいものの、以下のような情報をコードしている。

・ミトコンドリアDNAは、ミトコンドリアrRNAと2、3のtRNA、そして12～20種類のタンパク質（大半は電子伝達系に関与する）をコードしている（訳註：これはサイズが約16kbと小さい動物のミトコンドリアDNAの場合で、植物のミトコンドリアDNAはサイズもずっと大きく、コードする遺伝子の数も多い。例えば、パンコムギのミトコンドリアDNAはサイズが約453kbで、rRNAとtRNAをコードする15種類の遺伝子の他に、電子伝達系に関わる遺伝子を35種類、発生に関わる遺伝子を5種類、リボソームタンパク質遺伝子を12種類、スプライシングに関わる遺伝子を1種類と機能未知のORF〈オープン・リーディング・フレーム〉を9種類持っている）。

・葉緑体DNAは、葉緑体rRNAと数種類のtRNA、そして約40種類のタンパク質（大半が光合成に関与する）をコードしている（訳註：パンコムギでは、機能既知のタンパク質遺伝子が70種類、rRNA遺伝子が21種類、tRNA遺伝子が30種類、ORFが5種類存在する）。

ミトコンドリアと葉緑体にはこの他にも数十種類のタンパク質が存在するが、それらは全て核と細胞質のタンパク質合成系から輸送されてくる。葉緑体のルビスコ（Rubisco、リブロースビスリン酸カルボキシラーゼ／オキシゲナーゼ）のような細胞小器官で働くいくつかのタンパク質は、複数のサブユニットを持ち、サブユニットの一部は当該細胞小器官内で作られ、残りは核・細胞質の合成系から輸送されてくる。このようなタンパク質を組み立てるには、両方のタンパク質合成系が密接に共同する必要があることは容易に想像がつくだろう。

多くのタンパク質は翻訳後に修飾を受ける

ポリペプチドはたいてい翻訳後に複数の仕組みのいずれかにより修飾されるから、大半の成熟タンパク質のアミノ酸配列は、リボソーム上でmRNAから翻訳されたポリペプチドのそれと同一ではない（**図11.19**）。こうした修飾によって、タンパク質の最終的な機能が決まってくる。

・**タンパク質分解**とはポリペプチド鎖の切断を意味し、プロテアーゼ（あるいはペプチダーゼやプロテイナーゼ）と呼ばれる酵素に触媒される反応である。粗面小胞体で伸長中のポリペプチド鎖からシグナル配列が切り離されるのはタンパク質分解の一例である（**図11.17**）。シグナル配列が切り離されなければ、タンパク質は膜チャネルを通って粗面小胞体の外へ再び出ていってしまうだろう。タンパク質のなかには、タンパク質となる配列を複数含むポリタンパク質（長いポリペプチド）がプロテアーゼにより切断されて、最終産物が作られるものも存在する。こうしたプロテアーゼはヒト免疫不全ウイルス（HIV）を含むある種のウイルスにとっては必須である。ウイルスの合成する大きなポリタンパク質は、切断されない限り適切な折りたたみ構造をとることができないからである。後天性免疫不全症候群（AIDS）の治療に用いられ

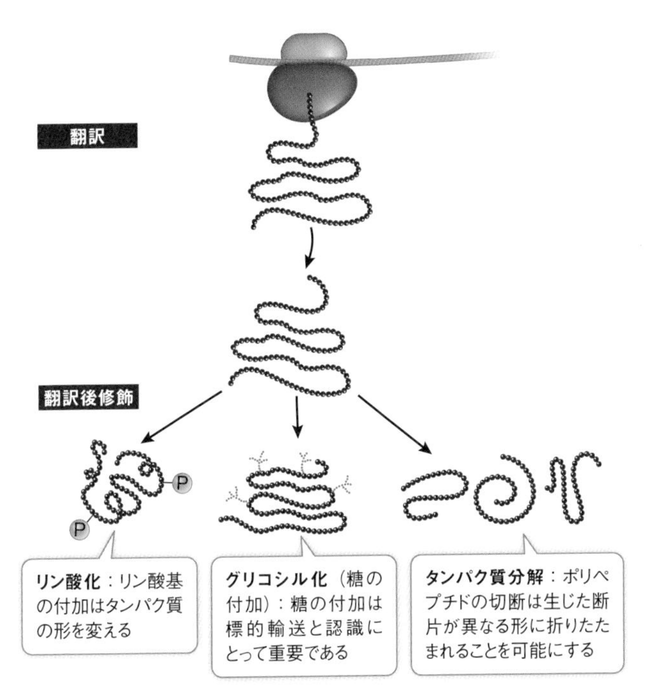

図11.19　タンパク質の翻訳後修飾
大部分のポリペプチドは、機能を持つタンパク質となるために、翻訳後に修飾される必要がある。

る薬剤には、HIVプロテアーゼを阻害し、ウイルスの複製に必要なタンパク質の形成を妨げることで効果を発揮するものもある。

・**グリコシル化**とは、タンパク質に糖を付加して糖タンパク質を形成する反応である。粗面小胞体やゴルジ装置では、それらに局在する酵素がタンパク質の持つ特定のアミノ酸の側鎖（R基）への様々な糖や短い糖鎖の付加を触媒する。そのような「糖の衣」のなかには、タンパク質をリソソームへ導く際に欠かせないものもあることは既に述べた。その他にも、タンパク質の構造や細胞表面での認識機能にとって重要な側鎖もある（**キーコンセプト6.2**）。さらには、細胞外タンパク質や植物種子のなかの小胞に蓄えられるタンパク質の安定化に役立つ糖分子もある。

・**リン酸化**とは、タンパク質にリン酸基を付加する反応で、プロテインキナーゼによって触媒される。帯電したリン酸基の付加でタンパク質の構造が変わり、酵素の活性中心や他のタンパク質との結合部位が露出する場合も多い。細胞内の情報伝達（**第7章**）や細胞周期（**第8章**）におけるリン酸化の重要性については既に学んだ。

ここで解説した全ての過程を経て機能を持つタンパク質となるのは、タンパク質のアミノ酸配列が正しい場合だけである。もし配列が正しくなければ、細胞の機能欠損が起こるだろう。アミノ酸配列にエラーが生じる主要な原因は、DNAの変化、すなわち変異である。次章では、この問題を扱う。

生命を研究する

QA ある種の抗生物質の作用を理解する際、遺伝暗号の知識はどのように役立つか？

メチシリン耐性黄色ブドウ球菌（MRSA）は、早期に検出できれば治療可能である。細菌DNAの塩基配列を決定すれば、変異を検出し感染の重症度を予想できる。細菌のタンパク質合成を標的としたテトラサイクリンのような抗生物質は、複数のMRSA系統に効果を発揮する。テトラサイクリンは、細菌リボソームの小サブユニットに結合し、充塡されたtRNAのリボソームA部位への結合を阻害することで翻訳を停止させ、細菌を死滅させる。真核生物のリボソームはテトラサイクリン結合部位のない別のタンパク質とRNAを持つので、テトラサイクリンは真核細胞を殺すことができない。

とはいえ、テトラサイクリンが今後もMRSAに対して実効性のある治療薬であり続けるかどうかは疑わしい。MRSAの一部の系統は、細菌接合によって抵抗性を伝達できる遺伝子を既に獲得し、テトラサイクリン耐性となっている。黄色ブドウ球菌のDNAもプラスミド遺伝子の獲得によって既に変化しており、それらの遺伝子はその重要性からレジストーム（訳註：病原性・非病原性細菌双方における抗生物質耐性遺伝子の総体を指す）という総称を得るまでになっている。メチシリン耐性の場合と同様に、レジストームのアレルがコードするリボソームタンパク質は、アミノ酸配列が変化した結果、抗生物質が結合できなくなっている。

MRSAのタンパク質合成を標的にした何か別の手立てを考案できないものだろうか？

今後の方向性

タンパク質をコードしている遺伝子の発現に関しては解明が進む一方、真核ゲノムの最近の研究によって、転写の詳細についてはまだ大部分が不明のまま残されていることが分かってきた。ENCODE（Encyclopedia of DNA Elements）のような巨大プロジェクトに参加する研究所どうしの国際的な協力からは、例えば、ヒトDNAの70％までもがある時点で何らかの細胞において転写されていることが判明している。タンパク質をコードする遺伝子はDNAの２～３％にすぎないのであれば、残りのRNAはどのような役割を担っているのかという疑問が即座に生じる。tRNAとrRNAはそのごく一部で、**第13章**で見るように、非コードRNAのなかには200ヌクレオチド以下とサイズが小さく、タンパク質コード遺伝子の発現制御に関与するものもある。200ヌクレオチド以上の長いRNAの役割については、依然としてよく分かっていない。ヒトでは、長いRNAが２万5000種以上同定されている。これらはmRNAと多くの共通点を持ち、同じRNAポリメラーゼで転写され、3′末端にポリA尾部が、5′末端にキャップが付加され、スプライシングを受ける。しかし、それらもmRNAほど長くはなく、リボソームで翻訳されるわけでもない。一部は核にとどまったまま、転写やスプライシングのような前駆体mRNAを巡る事象に関わっていると考えられている。また、リボソームに移行するものもあり、それらは特定のmRNAの翻訳を制御しているのかもしれない。このような翻訳されない長いRNAが多くの生物で見つかることに照らせば、それらには進化の過程で選択された重要な役割があるに違いない。

▶ 学んだことを応用してみよう

まとめ

11.1　各遺伝子が１種類のタンパク質をコードするという主張は、実験的証拠により裏付けられている。

原著論文：Gross, S. R. 1965. The regulation of synthesis of leucine biosynthetic enzymes in *Neurospora*. *Proceedings of the National Academy of Sciences USA* 54: 1538-1546.

真菌のアカパンカビ（*Neurospora crassa*）は当初、フランスのパン屋で広く見られる雑菌として研究者たちの注意を引いていたが、ほどなくそれが格別に優れた研究モデルであることが判明した。その栄養要求性は単純で、成長が速く人工培養も容易であり、メンデル遺伝学の法則に従う。

ある研究で、研究者たちはアカパンカビを用いた実験を行い、アミノ酸の１種であるロイシンの生合成経路の各段階を特定した。下図は、この研究の初期に提唱された代謝経路の一部である。

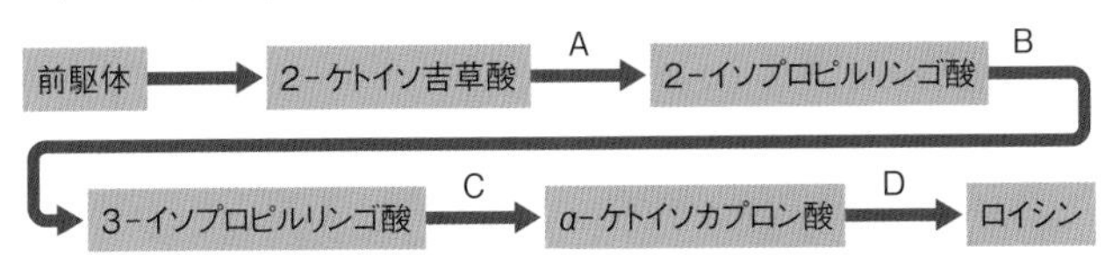

アカパンカビは生活環を通じてほとんどを半数体で過ごす。有性生殖時には、２つの異なる交配型の半数体細胞（分生胞子）が融合し、両方の親の遺伝子セットを持つ二倍体細胞が作られる。アカパンカビは代謝機能の遂行に必要な全てのアミノ酸とその他の化合物を合成できるから、アミノ酸を添加していない最少培地で育つ。

こうした性質に着目して、研究者たちはアカパンカビの2つの変異系統を分離し、様々な培地上でその生育を調べた。両系統間の接合により作製した融合細胞が分離され、同じ方法で調べられた。その結果を表に示し、生育を＋で、非生育を－で表す。

質問

1. データを分析して、どの変異が生合成経路のどの段階（A、B、C、D）に関与しているのかを特定せよ。その論拠も説明せよ。
2. ２つの変異細胞の融合が野生型の表現型を回復できるのはなぜなのか説明せよ。
3. A、B、C、Dの各段階を触媒する酵素の活性を半数体の変異系統それぞれと二倍体の融合細胞で測定したとき、どのようなデータが得られるか予想せよ。

4. 代謝経路のある段階を触媒する酵素が4つのサブユニットで構成されており、$\alpha_2\beta_2$という構造（αとβはそれぞれ異なるポリペプチド鎖）を持つと仮定する。アカパンカビの2つの変異系統の半数体細胞を用いた実験は、これらの変異系統がこの代謝段階に欠損を持つことを示している。しかし、この2系統の融合で得た二倍体細胞では野生型の表現型への回復が見られた。この観察結果を説明せよ。

系統	最少培地	最少培地 + ロイシン	最少培地 + 2-イソプロピルリンゴ酸	最少培地 + 3-イソプロピルリンゴ酸	最少培地 + α-ケトイソカプロン酸
野生型(半数体)	+	+	+	+	+
Leu-1(半数体)	−	+	−	−	+
Leu-2(半数体)	−	+	−	+	+
融合細胞(二倍体)*Leu*-1、*Leu*-2	+	+	+	+	+

第12章
遺伝子変異と分子医学

このワニの白子（先天性色素欠乏症、アルビノ）はたった1つの遺伝子の変異による

キーコンセプト

12.1 変異は子孫に伝達可能なDNAの変化である
12.2 ヒトに起こった変異は病気の原因となりうる
12.3 変異は検出し分析することができる
12.4 遺伝子スクリーニングを活用して病気を検出できる
12.5 遺伝性疾患は治療できる

生命を研究する

アンジェリーナ・ジョリー効果

女優のアンジェリーナ・ジョリーは、「乳癌遺伝子」に変異があることを知って乳房を両方とも切除したことを公表し、多くの人々を驚かせた。ジョリーには乳癌を懸念する十分な理由があった。遺伝子検査をする前から、彼女の家族歴は高い癌のリスクを示唆していた。彼女の母親は乳癌を発症し、56歳のときに卵巣癌で亡くなった。また叔母は乳癌で、祖母は卵巣癌で亡くなっている。*BRCA1* と呼ばれる遺伝子の変異が遺伝性の乳癌と卵巣癌の原因となること、さらに、癌の症状が現れる前にこの遺伝子のDNA配列を決定し、変異を解析できることを彼女は知った。*BRCA1* 遺伝子に有害

な変異を持つ女性が60歳までに乳癌を発症する確率は80%で、これは変異を持たない女性の8%と比べてずっと高い。乳房組織の切除はこの確率を10%にまで低減する。

ジョリーの公表は広く医療関係者の賞賛を得た。*BRCA1*変異のリスクを持つより多くの女性が検査を受けるようになり、乳癌リスクが高いと診断されて予防的切除術を受ける選択をする人も増えた。ジョリーが公表したおかげで、こうした決断をした女性が経験する感情的な疎外感がずいぶんと軽減されたのである。

*BRCA1*変異の検査は、癌の分子遺伝学研究における1つの到達点である。**第8章**で学んだように、癌は癌遺伝子（オンコジーン、細胞周期の過剰促進を引き起こす）あるいは癌抑制遺伝子（通常は細胞周期の進行を遅らせる機能を持つ）の変異によって起こる。*BRCA1*はDNA修復に関わる癌抑制遺伝子である。変異によってこの遺伝子がコードするタンパク質の機能が損なわれると、修復されない変異が乳房細胞のDNAに蓄積し、こうした突然変異の一部が細胞周期を不適切な形で活性化して、成長する腫瘍細胞に制御不能な分裂などの悪影響をもたらす。*BRCA1*は卵巣細胞でも発現するから、変異を持つ女性は卵巣摘出も行うことが多い。ジョリーも乳房切除の2年後にこの手術を受けた。

遺伝的な原因で起こる病気に関わる変異を正確に説明できるこのような事例は、分子医学領域の発展をよく示している。変異を同定する科学者の力は、それらの変異がもたらす病気のより正確な検査や診断や治療に結び付きつつある。

乳癌遺伝子とは何か？
癌のDNA検査に伴う問題点は何だろうか？

12.1 変異は子孫に伝達可能なDNAの変化である

第9章では、変異を遺伝子の安定した遺伝的変化と定義したうえで、異なるアレル（対立遺伝子）は異なる表現型（例えば、茎の長いエンドウと短いエンドウ）を与えうることを見た。続く2章（**第10章、第11章**）では、遺伝子の化学的性質をDNAの塩基配列として説明し、遺伝子が表現型（具体的にはタンパク質）として発現する仕組みについて学んだ。繰り返しになるが、**変異**は1つの細胞や個体から他の細胞や個体へと受け継がれるDNAのヌクレオチド配列の変化であると定義できる（訳註：ミューテーション（mutation）は体細胞でも生殖細胞でも突然に起こるが、生殖細胞に起こった場合にはその効果が永続して次代へ伝わる。本書では、一般に変異という術語を用いるが、文脈によっては突然変異も用いる）。

学習の要点

- ヌクレオチド配列レベルで起こる変異は、DNAに引き起こす特異的変化とタンパク質の表現型に対する効果に応じて分類できる。
- 染色体レベルで起こる変異は、染色体で生じる特異的変化によって分類できる。
- 誘発変異は、化学物質や放射線のようなDNA構造を変化させる環境因子が変異原となって起こる。
- 変異の多発部位（ホットスポット）とは、塩基が突然変異を起こしやすい場所である。

変異は異なる表現型効果を与える

突然変異は一般に、どのような種類の細胞で起こるかによって分類される。

- **体細胞変異**は、体細胞（非配偶子細胞）で起こる。この変異は体細胞分裂の際に娘細胞へ伝わり、続いて孫細胞へと順に受け継がれていくが、生殖で生まれる子孫には受け継がれない。例えば、ヒトの皮膚細胞の1つに突然変異が起きても、同じ変異を持つ皮膚細胞が集まってシミを作ることになるかもしれないが、子どもには伝わらないだろう。

- **生殖細胞系列変異**は、配偶子を作り出す特別な細胞である生殖細胞系列で起こる。変異を持つ配偶子は受精を通じて新たな子孫にその変異を伝える。新たな個体は体を構成する細胞全てにその変異を持ち、その子孫にも変異を伝えられるだろう。アンジェリーナ・ジョリーの祖母から母や叔母、そしてアンジェリーナ本人へと伝わった*BRCA1*変異は、生殖細胞系列変異の一種である。

全ての変異は表現型に対する効果を伴うのだろうか？　必ずしもそうではない。変異にはタンパク質とその機能に効果を持つものもあれば、持たないものもある（**焦点：キーコンセプト図解　図12.1**）。

- **サイレント（沈黙）変異**は、通常はタンパク質の機能に影響を与えない変異である（**図12.1(B)**）。これはタンパク質をコードしていないDNA領域にあるか、遺伝子のコード領域にあるもののアミノ酸配列に影響しない変異である。遺伝暗号は冗長である（縮重あるいは縮退している）ため、コード領域の塩基変化で生じた変異mRNAが翻訳されても、常にアミノ酸配列が変化するとは限らない（**図12.2**）。サイレント変異はごく普通に観察され、一般に表現型の変化としては現れない遺伝的多様性を生み出すことになる。

焦点：キーコンセプト図解

(A)　**正常なアレル**：
機能を持つタンパク質をコードする

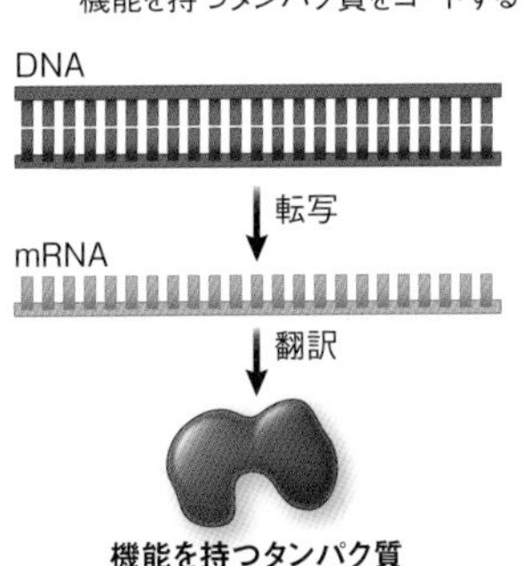

(B)　**サイレント変異**：
タンパク質の機能に影響しない

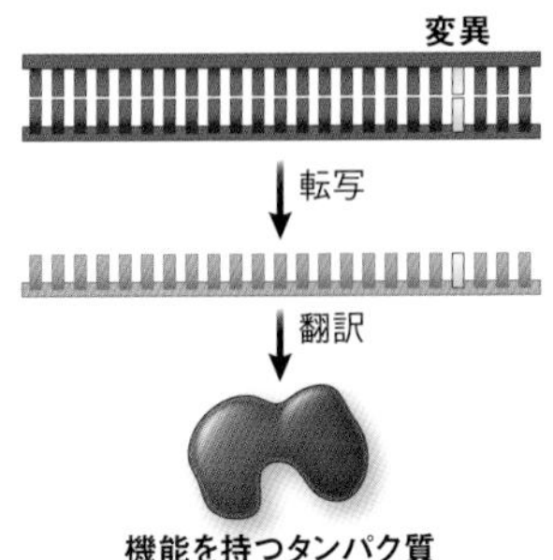

(C)　**機能喪失変異**：機能を失ったタンパク質をコードする

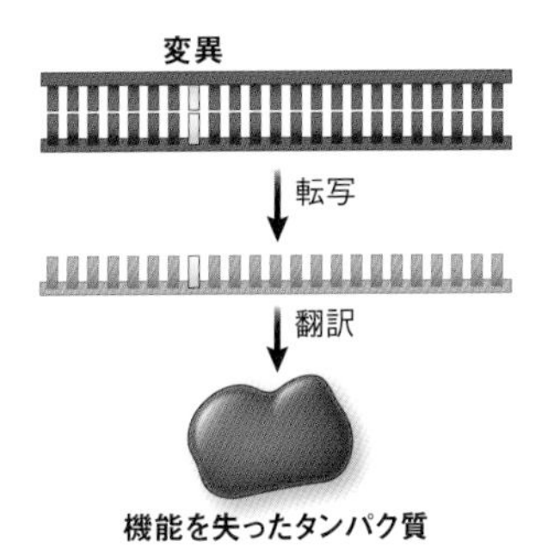

(D)　**機能獲得変異**：新しい機能を持つタンパク質をコードする

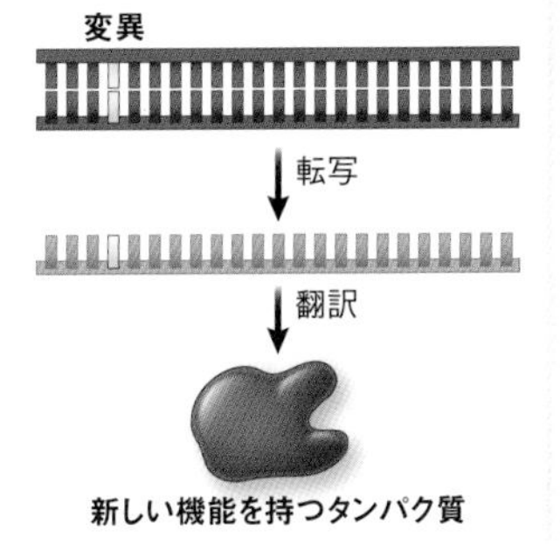

図12.1　**変異と表現型**
変異はタンパク質の表現型に影響することもしないこともある。

Q：機能を持つタンパク質をコードする遺伝子で最も起こりやすい変異は3つのうちどれか？　その理由も述べよ。

- **機能喪失変異**は、タンパク質の機能を損なう変異である（図12.1(C)）。この種の変異が起こると、遺伝子がまったく発現しないか、発現しても細胞内での役割（酵素であれば、その触媒機能など）をもはや果たせない、機能を欠いたタンパク質が作られる。機能喪失変異は、二倍体生物ではほぼ例外なく潜性遺伝を示す。というのも、野生型アレルが1つあれば、細胞に必要な十分量の機能タンパク質を産生することが可能だからである。例えば、**キーコンセプト9.1**で見たように、メンデルが最初に研究したお馴染みのエンドウのシワ種子は、*SBE1*（デンプン枝つけ酵素またはデンプン分枝酵素）遺伝子に起こった潜性の機能喪失変異に起因する。通常、*SBE1*遺伝子のタンパク質産物は種子が発達する際にデンプンの枝分かれを触媒する。変異体ではSBE1タンパク質は機能を持たず、種子中の浸透圧が変化してシワの外見を呈する。
- **機能獲得変異**は、タンパク質の機能に変更をもたらす変異である（図12.1(D)）。機能獲得変異は、野生型アレルが存在しても変異型アレルの機能が抑制されないので、通常は顕性遺伝を示す。この種の変異は癌で広く見られる。例えば、癌遺伝子の変異のなかには、常に細胞分裂を促進するようなタンパク質を作るものがある。

ある種の変異は特定条件下でのみ表現型に効果を及ぼす。例えば、**条件変異**には、制限条件下でのみ表現型に影響を与え、許容条件と呼ばれる条件下では効果が認められないものがある。条件変異の多くは温度感受性で、そこから生じるタンパク質は高温では不安定になる。例えば、ウサギとシャムネコの「末端限定模様」と呼ばれる表現型（図9.13）は、毛色遺伝子の温度感受性（条件かつ機能喪失）変異に起因する。体温条件では、当該遺伝子がコードするタンパク質は不安定で機能を持たず、変異を持つ動物では体温が低い体の末端部分でのみ毛色が濃くなる。

点変異のほとんどはもとに戻ることが可能である。**復帰変異**は、同じ遺伝子のコード配列に2回目の変異が生じてもとの配列に戻る、あるいは非変異型の表現型を与えるコード配列となるような変異である。復帰変異が起こると、表現型は野生型に戻る（訳註：復帰変異には同一遺伝子座内で起こるものと異なる遺伝子座で起こるものがある。tRNAのアンチコドンが変化してナンセンスコドンを認識できるようになる変異を特に抑圧変異またはサプレッサー変異という）。

では次に、様々な種類の変異がどのように生じるのかをDNAレベルでより詳細に見ていこう。

点変異はたった1つのヌクレオチドの変化である

点変異とは、1つのヌクレオチドの付加や欠失、あるいは別のヌクレオチド塩基への置換である。塩基置換には以下の2種類がある。

1. **トランジション（転位）**では、プリン塩基が別のプリン塩基に、またはピリミジン塩基が別のピリミジン塩基に置き換わる。

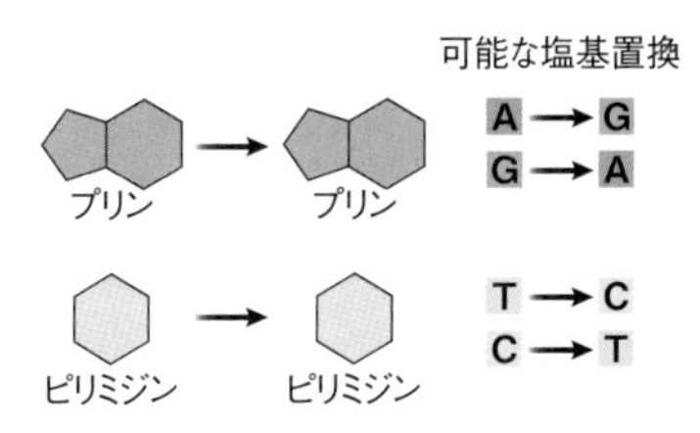

2. **トランスバージョン（転換）**では、プリン塩基がピリミジン

塩基に、またはピリミジン塩基がプリン塩基に置き換わる。

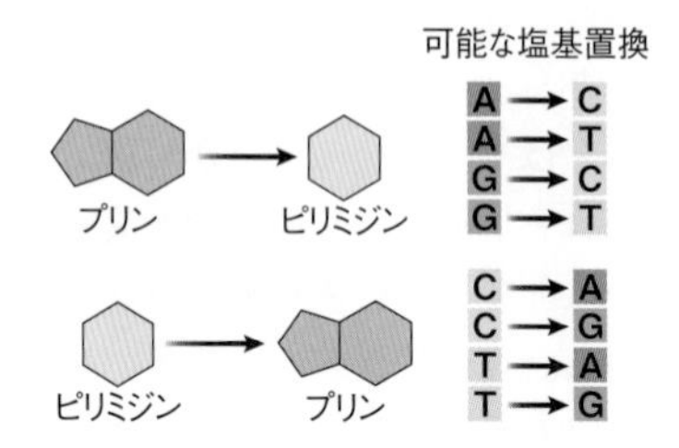

遺伝子のコード領域の点変異は、mRNAの配列に変化をもたらすことになる。しかし、mRNAが変化しても、リボソームでそのmRNAから翻訳されるタンパク質も変化するとは限らないことに留意されたい。既に説明したように、サイレント変異はコードされたタンパク質のアミノ酸配列に何の効果も与えない。対照的に、以下のミスセンス、ナンセンス、フレームシフトの3種類の変異はタンパク質の変化をもたらし、なかには劇的な変化を生じるものさえある（図12.2）。

ミスセンス変異　**ミスセンス変異**は、遺伝暗号を変えてタンパク質のアミノ酸の1つを別のアミノ酸に変化させる*塩基置換による変異である（図12.2(C)）。この変異の代表例が、重篤な遺伝性血液疾患である鎌状赤血球貧血症の原因となる変異である。ヒトの血液中で酸素を運ぶタンパク質であるヘモグロビンのサブユニットの1つ、β-グロビンをコードする遺伝子の変異型アレルを2コピー持つ人が、この疾患を発症する。鎌状赤血球貧血症の原因となるアレルは野生型アレルと塩基対が1つ異なり、これによって野生型のタンパク質とはアミノ酸が1つだけ異なるポリペプチドが作られる。この潜性アレルをホモ接合で持つ人は、赤血球が鎌状となり正常に機能しなくなる。

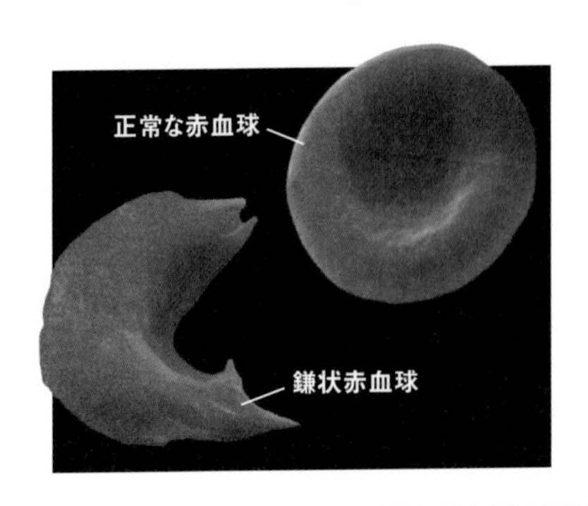

*概念を関連づける　塩基置換変異の多くはアミノ酸の置換によってタンパク質の構造を変化させる。アミノ酸配列とタンパク質の三次元構造の関係については**キーコンセプト3.2**を参照。

ミスセンス変異は欠陥タンパク質を作るが、タンパク質の機能には何の影響も与えないことも多い。例えば、親水性のアミノ酸が別の親水性のアミノ酸で置き換えられたとしても、タンパク質構造に変化は見られないだろう。あるいはミスセンス変異がタンパク質を完全に不活化するのではなく、その機能効率を低下させるだけで済む場合もある。だとすれば、たとえ生命に不可欠なタンパク質のミスセンス変異をホモ接合で持つ個体であっても、変異タンパク質の機能が十分に保たれていれば生存することが可能かもしれない。

ときには、機能獲得型のミスセンス変異が起こることもある。その一例がヒトの*p53*遺伝子の変異である。この遺伝子は腫瘍抑制因子の１つ、すなわち、細胞周期の進行を阻害するタンパク質をコードする（**キーコンセプト8.7**）。*p53*遺伝子に起こるある種の変異により、このタンパク質は細胞分裂を抑止できなくなって細胞分裂が促進され、プログラム細胞死が阻害される。

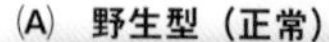

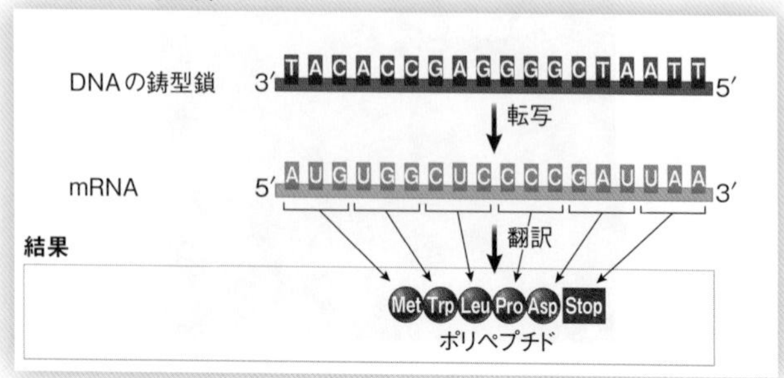

(B) サイレント変異

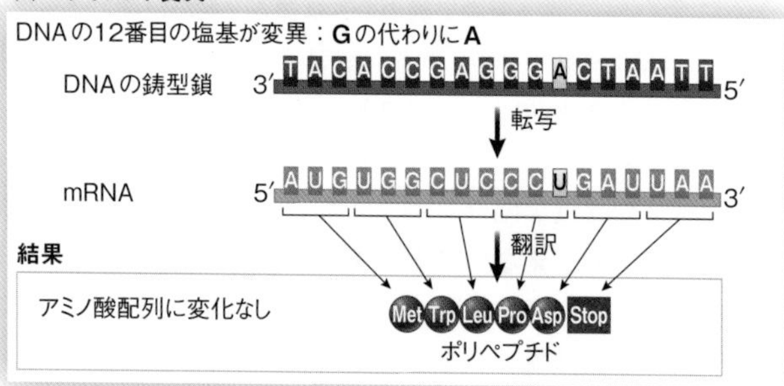

(C) ミスセンス変異

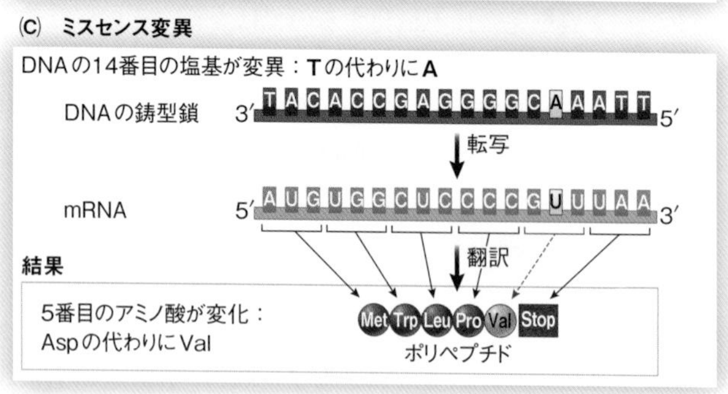

図12.2　点変異

1つの塩基の変化がタンパク質をコードする領域に生じると、サイレント、ミスセンス、ナンセンス、フレームシフトといった点変異が起こりうる。

(D)　**ナンセンス変異**

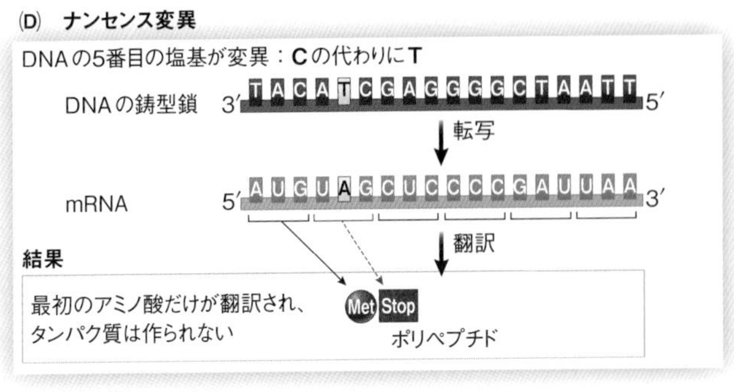

(E)　**フレームシフト変異**

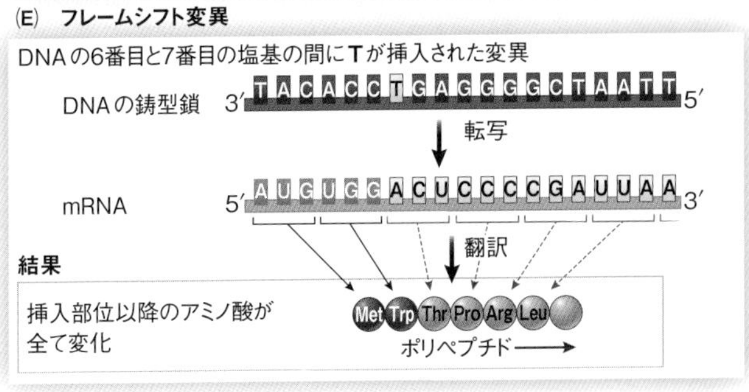

ナンセンス変異　**ナンセンス変異**は、mRNAのどこかに（翻訳の際の）停止コドンを新たに形成してしまうような塩基置換によって起こる（図12.2(D)）。ナンセンス変異の結果、変異が起こった箇所を越えて翻訳が進むことはないから、本来より短いタンパク質ができる。例えば、地中海沿岸の人々に多く見られるサラセミア（地中海貧血、これもヘモグロビンの機能を損なう血液疾患の１つ）の原因となる突然変異は、β－グロビンサブユニットを極端に短くするナンセンス変異である。このような短いタンパク質は、通常は機能を持たないが、ナンセンス変異が遺伝子の3′末端近くで起こった場合には、機能にま

ったく影響がないこともある。

フレームシフト変異　点変異は塩基置換だけではない。1つか2つの塩基がDNA配列に挿入されたり、DNAから削除されたりすることもある。コード配列中のそうした変化は、翻訳中にコドンが読み取られる読み枠（リーディング・フレーム、つまり連続したトリプレット枠）を変化させるため、**フレームシフト変異**として知られる（**図12.2(E)**）。ここでもう一度、*コドンをそれぞれが特定のアミノ酸に対応する3文字の単語であると考えてみよう。翻訳はコドンからコドンへと順に進む。もしヌクレオチドが1つmRNAに加わったり、mRNAから取り除かれたりすると、その部位以降の翻訳では3文字の「単語」は全て変わってしまうので、まったく異なるアミノ酸配列ができあがることになる。フレームシフト変異はほぼ例外なく、機能を持たないタンパク質を生じる結果となる。

---

*概念を関連づける　タンパク質のコード領域に起こった変異であっても、遺伝暗号の冗長性によって、アミノ酸配列が変化しないこともある。遺伝暗号は、ほとんどのアミノ酸に2つ以上のコドンを対応させている。キーコンセプト11.3参照。

コード領域外の変異　**第17章**で解説するが、我々ヒトのような真核生物のゲノムは、DNAの大部分にタンパク質をコードする遺伝子を含んでいない。タンパク質をコードする遺伝子に無関係な領域に変異があった場合、それはDNAに生じた遺伝性の変化すなわち変異ではあるものの、表現型に影響を与えないことが多い。**第11章**で既に見たように、タンパク質をコードする遺伝子にもプロモーターやイントロンのようにアミノ酸をコードしていないDNA領域があることを思い出してほし

い。こうした領域の変異には、重大な効果を持つものもある。以下はその例である。

- プロモーターの変異は遺伝子の転写速度を変えるだろう。
- RNAスプライシング部位の変異は異常なmRNAの形成につながりかねない。

染色体レベルの変異は遺伝物質に広範な変化をもたらす

ヌクレオチドが1つ変わったとしても、遺伝物質に起こりうる変化としてはごく些細なものでしかない。切断と再結合はDNA分子全体（すなわち染色体全体）においても起こり、その場合には遺伝情報の配列が大きく攪乱されることがありうる。**染色体変異**には、欠失、重複、逆位、転座の4種類がある。これらの変異は変異原や染色体複製時の重大なエラーによって生じる染色体の深刻な損傷に起因する。

- **欠失**は遺伝物質の一部が除去されることによって起こり、染色体が2ヵ所で切断され、切断点の間のDNAを飛ばして両切断点が再結合した場合に生じる（図12.3(A)）。
- **重複**は欠失と同時に形成されうる。2本の相同染色体が異なる部位で切断されて、互いに相手の染色体と再結合した場合に起こる（図12.3(B)）。2本の染色体の一方は一部の断片を欠く欠失染色体となり、他は同一断片を2コピー持つ（重複して持つ）ことになる。
- **逆位**もまた染色体の切断と再結合で生まれる。DNAの断片が「反転」して、その部位がもとの方向とは逆向きになった場合に起こる（図12.3(C)）。
- **転座**は、染色体の一部が切り離されて別の染色体に付着した

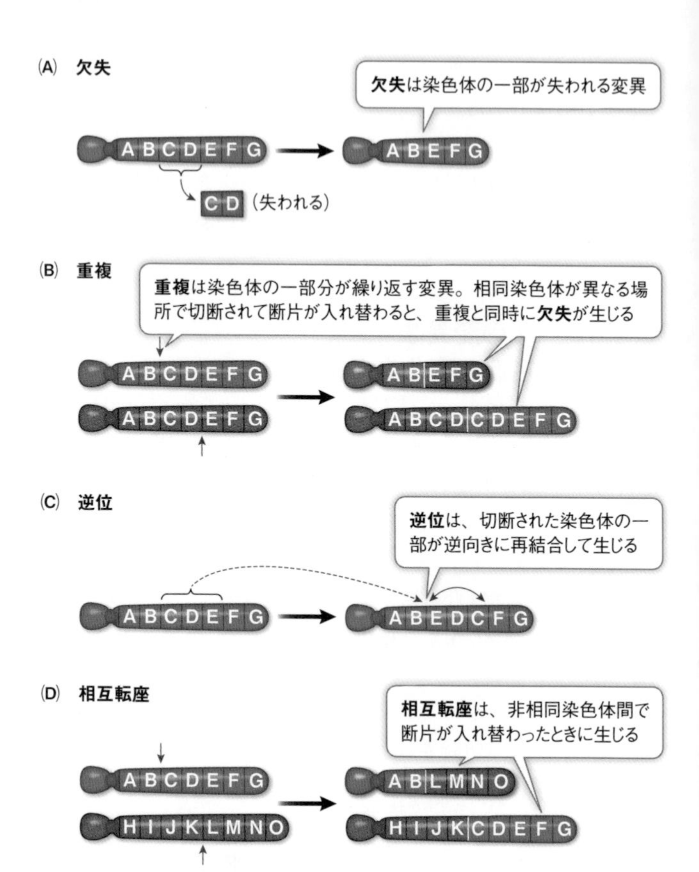

図12.3　染色体変異

染色体は複製時に切断され、それにより生じた断片が誤った再結合をしてしまう場合がある。その結果、欠失(A)、(B)、重複(B)、逆位(C)、相互転座(D)が生じる。図中のアルファベットは染色体の大きな断片を表していることに注意せよ。染色体は非コードDNA領域を含んでいるから、各染色体断片は遺伝子をまったく含まないこともあれば、数百から数千の遺伝子を含んでいることもある。

Q：染色体変異はどうしたら検出できるだろうか？　ヒント：図8.20を参照。

結果として生じる。**キーコンセプト8.5**で解説したように、ヒトの21番染色体の大部分が転座した場合、ダウン症の一因となる。**図12.3**(**D**)で示すように、転座によって染色体が相互に交換される場合もある。

レトロウイルスとトランスポゾンは機能喪失変異や重複をもたらす場合がある

レトロウイルスと呼ばれるある種のウイルスが宿主細胞のゲノムに自らの遺伝物質を挿入できる仕組みについては、**キーコンセプト11.2**で解説した。このような挿入はランダムに起こるが、もし遺伝子内部で起これば、その遺伝子に機能喪失変異を引き起こす原因となる。多くの場合、レトロウイルスDNAは宿主ゲノム内にとどまり、世代から世代へと受け渡される(訳註：ウイルスゲノムを構成するRNAが逆転写酵素でDNAに変換された後に宿主ゲノムに挿入される)。こうしたウイルスは内在性レトロウイルスと呼ばれる。内在性レトロウイルスは珍しい存在ではなく、実のところヒトゲノムの5～8％を占めている。

トランスポゾンまたは転移因子と呼ばれる別の形態のDNAも、遺伝子中に入り込んで突然変異を引き起こす。**第17章**で見るように、トランスポゾンは原核生物でも真核生物でもゲノム中に広く分布している。トランスポゾンは数百～数千塩基対からなるDNA配列で、ゲノムのある部分から別の部分へ転移することができ、通常は転移に必要な酵素トランスポゼースをコードする遺伝子を持つ。ある種のトランスポゾンは宿主ゲノムの挿入部分から自らを切り出して、他の部分へ再挿入することができる（「切り貼り（カット＆ペースト)」型転移)。こうしたトランスポゾンの切り出しは必ずしも正確ではなく、数塩基の短い配列が残された場合、影響を受ける遺伝子の永続的な変異となる。トランスポゾンのなかには、まず自己を複製し、新たなコピーをゲノムの別の場所に新たに挿入する（「コピー＆ペースト」型転移）ものもある。また、トランスポゾンが転移する際にゲノムのDNA配列が同時に転移して、遺伝子の重複が起こることもある。**第17章**と**第19章**で見るように、遺伝子重複は進化の過程において重大な役割を果たしている。

変異は自然に起こることも誘発されることもある

変異をその原因によって自然に起こったものと誘発されたものに区別することは有効である。**自然変異**は、外部からの影響を受けることなく遺伝物質に生じた永続的な変化である。トランスポゾンの転移は自然変異の一例である。細胞で起こる事象が完全でないために起こる自然変異もあり、それらは以下のいくつかの機構による。

- *ヌクレオチド塩基の構造に生じる一時的な変更が原因となって複製エラーが起こる。*塩基はどれも２つの形（互変異性体）で存在する。すなわち、１つは通常のエノール型であり、もう１つは稀なケト型である。塩基が一時的に稀な互変異性体を形成すると、誤った塩基との対合が起こりうる。例えば、Cは通常Gと対合するが、DNA複製に際してCが稀なケト型になるとAと対合し、DNAポリメラーゼによってGの代わりにAが挿入される。細胞分裂を経てこれが娘細胞に受け継がれると、結果としてGからAへの点変異が生じる（**図12.4（A）、（C）**）。
- *化学反応によってDNA塩基の構造が変化する。*例えば、脱アミノ反応によってシトシン塩基でデオキシリボースの４位の炭素に付いたアミノ基（—NH_2）が欠失すると、塩基がウラシルに変化してしまう。DNA分子に脱アミノ反応が起こっても、このエラーはたいてい修復される。しかし、修復機構は完全ではないから、変化したヌクレオチドが複製中にそのまま残ることもある。こうした場合、DNAポリメラーゼはG（通常、鋳型DNAのCと対合する）ではなくA（Uと対合する）を挿入する。

- *DNAポリメラーゼが複製中にエラーを犯す*（**キーコンセプト10.4**）。例えば、Gの対合相手としてTを挿入してしまう。こうしたエラーの多くは複製複合体の校正機能によって修復されるが、なかには検知されずに永続的な変異となるものもある。
- *減数分裂は完璧ではない*。減数分裂で相同染色体ペアが分離しない染色体不分離が起こり、染色体が1本多くなったり少なくなったりする（**図8.19**）。ランダムな染色体の切断と再結合は、欠失、重複、逆位や転座を生じる。

誘発変異は、細胞外に存在する何らかの原因（**変異原**）がDNAに永続的な変化をもたらすときに起こる。既に述べたように、レトロウイルスは変異原として働く。さらに、ある種の化学物質や放射線も突然変異を引き起こす。

- *化学物質のなかにはヌクレオチド塩基を変化させるものがある*。例えば、亜硝酸（HNO_2）やその類似物質はシトシンと反応して、脱アミノ反応でシトシンをウラシルに変化させる。より正確に言えば、シトシンのアミノ基（$—NH_2$）をケト基（—C═O）に変える（**図12.4(B)**）。この変化は、自然の脱アミノ反応と同じ結果をもたらす。DNAポリメラーゼはGの代わりにAを挿入する（**図12.4(C)**）。
- *化学物質のなかには塩基に官能基を付加するものがある*。例えば、タバコの煙に含まれるベンゾピレンは、グアニンに大きな化学官能基を付加し、塩基対形成を阻害する。DNAポリメラーゼがそのような修飾されたグアニンに出合うと、4つの塩基のどれかをランダムに挿入してしまう。その結果、4分の3の確率でシトシン以外の塩基が挿入され、突然変異が生じることになる。

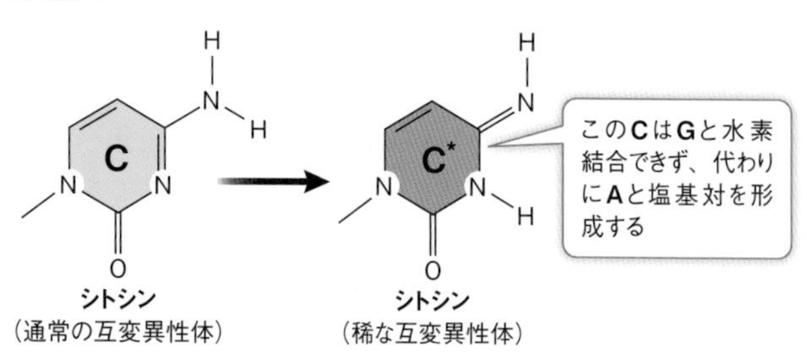

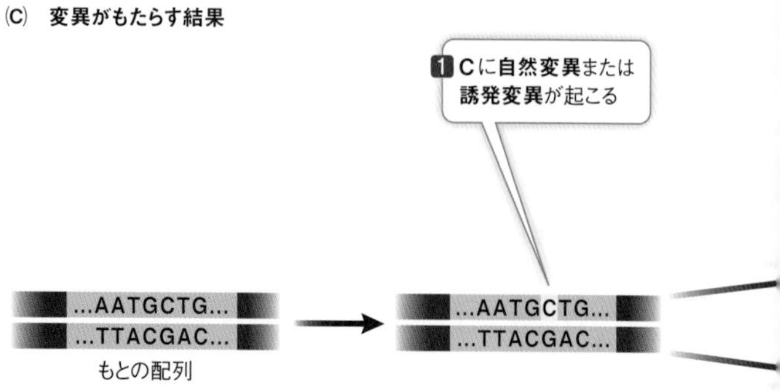

図12.4 自然変異と誘発変異

(A) 4種類のDNA含窒素塩基は全て、広く見られる通常の形（エノール型）と稀な形（ケト型）の両方で存在する。塩基が自然に稀な互変異性体を形成すると、別の塩基との対合が可能になる。 ↗

・*放射線は遺伝物質に損傷を与える。*放射線は2通りの仕組みでDNAに損傷を与える。1つ目が電離放射線（X線、ガンマ線、ならびに不安定な同位体からの放射線を含む）で、遊離基（フリーラジカル）と呼ばれるきわめて反応性の高い化学物質を産生する。フリーラジカルはDNAの塩基をDNA

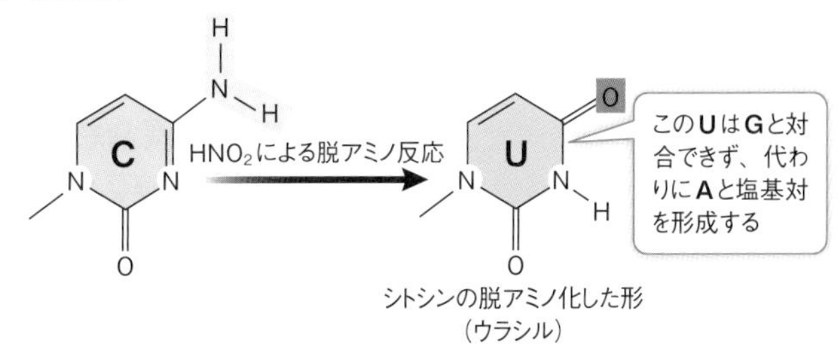

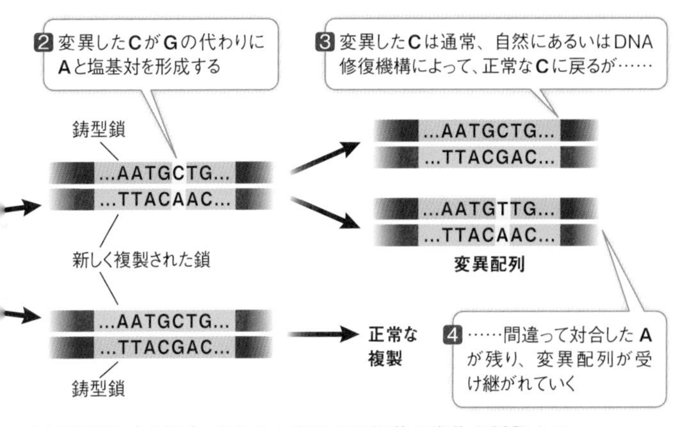

(B) 亜硝酸（HNO_2）のような変異原は塩基の変化を誘発する。
(C) 自然変異と誘発変異による結果はどちらも、複製後はDNA配列の永続的な変化となる。

ポリメラーゼが認識できない形に変化させることができる。さらに、電離放射線はDNAの糖－リン酸骨格を破壊し、染色体異常をもたらすこともある。2つ目が非電離放射線の紫外線（太陽や日焼け用のランプから照射される）で、チミンに吸収され、隣接した塩基との間に共有結合を作らせる（訳註：特によく見られるのは隣り合うチミンどうしが結合してできるチミンダイマーである）。これもまた二重らせんを変形させることによってDNA複製を混乱させる。

変異原は天然物の場合もあれば人工物の場合もある

変異原は人工物と考えられがちであるが、自然界には変異原となる物質が数多く存在する。カビのアスペルギルス（*Aspergillus*）が作るカビ毒（マイコトキシン）の一種アフラトキシンは、自然界で産生される変異原の例である。哺乳動物がこのカビを体内に取り込むと、アフラトキシンは肝細胞の滑面小胞体（SER）で、タバコの煙に含まれるベンゾピレンと同じくグアニンに結合する物質に変換され、突然変異を引き起こす。植物は様々な機能を持つ何千もの小さな分子を合成する（数は劣るものの動物も行っている）が、そのなかには変異原となるものや発癌性物質となりうるものが含まれる。人間が作った変異原の例としては、肉の保存に用いられる亜硝酸化合物が挙げられる。哺乳動物が摂取すると、亜硝酸化合物は滑面小胞体でニトロソアミンに変換されるが、ニトロソアミンはシトシンの脱アミノ反応を引き起こす強力な変異原である（図12.4（B））。

放射線は人工的に発生させることもできるし、自然界にも存在する。原子炉あるいは原子爆弾の爆発により産生される同位体（アイソトープ）の一部が有害であることは言うまでもない。例えば、1945年に日本の広島と長崎に投下された原子爆弾が生き残った人々の間で突然変異を増加させたことは、広範な疫学調査によって明らかになっている。既に述べたように、太陽光に含まれる自然の紫外線も突然変異の原因となる。

ここまで学んできたところで、読者諸君は自身のDNAに突然変異を起こしうる要因がこれほどあるのかと不安を感じているかもしれない。しかし我々にしろ他の多くの生物にしろ、DNAの修復機構が進化したおかげで、DNAに生じた変化のほとんどは娘細胞や次世代には伝わらない（**図10.18**）。通常の条件下でヒトゲノムにどれくらいのDNA損傷が起こるのかを生化学者が見積もっている。それによれば、ヒトゲノムの32億塩基対では、1つの細胞において1日あたり約1万6000回のDNA損傷が起こっており、その80％が修復されているという。

突然変異に対して他より脆弱な塩基対が存在する

DNAには、多くのシトシン残基の5位にメチル基が付加されて5-メチルシトシンとなった領域が存在する。メチル化は遺伝子の制御に重要な役割を持つ（**キーコンセプト13.4**で解説する）。DNAの塩基配列決定によって、突然変異の「多発部位（ホットスポット）」の多くはシトシンがメチル化されている部分にあることが判明している。**図12.4**に示した塩基はメチル化されていないシトシンであるが、シトシン塩基は自然に（**図12.4Ⓐ**）あるいは化学的変異原によって（**図12.4Ⓑ**）アミノ基を失うとウラシルになる。ウラシルはDNAの塩基ではない（RNAの塩基である）と認識されるから、この種のエラーは通常、細胞により検出されて修復される。しかし5-メチルシトシン（メチル化されたシトシン）がそのアミノ基を失うと、DNAの塩基の1つであるチミンが生じる（**図12.5**）。DNAの修復機構はこのチミンをエラーとして認識しない。一

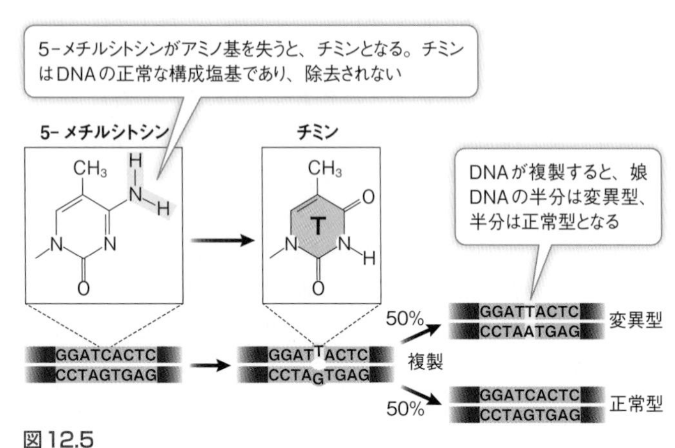

図12.5
DNAの5-メチルシトシンは突然変異の「ホットスポット」である
シトシンがメチル化により5-メチルシトシンになると、変異が修復されにくくなり、C-G対がT-A対に置き換わる。

方、ミスマッチ修復機構はDNA複製時にG-T対を対合エラーと認識するが、２つの塩基のうちどちらが誤っているのかを判断することはできない。ミスマッチ修復機構は２分の１の確率で新たなC-G対を作るが、同じ確率で新たなA-T対ができ、突然変異が生じることになる。

突然変異は有益な場合もあれば有害な場合もある

突然変異は進化の素材と言える。つまり、自然選択を可能にする遺伝的多様性を生物に提供するのである。こうした多様性は２つの形で恩恵を施しうる。第一の体細胞変異は、当該個体に即座に恩恵をもたらす場合がある。第二の生殖細胞系列変異は、当該個体に直ちに自然選択に有利な効果を与えないとしても、その子孫に表現型の変化を引き起こす可能性がある。もし後の世代で環境が変化すれば、この変異は有利に働き、新たな条件下で選択されるかもしれない。

染色体の再編やトランスポゾンの転移によって遺伝子の重複が生じることは既に見た。遺伝子の重複は必ずしも有害ではなく、むしろ遺伝的多様性を提供する重要な源である。遺伝子が重複した場合、片方が細胞中でもとの機能を担い続けるかたわら、もう片方は機能獲得変異となって新たな表現型をもたらすかもしれない。他の全ての変異と同様に、重複変異は直ちに個体にとって有利に働くこともあれば、後代に選択的優位性を与えることもあるだろう。

対照的に、正常な細胞機能に不可欠な産物を作る遺伝子に生じた変異は有害であることが多く、卵や精子を作る生殖細胞系列に起こった場合は特に深刻である。このような場合には、子孫の一部は有害な潜性変異型アレルをホモ接合の状態で受け継ぐ。極端な場合、そうした変異は致死的な表現型を与え、初期発達段階で個体を死にいたらせる。同様に、体細胞の変異にも癌のように有害な結果をもたらすものがある。大腸細胞の分裂を促進する癌遺伝子に成人で機能獲得変異が起こったらどうなるか想像してみよう。変異型アレルを受け継いだ場合と同様に、大腸癌を発症する結果となるだろう。

では、有害な変異にはどのような対処ができるだろうか？自然変異は制御できないが、変異原となりうる化学物質や放射線を避ける努力は当然可能である。癌を引き起こす物質（発癌性物質）の多くもまた変異原である事実は驚くに当たらない。既に述べたベンゾピレンはその好例であり、コールタール、車の排ガス、炭火で焼いた食物やタバコの煙に含まれる。公共政策の主要な目標の１つは、人工及び天然の変異原が人々の健康に及ぼす悪影響を減らすことである。国連の全ての加盟国が署名し厳守することを誓った国際環境協定のモントリオール議定書がその良い例である。この協定によって地球の上層大気にあるオゾン層を破壊し失わせるクロロフルオロカーボン（フロンガス）などの使用が禁止された。オゾン層の破壊は地表に降り注ぐ紫外線量を増加させ、皮膚癌を引き起こす体細胞変異の誘発に関与すると考えられている。

ここまでDNAが様々な方法で変化しうることについて、その変化の種類とそれらが起こる仕組みの点から解説してきた。そこで次は、変異が病気を引き起こす仕組みについて見ていくことにしよう。

12.2 ヒトに起こった変異は病気の原因となりうる

遺伝子型（DNA）と表現型（タンパク質）を関連づける生化学は、原核生物の大腸菌、真核生物の酵母やショウジョウバエなどのモデル生物について余すところなく説明されてきた。詳細な点で違いはあっても、これらの生物の基本的プロセスは非常によく似ている。こうした類似性から、モデル生物を用いて発見された知識と方法をヒトの生化学遺伝学の研究に応用することが可能になっている。本節では、ヒトの表現型に影響を与えて病気をもたらす変異に焦点を当てる。

学習の要点

- 遺伝性疾患はタンパク質機能を失わせる変異が原因であることが多い。
- 病気を引き起こす変異には点変異から染色体変異にいたるあらゆる種類のDNA異常が含まれる。
- 多くの病気は遺伝的要因と環境要因の組み合わせで生じる。

病気を引き起こす変異により
タンパク質が機能不全に陥ることがある

遺伝子の変異はしばしば、正常（野生型）とは異なるタンパク質として表現型に現れる。酵素タンパク質、受容体タンパク質、輸送タンパク質、構造タンパク質をはじめ、ほとんどの機能タンパク質の異常が遺伝性疾患に関係していると考えられている。

酵素機能の喪失　1934年、知的障害を持つ２人の幼い姉弟の尿にフェニルピルビン酸が含まれていることが分かった。フェニルピルビン酸は、アミノ酸のフェニルアラニンの代謝で生じる珍しい副産物である。科学者はそれから20年をかけてようやく、この２人の子どもを苦しめていたフェニルケトン尿症（PKU）と呼ばれる疾患の複雑な臨床像をたどり、その分子的原因を解明することができた。この病気は、フェニルアラニンヒドロキシラーゼ（PAH）というたった１つの酵素の異常によって生じる。この酵素は食事で摂取したフェニルアラニンのチロシンへの変換を触媒する（**図12.6**）。PKU患者の肝臓ではこの酵素が不活性となり、血液中に過剰なフェニルアラニンとフェニルピルビン酸が蓄積する。その後、健康な人とPKU患者の*PAH*遺伝子のヌクレオチド配列を比較した結果、400以上の病原性変異が発見されている。最も多いのは、ポリペプチド鎖の408番目のアルギニンがトリプトファンに置換されるミスセンス変異である（**表12.1**）。機能喪失変異の多くがそうであるように、変異型アレルは潜性で、機能を持つアレルが１つあれば、発症を阻止するのに十分な量の機能的なPAHを作ることができる。

酵素異常に起因するヒトの遺伝性疾患は既に何百と見つかっており、なかには知的障害や早期の死亡につながるものもあ

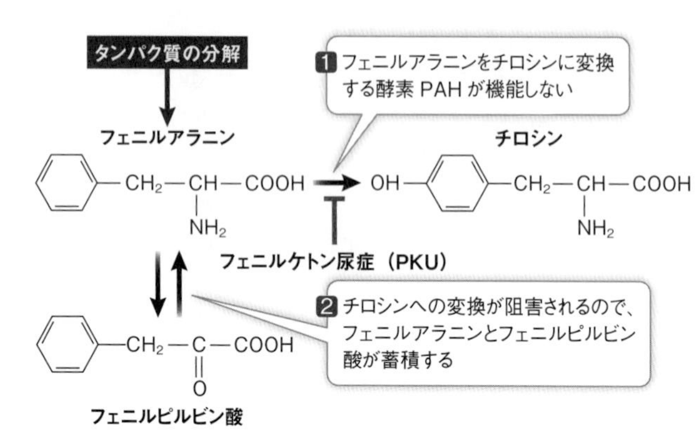

図12.6　一遺伝子一酵素
フェニルケトン尿症は、アミノ酸のフェニルアラニンの代謝に関わる特定の酵素の異常によって発症する。単一の遺伝子と単一の酵素に起因するこのような代謝病の分子的機序が分かれば、スクリーニング法や治療法を開発する研究者の助けとなる。

表12.1　フェニルケトン尿症の主要な原因である2つの変異

	コドン408（PKU症例の20%）		コドン280（PKU症例の2%）	
	正常	変異	正常	変異
PAHタンパク質の長さ	452アミノ酸	452アミノ酸	452アミノ酸	452アミノ酸
コドン部位のDNA	...CGG...	...TGG...	...GAA...	...AAA...
	...GCC...	...ACC...	...CTT...	...TTT...
コドン部位のmRNA	...CGG...	...UGG...	...GAA...	...AAA...
コドン部位のアミノ酸	アルギニン	トリプトファン	グルタミン酸	リシン
PAH活性	あり	なし	あり	なし

る。しかし、それらの大半は稀な病気であり、例えば、PKUの発症率は新生児1万2000人に1人である。既にお分かりのように、どんな遺伝子にも多数のアレルが存在しうる。正常に機能するタンパク質をコードするアレルもあれば、病気の原因となるタンパク質を作るアレルもある。この両方を説明するの

にふさわしいアレルを持つ遺伝子として、ヘモグロビンのポリペプチド鎖の１つをコードする遺伝子について見ていこう。

異常なヘモグロビン　**キーコンセプト12.1**で述べたように、鎌状赤血球貧血症は潜性のミスセンス変異が原因で起こる。この血液疾患は、熱帯・亜熱帯地方（アフリカ、中近東、インド北部）や地中海沿岸地域出身の祖先を持つ人々に最も多く見られる。

ヒトのヘモグロビンは、４つのグロビンサブユニット（α鎖とβ鎖が２本ずつ）とヘム色素で構成されていることを思い出そう（**図3.11**）。鎌状赤血球貧血症では、β-グロビンのポリペプチド鎖を構成する146個のアミノ酸の１つが異常をきたしている。すなわち、６番目のグルタミン酸がバリンに置き換わっている。このアミノ酸の置換によりタンパク質の荷電状態が変わり（グルタミン酸は親水性で負電荷を持つが、バリンは疎水性で電気的には中性）、赤血球中で細長い針のような凝集物が形成される。その結果、表現型として鎌状の赤血球が生じ、血液が十分な酸素を運べなくなる。鎌状の赤血球細胞は狭い血管を塞ぎやすく、組織に損傷を与えてついには器官不全による死をもたらしかねない。

ヘモグロビンは分離して研究することが容易なので、ヒト集団でのバリエーション（多様性）が広範に記録されている（**図12.7**）。β-グロビンについては、数百種類もの単一アミノ酸置換が報告されており、それらはどれも変異型アレルの出現が原因である。例えば、鎌状赤血球貧血症（ヘモグロビンSを生じる）で変異しているのと同じグルタミン酸がリシンに置き換わると、ヘモグロビンC症を引き起こす。この場合に生じる貧血は通常、重症にはならない。ヘモグロビンのアミノ酸配列に変化をもたらすアレルの多くは、ヘモグロビンの機能に影響を

β-グロビンの変異型	アミノ酸の位置（146アミノ酸）								
	2	6	7	16	24	26	56	63	95
A（野生型）	ヒスチジン	グルタミン酸	グルタミン酸	グリシン	グリシン	グルタミン酸	グリシン	ヒスチジン	リシン
トクチ	チロシン								
S		バリン							
C		リシン							
G			グリシン						
J ボルチモア				アスパラギン酸					
サバンナ					バリン				
E						リシン			
バンコク							アスパラギン酸		
チューリッヒ								アルギニン	
M サスカツーン								チロシン	
N ボルチモア									グルタミン酸

この3種類のヘモグロビン変異（S、C、E）だけが臨床的に問題のある異常をもたらす

図12.7　ヘモグロビン多型
これらの変異型アレルはそれぞれ、β-グロビン鎖を構成する146個のアミノ酸のうち1つが置換されたタンパク質をコードしている。これまでに知られている数百のβ-グロビン変異型のうち、臨床的に問題のある異常を引き起こすのは3種類だけであることが分かっている。「S」は鎌状赤血球貧血症のアレル。

及ぼさない。事実、我々の約5％はβ-グロビンをコードするアレルに1つ以上のミスセンス点変異を持っている。

　タンパク質の特異的な欠陥に起因する遺伝性疾患のなかでも一般的な例をいくつか**表12.2**に列挙した。これらの変異には顕性のものも、共顕性のものも、潜性のものもあり、性染色体が関与する伴性遺伝のものもある。

表12.2　ヒト遺伝病のいくつかの例

病名	遺伝パターン 出生頻度	変異遺伝子 タンパク質産物	臨床上の表現型
家族性高コレステロール血症	常染色体共顕性、ヘテロ接合者500人に1人	*LDLR*、低比重リポタンパク質受容体	高い血中コレステロール、心臓疾患
嚢胞性線維症	常染色体潜性、400人に1人	*CFTR*、膜の塩素イオンチャネル	免疫系、消化器系、呼吸器系の疾患
デュシェンヌ型筋ジストロフィー	伴性潜性、男性3500人に1人	*DMD*、筋肉の膜タンパク質ジストロフィン	筋力低下
血友病A	伴性潜性、男性5000人に1人	*HEMA*、血液凝固第Ⅷ因子タンパク質	受傷後の血液凝固異常、出血

変異が病気を引き起こすかどうかは関与する塩基対の数とは無関係である

病気につながる変異には、たった1つの塩基対だけが関与するものもあれば、長いDNAの連なり、複数のDNA領域、さらには染色体全体が関与するものさえ存在する（これについては、**キーコンセプト8.5**でダウン症候群について既に見た）。

点変異　鎌状赤血球貧血症は点変異を原因とする多くの病気の一例にすぎない。鎌状赤血球貧血症のように、患者の誰もが同じ変異を持つ病気がある一方で、1つの遺伝子に生じた異なる機能喪失変異が同じ病気を引き起こすこともある（既述のPKUはこれに当たる）。それはなぜだろう？　酵素タンパク質の三次元構造はその二次元構造によって決まるから、タンパク質のアミノ酸配列のどんな変化もその構造に影響を与え、ひいてはその機能にも影響する可能性があるのである。

大きな欠失　大規模な変異には多くの塩基対が関与しているだ

ろう。例えば、ジストロフィンというタンパク質をコードする遺伝子を含むX染色体の一部が欠失すると、デュシェンヌ型筋ジストロフィーとなる。ジストロフィンは筋肉構造を作るうえで重要なタンパク質であり、異常型しか持たない人々では筋力が著しく低下する。ジストロフィン遺伝子の一部だけが失われた場合には、不完全ながらある程度の機能を持つタンパク質が作られ、症状は軽く済む。一方、欠失が遺伝子配列全体に及ぶためにジストロフィンがまったく存在せず、重篤な症状を呈することもある。さらには、数百万塩基対にもわたって欠失が生じ、ジストロフィン遺伝子だけでなくその近傍の他の遺伝子を含む場合もあり、結果として、患者は複数の病気を併発する。

染色体異常　染色体異常もまたヒト疾患の原因となる。そのような異常は染色体全体の重複や欠失（異数性、**図8.19**）、または染色体の部分的な重複や欠失（**図12.3**）から生じる。新生児の約200人に1人が染色体異常を持つ。こうした異常は同じ異常を持つ親の一方から受け継がれる場合もあれば、片方の親で配偶子形成時に起こった減数分裂のエラーに起因する場合もある。脆弱X症候群はその一例で、この疾患ではX染色体

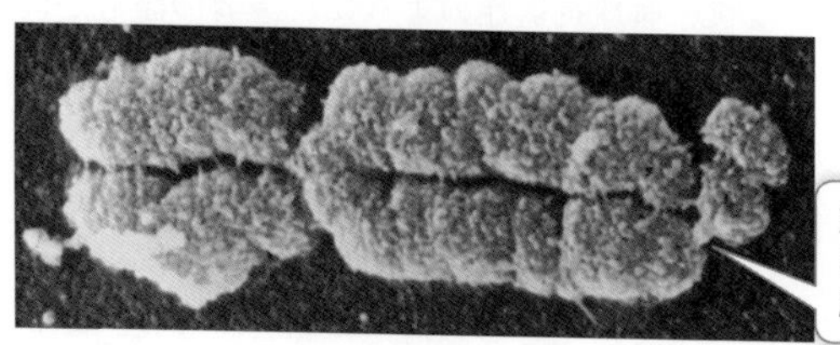

図12.8　中期の脆弱X染色体
脆弱X症候群に関与する染色体異常は、顕微鏡下で染色体の狭窄として観察される。狭窄は顕微鏡観察のための標本作製中に脆弱部分で生じる。

末端部に狭窄が見られ、その結果、知的障害を引き起こすことがある（図12.8）。発症率は男性でおよそ3000人に1人、女性で7000人に1人である。この病気の基本的な遺伝様式はX染色体に連鎖した潜性形質と同じだが、これとは異なる特徴もある。次項で見るように、脆弱X染色体異常を持つ人が全て知的障害を呈するわけではない。

トリプレットリピートの増大はある種のヒト遺伝子の脆弱性を示している

脆弱X染色体異常を持つ男性のおよそ5人に1人は正常な表現型をとり、彼らの娘たち（ヘテロ接合）もおおむね正常である。しかし、その娘たちの息子の多くは知的障害を抱えることになる。脆弱X症候群の出現する家系では、後代になるほど発症が早まり、症状が重くなる傾向がある。異常なアレルそのものが変化し、一層悪化しているように見える。そして実際、まさにその通りのことが起こっているのである。

脆弱X症候群に関与する遺伝子（*FMR1*：Fragile X mental retardation 1）は、プロモーター領域のある部位にCGGというトリプレットの反復配列（リピート）を含んでいる（図12.9）。正常な人では、このトリプレットのリピート数は6～54回（平均29回）である。脆弱X症候群による知的障害を持つ人々では、CGGトリプレットのリピート数は200～2000回にもなる。

リピート数が中程度（55～199回）の男性に症状は現れず、これは前変異の状態と言われる。この男性の娘たちからその子どもに脆弱X染色体が受け渡されるときには、トリプレットのリピート数はさらに増している（訳註：トリプレットリピートの増幅は女性の生殖細胞系列でのみ約80%の確率で起こる。前変異を持つ男性の息子たちからその子どもへ脆弱X染色体が受け渡されると

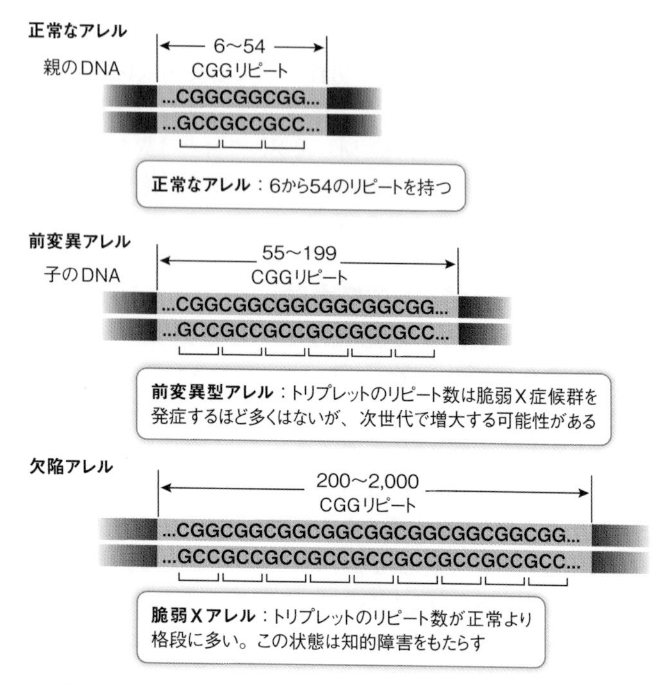

図12.9　*FMR1* 遺伝子のCGGリピートは世代を経るにつれて増大する
脆弱X症候群の遺伝的欠陥はCGGトリプレットの200回以上のリピートにより生じる。

きには、増幅は見られない)。リピート数が200回以上になると、CGGトリプレットのシトシンのメチル化が増大し、*FMR1* 遺伝子の転写が阻害される傾向が強まる。この遺伝子の産物であるFMR1タンパク質の通常の役割は、ニューロン（神経細胞）機能に関わるmRNAに結合して、リボソームにおける翻訳を制御することである。適正量のFMR1タンパク質が合成されないと、当該mRNAが適切に翻訳されなくなり、神経細胞は死ぬ。神経細胞の喪失は多くの場合、知的障害をもたらす。メチル化したシトシンはタンパク質に結合して染色体を狭窄させ、脆弱X染色体を形成する。

トリプレットリピートの増大という現象は、筋強直性ジストロフィー（CTGトリプレットリピートが関与する）やハンチントン病（CAGトリプレットリピート）など10種類以上の病気でも見つかっている。このようなリピートは、タンパク質コード領域の内外を問わず多くの遺伝子に存在するが、その多くは何ら害をもたらしていないようである。リピート数が増大する仕組みは不明であるが、リピート配列を複製した後にDNAポリメラーゼが滑って外れ、再び戻って同じところを複製しているのではないかという説がある（訳註：ここで説明されたトリプレットリピート増幅の分子機構は、複製スリップまたはスリップストランド誤対合と呼ばれている）。

癌にはしばしば体細胞変異が関与する

癌細胞内で見つかった染色体変異や点変異はこれまでに数多く報告されている。それらの突然変異は、細胞分裂を促進する遺伝子産物を生み出す*癌遺伝子、もしくは細胞分裂を阻害する産物を生成する癌抑制遺伝子に影響を与える。本格的な癌の発症には通常、3つ以上の遺伝子の変異を要する。

---

*概念を関連づける　癌細胞が示す細胞周期の異常に関する癌遺伝子と癌抑制遺伝子の変異の役割については、キーコンセプト8.7でも学んだ。

悪性化が緩慢に進行する大腸癌では、段階ごとにその原因となる遺伝子変異が同定されている。この癌の「分子的経歴」の概略を図12.10に示す。大腸上皮細胞が癌になるまでには、少なくとも3つの癌抑制遺伝子と1つの癌遺伝子が順次変異する必要がある。これらの事象が全てたった1つの細胞内で起こ

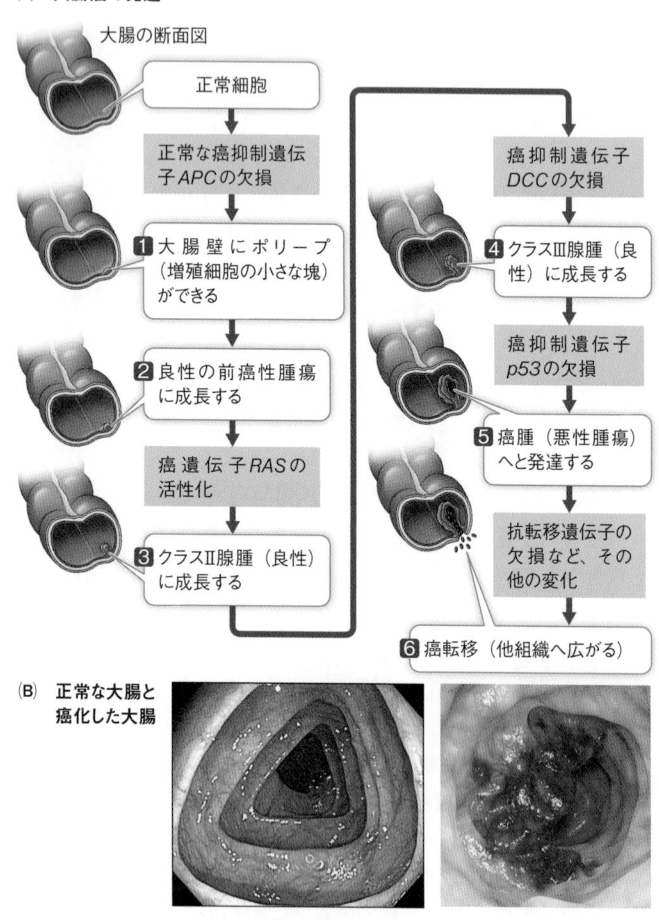

図 12.10　複数の体細胞変異によって正常な大腸上皮細胞は癌化する
(A)転移性大腸癌の形成には少なくとも5つの遺伝子が1つの細胞で変異する必要がある。
(B)正常な大腸（左）と大腸癌（右）を示す検診写真。

ることなどありえないように感じられるかもしれない。だがここで思い出してほしいのだが、大腸上皮には何百万もの細胞が存在し、それらを生む幹細胞は常に分裂を続けている。さらにこうした変化は、変異原となりかねない食物中の天然あるいは人工の物質に長年にわたり曝されることでも起こっているのである。

ほとんどの病気は多数の遺伝子と環境の相互作用によって引き起こされる

癌の例からもよく分かるように、病気の原因となるものも含め、一般的な表現型の多くは**多因子性**である。すなわち、多くの遺伝子やタンパク質と1つ以上の環境要因との相互作用によって生じる。遺伝学を学んでいると、個人を正常（野生型）あるいは異常（変異型）に分類しがちであるが、現実には、我々は誰でも突然変異によって生じた遺伝的多様性を数千から数百万も保有している。病気に対する感受性は、こうした遺伝子型と環境要因（摂取する食品や遭遇する病原体など）の複雑な相互作用によって決まることが多い。例えば、我々のうちで高脂肪の食事を摂り続けても心筋梗塞にならないのは誰か、あるいは感染性細菌に曝されて病気に罹るのは誰かといったことは、遺伝子型の複雑な組み合わせで決まる。推計によれば、遺伝的要因の影響を受ける病気に罹患している人は最大で全人類の60％にも達するという。このような遺伝的な影響を解明することは、分子医学とヒトゲノム配列決定の主要な課題の1つである。

本節では変異がヒトの病気をもたらす仕組みについて解説した。ここからは、生物学者がDNA中の変異を検出する方法について見ていくことにしよう。

12.3 変異は検出し分析することができる

特定のタンパク質に変化をもたらすDNA変化をそれぞれ正確に説明することは、変異を研究する生物学者の大きな課題の1つであり、この分野は分子遺伝学と呼ばれている。もちろん、最も直接的で包括的なDNAの分析法はその塩基配列を決定することである。DNAの配列決定技術は年々改善されており、今や全ゲノムが完全に決定されている生物も多い。さらに、近縁生物のゲノムを比較することで多様な変異が検出されている。DNAの配列決定技術については**第17章**で学ぶ。我々は今、DNAの配列決定が変異を探すための最良の方法となる時代に近づきつつある。とはいえ、DNAの配列決定はいまだ医療で日常的に用いられるにはいたっていない。本節では、DNAの研究や病気を引き起こす変異の同定にDNAの配列決定とともに用いられている技術のいくつかについて見ていこう。

学習の要点

- DNAの配列決定技術は、診断と治療の一環として変異を同定するための手段としてきわめて有望である。
- DNAの変異を利用して病気を発見することができる。

制限酵素によるDNAの切断は変異を迅速に検出するために活用できる

細菌をはじめ、全ての生物は外敵と戦う方策を備えていなくてはならない。**キーコンセプト10.1**で見たように、細菌はバクテリオファージと呼ばれるウイルスの攻撃を受ける。こうしたウイルスは宿主細胞中に自らの遺伝物質を注入し、細胞をウイルスの製造工場に変えて、最終的には殺してしまう。細菌には、**制限酵素**（制限エンドヌクレアーゼとも呼ばれる）を産生して、ファージの侵入から身を守ることのできるものがいる。制限酵素は、例えばバクテリオファージが注入するような2本鎖のDNA分子を切断して、それを小さな非感染性の断片に変えられる（**図12.11**）。こうした酵素は、あるヌクレオチドの3′水酸基と次のヌクレオチドの5′リン酸基の間で、DNA骨格を作っているホスホジエステル結合を切断する。この切断過程は**制限消化**と呼ばれる。

このような制限酵素は多数存在し、それぞれが**認識配列**あるいは**制限部位**と呼ばれる特異的な塩基配列の箇所でDNAを切断する。認識配列はほとんどが4～6塩基対の長さである。これらの塩基配列はそれぞれ特異的な構造を持つから（**キーコンセプト10.2**）、特定の制限酵素によって特異的に認識される。

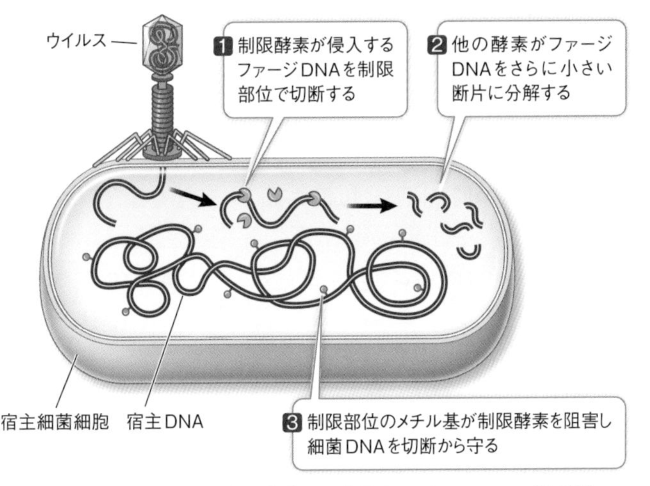

図12.11　**細菌は制限酵素を産生して侵入してくるファージと闘う**

細菌細胞は自身の酵素による消化から身を守るため、多くの場合DNAをメチル化により修飾して制限酵素の結合を防いでいる。

制限酵素を産生する細胞から分離して実験室で生化学反応試薬として使用すれば、他の生物から採取したDNA分子のヌクレオチド配列に関する情報を得ることができる。どんな生物に由来するDNAでも、試験管内で制限酵素（および酵素が機能するのに必要な緩衝液と塩類）とともにインキュベートすれば、DNAは制限部位が出現するたびに切断されることになる。各制限部位には特異的な塩基配列が存在する。例えば、酵素*Eco*RI（この酵素を提供した大腸菌*Escherichia coli*の*Eco*とその系統RIから名付けられた）は、以下の塩基対の配列に出合ったときにだけ２本鎖DNAを切断する。

5′. . . GAATTC . . . 3′
3′. . . CTTAAG . . . 5′

この配列は「ママ（mom）」のように回文（パリンドローム、右から読んでも左から読んでも同じ）であることに注意されたい。すなわち、どちらの鎖も5′末端側（あるいは3′末端側）から読むと同一の配列になる。制限酵素*Eco*RIは２つのサブユニットの各々に切断活性部位を持っており、２本の鎖をそれぞれGとAの間で同時に切断する。

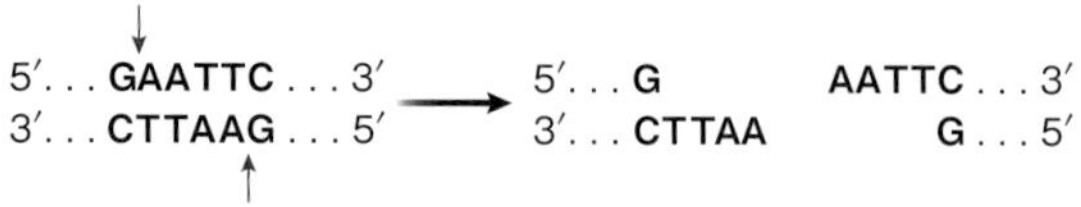

```
      ↓
5′. . . GAATTC . . . 3′  ──→  5′. . . G          AATTC . . . 3′
3′. . . CTTAAG . . . 5′       3′. . . CTTAA          G . . . 5′
           ↑
```

*Eco*RIの認識配列は、典型的な原核生物のゲノムでは平均して4000塩基対あたり１ヵ所、あるいは遺伝子４つあたり１ヵ所の割合で存在する（訳註：*Eco*RIの認識塩基対数は６だから、ゲノム配列が全体としてランダムと仮定すれば、当該配列が生じる確率

は、$1/4^6=1/4096$となる。一方、遺伝子の平均サイズを1000塩基対と仮定すれば、4遺伝子あたり1つの認識配列と見積もられる)。したがって、*Eco*RIは長いDNAを平均して数個の遺伝子しか含まない小さな断片に切り刻むことができる。*Eco*RIを用いて実験室で数万の塩基対しか持たないウイルスゲノムのような小さなゲノムを切断しても、少数の断片しか得られないだろう。だが、数千万以上もの塩基対を持つ真核生物の巨大な染色体であれば、非常に多数の断片が得られることになる。

もちろん、この「平均して」というのは、酵素がDNAの全長を規則的な間隔で切断するという意味ではない。例えばT7ファージゲノムの4万塩基対中には、*Eco*RIの認識配列は1つも存在しない。この事実は、大腸菌を宿主とするT7ファージの生存にとって重大な意義を持つ。大腸菌にとって幸いなことに、その他のバクテリオファージDNAには*Eco*RIの認識配列が存在している。

ゲル電気泳動でDNA断片を分離する

実験室で制限酵素消化を利用してDNAを操作し、変異を同定・分析することができる。実験用のDNA試料を1種類以上の制限酵素で切断した後、切断部位を同定する（マップする）ためには断片化されたDNAを分離する必要がある。認識配列は規則的な間隔で配置されているわけではないから、断片の大きさはまちまちである。そこで、大きさの違いによってそれらの断片を分けることが可能である。生じた断片の数と分子量（塩基対数）を決定したり、さらなる分析や実験への利用に向けて個々の断片を同定・精製したりするためには、断片の分離が欠かせない。

DNA断片を分離し精製するために広く用いられている便利な技術が**ゲル電気泳動**である。DNA断片を含む試料を半固形のゲル（通常、アガロースやポリアクリルアミドで作られる）の一方の端に開けたウェル（細い溝）に注入し、ゲルに電場を与える（**図12.12**）。DNAはリン酸基を持つから中性のpHでは負に帯電している。反対電荷は引き合うから、DNA断片は電場の正の側（陽極側）に向かってゲル中を移動していく。ゲルを構成するポリマー分子間の間隙は狭いので、小さなDNA分子は大きなDNA分子よりも速くゲル中を移動することができる。こうしてDNA断片は大きさごとに分離されてバンドを形成し、このバンドは色素（エチジウムブロマイドやゲルレッド、ゲルグリーンなど）を用いれば検出可能になる。このゲル電気泳動像から、以下の３種類の情報が得られる。

1. *断片の数*　特定の制限酵素による消化でDNA試料から生じた断片の数は、そのDNA試料に制限酵素の認識配列がいくつあるかによって決まる。したがって、ゲル電気泳動からはDNA試料中の特定配列（制限部位）の存在に関する情報が得られる。
2. *断片の大きさ*　通常は既知の大きさのDNA断片の混和試料（分子量マーカー）を比較基準としてゲルのウェルの1つに加える。分子量マーカーはその他のウェルに加えた試料中のDNA断片の大きさを決定するために使われる。2種類以上の制限酵素で得た断片の大きさを比較することにより、認識部位の相対的な位置関係を解明すること（制限地図の作成）ができる。
3. *断片の相対量*　多くの実験で、研究者の関心はDNAの存在量にある。特定のDNA断片が形成するバンドの相対的な濃さによって、その断片がどれほど存在するかが分かる（訳註：バンドの相対的な濃度は、デンシトメーターで測定できる）。

研究の手段

図12.12　ゲル電気泳動によるDNA断片の分離

DNA断片の混合物をゲルの溝（ウェル）に注入し、ゲルに電場を与える。すると、負に帯電したDNAは電場の陽極に向かって移動する。このとき小さな断片のほうが大きな断片より速く進むことができる。数分から数時間かけて分離した後、電源を切って分離された染色DNA断片を分析する。

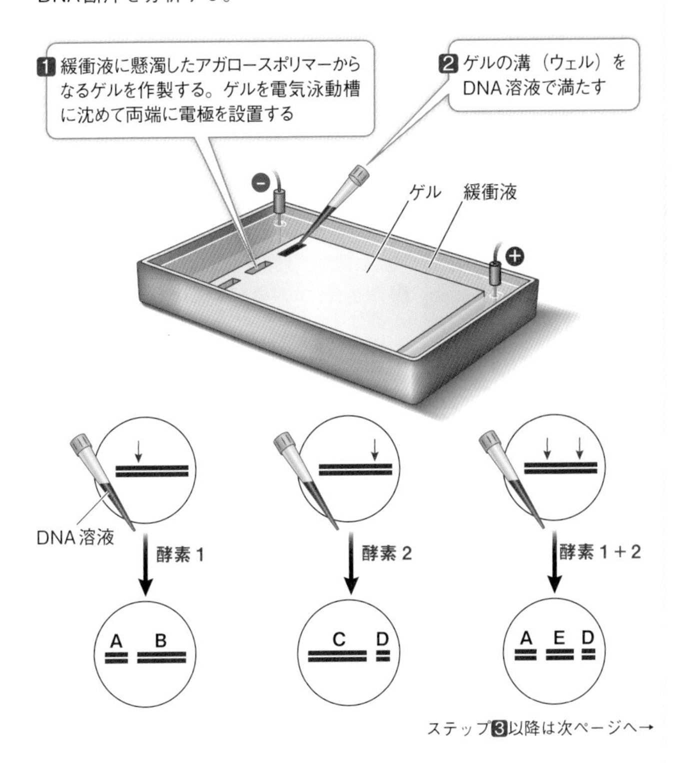

ステップ3以降は次ページへ→

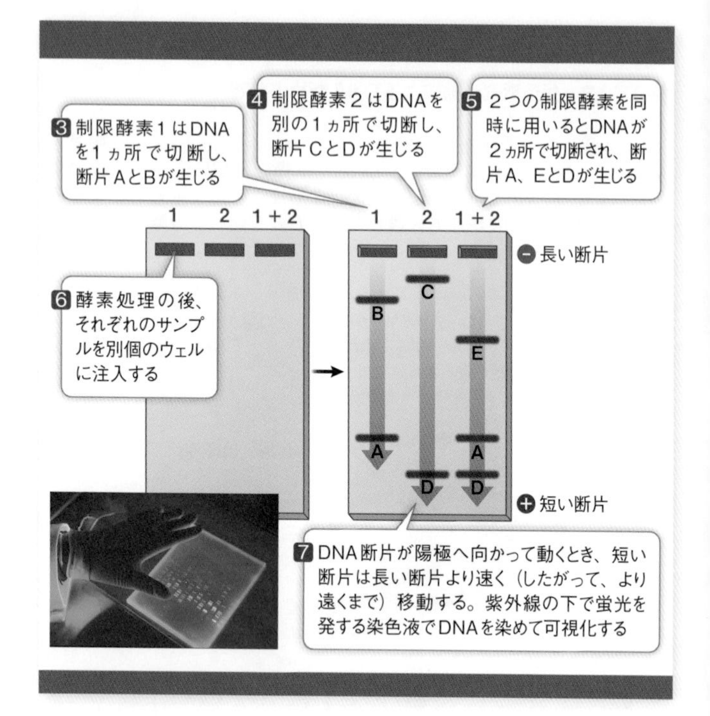

DNAフィンガープリンティングは PCRに制限分析と電気泳動を組み合わせた技術である

前述の技術は、DNA配列の違いに基づき個体を識別する**DNAフィンガープリンティング**に応用されている。DNAフィンガープリンティングは多型の著しい配列、すなわち（当該生物の進化の過程で多くの点変異が生じたために）多重アレルを持ち、その結果として個体間で異なる確率の高い配列に対して最も効力を発揮する。特に情報が豊富に得られる多型に以下の２種類がある。

1. **一塩基多型**（**SNP**、スニップと発音する）は単一ヌクレオチドの変化による点変異が関与する遺伝的変動である。SNPは多くの生物でマップ（ゲノム上に位置付け）されている。ゲノム中のある部位の塩基について、片方の親がAをホモで持ち、もう片方がGをホモで持つとすると、その子はヘテロ接合体となる。つまり、その部位の塩基が片方の染色体ではA、もう片方ではGとなる。SNPが制限酵素の認識部位で起こり、一方の変動体（バリアント）は制限酵素で認識されるが他方は認識されないといった場合には、*ポリメラーゼ連鎖反応（PCR）を利用して、次のような方法で容易に個体を識別できる。まず各個体から分離した全DNA試料を用いて、多型配列を含む断片をPCRによって増幅する。次にその断片を制限酵素で切断して、ゲル電気泳動で分析すればよい。
2. **短縦列反復配列**（**STR**、マイクロサテライト）は隣り合う短い反復DNA配列で、通常は染色体上のコード領域外にある。1～5個の塩基対を含むこの反復パターンも遺伝する。例えば、ヒト15番染色体のある座位に“AGG”からなるSTRが存在し、母親から6回反復（AGGAGGAGGAGGAGGAGG）のアレルを、父親から2回反復（AGGAGG）のアレルを受け継いだ人がいるとする。この場合も、PCRを用いてこの反復配列を含むDNA断片を増幅し、ゲル電気泳動にかければ、反復数が異なるために長さの違う増幅断片を識別することが可能である（図12.13）。

---

*概念を関連づける　キーコンセプト10.5で解説したが、PCRはDNA配列のコピーを多数合成する、すなわちコピーを増幅するために使われる技術である。この操作では、DNA複製は基本的に自動化され、増幅サイクルを何度も繰り返して標的DNAのコピー量を指数関数的に増

加させることが可能である。

今日、最も広く用いられているDNAフィンガープリンティング法はSTR解析である。アメリカ連邦捜査局（FBI）の統合DNAインデックス・システム（CODIS）のデータベースは20のSTR座を用いている（**表12.3**）。DNAのそれらの座位を

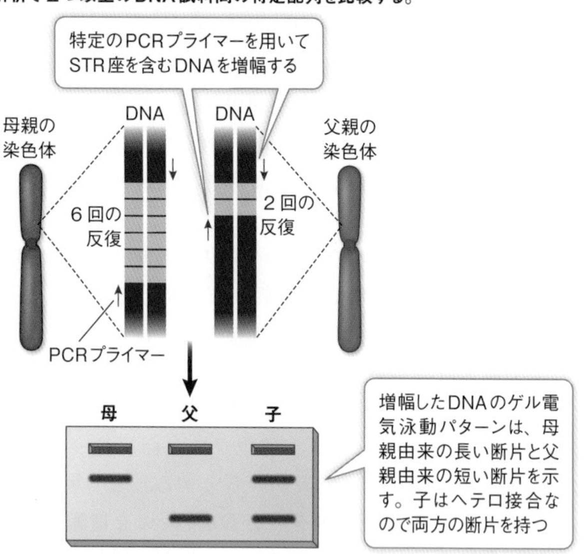

図12.13　短縦列反復配列を用いたDNAフィンガープリンティング
特定のSTR座を解析し、子が両親のそれぞれから受け継いだ反復配列の数を特定することが可能である。2種類のアレルは、大きさによって電気泳動ゲル中で識別できる。複数のSTR座の分析を組み合わせて得られる泳動パターンは、個人を同定する決定的な証拠となりうる。

Q：遺伝性疾患のスクリーニングに用いる「遺伝的ID」を得るために、出生時に全ての人のDNAフィンガープリントを取るべきだろうか。そのメリットとデメリットは何か？

分析すれば、DNAフィンガープリントから個人を特定できるだろう。**表12.3**を参考に、ある人物が以下のようなSTRを受け継いでいるとする。

・母親から：4番染色体の72番アレル、7番染色体の23番アレル、11番染色体の14番アレル、18番染色体の12番アレル。
・父親から：4番染色体の56番アレル、7番染色体の22番アレル、11番染色体の16番アレル、18番染色体の12番アレル。

この場合、当該人物は3つの染色体上のアレルについてヘテロ接合で、18番染色体上のアレルについてホモ接合であることに注意されたい。20座位全てのアレルに関して、2人の人間が同じアレルの組み合わせを持つ確率はきわめて低い。したがって、犯罪現場で採取したDNA試料を用いて、その場に当該試料を残したのが特定の容疑者かどうかを判断することが可能である。

以上から分かるように、DNAフィンガープリンティングは容疑者の無罪あるいは有罪を証明する助けになる。さらにこれは血縁関係にある個人を同定する際にも活用できる。2011年5月2日にウサマ・ビンラディンがパキスタンの自宅でアメリ

表12.3　CODISデータベースで個人識別に用いられる4つの遺伝子座

ヒト染色体	遺伝子座の名称	反復配列	アレル数
4	FGA	CTTT	80
7	D7S820	GATA	30
11	TH01	TCAT	20
18	D18S51	AGAA	51

カ兵によって殺害された。現場におけるビンラディンの本人確認は、写真との比較、夫を指し示した妻、顔認識ソフトを搭載したデジタルカメラを使った即時解析によって行われた。これと併せて、DNAフィンガープリンティングも同定に使われた。息子のハリドもこの奇襲作戦で殺害され、ビンラディンの妹は脳腫瘍のため既にアメリカで死亡していた。2人のDNAとビンラディンのDNAを分析した結果、3人は多くの多型を共有しており、近親である可能性がきわめて高いことが判明した。同じ方法が2003年にイラクで捕らえられたサダム・フセインの同定にも用いられ、その後彼は処刑された。

SNPやSTRのような遺伝マーカーを用いたDNA分析は、生物学研究の全ての領域で応用されている。例えば、こうしたマーカーはゲノム構成の分析、種の同定や同種内個体の同定、種や個体の近縁度比較とそれに関連する特定遺伝子や表現型の解析などに使われている。本章の残りの部分では、遺伝性疾患の研究と治療に活用される遺伝マーカーやその他の技術に焦点を当てていこう。

DNA分析は病気を引き起こす変異の同定に利用される

フェニルケトン尿症や鎌状赤血球貧血症のような遺伝性疾患については、臨床表現型からそれらの原因となる個別のタンパク質を突き止め、そこからそのタンパク質をコードする遺伝子を同定できたことを既に学んだ。例えば、鎌状赤血球貧血症では、ヘモグロビンタンパク質の異常（1つのアミノ酸変化）がまず解明され、続いてβ-グロビン遺伝子が単離されてDNA変異が正確に特定された。

臨床表現型 → タンパク質の表現型 → 遺伝子

DNA変異を同定する新しい方法が出現すると、ヒトの遺伝分析法にも新しい手法が生まれた。こうした新たな手法では、まず臨床表現型とDNAの変化の関連が明らかにされ、関与する遺伝子とタンパク質が同定される。嚢胞性線維症（**表12.2**）では、*CFTR*遺伝子の変異型が先に単離され、続いてタンパク質の性質が解明された。

臨床表現型 → 遺伝子 → タンパク質の表現型

どちらの解析手順に従ったとしても、病気に関与するタンパク質の最終的な同定が特異的な治療法の設計には重要である。

遺伝マーカーは病気を引き起こす遺伝子の探索に活用できる

変異遺伝子の同定には、対象となる遺伝子と密接に関連したマーカーを見つける必要がある。この手法を**連鎖解析**と呼ぶ。遺伝子単離のための基準点が**遺伝マーカー**である。対象遺伝子にも多重アレル（例えば、正常なアレルと病気の原因となるアレル）が存在する場合、STRやSNPのような遺伝マーカーは対象遺伝子を探す目印として使うことができる。この手法の鍵は、2つの遺伝子が同じ染色体上で近い位置にあれば、親から子どもへそれらが同時に受け継がれる確率が高いという観察が確立されていることにある（**キーコンセプト9.4**）。これはどんなDNA遺伝マーカーとの組み合わせであっても変わらない。連鎖解析の狙いは、対象遺伝子により近いマーカーを見つけ出すことにある。

既に見たように、SNPやSTRは真核ゲノムに広く存在する。ヒトゲノムではおよそ1330塩基対に1つのSNPが存在し、ゲノムのどの領域もSTRに見られるような反復DNA配列を含んでいる。SNPやSTRは前述のポリメラーゼ連鎖反応（PCR）技術を用いて分析できる。SNPは質量分析法のような高度な化学的方法によっても検出できる。

遺伝子の位置を絞り込むためには、*対象遺伝子と常に一緒に受け継がれる*（強連鎖した）遺伝マーカーを見つけなければならない。そのために、家族の病歴を調べて系統図が作成される。多くの家系で特定の遺伝マーカーが特定の遺伝性疾患といつも一緒に受け継がれているとしたら、マーカーと原因遺伝子は同じ染色体上で近傍に位置しているに違いない（**図12.14**）。この状況は、**キーコンセプト9.4**で説明したトーマス・ハント・モーガンの実施した古典的な遺伝学研究から得られた結論を思い起こさせる。すなわち、2つの遺伝子は常に独立して組み合わされるとは限らないのである。同じ染色体上で「連鎖した」遺伝子は一緒に子孫に伝達されることが多い。これはとりわけ、2つの遺伝子座が近接している場合に顕著である。

連鎖によって、遺伝子の位置を数十万塩基対の範囲まで絞り込むことができる。連鎖したDNA領域の同定さえできれば、遺伝性疾患に関与する実際の遺伝子を同定するための様々な方法が使える。ゲノム配列のデータベースの情報を用いて同定した領域の完全な塩基配列を調べれば、候補遺伝子を探すことができる。運がよければ、候補遺伝子の機能に関する情報と病気に関する生化学的あるいは生理学的情報とを勘案して、病気の原因遺伝子について筋の通った推測を行うことも可能であろう。病気の有無と相関関係を示す候補遺伝子に含まれるDNA多型を同定できれば、これも遺伝子の探索範囲の絞り込みに役立つ。同定した遺伝子が正しいかどうかの確認には、患者と健康な人の間で候補遺伝子のmRNAレベルを比較するなどの様々な技術が使用される。

乳癌に関与する*BRCA1*遺伝子（本章冒頭で解説した）の単離は、病気と関連した遺伝子の同定に用いる分子技術を端的に説明できる好例であり、これについては以下の「**生命を研究する」：*BRCA1* 遺伝子はどのようにして同定されたか？**　で詳述する。*BRCA1* の変異の分析は、カリフォルニア大学バークレー校のメアリー＝クレア・キングが、乳癌患者とその家族

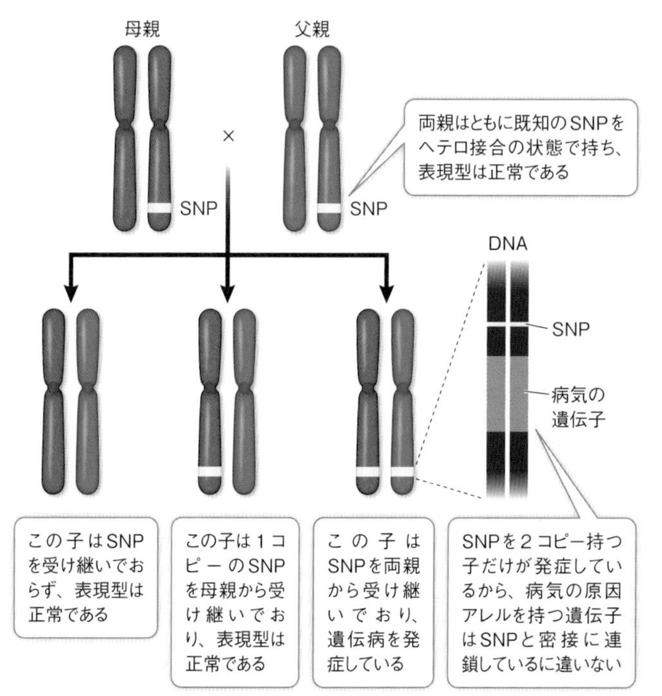

図12.14　DNA連鎖解析
多くの家系において病気を引き起こすアレルとSNPの連鎖関係が確認できれば、欠損遺伝子の座位を絞り込んで、遺伝子を単離・同定することが可能になる。ここに示した例では、病気の原因アレルは潜性である。

Q：DNAの連鎖解析は遺伝学における染色体の連鎖解析とどこが似ており、どこが違っているか？

生命を研究する　*BRCA1*遺伝子はどのようにして同定されたか？

実験

原著論文：Miki, Y. et al. 1994. A strong candidate for the breast and ovarian cancer susceptibility gene *BRCA1*. *Science* 266: 66-71.

複数の家系のDNA連鎖解析から、乳癌を引き起こす遺伝子である*BRCA1*が単離された。

仮説▶　遺伝性乳癌で変異している遺伝子は単離できる。

方法

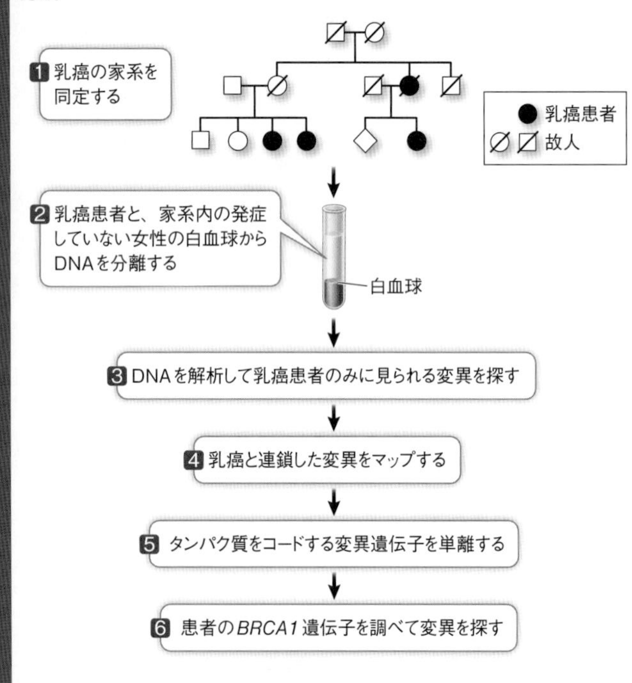

の調査により乳癌の表現型と密接に関連したSNPを同定したことから始まった。

様々なヒト遺伝性疾患の正確な分子的表現型と遺伝子型が特定されたおかげで、症状が現れる前に病気を診断することさえ可能になっている。以下では、遺伝子スクリーニング技術の例をいくつか詳しく見ていこう。

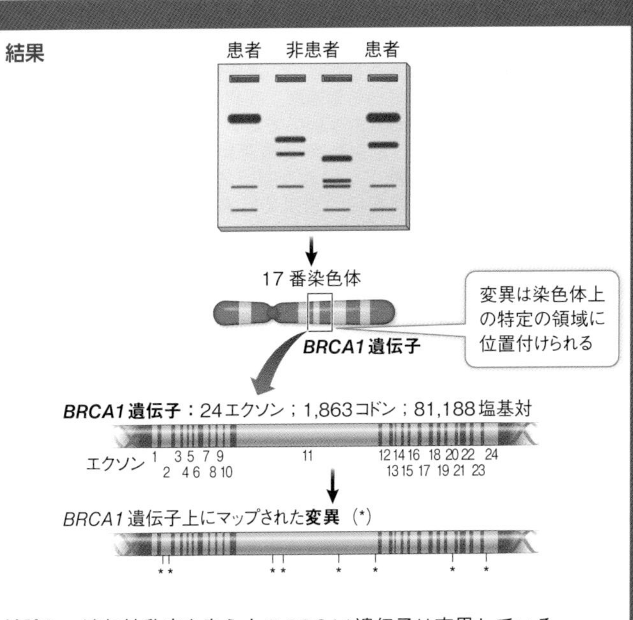

データで考える

乳癌の症例の約10分の1は遺伝性である。これは、乳癌が乳房細胞で癌として発現する生殖細胞系列の変異（つまり、体の全細胞で生じている変異）に起因することを意味している。残りの10分の9は乳房細胞の体細胞変異により発生する。遺伝性乳癌に関与する遺伝子はDNA解析により同定された。最初に、複数の乳癌患者のいる家系（実験を参照）のSNPを解析して、遺伝子の染色体上の位置が絞り込まれた。続いて、ユタ大学のマーク・スコルニック率いる研究チームとミリアド・ジェネティックス社が共同で、候補領域のDNA塩基配列を決定し、プロモーター、転写終了点、開始コドンと停止コドン、イントロン末端を含む配列――要するにタンパク質をコードする遺伝子である証となる配列を探した。ひとたび候補遺伝子を発見すると、彼らはそれを用いて一連の試験を実施し、それが乳癌と関連する遺伝子であるかどうかを確かめた。

質問▶

1. 比較的若い時期に発症した場合、遺伝性の（体細胞の変異によらない）乳癌が疑われることが多い。遺伝性の癌は、誕生時に既に全ての細胞に存在している生殖細胞系列の変異が関与しているから、より若い時期に現れやすいのである。これに対して、乳房細胞のDNAに起こる体細胞自然突然変異による癌は、いつでも（統計的にはより後期に）現れうる。スコルニックのチームは*BRCA1*の異なる変異を持つ患者で乳癌が発症した時期を調べた。その結果を表Aに示す。ここからどのような結論を導けるか？

表A

家系	全症例数	50歳以前の発症数
A	31	20
B	22	14
C	10	7

2. 乳癌患者とその親族、及び本人も親族も乳癌を患っていない対照群の*BRCA1*を、DNA配列決定技術を用いて評価した。その結果を表Bに示す。*BRCA1*の変異は乳癌患者だけに存在しているのか？　3家系のそれぞれに対する変異の効果はどのようなものであると考えられるか？

表B

家系	*BRCA1* 遺伝子のコドンの位置	患者に見られる変化	対照群に見られる変化
A	1313	C→T	なし（0/170）
B	1775	T→G	なし（0/120）
C	24	11塩基対の欠失	なし（0/180）

3. *BRCA1* のmRNAのレベルを調べるために、乳癌を発症していない人々から採取した組織を核酸ハイブリダイゼーション法（図11.6）によって試験した。その結果を表Cに示す。*BRCA1* の変異で起こりうる癌の種類についてどのような結論が下せるか。

表C

組織	mRNAの検出
乳房	検出
大腸	不検出
小腸	不検出
卵巣	検出
前立腺	不検出
脾臓	不検出
精巣	不検出
胸腺	検出

12.4 遺伝子スクリーニングを活用して病気を検出できる

遺伝子スクリーニングは遺伝性疾患を発症している人、それにかかりやすい傾向を持つ人、あるいはその保因者を見つけ出すための検査である。この検査は年齢を問わず何度でも受けられるし、その目的も様々である。

- *出生前スクリーニング*は、胚または胎児で疾患の有無を判定する診断に用いて、医療介入をすべきか、あるいは妊娠を継続すべきか否かを決定するために実施される。
- *新生児スクリーニング*は、医療介入を必要とする新生児に適切な措置を速やかに開始するために実施される。
- *遺伝性疾患家系の未発症スクリーニング*は、その病気に関連するアレルの保因者であるか、あるいは病気を実際に発症する危険性が高いかどうかを判断するために実施される。

遺伝子スクリーニングは表現型レベルあるいは遺伝子型レベルで実施可能である。

学習の要点

- 遺伝子スクリーニングには表現型解析や遺伝子型解析が含まれる。

遺伝子スクリーニングでは表現型の検査が実施される

遺伝子スクリーニングには、特定の病気と関連する表現型を生み出す要因となるタンパク質や化学物質などの検査が含まれる。その最良の例は、フェニルケトン尿症（PKU）の検査であろう。遺伝子スクリーニングにより、この病気を新生児段階で発見できれば、治療を速やかに開始することが可能になる。大半の人がフェニルケトン尿症の新生児診断を受けているはずである。

フェニルケトン尿症の新生児は、出生前には血液中の過剰なフェニルアラニンが胎盤を経由して母親の循環系に放出されるので、表現型は正常である。母親はほとんどの場合ヘテロ接合だから、十分なフェニルアラニンヒドロキシラーゼの活性を持っており、胎児からの過剰なフェニルアラニンを代謝できる。

しかし出生後には、新生児はタンパク質に富んだ食事（母乳やミルク）を摂取し始めると同時に、自分自身のタンパク質の分解も開始するので、次第に血中にフェニルアラニンが蓄積していくことになる。

誕生から2、3日後には、新生児の血中フェニルアラニン濃度は正常の10倍にも達するだろう。わずか数日のうちに発達中の脳は損傷を受け、治療を開始しなければフェニルケトン尿症の子どもは重篤な知的障害を負ってしまう可能性が高い。しかし、この病気を早期に発見できれば、特別な低フェニルアラニン食を与えることによって、通常食を続けていたら起こるはずの脳障害を防ぐことが可能である。だからこそ、この病気にとって早期発見は不可欠なのである。

新生児に対してフェニルケトン尿症などの病気のスクリーニングが必ず実施されるようになったのは、1963年に血清中の過剰なフェニルアラニンを検出できる簡便で迅速な検査法が開発されたことがきっかけだった（**図12.15**）。新生児から採取したごく少量の乾燥血液を用いるこの方法は、完全に自動化できるので、検査機関で1日に多数の試料のスクリーニングができる。今日では、新生児の血液を利用して最大で35種類もの遺伝性疾患のスクリーニングが実施されている。そのなかには、よく見られる病気もある。例えば先天性甲状腺機能低下症は、新生児4000人あたり1人程度の割合で発症し、甲状腺ホルモンの欠乏による発育不全や知的障害を引き起こす。早期の医療介入で、この病気を持つ新生児の多くを治療できる。だとすれば、アメリカやカナダを含む多くの国々で新生児スクリーニングが法的に義務付けられているのも驚くには当たらない。誕生から数日の間に、読者諸君も複数の遺伝性疾患のスクリーニングを受けているはずである。何の検査だったのか、両親に聞いてみるといい。

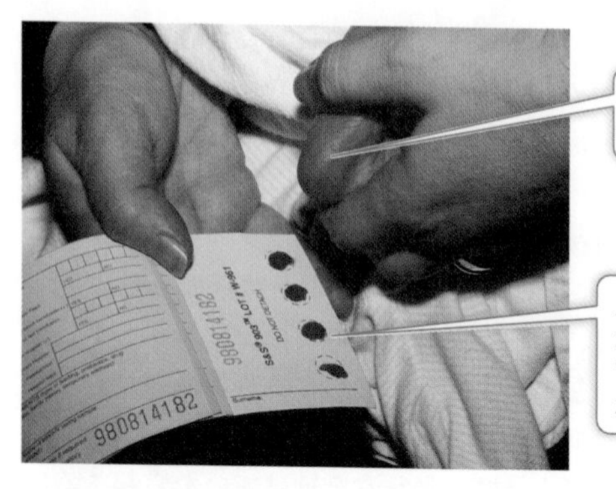

図12.15　フェニルケトン尿症の新生児遺伝子スクリーニング
新生児に対するフェニルケトン尿症のスクリーニングには血液検査が用いられる。新生児の踵から少量の血液試料を採取し、それをフェニルアラニンの血中濃度を測定する装置にかける。早期発見ができれば、食事療法によって症状が現れるのを予防することが可能になる。

DNA検査は異常な遺伝子を検出する最も正確な診断法である

血中のフェニルアラニン濃度は肝臓のフェニルアラニンヒドロキシラーゼ活性の間接的な測定指標である。しかし、血液検査では検出できない遺伝性疾患はどうやってスクリーニングすればいいのだろうか？　胎児のように、血液の採取が容易でない場合はどうか？　正常なタンパク質をある程度は発現するヘテロ接合の人々の遺伝的異常は、どのように検出すればいいのだろうか？

DNA検査は変異を発見するためのDNAの直接分析法であり、異常なアレルを検出する最も直接的で正確な方法である。現在では多くのヒト疾患の原因となる変異が同定されており、生きている間はいつでも、体のいかなる細胞の変異についても検査が可能である。PCRの増幅能力は高いので、検査には１個あるいはごく少数の細胞があれば足りる。この方法は、単独あるいは数種類の変異によって引き起こされる病気で最も威力を発揮する。

例えば、嚢胞性線維症のアレルをどちらもヘテロ接合で持つ夫婦が、健康な子どもを望んでいるとしよう。適切なホルモン治療を実施すると、女性は「過剰排卵」を誘導され、複数の卵子を放出する。女性からこの卵子を採取して人工受精を行い、受精卵を８細胞期まで培養する。こうした胚性細胞の１つを採取すれば、嚢胞性線維症のアレルの有無を検査することができる。結果が陰性であれば、残りの７細胞からなる胚を女性の子宮に移植して、うまくいけば正常な胎児の発達が望めるだろう。

しかし実際には、このような着床前スクリーニングはほとんど実施されていない。たいていは、通常の受精・着床後に胎児の解析が行われる。胎児の細胞や死細胞から漏出したDNAを用いれば、妊娠10週目頃には絨毛生検（採取した絨毛膜絨毛を用いた検査）によって、13～17週目には羊水穿刺によって検査することができる。どちらの場合も、DNA診断の実施にはわずかな胎児細胞があれば十分である。近年きわめて感度の高い方法が開発され、母親の血液中に放出されたわずか数個の胎児細胞だけでDNA検査を行うことが可能になっている。妊娠中の女性から10mℓの血液試料を採取するだけで、ダウン症や嚢胞性線維症を含む様々な異常の解析に必要な胎児細胞が十分に得られる。近い将来、比較的侵襲性の低いこの手法が、わずかとはいえ流産の危険性を孕む絨毛生検や羊水穿刺に取って代わるだろう。

DNA検査は新生児にも実施できる。フェニルケトン尿症などの疾患のスクリーニングに用いる新生児の血液試料には、

PCRに基づく技術を活用した分析に十分な量のDNAが含まれている。今では、鎌状赤血球貧血症や嚢胞性線維症のスクリーニングにDNA分析が利用されており、同様の検査法が他の病気にも広がっていくことは確実である。現在実践されている数多くのDNA検査法のなかから、DNAハイブリダイゼーション法について鎌状赤血球貧血症を例にとって解説しよう。

アレル特異的オリゴヌクレオチド・ハイブリダイゼーション法によって変異を検出できる

核酸ハイブリダイゼーション法（**図11.6**）は、一定のDNA配列、例えば特定の変異を含むDNA配列の存在を検出するために用いられる。変異を持っているかどうか不明な人からDNA試料を採取し、変異が起こるであろうDNA領域をPCRで増幅する。続いて、オリゴヌクレオチドプローブと呼ばれる人工の短いDNA鎖と変性させたPCR産物でハイブリッド（雑種分子）を形成させる（ハイブリダイゼーション）。プローブを何らかの方法（例えば、放射活性や蛍光色素）で標識しておけば、雑種分子を容易に検出できる（**図12.16**）。

DNAスクリーニングを用いた変異の検出により遺伝性疾患の診断を行い、適切な治療を始めることが可能になっている。DNAスクリーニングはさらに、自分自身のゲノムに関する重要な情報を各人に与えてもいる。

日々の研究から様々な遺伝性疾患のより精度の高い検査診断法がいくつも開発され、分子レベルでの理解が進んでいる。こうした知識は遺伝性疾患の新しい治療法の開発に応用されている。次節では、変異による表現型の変更や変異遺伝子の正常アレルを用いた遺伝子治療を含め、治療への様々な取り組みを概説していこう。

研究の手段

図12.16　アレル特異的オリゴヌクレオチド・ハイブリダイゼーション法によるDNA検査

この家族の検査から、3人が鎌状赤血球貧血症となるアレルをヘテロ接合で持つ保因者であることが分かる。しかし、第1子は正常なアレル2つを受け継ぎ、発病もしないし保因者でもない。

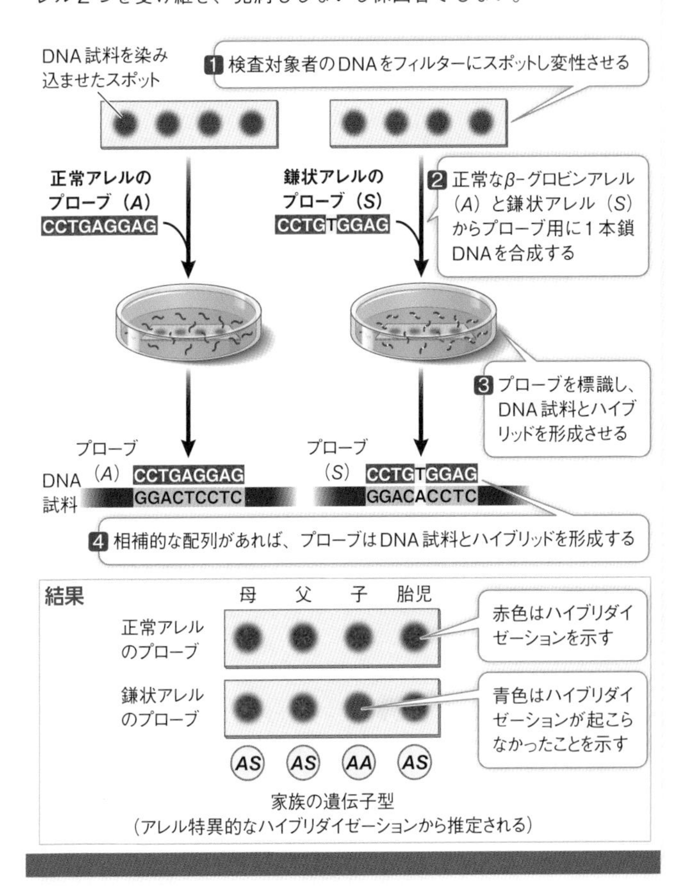

12.5 遺伝性疾患は治療できる

遺伝性疾患の治療法はたいてい、患者の症状を軽減することだけに向けられている。しかし、こうした病気を効果的に治療するには、医師は病気を正確に診断し、その分子レベルでの仕組みを理解し、病気が患者をひどく苦しめたり死なせてしまったりする前に早期の介入をしなければならない。このことは、フェニルケトン尿症（PKU）などの遺伝性疾患のように全ての細胞に影響を与えるものであれ、癌のように体細胞にしか影響を与えないものであれ変わらない。遺伝性疾患の治療には、大きく分けて以下の２種類の方向性がある。

1. 病気の表現型を変更する。
2. 欠損遺伝子を置き換える（遺伝子型を変更する）。

学習の要点

- 遺伝性疾患には表現型レベルでの治療が可能なものがある。
- 遺伝子治療による遺伝子レベルでの治療が可能な遺伝性疾患もある。

遺伝性疾患は表現型を変更することによって治療できる

患者が遺伝性疾患で苦しまずに済むように、その表現型を変更するために広く実施されている処置には次の３つがある。すなわち、欠損酵素の基質を制限する、有害な代謝反応を阻害する、欠けているタンパク質産物を補うという処置である（**図12.17**）。

基質の制限　欠損酵素の基質を制限するという手法は、新生児がPKUと診断されたときに用いる治療法である。この疾患では、欠損酵素はフェニルアラニンヒドロキシラーゼで、基質はフェニルアラニンである（図12.6)。食物中のフェニルアラニンを分解できない新生児はこの基質の蓄積を招き、それが臨

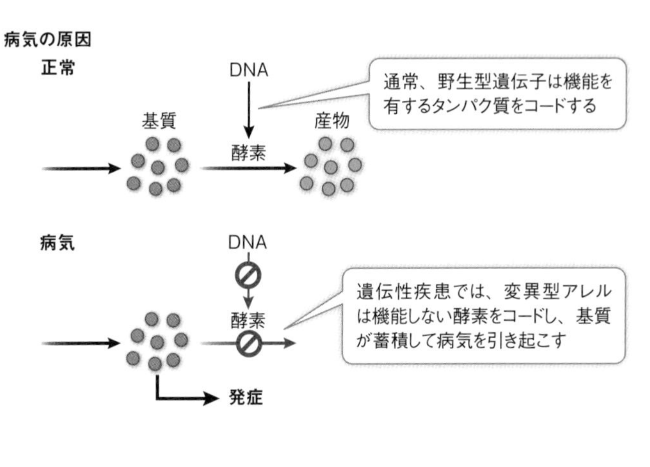

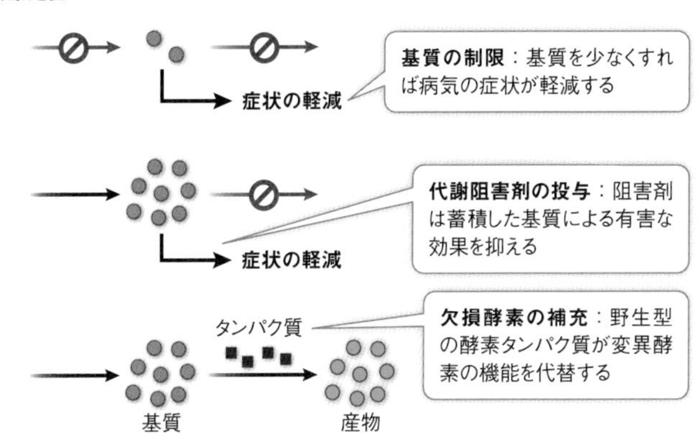

図12.17　**遺伝性疾患治療の戦略**

床症状を引き起こす。そのためこの疾患の診断を受けた新生児の食事は、フェニルアラニン含量を彼らが直ちに利用するために必要な最小限に抑えた特別な治療食に切り替えられる。こうした子どもには通常の乳児用ミルクの代わりに、ミルクを原料としたフェニルアラニン含量の低い乳児用調整乳ロフェナラックが与えられる。その後は、フェニルアラニン含量の低いある種の果物、野菜、穀物や麺類なども食事に加わってくる。フェニルアラニンを多く含む肉、魚、卵、乳製品、パンなどは、脳の発達が著しい小児期は特に避ける必要がある。フェニルアラニンを含む２種類のアミノ酸から作られる人工甘味料のアスパルテームも与えてはならない。

PKU患者は一般に、生涯を通じて低フェニルアラニン食を摂るよう推奨される。こうした食事制限を維持するのはなかなか難しいが、効果は大きい。新生児スクリーニングが始まって以来多くの追跡調査が行われてきたが、それらによれば食事制限を守ったPKU患者の知的能力は、この病気を持たない人々と何ら変わりがない。放置すれば重篤な知的障害が生じることを思えば、これは公衆衛生が誇るべき偉業の１つである。

代謝阻害剤　キーコンセプト8.7では、細胞周期の様々な段階を阻害する薬剤が癌の治療に使われていることについて述べた。こうした薬剤は多くの遺伝性疾患の症状緩和にも利用されている。遺伝性疾患の分子的特徴とそれに関与する特定のタンパク質に対する科学者の理解が進むにつれて、より特異的な治療法が実現しつつある。分子標的治療は、とりわけ癌に対するものの開発が進んでおり、なかには命を救う手立てとなっている治療もある。分子標的治療は応用研究の主要な領域である。

欠損タンパク質の補充　機能タンパク質の欠損が原因である疾

患を治療するには、そのタンパク質を補充してやればよいことは容易に想像できる。この手法による治療が行われているのが血友病Aである。この疾患では血液凝固第Ⅷ因子が欠乏して血液凝固能が低下する（**表12.2**）。以前は血液製剤により欠乏しているタンパク質を補っていた。しかし、血液はときにウイルス（例えばエイズウイルスHIV）などの病原体に汚染され、受血者に危害を与える恐れがある。今日では、ヒトの血液凝固タンパク質は組換えDNA技術（**第18章**）によって製造され、以前よりはるかに純粋な形で提供できるようになっている。

残念ながら、遺伝的変異によって生じる多くの病気の表現型はきわめて複雑である。このような場合には、上述のような単純な医療介入はあまり有効ではない。事実、単一の遺伝子変異に起因する351種類の疾患に関する最近の調査において、現在の治療法では患者の平均余命は平均で15％しか改善しないことが示されている。

遺伝子治療は特異的治療法の実現へ期待を抱かせる

細胞が機能的なタンパク質産物をコードする正常なアレルを欠いているのであれば、機能を持つアレルを補充することが最良の治療法となるだろう。**遺伝子治療**の目的は、患者の適切な細胞で発現する新たな遺伝子を導入することにある。では、どんな細胞を標的にすべきだろうか？　これには2通りのやり方がある。

1. **生殖細胞系列の遺伝子治療**：新たな遺伝子を配偶子（通常は卵細胞）か受精卵に挿入する。この場合、成熟個体の全細胞が新たな遺伝子を持つことになる。しかし、倫理的な配慮からヒトにこの方法を用いることはできない。

2. **体細胞の遺伝子治療**：新たな遺伝子を病気に関与する体細胞に挿入する。この方法は、後代に受け継がれる遺伝性疾患から癌まで、幅広く多くの疾患で試されている。

体細胞の遺伝子治療には以下の２通りの方法がある。

1. **生体外の遺伝子治療**：標的細胞を患者から取り出してそこに新たな遺伝子を挿入した後、その細胞を患者の体内に戻す。例えばこの方法は、白血球で発現する遺伝子の欠損に起因する病気の治療に採用されている。
2. **生体内の遺伝子治療**：適切な細胞を標的にして新たな遺伝子を実際に患者の体内に直接注入する。その好例が肺癌の治療法で、治療用の遺伝子を含む溶液を腫瘍に対して噴霧する。

遺伝子発現（**第11章**）とその制御（**第13章**）に関する知識のおかげで、医師たちは正常なタンパク質のコード配列だけでなく、標的細胞内で遺伝子が発現するために必要なその他の配列（適切なプロモーターなど）も併せ持つ治療用遺伝子を設計することができる。

治療用遺伝子の細胞への導入は、依然として大きな課題である。真核細胞にDNAが取り込まれることは稀であり、たとえ細胞に取り込まれたとしても、核内へ取り込まれて発現するのはさらに稀である。こうした問題の解決策の１つに、ヒト細胞に感染できるが複製しないように遺伝的操作を施した運搬役のウイルス（ウイルスベクター）に目的遺伝子を挿入するという方法がある。その一例が**アデノ随伴ウイルス**と呼ばれるDNAウイルスで、ヒトの遺伝子治療の臨床試験で広く利用されてきた。このウイルスはヒトの遺伝子に挿入しうる小さなゲノムを持ち、神経細胞のような分裂能力のない細胞を含むほぼ全てのヒト細胞に感染しうる。さらに無害であり、免疫系の拒絶反応も誘発せず、細胞核に侵入して新たな遺伝子を加えたDNAの発現を可能にする。

アデノ随伴ウイルスはパーキンソン病を標的としたヒトの遺伝子治療に使用され、成功を収めている（図12.18）。パーキンソン病は神経疾患の1つで、60代で200人に1人、80代で25人に1人程度の割合で発症する。その症状は筋肉の硬直と震えで、患者のおよそ半数に認知症が見られる。パーキンソン病の患者は、神経伝達物質のγ-アミノ酪酸（GABA）を通常は合成している神経細胞が変性して、脳の特定部位で十分量のGABAを作り出せない。GABAが不足すると協調運動性が低下する。したがって、GABA濃度の引き上げは合理的な治療法の1つであろう。GABAの合成はグルタミン酸デカルボキシラーゼが触媒することを踏まえたうえで、ニューヨーク・ファインスタイン医学研究所のアンドリュー・フェイギン博士が率いる研究チームは、グルタミン酸デカルボキシラーゼ遺伝子をアデノ随伴ウイルスに組み込み、脳の冒された部分に注入した。半年後、ウイルスに組み込まれた遺伝子を注入された患者のGABA濃度は高まり、病気の症状に有意な改善が認められた。このウイルスを利用した遺伝子治療が実施されている疾患には、他にも嚢胞性線維症や血友病、筋ジストロフィーなどがある。これらの成功例は論文上ではおおいに期待できるように思われるが、こうした治療が行われることは医学の最先端でもきわめて稀であることを忘れてはならない。近くの遺伝子治療医を訪ねて、根治を求める時代が来るまでには、まだまだ長い道のりが残されている。

実験

図12.18　遺伝子治療

原著論文：LeWitt, P. A. et al. 2011. AAV2-*GAD* gene therapy for advanced Parkinson's disease: A double-blind, sham-surgery controlled, randomized trial. *Lancet Neurology* 10: 309-319.

アンドリュー・フェイギンらは、ウイルスを利用して治療用遺伝子をパーキンソン病患者の脳に注入できることを示した。

仮説▶グルタミン酸デカルボキシラーゼ遺伝子を脳細胞に与えることで、γ-アミノ酪酸（GABA）の欠乏により引き起こされる症状を軽減することができる。

方法

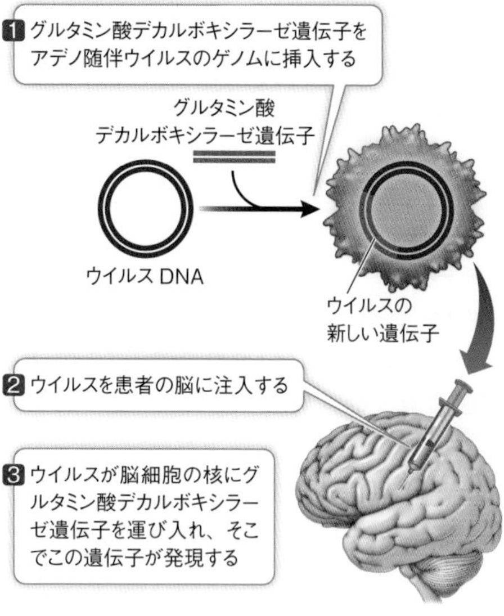

1 グルタミン酸デカルボキシラーゼ遺伝子をアデノ随伴ウイルスのゲノムに挿入する

グルタミン酸
デカルボキシラーゼ遺伝子

ウイルスDNA

ウイルスの
新しい遺伝子

2 ウイルスを患者の脳に注入する

3 ウイルスが脳細胞の核にグルタミン酸デカルボキシラーゼ遺伝子を運び入れ、そこでこの遺伝子が発現する

結果　患者の症状が改善した。

結論▶遺伝子治療は神経伝達物質GABAが不足している患者の症状を緩和しうる。

本章では、特定のタンパク質産物を通じて表現型に影響を与えるDNAの変化に注目して、変異について学んできた。しかし、分子遺伝学には遺伝子とタンパク質の配列以外にも多くの側面がある。ゲノムの主要な機能の1つは、どの遺伝子がいつどこで発現するのかを決定することである。**第13章**では遺伝子発現の制御に目を向けよう。

生命を研究する

QA 乳癌遺伝子とは何か？ 癌のDNA検査に伴う問題点は何だろうか？

アンジェリーナ・ジョリーが、癌遺伝子の変異を持つことを踏まえて乳房の切除を決断したと公表したときには、世界的な関心を集めた。実際、「ミューテーション、突然変異」という言葉がインターネット上の検索エンジンでこれほど使われたことはそれまでに一度もなかった。不安を感じた女性から寄せられる*BRCA1*遺伝子の検査の依頼は劇的に増加した。ここで2つの問題が生じる。第一に、誰が検査を受けるべきか？　第二に誰が検査を実施すべきか？　乳癌は比較的広く見られる癌であり（女性の生涯発症率は約10％である）、身内に乳癌経験者が何人もいる女性も珍しくない。そこで遺伝医学者は、どんな場合に*BRCA1*遺伝子分析を実施すべきかを判断するための指針をいくつか考案している。そのうちには、早期に発症し（多くは50歳以前）、過去に複数の癌に罹患した、あるいは現在罹患している近親者が複数人いるという指針もある。

乳癌と卵巣癌の家族歴を持つ女性に*BRCA1*変異のないことが判明しても、直ちに乳癌と卵巣癌を発症しないとは言えない。*BRCA1*変異が関与するのは遺伝性乳癌全体の5分の1にすぎないことが明らかになっている。乳癌には*BRCA1*以外の遺伝子も関与しているが、それが何なのかはまだ分かっていないので、DNA分析をすることはできない。遺伝性乳癌（生殖細胞系列に起こった変異による）は乳癌の10例に1件にすぎないことを思い出そう。残りの90%は乳房の体細胞に起こった突然変異に起因する。

次に誰がその検査を実施するのかという問題だが、*BRCA1*遺伝子を単離したのはある民間企業で、この会社は*BRCA1*のDNA配列の特許を保有していた。最近まで*BRCA1*の解析はその会社が独占しており、当然ながら検査料は高額だった。2013年に連邦最高裁判所は同社の特許を無効とする判決を下し、現在では多くの研究所がより安価に検査を実施できるようになっている。

今後の方向性

遺伝性の癌で遺伝子検査のできるものが他にもあるだろうか？　全ての癌の約10%が変異した癌遺伝子か癌抑制遺伝子を受け継いだために起こる（つまり、出生後に起こった変異には起因しない）。乳癌の場合と同じく、癌の原因となる変異を遺伝により受け継いだ人はそうでない人より癌を発症する確率がはるかに高い。全ゲノムDNAの塩基配列決定法が開発されたことを受けて（**第17章**）、現在では乳癌以外の遺伝性癌に関与する変異が同定されつつあり、近い将来スクリーニング検査で癌の発症傾向の強い家族を特定できるようになるかもしれないと期待されている。

▶ 学んだことを応用してみよう

まとめ

12.1　特定されているDNA配列を用いて、以下の事象がどのように生じるのかを図示し、表現型に対するそれらの効果を説明せよ。転位、転換、ミスセンス変異、ナンセンス変異、フレームシフト変異、および遺伝子のコード領域外の変異。

12.2　遺伝性疾患はタンパク質の機能を失わせる変異が原因である場合が多い。

12.2　病気を引き起こす変異には、点変異から染色体全体が関与するものまであらゆるDNA異常が含まれる。

4つのポリペプチド・サブユニットと酸素が結合するヘム基1つずつから構成されるヘモグロビンは、ヒトの血液に含まれ、体中の組織に酸素を運んでいる。細胞呼吸に酸素は欠かせないので、ヘモグロビンの構造と機能を変えてしまう遺伝的変異は重篤な結果をもたらしかねない。成人のヘモグロビンは、2種類のポリペプチド・サブユニットからなる。すなわち、141個のアミノ酸で構成されるα-グロビンと146個のアミノ酸で構成されるβ-グロビンである（下図）。

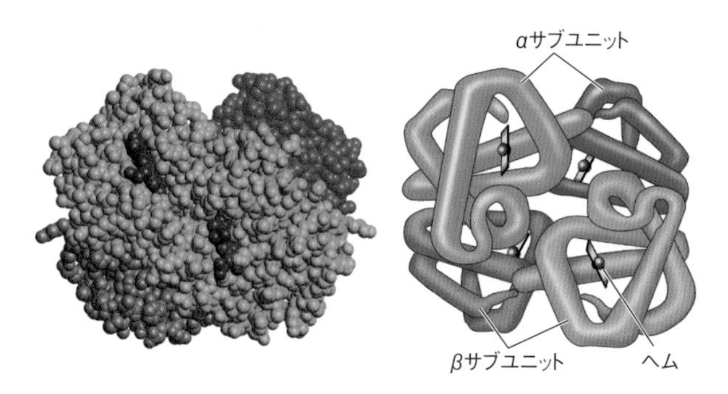

サラセミア（地中海貧血）患者では一般に、α-グロビンやβ-グロビンがまったく、あるいはごく少量しか産生されないので、正常な赤血球が欠乏してしまう。そのため、生きるために患者は輸血を必要とする。サラセミアは地中海沿岸の国々で最も多く、通常は常染色体上の潜性形質として遺伝する。変異型アレルをホモ接合で持つ人々は重篤な症状を示す一方、ヘテロ接合の保因者は当該グロビン遺伝子の正常な機能を持つ2個のアレルのうち1つしか持たないので、軽度の貧血であることが多い。

次のような事例を考えてみよう。持続的に軽度の貧血症状のある２人の人物がいるとする。どちらにも家族内にサラセミア患者がいるので、２人は自分もサラセミア変異の保因者かもしれないと懸念している。そこで２人の組織サンプルを採取し、グロビン遺伝子のDNA配列を解析した。以下は、DNAのコード鎖にある正常なβ-グロビン遺伝子領域の各コドンの位置に対応する配列である。

コドンの位置	36	37	38	39	40	41
正常：	CCT	TGG	ACC	CAG	AGG	TTC

以下は、軽度の貧血を発症している２人の患者のβ-グロビン遺伝子の同じ領域のコード鎖のDNA配列である。

１人目はこの領域に異なる２種類の配列を持っている。

配列１：	CCT	TGG	ACC	CAG	AGG	TTC
配列２：	CCT	TGG	ACC	TAG	AGG	TTC

２人目もこの領域に異なる２種類の配列を持っている。

配列１：	CCT	TGG	ACC	CAG	AGG	TTC
配列２：	CCT	GGA	CCC	AGA	GGT	TCT

質問

1. この２人の患者のDNA配列を分析し、変異の型（サイレント、ナンセンス、ミスセンス、またはフレームシフト）を特定せよ。次に、それぞれの変異がタンパク質鎖に与える効果を評価せよ。
2. ある変異が上記２つの変異と同様の効果を持つものの、β-グロビン遺伝子のコード領域外で起こった変化が原因であると仮定する。この変異について説明せよ。
3. １人目の患者が２人目の患者との間に子どもをもうけたとする。この両親の子どもたちにはどんなリスクがあるか？　起こりうる結果を示す家系図を描け。

第13章
遺伝子発現の制御

働きバチは女王バチの世話をする。働きバチと女王バチの行動の違いの基盤は遺伝子発現の違いにある。

キーコンセプト

13.1 原核生物の遺伝子発現はオペロンに制御される
13.2 真核生物の遺伝子発現は転写因子に制御される
13.3 ウイルスは増殖サイクルを通じて遺伝子発現を制御する
13.4 エピジェネティック変化が遺伝子発現を制御する
13.5 真核生物の遺伝子発現は転写後制御を受ける

生命を研究する

遺伝子発現と行動

10代の若者とその親たちは、そうした年齢は荒れやすい時期だと口を揃えて言うだろう。しかし、なかには同じ年代の若者より粗暴な者もいる。妊娠期間に母親が極度のストレスを経験したティーンエージャーは、母親が穏やかな妊娠期間を過ごした同世代の者より多くの問題行動を起こす傾向がある。ドイツにあるコンスタンツ大学の心理学者トマス・エルバートと進化生物学者アクセル・マイヤー率いる最近の研究は、このような行動上の違いをもたらす遺伝的原因を示唆している。研究では、ストレスに対するホルモンの反応制御に関与するグルココルチコイド受容体をコードする遺伝子が調べられた。その結果、妊娠中に身体的虐待を受けた母親から生まれた子どもは、そのような虐待を受けなかった母親の子どもよりも高い頻度

で、この遺伝子のプロモーターにシトシンのメチル化が起こっていることが判明した。

遺伝子発現の主要な制御点はプロモーターである。プロモーターとは遺伝子のコード領域近傍にあるDNA配列で、そこにタンパク質が結合して転写速度を制御する。プロモーターへのこうしたタンパク質の結合能力は、プロモーターDNAのメチル化の程度に影響される。**キーコンセプト12.1**で述べたように、DNAのいくつかの領域では、多くのシトシン残基は5位にメチル基が付加されて5-メチルシトシンを形成している。遺伝子のプロモーターが高い頻度でメチル化されていると、転写を促進するいくつかのタンパク質は結合できない。代わりに、メチル化したDNAには他のタンパク質が結合して遺伝子発現を阻害する。DNAのメチル化は遺伝子の発現制御に重要な役割を担っており、正常な発生の一部である。しかし、メチル化のレベルは時間とともに変化し、個人によっても異なる。まさにエルバートとマイヤーの研究における10代の若者の事例の通りである。彼らの研究成果は、ヒトにおける母親のストレスとその子どものDNAメチル化の間にある相関を示した点で興味深い。

そうした研究は、行動エピジェネティクスと呼ばれる新分野を生み出した。エピジェネティクスはDNA配列の変化を伴わない、世代を超えて継承されうる遺伝子発現の変化に関する研究である。この変化はヒト以外の動物の行動にも影響を与えているだろう。興味深い例の1つに、遺伝的には同一である働きバチを「支配する」女王バチのよく知られた行動がある。この

２種類のハチの脳にある遺伝子は大きく異なる発現パターンを示すが、それらもまたエピジェネティック（後成的）変化によるものである。

エピジェネティック変化は人為的に操作できるか？

13.1 原核生物の遺伝子発現はオペロンに制御される

原核生物は必要なときにだけ特定のタンパク質を作ることで、エネルギーと資源の浪費を防いでいる。条件が許せば、細菌はそのタンパク質含量を急速に変化させることができる。**第11章**で学んだ遺伝子発現の仕組みに基づいて、原核細胞が不必要なタンパク質の供給を止める方法をいくつか挙げられる方もいるかもしれない。タンパク質合成を抑制する方法として、細胞は次のような機能を持っている。

・当該タンパク質合成のためのmRNAの転写速度を低減する。
・転写後にmRNAを加水分解して翻訳を阻止する。
・リボソームにおけるmRNAの翻訳を阻止する。
・翻訳後にタンパク質を加水分解する。
・タンパク質の機能を阻害する。

どの仕組みが利用されるにしろ、それは環境シグナルに応じて効率的に行われなくてはならない。細胞のタンパク質合成プロセスへの介入が早いほど、エネルギーの浪費は小さくて済む。転写の選択的な阻止は、遺伝子を転写しメッセージを翻訳してからタンパク質を分解したり機能を阻害したりするより、はるかに効率的である。タンパク質量を制御する以上の5通りの仕組みは全て自然界に存在しており、原核生物は一般にそのうちで最も効率的な機構、すなわち転写制御を利用している。

学習の要点

- *lac* オペロンはリプレッサータンパク質によって制御される誘導オペロンの代表例である。
- シグマ因子はRNAポリメラーゼに結合して、それを特異的なプロモーターに誘導するという別の方式の転写制御を担っている。

遺伝子発現は*プロモーターで開始する。プロモーターとは、RNAポリメラーゼが結合して転写を開始する部位である。しかし、あらゆる細胞の全てのプロモーターがいつでも活性を持っているわけではない。この観察結果は、遺伝子の転写が選択的であることを示唆する。どの遺伝子を活性化すべきかにまつわる「決定」には、DNAに結合する2種類の調節タンパク質、リプレッサー（抑制）タンパク質とアクチベーター（活性化）タンパク質が関与する。どちらのタンパク質も、プロモーターに結合して遺伝子発現を制御する（**焦点：キーコンセプト図解　図13.1**）。

- **負の制御**では、リプレッサータンパク質の結合が転写を阻害する。
- **正の制御**では、アクチベータータンパク質の結合が転写を活性化する。

---

*概念を関連づける　転写制御の鍵を握るDNA配列は、種々の調節タンパク質が結合する転写開始部位（転写開始点）であるプロモーター

焦点：キーコンセプト図解

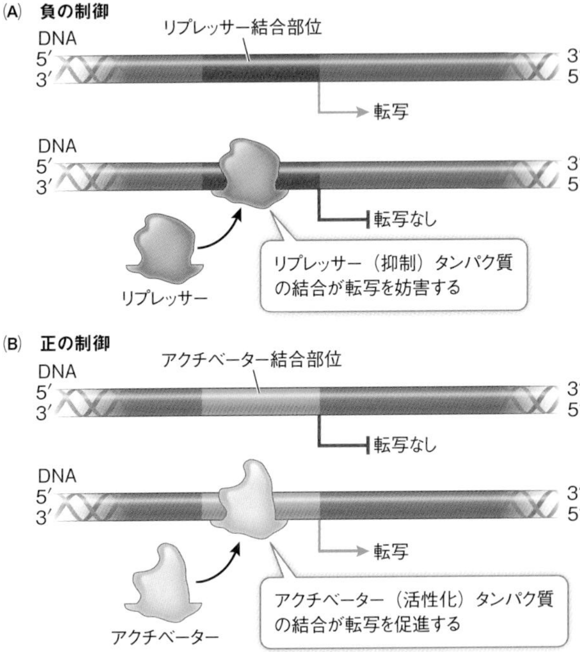

(A) 負の制御

リプレッサー結合部位

DNA

5′ 3′

3′ 5′

転写

DNA

5′ 3′

3′ 5′

転写なし

リプレッサー

リプレッサー（抑制）タンパク質の結合が転写を妨害する

(B) 正の制御

アクチベーター結合部位

DNA

5′ 3′

3′ 5′

転写なし

DNA

5′ 3′

3′ 5′

転写

アクチベーター

アクチベーター（活性化）タンパク質の結合が転写を促進する

図13.1　正の制御と負の制御
調節タンパク質のDNAへの結合が、プロモーター領域へのRNAポリメラーゼの結合による遺伝子の転写を促進または阻害して、その発現を制御する。

Q：1つの遺伝子が正の制御も負の制御も受けることはありうるか？

である。プロモーターに結合するタンパク質の詳細については、**キーコンセプト11.3**で学んだ。

以上の仕組みやそれらの組み合わせについては、原核生物、真核生物、ウイルスでの制御を考察しながら具体例を見ていこう。まずは原核生物においてラクトース（乳糖）の利用を制御しているシステムに焦点を当てる。

転写の制御はエネルギー消費を抑える

大腸菌（*E. coli*）はヒトの腸内に常時棲息するありふれた生物であるが、化学的環境の突然の変化にうまく適応できなければならない。宿主であるヒトから得られる食物はその時々で異なり、例えば果物に含まれるグルコースの場合もあれば、牛乳の成分であるラクトースの場合もあるからである。このような栄養素の変化は大腸菌の代謝にとって重大問題である。グルコースは最も代謝しやすい糖であり、エネルギー源として好まれる。ラクトースはグルコースにβ結合したガラクトースを含む二糖の一種、β-ガラクトシドである（**キーコンセプト3.3**）。大腸菌によるラクトースの最初の取り込みと代謝には3種類の酵素タンパク質が関与する。

1. β-ガラクトシドパーミアーゼは大腸菌の細胞膜にある輸送タンパク質で、細胞内へラクトースを取り込む。
2. β-ガラクトシダーゼはラクトースをグルコースとガラクトースに加水分解する酵素である。
3. β-ガラクトシドトランスアセチラーゼはアセチルCoAから特定のβ-ガラクトシドにアセチル基（$CH_3CO—$）を転移する。この酵素のラクトース代謝における役割は不明である。

グルコースを含む一方でラクトースや他のβ-ガラクトシドを含まない培地で大腸菌を培養し増殖させた場合、上記3種類の酵素タンパク質のレベルはきわめて低くなる。つまり、細胞は不必要な酵素の合成にエネルギーや資源を浪費しない。しかし、環境が変化して利用可能な糖の大部分がラクトースとなり、グルコースがほとんど存在しなければ、大腸菌は短い潜伏期の後に3種類の酵素全ての合成を速やかに開始する。グルコースの存在下ではβ-ガラクトシダーゼ分子は細胞内にごくわずかだが、グルコースが存在しない場合、ラクトースの添加により1細胞あたりおよそ1500倍ものβ-ガラクトシダーゼ分子の合成を誘導できるのである！（図13.2(A)）

この劇的な増加の根底には何があるのだろう？　重要な手がかりがβ-ガラクトシダーゼmRNA量の測定から得られる。mRNA量はラクトースを培地に添加した後の潜伏期に増加し、このmRNAがタンパク質に翻訳される（図13.2(B)）。さらに、ラクトースを取り除くとmRNAレベルが下がることから、高いmRNAレベルはラクトースの存在に依存していることが分かる。*細菌細胞のラクトースへの反応が転写レベルで制御されていることは明白である。*

タンパク質合成を促進するラクトースのような化合物を**誘導物質**（**インデューサー**）という。インデューサーにより合成誘導されるタンパク質が**誘導タンパク質**と称される一方、一定の速度で常時合成されているタンパク質は**構成タンパク質**と呼ばれる。

代謝経路の速度を制御する基本的な仕組みは2通りある。**キーコンセプト14.5**で解説する酵素活性のアロステリック調節は、代謝の速やかな微調整を可能にする。一方、タンパク質合成の制御、すなわち酵素濃度の調節は、迅速な調整はできないもののエネルギーと資源の大きな節約をもたらす。mRNAの合成、tRNAのアミノアシル化、mRNAに沿ったリボソームの動きなどにはどれもATPのようなヌクレオシド三リン酸の

366ページへ→

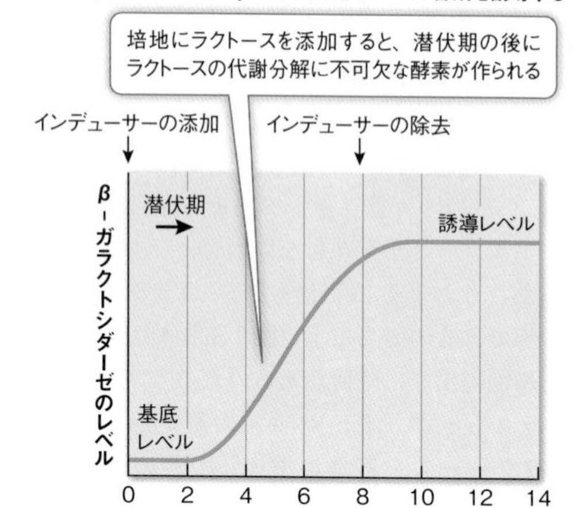

図13.2　インデューサーが酵素をコードする遺伝子の発現を促進する
(A)ラクトースを大腸菌の培地に添加すると、最初の短い潜伏期の後、β-ガラクトシダーゼの合成が始まる。
(B)酵素を合成するにはそれに先立ってβ-ガラクトシダーゼmRNA ↗

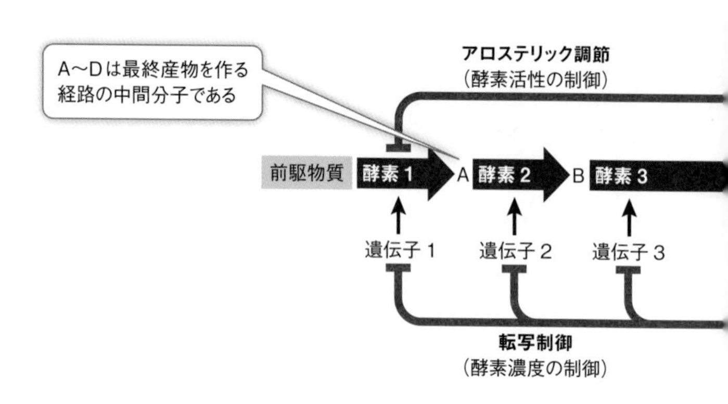

図13.3　代謝経路を制御する2つの仕組み
代謝経路の最終産物によるフィードバックにより、酵素活性が阻 ↗

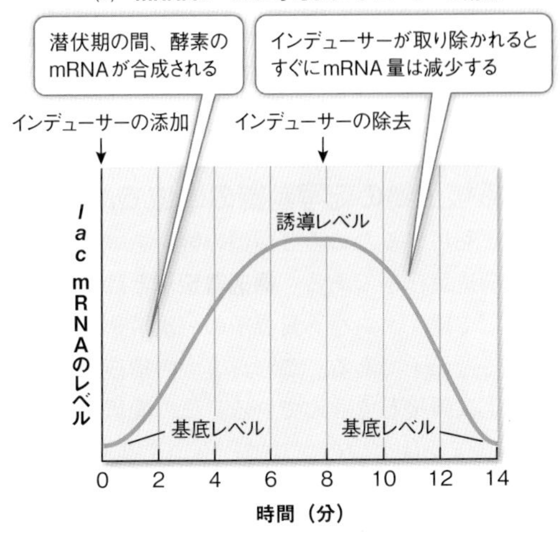

の合成が必要となるため、潜伏期が存在する。ラクトースを取り除くとmRNA量が急速に減少することから、転写がもはや起こっていないことが分かる。こうしたmRNAレベルの変化は、ラクトースによる誘導の仕組みが転写制御であることを示している。

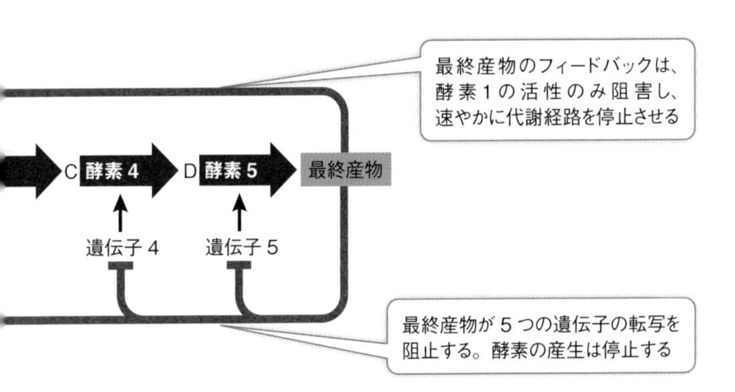

害されたり（アロステリック調節）、経路の酵素をコードする遺伝子の転写が停止されたり（転写制御）する。

加水分解で得られるエネルギーが必要であるため、タンパク質合成はエネルギー吸収を必要とする高度に非自発的な過程だと言える。**図13.3**はこの２つの制御方式を比較したものである。

オペロンは原核生物の転写制御の単位である

ラクトースを利用するための３種類の酵素をコードする大腸菌の遺伝子は構造遺伝子である。**構造遺伝子**とは、酵素あるいは細胞骨格として働くタンパク質分子の一次構造（アミノ酸配列）を特定する遺伝子である。これら３つの構造遺伝子は、大腸菌の染色体上に隣接して並んでいる。この配置は決して偶然ではない。３遺伝子は１つのプロモーターを共有し、DNAは連続した１本のmRNA分子（ポリシストロニックmRNA）に転写される。このmRNAこそが３種類のラクトース代謝酵素全ての合成を担っているので、共通のメッセージとなるmRNAが細胞に存在するかしないかによって、３酵素が揃って合成されるか全て合成されないかが決まる。

１つのプロモーターを共有する遺伝子群を**オペロン**といい、大腸菌の３種類のラクトース代謝酵素をコードするオペロンは*lac*オペロンと呼ばれる。*lac*オペロンのプロモーターは非常に効率的である（mRNA合成の最大速度が大きい）。一方、酵素

図13.4　大腸菌の*lac*オペロン
大腸菌の*lac*オペロンは、プロモーター、オペレーター、ラクトー →

が不要なときには直ちにmRNAの合成を停止できる。オペロンには、プロモーター以外にも、転写されない**調節配列**が存在する。典型的なオペロンは、プロモーターとオペレーター、2つ以上の構造遺伝子で構成されている（図13.4）。**オペレーター**はプロモーターと構造遺伝子の間にある短いDNA領域である。オペレーターは転写を活性化あるいは抑制する調節タンパク質と非常に強固な結合を形成できる。

オペロンの転写を制御する仕組みは数多く存在するが、そのうち以下の3つをこの節では解説する。

1. リプレッサータンパク質により制御される誘導オペロン
2. リプレッサータンパク質により制御される抑制オペロン
3. アクチベータータンパク質により制御されるオペロン

オペレーターとリプレッサーの相互作用が*lac*オペロンと*trp*オペロンの転写を制御する

*lac*オペロンには、RNAポリメラーゼが結合して転写を開始する部位であるプロモーターと、**リプレッサー**タンパク質が結合するオペレーターが含まれる。このリプレッサーをコードする遺伝子は、大腸菌染色体上の*lac*オペロン近傍の上流に位置する。リプレッサーがオペレーターに結合すると、オペロンの

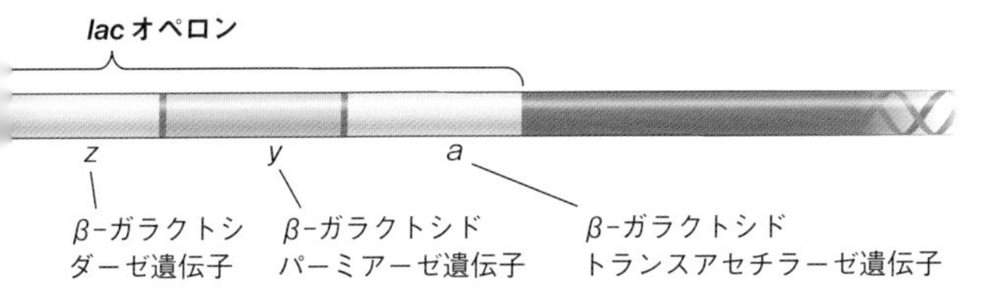

スの代謝酵素をコードする3つの構造遺伝子を含むDNA領域である。

転写が阻止される。負の制御の一例であるこの仕組みは、ノーベル生理学・医学賞を受賞したフランソワ・ジャコブとジャック・モノーによって見事に解明された。

リプレッサータンパク質は2つの結合部位を持っており、一方はオペレーターと、他方は誘導物質と結合する。*lac*オペロンを誘導する環境シグナルは（例えば、ヒトの消化管などに存在する）ラクトース（オペロンの基質）であるが、実際の誘導物質は細胞内に入ったラクトースから作られるアロラクトース分子である。誘導物質がなければ、リプレッサータンパク質はオペレーターDNAの主溝に収まり、特異的なヌクレオチド塩基配列を認識して結合する。するとRNAポリメラーゼのプロモーターへの結合が阻害され、オペロンの転写は停止する（図13.5(A)）。ところが誘導物質が存在すると、それがリプレッサーに結合してその形を変える。リプレッサーの三次元構造（形態）の変化により、リプレッサーはオペレーターに結合できなくなる（訳註：リプレッサーのオペレーター結合部位とは別の部位にラクトースが結合し、リプレッサーの抑制効果を阻害するような効果をアロステリック効果と呼ぶ）。その結果、RNAポリメラーゼがプロモーターに結合できるようになって、*lac*オペロンの構造遺伝子の転写が開始される（図13.5(B)）。

この例から、遺伝子発現の転写制御で鍵となるのは、転写に関わる調節タンパク質やその他のタンパク質の結合部位として働く、タンパク質をコードしていない調節配列の存在であることが分かるだろう。

*lac*オペロンの誘導系とは対照的に、大腸菌が持つ他のオペロンは抑制的である。つまり、特定条件下でのみ抑制される。そのような系では通常、リプレッサーはオペレーターに結合していない。しかし、**コリプレッサー**と呼ばれる別の分子が結合すると、リプレッサーはその形態が変化してオペレーターに結

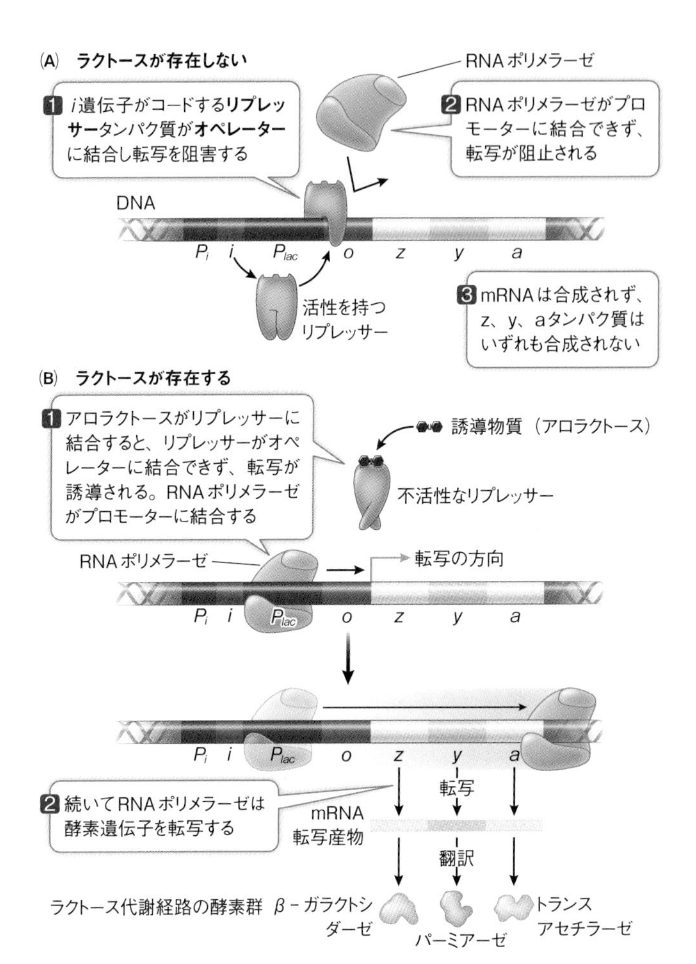

図13.5　*lac*オペロン：誘導系
(A)ラクトースが存在しない場合、その代謝に必要な酵素の合成が阻害される。
(B)ラクトース（誘導物質）は、リプレッサータンパク質に結合してそれがオペレーターに結合するのを阻害することにより、ラクトース代謝経路の酵素群の合成を誘導する。

合できるようになり、転写を阻害する。こうしたオペロンの一例が*trp*オペロンで、その構造遺伝子はアミノ酸のトリプトファンの合成を触媒する。

5つの酵素触媒反応
前駆物質　→　→　→　→　→トリプトファン

細胞中に十分な濃度でトリプトファンが存在するならば、トリプトファン合成に必要な酵素の合成を停止したほうが有益である。そこで、細胞は*trp*オペロンのオペレーターに結合するリプレッサーを利用する。ところが*trp*オペロンのリプレッサーは、ふだんはオペレーターに結合しておらず、オペロンの最終産物であるトリプトファン（コリプレッサー）に結合してその形態を変えたときにだけオペレーターに結合できる。

ここで、以上2種類のオペロンの違いを要約してみよう。

- *誘導系*では、代謝経路の基質（誘導物質）が調節タンパク質（リプレッサー）と相互作用すると、リプレッサーがオペレーターに結合できなくなり、その結果抑制が外れて転写が誘導される。
- *抑制系*では、代謝経路の最終産物（コリプレッサー）が調節タンパク質（リプレッサー）に結合すると、リプレッサーがオペレーターに結合できるようになり、転写が阻害される。

一般に、誘導系は*__異化経路__（基質が利用できるときのみONになる）を担い、抑制系は同化経路（産物の濃度が過剰になるとOFFになる）を担う。どちらの系でも、調節タンパク質はオペレーターに結合することによって機能するリプレッサーである（訳註：どちらもリプレッサーが関与する負の調節機構である。つまり、リプレッサーが機能しないデフォルト状態ではON）。

では次に、アクチベーターが関与する正の制御の例について考えてみよう。

---

*概念を関連づける　**キーコンセプト14.1**でも解説するように、代謝には2種類ある。異化経路は複雑な分子を単純な分子に分解し、それまで化学結合に蓄えられていたエネルギーを放出する。同化経路は単純な分子を結びつけてより複雑な分子を形成するプロセスであり、エネルギーの投入を必要とする。

タンパク質合成はプロモーター効率を変えることで制御できる

負の制御では、リプレッサータンパク質が存在すると転写が低減する。大腸菌は**アクチベーター**タンパク質によって転写活性を高める正の制御も利用することができる。一例として、*lac*オペロンに立ち戻ってみよう。*lac*オペロンでは、グルコースとラクトースの相対レベルが転写量を決める。ラクトースの存在下では*lac*リプレッサーは*lac*オペレーターに結合することができず、転写を抑制できないことは既に見た（**図13.5**）。しかし、グルコースは細胞にとってより好ましいエネルギー源であるから、グルコースとラクトースのレベルがともに高い場合、*lac*オペロンは効率的に転写されない。というのも、*lac*オペロンの効率的な転写にはアクチベータータンパク質がプロモーターへ結合することが必要だからである。

細胞中のグルコースレベルが低いと、セカンドメッセンジャーであるサイクリックAMP（cAMP）（**キーコンセプト7.3**）レベルの上昇を導く信号伝達経路が始動する。cAMPはcAMP受容体タンパク質（CRPあるいはCAP）と呼ばれるタンパク質に結合し、CRPの形態変化を誘導して*lac*プロモーターへの

(A) **グルコースレベルが低く、ラクトースが存在する**

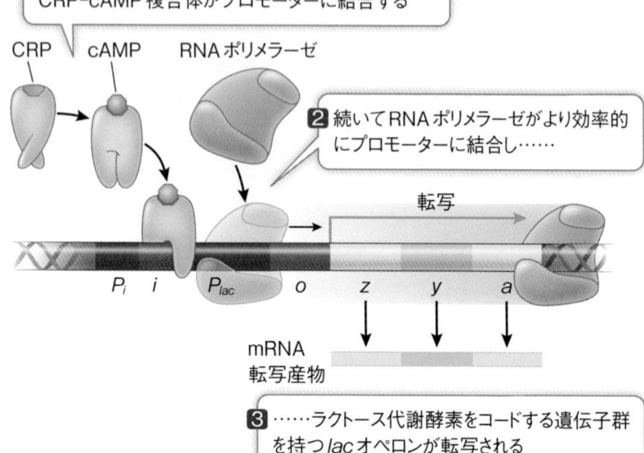

(B) **グルコースレベルが高く、ラクトースが存在する**

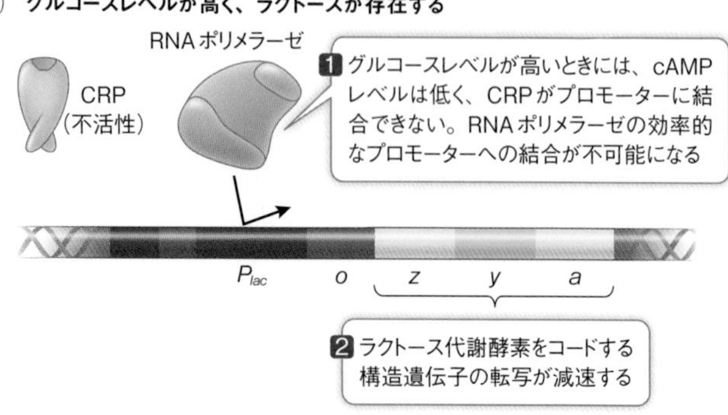

図13.6　異化代謝産物抑制が*lac*オペロンを制御する
(A)グルコースレベルが低く、cAMPが豊富に存在するときには、*lac*オペロンのプロモーターは効率的に機能する
(B)高いグルコースレベルは、このようにしてラクトース代謝酵素を抑制する。

表13.1　*lac*オペロンの正負の制御

グルコース	cAMPレベル	プロモーターへのRNAポリメラーゼの結合	ラクトース	*lac*リプレッサー	*lac*リプレッサー遺伝子の転写	細胞によるラクトースの利用
存在する	低い	なし	存在しない	活性（オペレーターに結合する）	なし	なし
存在する	低い	あるが非効率	存在する	不活性（オペレーターに結合しない）	低レベル	なし
存在しない	高い	ある効率的	存在する	不活性（オペレーターに結合しない）	高レベル	あり
存在しない	高い	なし	存在しない	活性（オペレーターに結合する）	なし	なし

結合を促す。cAMPの結合によって形成されたCRP-cAMP複合体は転写のアクチベーターであり、これがRNAポリメラーゼのプロモーターへの結合を促進して、構造遺伝子の転写活性を高める（図13.6）。グルコースが豊富に存在するときには、cAMPのレベルが低く、CRP-cAMP複合体がプロモーターに結合しないから、*lac*オペロンの転写効率は低下する。これは、より好ましいエネルギー源が存在すると他の異化経路が抑制される遺伝子制御システムである**異化代謝産物抑制（カタボライトリプレッション）**の一例である。表13.1に*lac*オペロンの正の制御機構および負の制御機構をまとめた。

RNAポリメラーゼは特定のプロモーターグループへと導かれる

ここまで、プロモーターは転写開始部位の上流に位置する特別なDNA配列であると説明してきた。プロモーターがRNAポリメラーゼと結合すると、続いてRNAポリメラーゼがDNAの遺伝子コード領域からのRNA合成を触媒する。プロモーターは2本のDNA鎖のうち正しい一方（鋳型鎖、アンチセンス鎖）が転写されるように、RNAポリメラーゼを適切な位置へと誘導する。全てが同一の配列というわけではないが、どんなプロモーターもRNAポリメラーゼや他のタンパク質に認識されうる類似した配列を持っている。原核生物のプロモーターには一般に、こうした認識配列のための2つの部位がある。転写開始部位の10塩基対上流から始まる部位と35塩基対上流から始まる部位である（-10配列と-35配列）。プロモーターの種類が異なれば、これら2つの部位の認識配列も異なる。最も多いのが「ハウスキーピング遺伝子」のプロモーター群である。ハウスキーピング遺伝子とは、活発に増殖している細胞で常に発現している遺伝子の全てを指す。このような遺伝子では、-10配列は5′-TATAAT-3′で、-35配列は5′-TTGACAT-3′である（以下の図で、Nはどのヌクレオチドでもよいことを表している）。

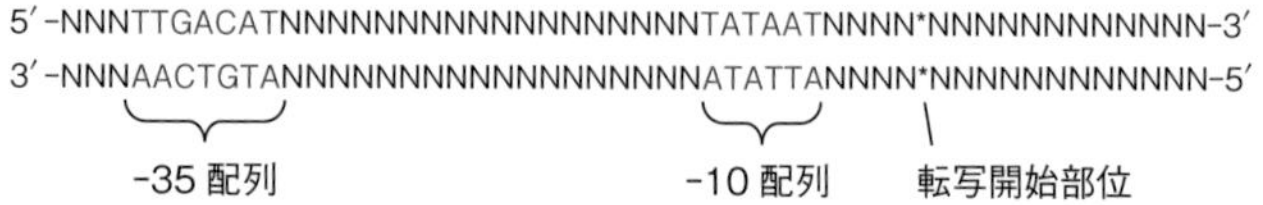

```
5′-NNNTTGACATNNNNNNNNNNNNNNNNNNNTATAATNNNN*NNNNNNNNNNNN-3′
3′-NNNAACTGTANNNNNNNNNNNNNNNNNNNATATTANNNN*NNNNNNNNNNNN-5′
      -35配列                      -10配列    転写開始部位
```

ハウスキーピング遺伝子以外では、-10部位と-35部位の認識配列が異なる。DNAの認識部位がプロモーターの種類によって異なるのはなぜだろう？　なにしろ、プロモーターは全て同じタンパク質、すなわちRNAポリメラーゼに結合するのである。この疑問への答えは、そうしたDNAの認識配列がRNAポリメラーゼだけでなく別のタンパク質にも結合するという事実にある。そしてそのようなタンパク質こそが、特定プロモーターへのRNAポリメラーゼの結合を促進し、その遺伝子発現系にある程度の特異性を与えているのである。

シグマ因子は原核生物内に存在し、RNAポリメラーゼに結合して、それを特異的なプロモーター群へと導くタンパク質である。RNAポリメラーゼはシグマ因子に結合して初めて、プロモーターを認識し転写を開始することができる。例えば、シグマ70因子はほぼ常に活性を持ち、ハウスキーピング遺伝子の認識配列に結合するが、他のシグマ因子は特定の条件下でのみ活性化する。大腸菌細胞がDNA損傷を受けたり浸透圧ストレスのようなストレス条件下に置かれたりすると、シグマ38因子が活性化してRNAポリメラーゼをストレス条件下で発現する様々な遺伝子のプロモーターへと誘導する。大腸菌は7種類のシグマ因子を持つが、その数は他の原核生物では違っている。

RNAポリメラーゼを特定のプロモーターに導くタンパク質による制御は珍しい事象ではない。次節では、そうした制御が実際に真核生物でも広く見られることが分かるだろう。

細菌の研究によって、遺伝子発現の制御機構や正負の制御で働く調節タンパク質の役割についての基本的な理解が得られた。ここからは真核生物の遺伝子発現における転写制御に目を転じて、そこで働く同じような仕組みについて学んでいこう。

13.2 真核生物の遺伝子発現は転写因子に制御される

単細胞真核生物の細胞機能にとっても、多細胞真核生物が受精卵から成熟個体まで正常に発達するためにも、特定のタンパク質が適切なときに適切な細胞中で作られる必要があり、合成の時期や場所を間違えてはならない。以下にヒトの例を2つ示す。

1. 膵臓の外分泌細胞では、消化酵素のプロカルボキシペプチダーゼAが細胞の全タンパク質の7.6%を占めるが、他の細胞では通常この酵素は検出されない。
2. 乳管細胞では、母乳に含まれるタンパク質のα-ラクトアルブミンは妊娠後期と授乳期にのみ作られる。α-ラクトアルブミンは他のいかなる細胞でも作られない。

真核生物の遺伝子発現も制御を受けていることは間違いない。

学習の要点

- 真核生物における遺伝子の転写速度は、転写因子とその遺伝子に関連する調節配列に結合する他のタンパク質の組み合わせに依存する。
- DNA結合タンパク質は、結合機能に重要な特定の構造モチーフを共有する。
- 協調的に発現する真核生物の遺伝子は同一の転写因子を共有する。

真核生物の遺伝子発現も原核生物の場合と同じように、遺伝子の転写と翻訳を通じてタンパク質を合成する過程において、複数の異なる段階で制御される（**図13.7**）。この節では、特定遺伝子の選択的転写をもたらす仕組みについて解説しよう。真核生物の遺伝子発現を制御する仕組みには、原核生物の仕組みとの共通点がある。どちらの細胞もDNAとタンパク質の相互作用と正負の制御を利用する。しかし両者の間には違いも多く、そこには転写と翻訳を物理的に分離する核の存在による相違も含まれる（**表13.2**）。

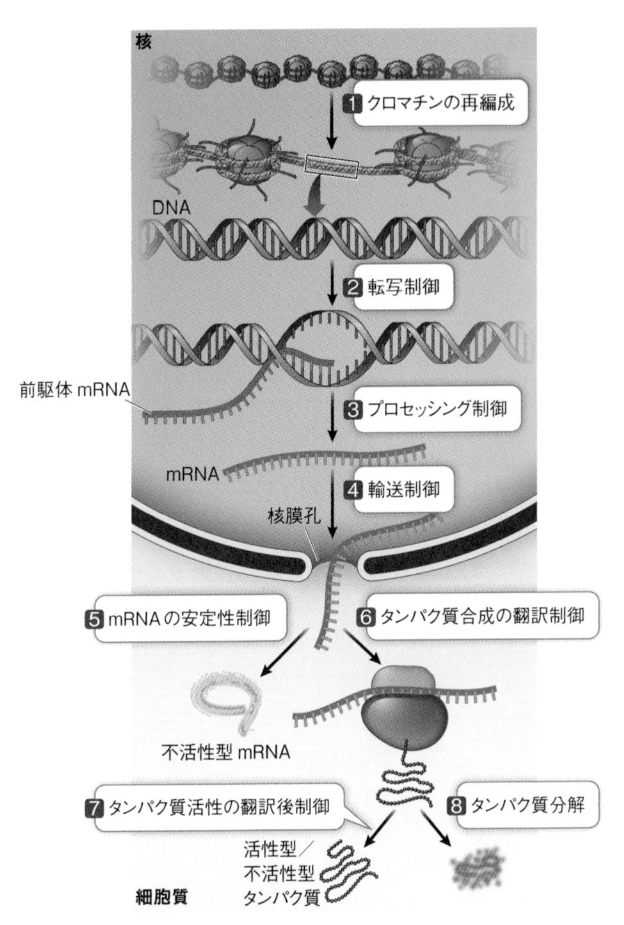

図13.7　遺伝子発現の制御が可能なポイント
遺伝子発現は、転写前（1）、転写中（2、3）、転写と翻訳の間（4、5）、翻訳中（6）、あるいは翻訳後（7、8）に制御することができる。

Q：原核生物では多くの場合、転写と翻訳が時間的・空間的に共役しているが、核を持つ真核生物では別々に行われる。核が細胞小器官として存在する利点は何か？

表13.2　原核生物と真核生物における転写

	原核生物	真核生物
機能的に関連する遺伝子の存在する場所	オペロンに集中している場合が多い	互いに離れ、別々のプロモーターを持つことが多い
RNAポリメラーゼ	1つ	3つ Ⅰ はrRNAを転写する Ⅱ はmRNAを転写する Ⅲ はtRNAと低分子RNAを転写する
プロモーターや他の調節配列	少数	多数
転写開始	RNAポリメラーゼのプロモーターへの結合	RNAポリメラーゼなど多数のタンパク質の結合

基本転写因子は真核細胞のプロモーターに働きかける

原核生物の場合と同様に、真核生物の遺伝子のプロモーターもコード領域の5′末端近傍のDNA配列であり、そこにRNAポリメラーゼが結合して転写を開始する。真核生物のプロモーターは原核生物のそれよりずっと多様であるが、多くは原核生物のプロモーターにある-10配列に似たヌクレオチド配列を含んでいる。この配列は通常、転写開始部位の近くに位置し、AT塩基対を多く持つことから**TATAボックス**と呼ばれている。TATAボックスはDNAが変性を始めて鋳型鎖が露出する部位である。TATAボックスに加えて、真核生物のプロモーターにはたいてい複数の調節配列が含まれ、転写の制御を担う調節タンパク質である**転写因子**はそれらの配列を認識してそこに結合する。

原核生物のRNAポリメラーゼと同様に、真核生物のRNAポリメラーゼⅡだけではプロモーターに結合して転写を開始できない。実際には、染色体上で様々な**基本転写因子**が組み立てられて初めて転写が可能となる（**図13.8**）。基本転写因子は

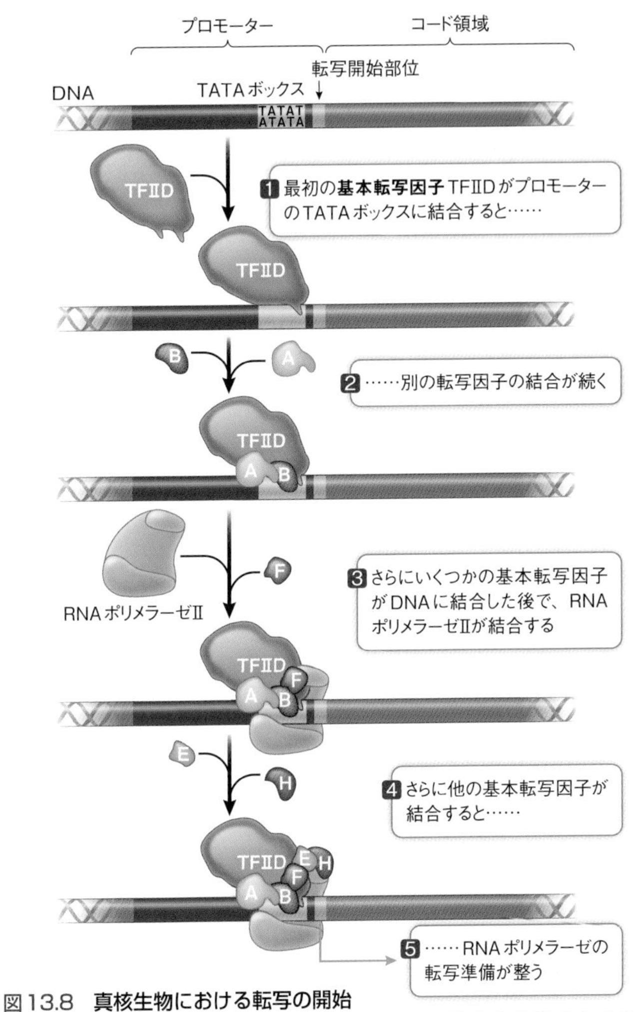

図13.8　真核生物における転写の開始
TATAボックスに結合するTFⅡDを除けば、転写複合体を構成する各基本転写因子は複合体内の他のタンパク質との結合部位しか持たず、DNAに直接は結合しない。A、B、D、E、F、Hは基本転写因子である。

ほぼ全てのプロモーターに転写開始複合体の形成を通じて結合でき、特定のプロモーターあるいは特定のクラスのプロモーターにだけ作用するプロモーターとは異なる。まずTFⅡD（TFは転写因子（transcription factor）の意）と呼ばれるタンパク質複合体がTATAボックスに結合する。TFⅡDの結合はそれ自身とDNAの形態を変化させ、新たな表面を露出させて他の基本転写因子の結合を促進し、転写開始複合体を形成する。この複合体に複数の他のタンパク質が結合して初めて、RNAポリメラーゼⅡの結合が可能になる。

基本転写因子はそれぞれ、遺伝子発現で固有の役割を担っている。

・TFⅡBはRNAポリメラーゼとTFⅡDの両方に結合して転写開始部位の識別を助ける。
・TFⅡFは複合体がDNAへ非特異的に結合するのを阻止し、RNAポリメラーゼを複合体へ集合するよう促す。TFⅡFは機能の点で細菌のシグマ因子と似ている。
・TFⅡEはプロモーターに結合した他の基本転写因子とともに、DNAの変性（解離）状態を安定に保つ。
・TFⅡHはDNAを解離させて転写を可能にする。

TATAボックスなどのいくつかの調節DNA配列は、多くの真核生物遺伝子のプロモーターに共通しており、個体の全ての細胞で見出される基本転写因子によって認識される。限られた遺伝子だけにあって特定の転写因子に認識される調節配列も存在する。こうした因子は特定の細胞タイプや細胞周期の特定の時期にのみ見出されるものか、細胞内あるいは外部環境からの信号に応答する信号伝達系によって活性化されるものである（**第7章**）。

特定のタンパク質がDNA配列を認識し結合して転写を制御する

調節DNA配列のなかには、転写因子に結合して転写を活性化したり転写速度を高めたりする**エンハンサー**という正の要素（エレメント）がある。これに対して、**サイレンサー**という調節エレメントもあり、こちらは転写を阻害する因子に結合する。遺伝子の正確な発現に必要な調節エレメントの多くは、転写開始部位の数百塩基対の範囲内に見つかる。例えば、マウスのアルブミン遺伝子のプロモーターは、肝細胞の特異的な発現に必要な情報を全て転写開始部位の上流170塩基対の内部に含んでいる。しかし、数千塩基対も離れた部位に位置し、近接した複数の遺伝子の発現に影響を与えるような調節エレメントも存在する。転写因子がこうした調節エレメントに結合すると、RNAポリメラーゼ複合体との相互作用によってDNAの湾曲が起こり、転写を助けることになる（**図13.9**）。

遺伝子に結合する転写因子の組み合わせによって転写速度が決定される。例えば、骨髄の未成熟な赤血球では大量のβ-グロビンが作られるが、細胞内でのβ-グロビン遺伝子の転写制御には少なくとも13種類の異なる転写因子が関与している。同じ骨髄で作られる未成熟な白血球のような他の細胞では、こうした転写因子の全てが存在するわけでも活性を持つわけでもない。そのため、これらの細胞ではβ-グロビン遺伝子は転写されない。このように全ての細胞に同じ遺伝子が存在するが、個々の細胞の運命はどの遺伝子が発現するかで決まるのである。それではいったい、転写因子はどのように特異的なDNA配列を認識しているのだろうか？

タンパク質とDNAの特異的な相互作用が結合の基盤となる

既に見たように、遺伝子の活性化と不活化には、特異的なDNAに結合する領域（ドメイン）を持った転写因子が関与する。DNAに結合する*タンパク質ドメインには共通するいくつかの主要構造が存在する。こうした主要構造あるいは**構造モチーフ**は、構造的要素（タンパク質構造）の様々な組み合わせにより構成され、亜鉛のような特別な成分を含むものもある。各ドメインに共通する構造モチーフの1つがヘリックス・ターン・ヘリックスで、2本のαヘリックスが非らせん型のターン構造（急激に曲がった短いペプチド鎖）で連結している。内側を向いた「認識」ヘリックスはDNAの塩基と相互作用し、外側を向いたヘリックスは、内側の認識ヘリックスが間違いなく塩基に向かって正しく配置されるように、糖－リン酸骨格上に位置している。

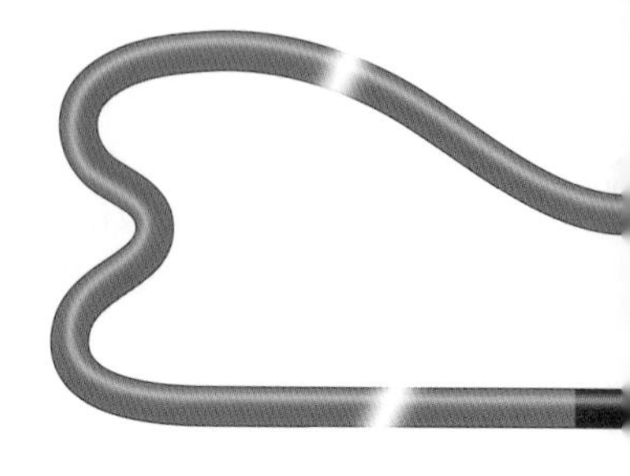

図13.9
転写因子と転写の開始
多くのタンパク質の働きによって、RNAポリメラーゼⅡがDNAを転写するかどうか、さらにはどこを転写するのかが決まる。

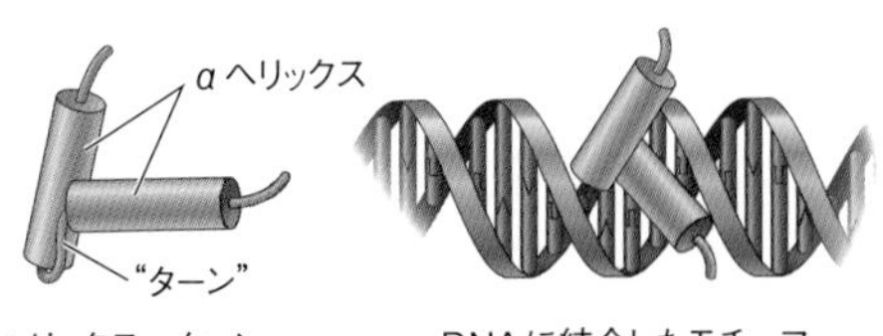

---

*概念を関連づける　DNAの構造と化学的性質はタンパク質による認識の鍵となる。タンパク質の形態と化学構造が他の分子との非共有結合を可能にする仕組みについては、**キーコンセプト3.2**で解説した。

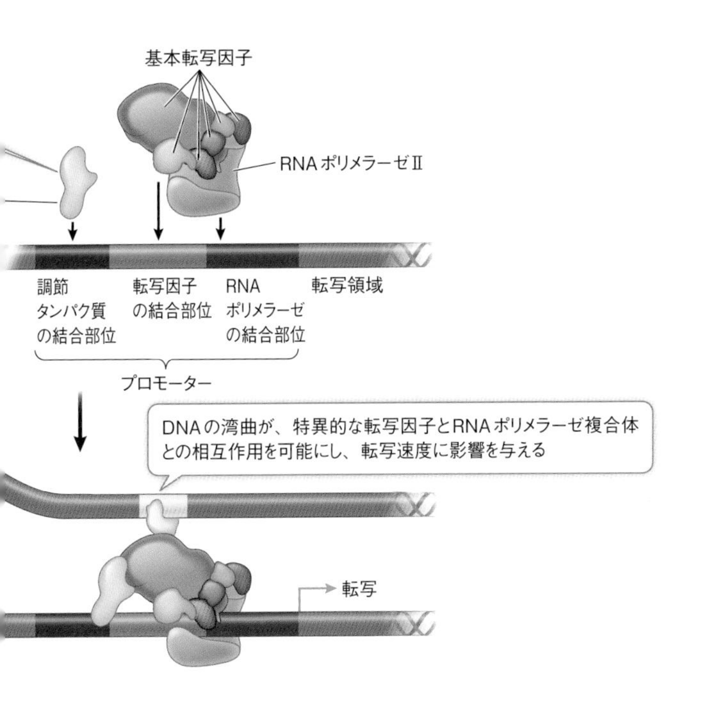

タンパク質はどのようにDNAの配列を認識しているのだろうか？　**キーコンセプト3.2**で学んだように、DNAの相補的塩基は互いに水素結合を形成するだけでなく、特に主溝と副溝の露出した部位でタンパク質とも水素結合を形成できる。このため、無傷のDNA二重らせん（ダブルヘリックス）は以下のような構造を持つタンパク質モチーフに認識される。

・主溝と副溝にうまく収まる。
・二重らせん内部に入り込むことができるアミノ酸を持つ。
・内部の塩基と水素結合を形成できるアミノ酸を持つ。

転写因子が細胞分化の基盤となる

複雑な生物が受精卵から成熟個体へ発達する間、細胞は分化（特殊化）を続ける。多くの場合、分化は様々な転写因子の活性化や不活化によって遺伝子発現が変化することで起こる。このテーマについては**第19章**で詳述する。ここではひとまず、分化した細胞も全て完全なゲノムを持っていること、それぞれに固有な性質が遺伝子発現の特異性から生じていることを学んでほしい。

複数の遺伝子群の発現は転写因子によって協調的に制御されている

真核細胞はどのような仕組みで、同時に転写を開始しなくてはならない複数の遺伝子の発現制御を協調させているのだろうか？　原核生物はこの問題を、関連する複数の遺伝子を１つのプロモーターの制御下にあるオペロンにまとめて配置し、特定のプロモーターを認識するシグマ因子を用いることで解決している。一方、真核生物の遺伝子の大部分はそれぞれが独自のプロモーターを持ち、協調的な制御を受ける複数の遺伝子どうし

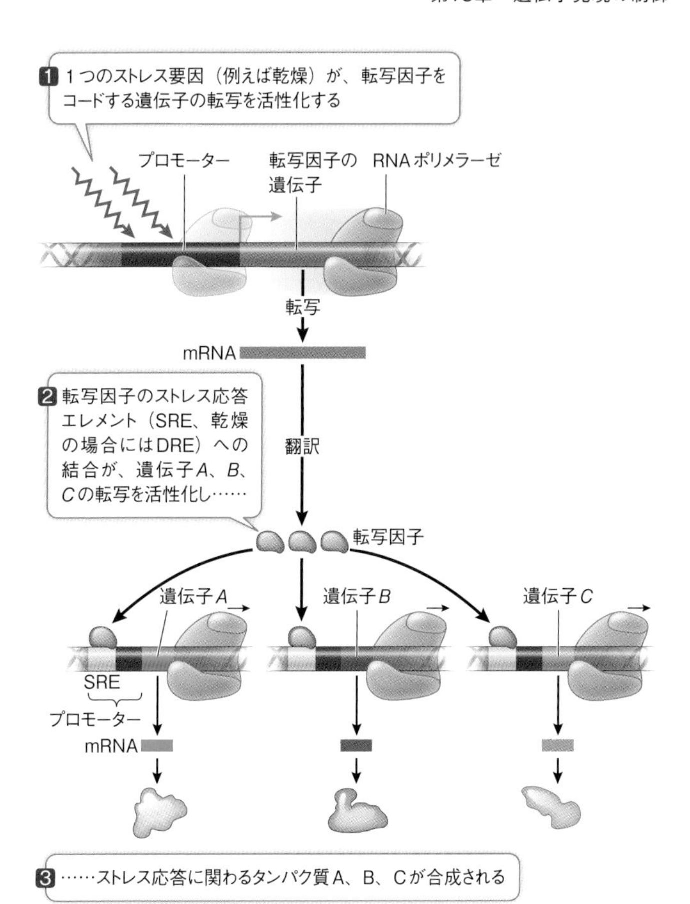

図13.10　協調的な遺伝子発現
乾燥ストレスのような1つの環境シグナルを契機に、多くの遺伝子に作用する転写因子の合成が始まる。

が離れた位置に存在することが多い。このような場合でも、それらが同じ転写因子に結合する共通の調節配列を持っていれば、遺伝子発現の協調的な進行が可能になる。

生物のストレス応答は、調節配列を共有しているおかげで成り立っている。例えば、植物は乾燥への応答に共通の調節配列を利用している。乾燥ストレス条件下では、植物は複数のタンパク質を同時に合成しなければならないが、それらをコードする遺伝子はゲノム中に散在している。そこでストレス応答の発現を協調的に進めるために、当該遺伝子はそれぞれプロモーターの近傍に「ストレス応答エレメント（SRE、乾燥の場合にはDRE)」と呼ばれる特異的な調節配列を持つ。SREに転写因子が結合すると、mRNA合成が促進される（**図13.10**)。ストレス応答タンパク質は植物が水分を保持するのに役立つだけでなく、土壌中の過剰な塩や凍結から植物を保護する機能も有する。農作物の栽培は常に最適な条件で行えるわけではなく、天候に左右されることを思えば、このような知見は農業にとって大きな重要性を持つ。

原核生物と真核生物が遺伝子やオペロンの転写をどのように制御しているのかについてここまで学んできた。次節では、ウイルスが生活環を全うするために、原核生物と真核生物の転写機構をどのようにハイジャックする（乗っ取る）のかを見ていこう。

13.3 ウイルスは増殖サイクルを通じて遺伝子発現を制御する

「ウイルスはタンパク質に包まれた一通の悪い知らせである」。この警句は免疫学者のピーター・メダワー卿の言葉だが、ウイルスに感染された細胞にしてみれば、まさにその通りだろう。**第10章**で説明したように、細菌ウイルス（**バクテリオファージ**）は宿主細菌に遺伝物質を注入し、その細胞をウイルスの生産工場に変えてしまう（**図10.3**）。ウイルスそのものが宿主細胞に侵入し、細胞内部で外被を脱いで細胞の複製機構をハイジャックするものも存在する。ウイルスの種類によっては、かなり生産性の高い生活環を有するものがある。ポリオウイルスがその一例で、哺乳類の細胞にたった1つ感染しただけで10万以上の新たな子ウイルス粒子を生み出すことができる。

学習の要点

- ウイルスの生活環は溶菌サイクルまたは溶原サイクルのいずれかである。
- ウイルスの感染サイクルが理解できれば、ウイルス感染に対抗する治療薬を設計することが可能になる。

ウイルスは極小の感染粒子であり、生きた細胞に感染するが、宿主細胞外では複製できない。**ビリオン**と呼ばれるウイルス粒子の多くは二、三の要素から構成されている。DNAかRNAの形で存在する遺伝物質とその遺伝物質を保護するタンパク質外被（カプシド）、それと種類によってはカプシドの外側に脂質の被膜（エンベロープ）が加わる。本節でこれから学ぶように、ウイルスゲノムは調節タンパク質をコードする配列を含んでいる。こうしたタンパク質が宿主細胞の転写機構を「ハイジャック」することで、ウイルスはその増殖サイクルを完遂できる。

ウイルスは2通りの増殖サイクルを持つ

宿主細胞に侵入したウイルスゲノムは、通常は細胞の分子遺伝機構を乗っ取る。しかし、一部のウイルスはそれとは違う過程をたどって、ウイルスゲノムを宿主ゲノムに組み込む。

溶菌サイクル　ハーシーとチェイスの実験（図10.4）で見られたのは、典型的な**溶菌サイクル**である。この名称は、感染後すぐに宿主細胞が破裂（溶菌）して子ウイルスが放出されることに由来する。このサイクルでは、ウイルスの遺伝物質は感染後直ちに、ウイルス自身の複製のために宿主の合成機構を乗っ

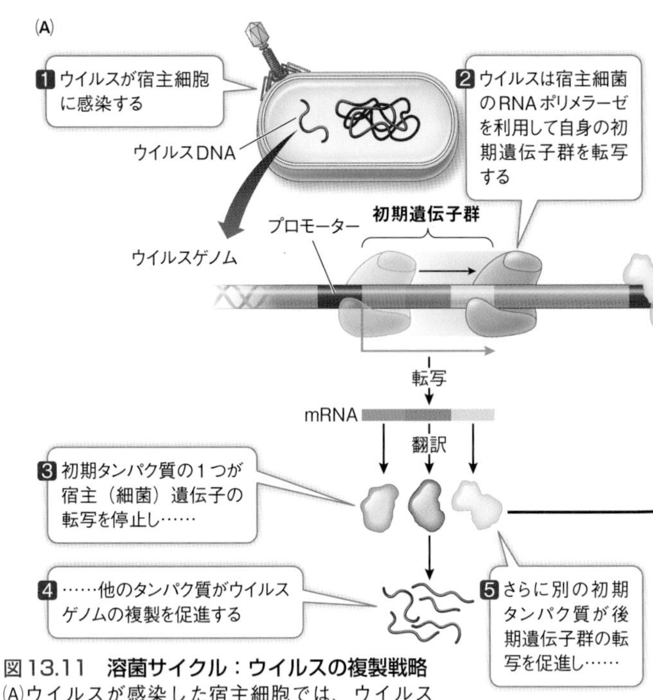

図13.11　**溶菌サイクル：ウイルスの複製戦略**
(A)ウイルスが感染した宿主細胞では、ウイルスゲノムが自身の初期遺伝子群を発現させて宿主の転写を停止させ、自己の複製を開始する。ウイルスゲノムが複製されると、ウイルスの後期遺伝子群がゲノムを包みこむカプシドタンパク質と宿主細胞を溶解するタンパク質を合成する。↗

取る。バクテリオファージの一部では溶菌プロセスがきわめて急速で、15分以内に新しいファージ粒子が細菌細胞中に出現する。その10分後には「ゲームオーバー」を迎え、溶菌細胞から新しいファージ粒子が放出される。いったい何が起こっているのだろう？

分子レベルでは、**図13.11**に示すように、典型的な溶菌ウイルスの増殖サイクルは初期と後期の２段階で構成されてい

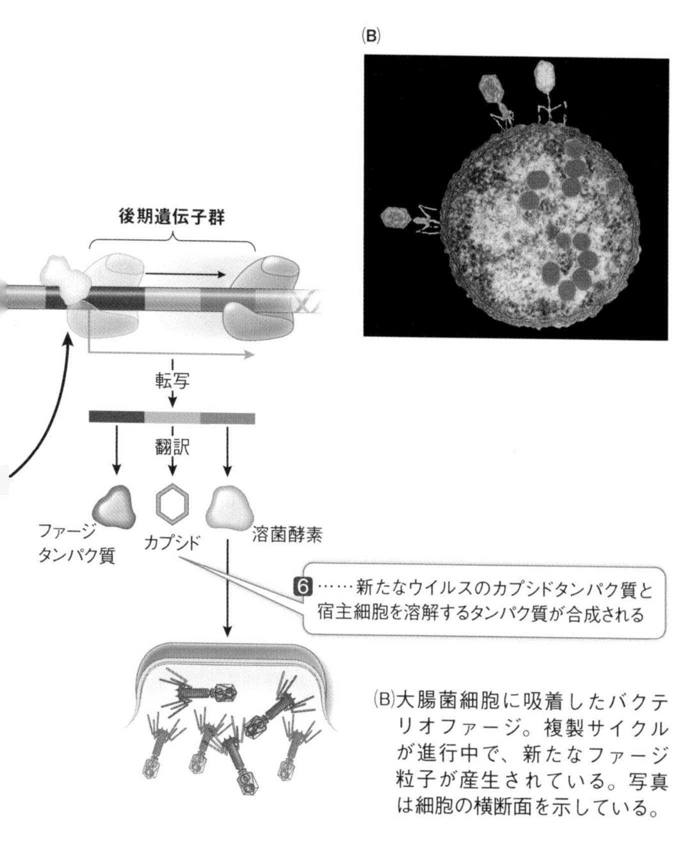

(B)大腸菌細胞に吸着したバクテリオファージ。複製サイクルが進行中で、新たなファージ粒子が産生されている。写真は細胞の横断面を示している。

る。本文と**図13.11**を見れば、遺伝子発現を促進する正の制御と抑制する負の制御の両方の例が理解できるだろう。

・ウイルスゲノムは宿主のRNAポリメラーゼと結合するプロモーターを持つ。感染の初期段階（ファージDNAの侵入後1～2分の間）に、このプロモーターに隣接するウイルス遺伝子が転写される（正の制御）。
・こうした初期遺伝子群は宿主遺伝子の転写を停止させる（負の制御）タンパク質をコードしていることが多く、ウイルスゲノムの複製と後期遺伝子群の転写を促進する（正の制御）。DNA注入の3分後には、ウイルスの核酸分解酵素（ヌクレアーゼ）により宿主染色体が分解され、ウイルスゲノムを合成するためのヌクレオチドとなる。
・後期には、後期遺伝子群が転写される（正の制御）。それらの遺伝子は、**カプシド**（ウイルスを包み込む外殻）を構成するタンパク質やウイルスに含まれるその他のタンパク質、宿主細胞を溶菌して新しいウイルス粒子を放出するための酵素をコードしている。後期はDNA侵入の9分後、最初の新しいウイルス粒子出現の6分前に始まる。

宿主細胞へのウイルスの結合と感染から新しい子ファージの放出にいたる全過程には約30分を要する。この間、転写の一連の事象は厳密に制御され、感染力のある完全なウイルス粒子（ビリオン）が産生される。

溶原サイクル　全ての核酸ゲノムと同様に、ウイルスのゲノムも突然変異し、自然選択によって進化する。溶菌サイクルを遅らせる**溶原性**と呼ばれる有利な仕組みを進化させたファージも存在する。溶原サイクルでは、ファージDNAは宿主DNAに組み込まれて**プロファージ**となる（図13.12）。宿主細胞が分裂するときには、ファージDNAも宿主のDNAとともに複製される（訳註：例えば、ラムダファージでは、*cI*遺伝子がコードするリプレッサーによって初期遺伝子群の転写が阻止され、*int*遺伝子がコードするインテグラーゼによってファージDNAの宿主染色体への組み込みが起こる）。プロファージは細菌ゲノムの内部で何千世代にもわたって不活性のままでい続けながら、もとのファージDNAを大量に複製することができる。

しかし、宿主細菌の増殖に陰りが見え始めると、ファージは「損切りをする」。ファージは溶菌サイクルに切り替え、プロファージは宿主染色体を離脱して複製を始める（訳註：プロファージ誘発と呼ばれるこの現象は*cI*遺伝子がOFFの状態で生じる）。換言すれば、ファージは自身のDNAを宿主染色体に挿入し、溶菌に適した条件が整うまで物言わぬ乗客としてDNAをそこに残しておくことで、増殖と生存の可能性を向上させられるのである。

真核生物に感染するウイルスは複雑な生活環を有する

真核生物はRNAあるいはDNAからなるゲノムを持った様々な種類のウイルスの感染に感受性がある。RNAウイルスの一部の仲間はレトロウイルスと呼ばれる。

- *DNAウイルス*：多くのウイルス粒子は２本鎖のDNAゲノムを持つ。しかし、１本鎖のDNAを持つウイルスもあり、その相補鎖はウイルスゲノムが宿主細胞に侵入した後に作られる。一部のバクテリオファージと同じく、真核生物に感染するDNAウイルスは溶菌サイクルと溶原サイクルのどちらでも増殖することができる。ヘルペスウイルスとパピローマウイルス（イボを形成する）がその好例である。

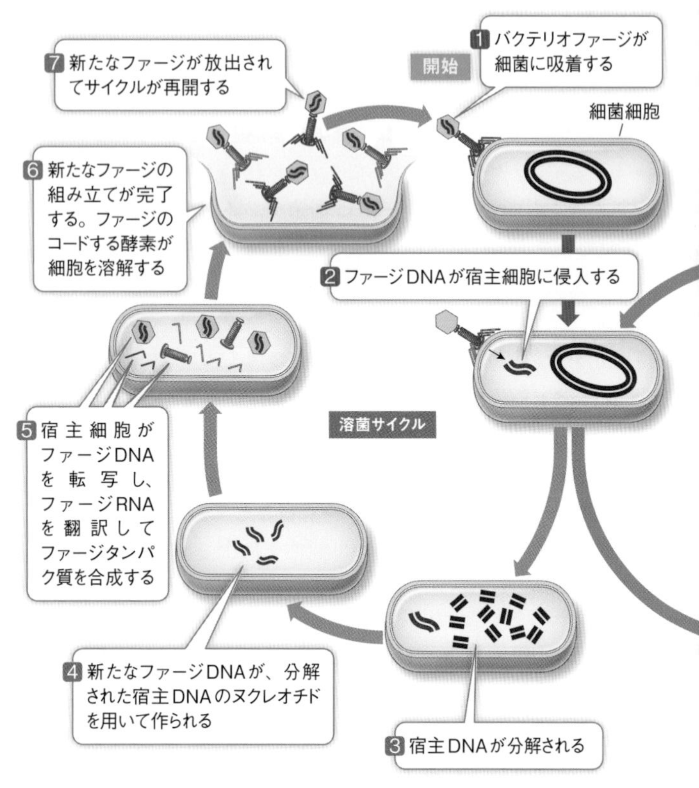

図13.12　バクテリオファージの溶菌サイクルと溶原サイクル
溶菌サイクルでは、細菌細胞へのファージの感染が直接にウイルスの複製と宿主細胞の溶菌をもたらす。溶原サイクルでは、不活性状　↗

・*RNAウイルス*：ある種のウイルスゲノムはRNAからなり、そのRNAは常にではないが、通常は1本鎖である。RNAは宿主機構によって翻訳されてウイルスタンパク質を合成し、その一部はRNAゲノムの複製に関与する（RNA依存性RNAポリメラーゼ）。インフルエンザウイルスやポリオウイ

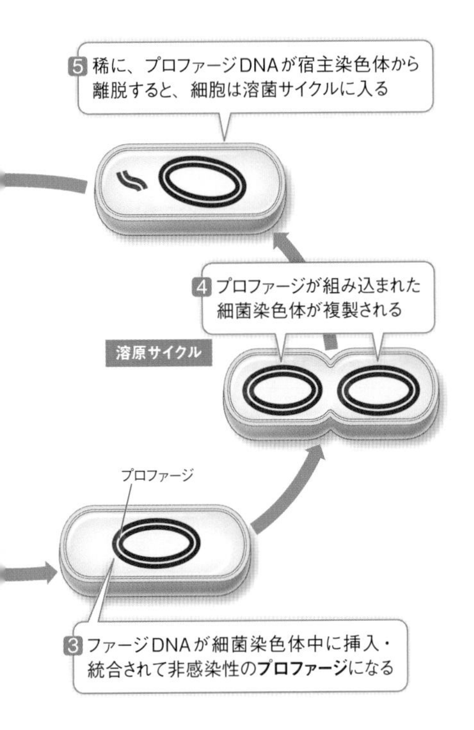

態のプロファージが宿主DNAに組み込まれ、細菌の生活環を通じて複製される。

ルスはRNAゲノムを持つ。

・*レトロウイルス*：**キーコンセプト11.2**で既に説明したように、**レトロウイルス**はRNAの鋳型からDNAを合成するタンパク質である**逆転写酵素**の遺伝子を持つRNAウイルスである。レトロウイルスは逆転写酵素を使って自身のRNAゲノムからDNAコピーを作り、そのDNAコピーが宿主ゲノムに組み込まれる。組み込まれたDNAはmRNAと新たなウイルスゲノムの鋳型として働く。HIV（ヒト免疫不全ウイルス）は免疫システムを担うヘルパーT細胞に感染して後天性免疫不全症候群（AIDS、エイズ）を引き起こすレトロウイルスである。

HIV遺伝子の制御は転写伸長の段階で起こる

ここまで論じてきたように、遺伝子制御の実例の多くは転写開始段階で起こり、遺伝子のプロモーターに結合するアクチ

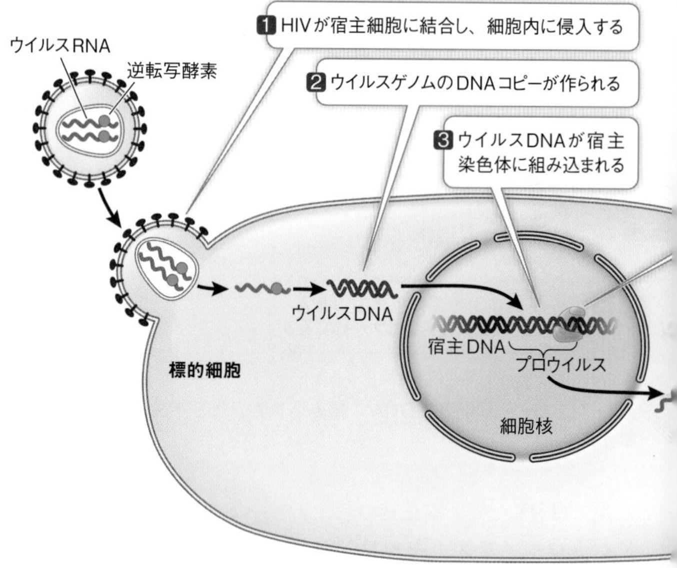

図13.13 HIVの増殖サイクル
このレトロウイルスは、エンベロープを宿主の細胞膜と融合させて宿主細胞に侵入する。レトロウイルスRNAが逆転写され、相補的DNA分子が宿主ゲノムに組み込まれて、プロウイルスになる。↗

ベーータンパク質とリプレッサータンパク質の両方が関与する。しかし、HIVやその他のレトロウイルスの研究から、転写は伸長段階でも制御されうることが判明した。

HIVはエンベロープ（外被膜）を持つウイルス（**エンベロープウイルス**）で、宿主細胞（特定の免疫系細胞）に由来するリン脂質の膜に包まれている（**図13.13**）。感染の際には、エンベロープのタンパク質が宿主細胞の表面にあるタンパク質と相互作用して、ウイルスのエンベロープが宿主の細胞膜と融合する。宿主細胞へ侵入すると、ウイルスのカプシドは分解される。ウイルスの逆転写酵素は次に自身のRNAを鋳型にして相補DNA（cDNA）の鎖を作りつつ、並行して、鋳型として使用したウイルスRNAを分解する（訳註：ウイルスRNAの分解

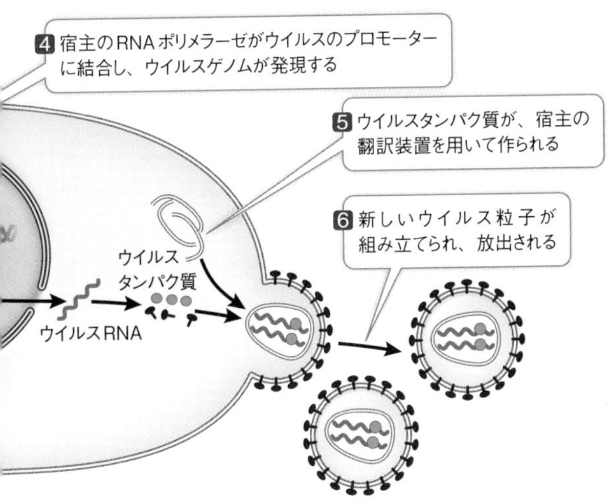

Q：図13.12と図13.13から、HIVは溶菌ウイルスと溶原ウイルスのどちらに分類できるか？

機能は逆転写酵素の一部であるRNase Hが担う)。逆転写酵素は続いてcDNAの相補鎖を合成し、生じた2本鎖DNAはインテグラーゼというまさにうってつけの名前の付いた酵素によって宿主染色体に組み込まれる。組み込まれたDNAは**プロウイルス**と呼ばれる。逆転写酵素とインテグラーゼは、感染のごく初期段階に必要な他のタンパク質とともにHIVビリオンの内部に含まれている。

HIVプロウイルスは永続的に宿主染色体にとどまり、何年間も潜伏(不活性)状態のままでいられる。この間は、ウイルスDNAの転写は開始されるものの、宿主細胞のタンパク質がRNAの伸長を阻止するので転写は完了にいたらず停止する。宿主の免疫細胞が活性化するような特定の状況が生じると、転写開始のレベルが高まり、ある程度の量のウイルスRNAが作られる。このようなウイルス遺伝子の1つは、ウイルスRNAの5′末端にあるステムループ構造(ヘアピン様二次構造)に結合するtat(転写のトランスアクチベーター)と呼ばれるタンパク質をコードする。tatが結合すると、完全長のウイルスRNAの形成が劇的に増加し、ウイルスの増殖サイクルの進行が可能となる。HIVやそれとよく似たウイルスでこうした仕組みが発見されたのをきっかけに、多くの真核生物の遺伝子が転写の伸長段階で制御されていることに研究者たちは気づいた。

原則的に、HIVの一連の増殖サイクルはほぼ全ての段階がエイズ治療薬の標的となりうる。現在使われている抗HIV薬には次のようなものがある。

・RNAからのウイルスDNA合成を触媒する逆転写酵素の阻害剤(図13.13の第2段階)
・宿主染色体へのウイルスDNAの挿入と組み込みを触媒するインテグラーゼの阻害剤(第3段階)

・ウイルスタンパク質の翻訳後修飾を触媒するプロテアーゼの阻害剤（第５段階）

異なる種類の薬剤を組み合わせることで、HIV感染の治療は目覚ましい成功を収めている。

細胞とウイルスが遺伝子の転写を制御する仕組みをここまで解説してきた。こうした仕組みには、一般に特異的なDNA配列と調節タンパク質の相互作用が関与している。しかし遺伝子発現の制御には、特異的なDNA配列に依存しない別の仕組みも存在する。次節ではその仕組みについて取り上げる。

13.4 エピジェネティック変化が遺伝子発現を制御する

20世紀中葉、発生生物学者のコンラッド・ハル・ウォディントンは「エピジェネティクス」という術語を作り、それを「表現型を生み出す原因となる遺伝子とその産物の相互関係を研究する生物学の一領域」と定義した。**エピジェネティクス**には今日、「DNA塩基配列の変化を伴わない遺伝子発現の変化に関する研究」というより明確な定義が与えられている。

学習の要点

・DNAのシトシン塩基のメチル化はリプレッサータンパク質のプロモーター領域への結合を促進し、遺伝子発現を抑制する（サイレンシング）。

・ヒストンタンパク質のアセチル化と脱アセチル化はヒストンのDNA

への親和性を変えて、DNAのプロモーター領域に対するRNAポリメラーゼの接近しやすさを変化させる。

・環境要因はエピジェネティック変化を引き起こしうる。

・雌の哺乳動物が持つ不活性X染色体のようなヘテロクロマチンは、DNA領域の広範なメチル化の結果として生じる。

エピジェネティック（後成的）変化は可逆的だが、安定していて次代に受け継がれる場合もある。この現象の一例を本章冒頭の話のなかで紹介し、妊娠中に特に大きなストレスを経験した母親から子どもに継承された遺伝子の発現レベルが、妊娠中にそうしたストレスを経験しなかった母親から生まれた子どものそれとどのように違っているのかについて解説した。この例では、環境変化としてのストレスがプロモーター領域のDNAの**メチル化**を促進し、10代の子どもたちの行動に関わる遺伝子の発現を抑制していた。以下では、DNAのメチル化や染色体タンパク質ヒストンの変化がどのような仕組みでエピジェネティック効果をもたらすのかについて、より詳しく解説していこう。

プロモーター領域で起こったDNAのメチル化は転写を阻止する

生物種によって異なるが、個体が持つDNAのシトシン残基の１～５％が化学的な修飾を受け、５位の炭素にメチル基（—CH_3）を付加されて5-メチルシトシンを形成している（**図13.14**）。共有結合によるメチル基の付加は**DNAメチルトランスフェラーゼ**により触媒され、哺乳動物では通常G残基に隣接したC残基で起こる。この２塩基配列（ダブレット）が集中する領域は**CpGアイランド**と呼ばれ、プロモーター領域で特に多く見られる。

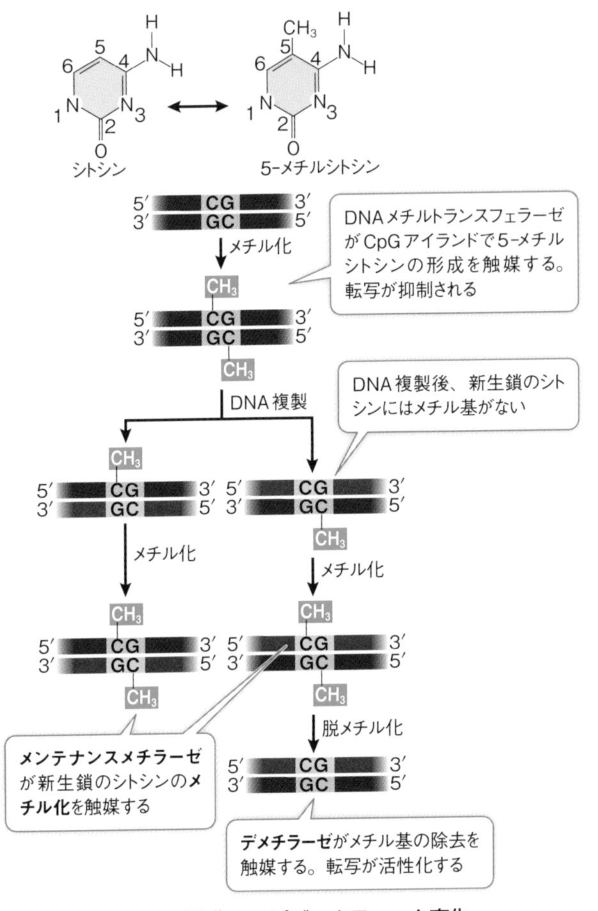

図13.14　DNAのメチル化：エピジェネティック変化
DNAにおける可逆的な5-メチルシトシンの形成によって転写速度は変化する。

Q：5-メチルシトシンは変異の「ホットスポット」である（図12.5）。この事実は遺伝子制御におけるエピジェネティクスの重要性とどのように関係しているか？

共有結合によるこのDNAの変化は遺伝する。というのも、**メンテナンスメチラーゼ**（**メチル化維持酵素**）がDNAの複製時に新生鎖で5-メチルシトシンの形成を触媒するからである。しかしメチル化は可逆的なので、メチル化したシトシンの形もまた変化しうる。その名も**デメチラーゼ**（**脱メチル化酵素**）という第3の酵素は、シトシンからのメチル基の除去を触媒する（**図13.14**）。

DNAメチル化はどのような効果を及ぼすのだろう？　複製と転写が行われている間、5-メチルシトシンは普通のシトシンと同じように振る舞い、グアニンと対合する。しかし、プロモーターに存在する余分なメチル基はメチル化DNAに結合するタンパク質を引き寄せる。こうしたタンパク質は一般に遺伝子の転写抑制に関わるから、高度にメチル化された遺伝子は不活化する傾向がある。*この形式の遺伝制御は、DNA配列が変化することなく遺伝子の発現様式を変えるのでエピジェネティックである。*

DNAメチル化は卵から胚への発生で重要な役割を果たす。例えば、哺乳動物の精子が卵子に侵入するとき、まず始めに精子で、続いて卵子でゲノム中の多くの遺伝子が脱メチル化する。こうして、通常は不活性な遺伝子の多くが初期発生段階で発現する。胚の発生が進んで細胞が特殊化するにつれて、特定の細胞型では不必要な産物をコードする遺伝子がメチル化される。こうしてメチル化された遺伝子は「沈黙」させられ、転写が抑制される。しかし、通常とは違ったあるいは異常な事象によって、沈黙した遺伝子が再び活性化することもある。

例えば、DNAメチル化はある種の癌の発生要因となる。癌細胞では、癌遺伝子が活性化して細胞分裂を促し、通常ならば細胞分裂を阻害している癌抑制遺伝子の発現が止まる（**第8章**）。この誤った制御は、大腸癌の場合（**図12.10**）のように、癌遺伝子のプロモーターが脱メチル化する一方で、癌抑制遺伝子のそれがメチル化するときに起こる。

ヒストンタンパク質の修飾は転写に影響を与える

エピジェネティック遺伝子制御の仕組みには、クロマチンの構造変化、すなわちクロマチン再編成（リモデリング）もある。**第8章**で見たように、DNAはヒストンタンパク質とともにヌクレオソームの中に詰め込まれており（**図8.8**）、RNAポリメラーゼや他の転写機構が物理的に近づけない構造になっている。ヒストンタンパク質はどれも、ぎっしり詰め込まれた構造の外へ突き出たN末端に約20のアミノ酸からなる「尾部」を持つ。尾部にはリシンをはじめとする正に帯電したアミノ酸が含まれる。通常の状態では、正電荷を持つヒストンタンパク質と、リン酸基の存在により負電荷を持つDNAの間には、強いイオン引力が働く。しかし、ヒストンアセチルトランスフェラーゼ（ヒストンアセチル基転移酵素）と呼ばれる酵素は、正電荷を持つアミノ酸にアセチル基を付加して電荷の状態を変えることができる。

$$\cdots N(H)-C(H)[(CH_2)_3NH_3^+]-C(=O)\cdots + CoA-S-C(=O)-CH_3 \longrightarrow \cdots N(H)-C(H)[(CH_2)_3HN-C(=O)-CH_3]-C(=O)\cdots + CoA-SH$$

ヒストン中のリシン　　アセチルCoA　　アセチルリシン

ヒストン尾部の正電荷が減少すると、ヒストンのDNAへの親和性が低下し、ヌクレオソームの凝集状態が緩む（**図13.15**）。緩んだヌクレオソーム－DNA複合体にさらなるクロマチンリモデリングタンパク質が結合し、DNAを押し広げて転写を可能にする。ヒストンアセチルトランスフェラーゼは、このような機序で転写を活性化する。

一方、ヒストンデアセチラーゼ（ヒストン脱アセチル化酵素）という別のクロマチンリモデリングタンパク質は、ヒストンからアセチル基を除去することで転写を抑制する。ヒストンデアセチラーゼは一部の癌治療薬の開発において標的とされている。先に述べたように、ある種の遺伝子は機能分化した正常細胞の分裂を阻止する。一部の癌では、こうした遺伝子の活性が正常細胞でよりも低く、近傍のヒストンは異常に高い脱アセ

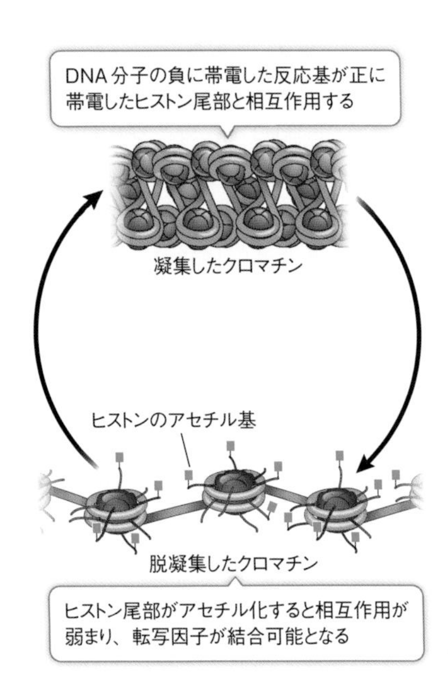

図13.15　転写に向けたクロマチンのエピジェネティックリモデリング
転写開始には、ヌクレオソーム構造が変化し、凝集が緩む必要がある。このクロマチンリモデリングにより、転写開始複合体がDNAに接近できるようになる（図13.8）。

チル化レベルを示す。理論的には、ヒストンデアセチラーゼの阻害効果を持つ薬剤がヒストンの状態をアセチル化の方向へ傾ければ、通常は細胞分裂を抑制している遺伝子を活性化することができるだろう。

遺伝子の活性化と不活化に影響しうるヒストン修飾はアセチル化だけではない。例えば、ヒストンのメチル化（DNAのメチル化ではない）は遺伝子の不活化に関与しており、ヒストンのリン酸化も遺伝子発現に影響するが、それらの特異的効果はどのアミノ酸が修飾を受けるかによる。これらの効果は全て可逆的だから、真核生物の遺伝子の活性は非常に複雑なヒストン修飾のパターンによって決まるのだと言えよう。

エピジェネティック変化は環境に誘導される

ミツバチの雌は、女王バチにも働きバチにもなれる遺伝子構成を持っている。しかし、幼虫と呼ばれる未成熟期に、群れの雌の一匹がローヤルゼリーというタンパク質に富んだ物質を食べると、その個体では多くの遺伝子の発現が劇的に変化する。女王バチとなったその個体は仲間の雌よりもずっと大きく育ち、巣にとどまって他のハチの世話を受ける。わけても女王は数年もの間生きて生殖能力を持ち続け、さらなるミツバチとなる卵を産み付ける。女王バチ以外の多くの雌幼虫は、異なる遺伝子群を発現させて働きバチとなり、巣を作ったり、餌を集めたり、女王の世話をしたりしながらわずか数週間の生涯を過ごす。こうした違いの全てはつまるところ、環境、具体的にはローヤルゼリーという餌から生じている。最近の研究によって、形態は非常に異なるものの遺伝的には同一のミツバチ間の遺伝子発現の違いは、DNAメチル化の違いによることが分かった（**「生命を研究する」：遺伝子発現と行動**）。

406ページへ→

生命を研究する　遺伝子発現と行動

実験

原著論文：Kucharski, R., J. Maleszka, S. Foret and R. Maleszka. 2008. Nutritional control of reproductive status in honeybees via DNA methylation. *Science* 319: 1827-1830.

ミツバチの雌の幼虫はほとんど全てが働きバチになり、ローヤルゼリーを食べた1匹だけが女王バチになる。女王バチとその姉妹の働きバチ（女王バチあるいは働きバチになるための遺伝子構成が全く同一である）における遺伝子発現の違いを理解するために、オーストラリア国立大学のリシャルト・マレシュカらは、発現を左右しうるエピジェネティック効果を検証するための実験法を開発した。

実験では、DNAに含まれるシトシンから5-メチルシトシンの形成を触媒する酵素であるDNAシトシン-5-メチルトランスフェラーゼ（DNMT）の発現を抑制する物質をミツバチの雌幼虫に注入する操作を行った。RNAi（**RNA干渉、第18章**）と呼ばれる技術を用いて、研究者たちはDNMT mRNAに相補的な低分子RNAを雌幼虫に注入し、*DNMT*遺伝子の発現を特異的に阻害した。

仮説▶ DNAのメチル化が女王バチと働きバチの発生と行動の違いを引き起こす原因である。

方法

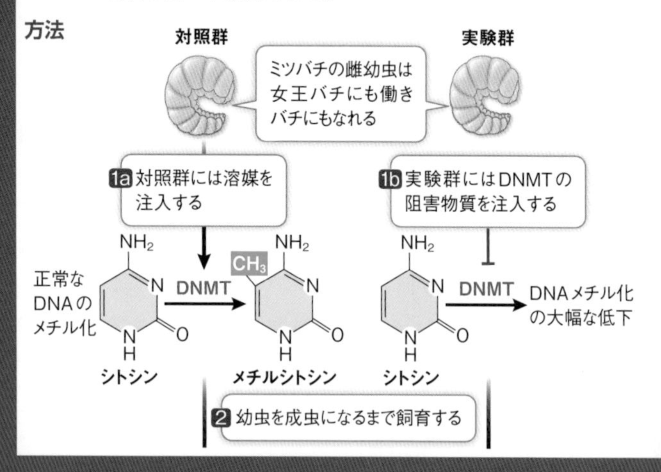

結果

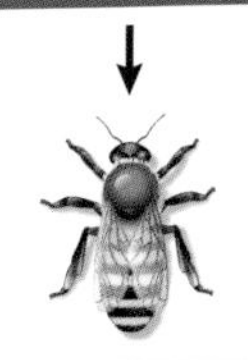

対照群のほとんどの幼虫は働きバチになる

実験群のほとんどの幼虫は女王バチになる

結論▶ DNAのメチル化を抑制するとローヤルゼリーとよく似た効果が現れ、働きバチになるはずだった幼虫を女王バチにすることができる。

データで考える

質問▶

1. DNMT阻害物質あるいは溶媒のみ（対照群）の注入後に、幼虫頭部のDNMT mRNAレベルを測定し、対照群のmRNAレベル（常に高レベルで発現する）と比較した。この結果を表Aに示す。

表A

時間（h）	対照群と比較した DNMT mRNAレベル（%）
23	105
48	41

a. 幼虫頭部のmRNAを測定したのはなぜか？
b. DNMT発現の阻害効果についてどのように結論できるか？

2. 幼虫の脳（頭部）で通常発現している遺伝子のDNA配列を決定したうえで、5-メチルシトシンの割合を測定して、CpGアイランドにおけるシトシンのメチル化の程度を調べた。この結果を表Bに示す。DNMT阻害の効果についてどのように結論できるか？

表B

条件	5-メチルシトシンの割合（%）
対照群	79
DNMT発現を阻害	63

次ページへ→

3. *DNMT*遺伝子発現の阻害物質を注入した幼虫と対照群の幼虫を成虫になるまで飼育した。成虫の表現型を調査したデータを表Cに示す。DNAメチル化の阻害効果についてデータは何を示しているか？　DNAメチル化の程度は表現型変化の程度と厳密に相関しているか？

表C

条件	働きバチの数	女王バチの数
対照群	238	73
阻害群	74	184

エピジェネティック変化は可逆的だが、DNAのメチル化やヒストン修飾のような多くの変化は、細胞の遺伝子発現パターンを永続的に変えうる。配偶子を作る生殖細胞系列で生じたエピジェネティック変化は、次代に受け継がれる。だが、このようなエピジェネティック変化を決定するのは何だろうか？　手がかりは一卵性双生児に関する最近の研究から得られた。一卵性双生児は、1個の受精卵が分裂して2つの別々の細胞になり、それぞれが発達を続けて別の個体へと成長したものである。そのため、一卵性双生児は同一のゲノムを持つ。しかし彼らはエピゲノム（後成的に生じたゲノム）についても同一なのだろうか？　数百組の一卵性双生児のDNAの比較によれば、3歳児の組織ではDNAのメチル化パターンはほぼ同一であった。しかし、たいていは別々の環境で何十年も暮らしてきたであろう50歳の成人では、メチル化パターンが大きく異なっていた。これは、*エピジェネティック修飾には環境が重要な役割を担っており*、したがってそうした修飾が影響する遺伝子制御にも環境の影響が大きいことを示唆している。

広範な染色体変化はDNAのメチル化を伴う

単一遺伝子の場合だけでなく、染色体の大きな領域あるいは染色体全体のDNAメチル化にも明確なパターンがある。顕微鏡で観察すると、染色した間期の核内には**ユークロマチン**（**真正染色質**）と**ヘテロクロマチン**（**異質染色質**）という2種類のクロマチンが識別できる。ユークロマチンは拡散していて染色液に薄く染まり、そこに含まれるDNA上の遺伝子はmRNAに転写される。ヘテロクロマチンは凝集して濃く染まり、そこに存在する遺伝子は通常転写されない。

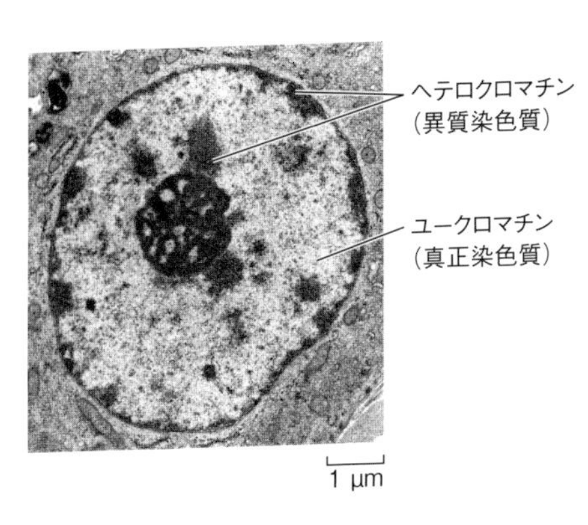

ヘテロクロマチンの最も目覚ましい例はおそらく、哺乳動物の不活性X染色体である。正常な雌の哺乳動物は2本のX染色体を持ち、正常な雄はX染色体とY染色体を1本ずつ持つ（**キーコンセプト9.4**）。X染色体とY染色体はおよそ3億年前に1対の常染色体（性染色体でない染色体）から生じたと考えられている。その後の長い時間をかけて、Y染色体に蓄積した変異は雄性決定遺伝子を生み出し、相同なX染色体とかつて共有していた遺伝子のほとんどがY染色体から徐々に失われていった。その結果、雌と雄ではX染色体に連鎖した遺伝子

の「容量」が大きく異なることになった。雌の全ての細胞はX染色体上の遺伝子を2コピーずつ持つので、1コピーしか持たない雄と比べて2倍量の各タンパク質産物を作る能力がある。それにもかかわらず、X染色体上の75%の遺伝子で転写量は雌と雄でおおむね差がない。それはどうしてなのか？

胚発生の初期段階で、雌の各細胞のX染色体の片方は転写に関して大部分が不活化される。さらに、その不活性なX染色体は子孫細胞の全てにおいて不活性のままである。任意の胚性細胞で対をなす2本のX染色体のうちどちらを不活化するかという「選択」はランダムである。雌のX染色体の一方は雄親に、もう一方は雌親に由来することを思い出してほしい。したがって、ある胚性細胞では雄親由来のX染色体が転写活性を持つが、近くの別の細胞では雌親由来のX染色体が活性を持つということがありうる。

不活性X染色体は間期の核内でさえも高度に凝集しているから、同定が可能である。バー小体（発見者であるカナダ人医師マレー・バーにちなむ）と呼ばれる核の構造はおもに、光学顕微鏡を用いて女性のヒト細胞内で観察できる（**図13.16(A)**）。正常な男性には存在しないこのヘテロクロマチンの塊は不活化されたX染色体であり、著しくメチル化されたDNAからなる。正常な2本のX染色体を持つ女性はバー小体を1つ持つが、稀にX染色体を3本持つ女性は2つ、さらに珍しいXXXXの女性は3つのバー小体を持つ。またXXYの男性はバー小体を1つ持つ。こうした観察から、男女を問わず間期のヒト細胞には活性のあるX染色体が1本だけ存在し、X染色体遺伝子の発現量が一定に保たれていることが推測される。

不活性X染色体のDNA配列は、凝集によって物理的に転写装置との接触が不可能になっている。またその遺伝子も、ほとんどが高度にメチル化されている。しかし、*Xist*（X染色体不

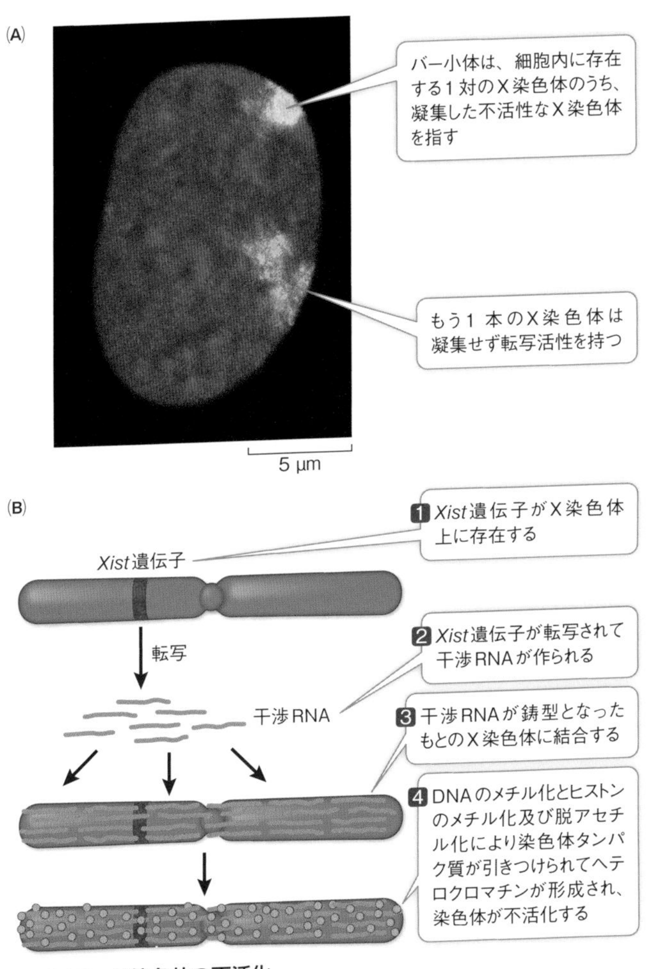

図13.16　X染色体の不活化
(A)女性のヒト細胞の核内にあるバー小体と活性を持つX染色体。X染色体は黄緑色の蛍光色素で染められている。その他の常染色体は赤色の蛍光色素で染められている。
(B)X染色体不活化のモデル。

活化特異的転写産物遺伝子）と呼ばれる遺伝子だけは、例外的にメチル化レベルが低く、転写活性を持つ。反対に活性のあるX染色体上では、*Xist*は高度にメチル化されており、転写されない。*Xist*の転写産物であるRNAは、鋳型となったもとのX染色体に結合し、それにより染色体が全長にわたって不活化される。この*Xist*のRNA転写産物は**干渉RNA**の一例である（図13.16(B)）。

遺伝子発現は転写と翻訳からなる。ここまでは、遺伝子発現が転写レベルでどのように制御されているのかについて解説してきた。しかし図13.7が示すように、最初の遺伝子転写産物が作られた後にも、様々な段階で遺伝子の発現は制御を受けている。

13.5 真核生物の遺伝子発現は転写後制御を受ける

真核生物の遺伝子発現はmRNAの輸送前に核内で制御されるだけではなく、mRNAが核を離れた後に細胞質でも制御を受ける。これにはいくつかの方法がある。

学習の要点

- 選択的スプライシングは1つの前駆体mRNAから複数のmRNA分子を生み出す。
- マイクロRNA（miRNA）はmRNAに相補的な短い1本鎖のRNA分子で、mRNAに結合してその翻訳を阻害する。
- 低分子干渉RNA（siRNA）は細胞中でmiRNAと似た役割を果たすが、ウイルスに起源を持つ。

・１本鎖RNAは二次構造をとって翻訳を阻害することができる。
・細胞は分解されるべきタンパク質にユビキチンを付加し、分解の場であるプロテアソームと結合するよう誘導する。

RNAスプライシングによって同じ遺伝子から複数の異なるmRNAの作製が可能になる

前駆体mRNAのほとんどは複数のイントロンを含んでいる（図11.7）。mRNAが核から輸送される前に、スプライシング機構はエクソンとイントロンの境界を認識し、イントロンを持つ前駆体mRNAをイントロンの除去された成熟mRNAに変える。

前駆体mRNA（イントロンと全てのエクソンを持つ） —スプライシング→ 成熟 mRNA（エクソンしか持たない）

多くの遺伝子で、特定のエクソンがイントロンとともに切り出される**選択的スプライシング**が起こる（図13.17）。これは１つの遺伝子から異なる機能を持つ複数の異なるタンパク質群を作り出すための機構である。最近の調査で、ヒトの全遺伝子のおよそ半数が選択的スプライシングを受けていることが分かった。選択的スプライシングこそが、異なる生物間で見られる複雑さの度合いの相違を説明する鍵となるのかもしれない。例えば、ヒトとチンパンジーのゲノムの大きさにはほぼ違いがないが、ヒトの脳ではチンパンジーの脳より多くの選択的スプライシングが行われている。

RNA分子の選択的スプライシングは、特異的なタンパク質と結合するRNA配列中の調節エレメント（DNAの調節配列とよく似ている）と、１本鎖RNA分子のヌクレオチド間のハイ

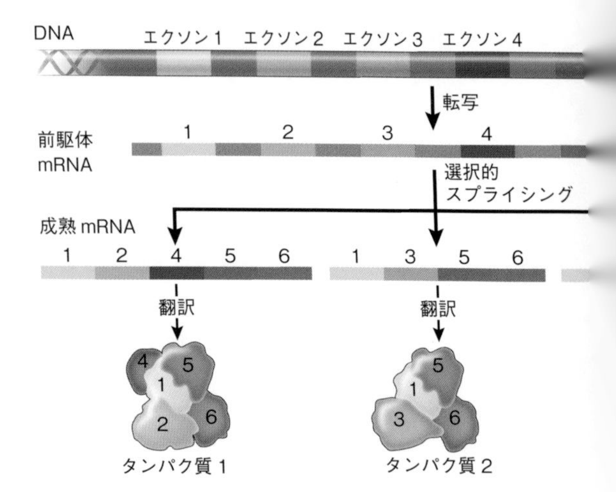

ブリダイゼーションによって形成されるRNAの二次構造の両方によって制御されている。

低分子RNAは遺伝子発現の重要な調節因子である

第17章で見るように、大半の動植物ではタンパク質をコードしているゲノムは全体の5％以下にすぎない。ゲノムのなかにはリボソームRNAやトランスファーRNAをコードする部分もあるが、生物学者たちはつい最近まで、ゲノムの残りの部分は転写されていないと考えており、それらを「ジャンク（がらくた）DNA」と呼ぶ者さえいた。ところが最近の研究で、こうした非コード領域の一部が実際には転写されていることが判明した。このような領域から合成されたRNAはきわめて小さいことが多いため、検出が難しい。原核生物でも真核生物でも、こうした小さなRNA分子は**マイクロRNA（miRNA）**と呼ばれる。

miRNA分子は約5000種類も存在し、ヒトゲノムにはそのう

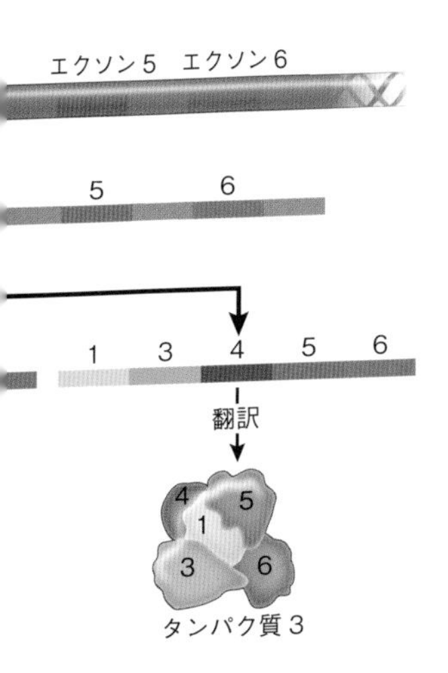

図13.17
選択的スプライシングにより異なる種類の成熟mRNAとタンパク質ができる
前駆体mRNAが組織ごとに異なるスプライシングを受けた結果、複数のタンパク質が作られる。

Q：真核生物のタンパク質をコードするある遺伝子が4つのイントロンを持つとする。選択的スプライシングにより、この遺伝子から転写された前駆体mRNAから何種類のタンパク質を作ることができるか？

ち1000種類ほどがコードされている。各miRNAは22塩基程度の長さで、通常数十ものmRNAを標的としている。これは、miRNAとその標的mRNAの塩基対合は完全である必要がないからである。miRNAはまず長い前駆体として転写され、2本鎖のRNA分子に折りたたまれた後、一連の修飾過程を経て短い1本鎖miRNAとなる。miRNAはタンパク質複合体（RNA誘導サイレンシング複合体、RISC）によって標的mRNAに導かれ、そこで翻訳を阻止する（**図13.18(A)**）。miRNAによる遺伝子サイレンシング機構が多くの生物種に広く存在することに照らせば、それは進化的に古い起源を持ち、生物学的に重要であると考えられる。

miRNAの他にも、これとよく似た機能を持つ**低分子干渉RNA（siRNA）**と呼ばれるRNA分子群が存在する。これらは、ウイルスが感染してウイルスゲノムが2本の相補鎖に転写されるときに生じることが多い。まず大きな2本鎖RNAが形成され、miRNAの場合と同様に、短い1本鎖RNAとなる。

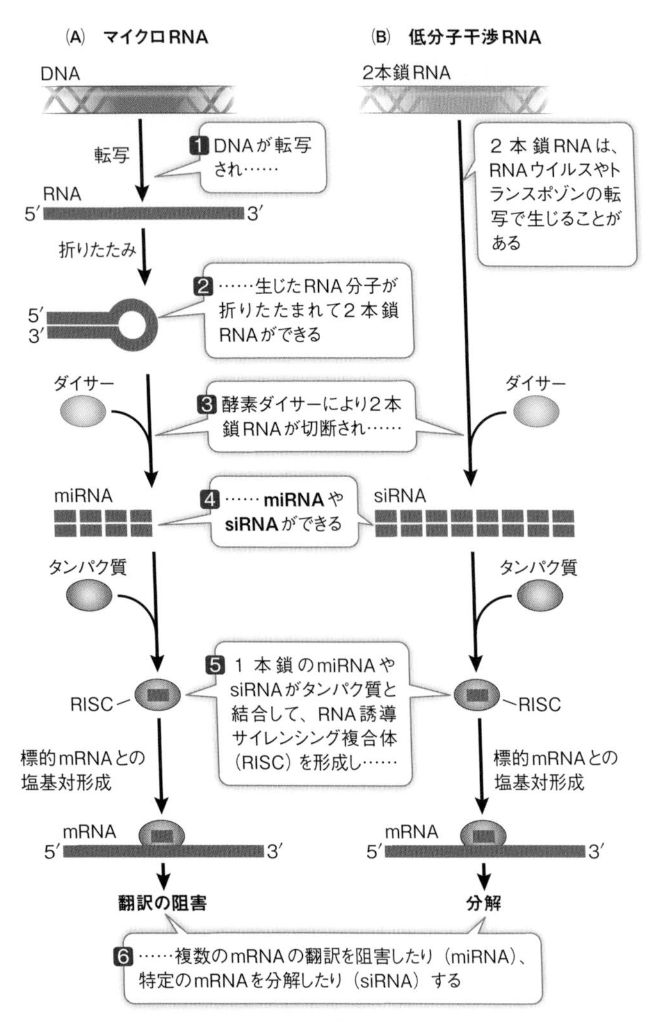

図13.18　RNAによるmRNAの阻害
マイクロRNA（miRNA）と低分子干渉RNA（siRNA）は、標的mRNAに結合して翻訳を阻害することができる。

こうしてできたsiRNAは、標的RNAに結合してそれを分解する（**図13.18Ⓑ**）。siRNAには、真核生物のゲノムに広く存在するトランスポゾン配列に由来するものもある（**キーコンセプト12.1**）。以上から、siRNAが関与する遺伝子サイレンシングは、ウイルスやトランスポゾンの配列が翻訳されることを阻止する防御機構として進化した可能性が高いと言えよう。miRNAとsiRNAは複数の同じ細胞性酵素タンパク質によって修飾されるよく似た分子である（訳註：どちらも２本鎖RNAを切断するダイサー、１本鎖RNAと結合してRISCを形成するタンパク質アルゴノートの機能を介して翻訳を阻害する）。両者の主な違いは以下の通りである。

・miRNAは標的配列とは別のDNA配列から合成される。
・siRNAは鋳型となったもとの配列を標的とする。

mRNAの翻訳はタンパク質に制御される

本章でここまで説明してきた内容から、真核生物の遺伝子発現は全て転写レベルで制御されているという印象を持った方もいるだろう。しかし、細胞内のあるタンパク質の量はほんとうに、それに対応するmRNAの量だけで決まっているのだろうか？　いや、そうではない。例えば、酵母細胞における遺伝子とその発現に関する研究によれば、およそ3分の1の遺伝子ではmRNAとタンパク質の間に明確な量的相関が認められ、mRNA量が多いほどそれに対応するタンパク質量も多かった。しかし残り３分の２では明らかな相関関係は見られず、mRNA量が多いのにタンパク質がほとんどあるいはまったく存在しなかったり、逆にタンパク質が多いのにmRNAがほぼ存在しなかったりするケースがあった。ということは、このようなタンパク質の濃度は、mRNA合成後に働く何らかの要因によって決定されているに違いない。細胞が転写後にタンパク質量を制御する主な仕組みには、以下の2つがある。

1. タンパク質に対応するmRNAの翻訳を制御する。
2. 新たに合成されたタンパク質が細胞中で存続する時間（タンパク質の寿命）を制御する。

翻訳の制御　mRNAの翻訳を制御する方法はいくつもある。前節で見たようなsiRNAやmiRNAによる翻訳の阻害はその一手法である。第二の方法は、mRNAの5′末端に付加されるグアノシン三リン酸（GTP）のキャップの修飾である（**キーコンセプト11.4**）。未修飾のGTPキャップを付加されたmRNAは翻訳されない。例えば、タバコスズメガの卵細胞に蓄えられているmRNAは、未修飾のGTPキャップを持つので翻訳されない。しかし、卵細胞が受精するとキャップが修飾を受け（訳註：グアノシンのグアニン残基は7位の窒素がメチル化による修飾を受けて機能を持つキャップとなる）、mRNAが翻訳されて初期の胚発生に必要なタンパク質が合成される。

他にも、リプレッサータンパク質によって翻訳を直接阻止するという方法もある。例えば、哺乳動物の細胞内にあるタンパク質フェリチンは遊離の二価鉄イオン（Fe^{2+}）と結合する。鉄イオンが過剰に存在すると、フェリチンの合成は劇的に上昇するが、フェリチンのmRNA量は変化しない。これはフェリチンの合成量の上昇がmRNAの翻訳速度の上昇によることを示唆している。事実、細胞内の鉄イオン濃度が低いときには、翻訳を抑制するリプレッサータンパク質がフェリチンmRNAの5′末端の非コード領域に結合し、リボソームとの結合を阻止して翻訳を阻害している。ところが、鉄イオンの濃度が上昇すると、過剰なイオンの一部がリプレッサーに結合してその三次元構造を変え、リプレッサーをmRNAから遊離させて翻訳の進行を可能にする（**図13.19**）。翻訳を抑制するリプレッサーがmRNAに結合する部位は、タンパク質や低分子が十分に認識できる三次元構造を持ったステムループ構造をとる。

タンパク質の寿命の制御　細胞内のタンパク質量は常に、タンパク質の合成と分解の関数として決まる。一部のタンパク質は、ある一連の事象による分解の標的となる。この事象は、**ユ**

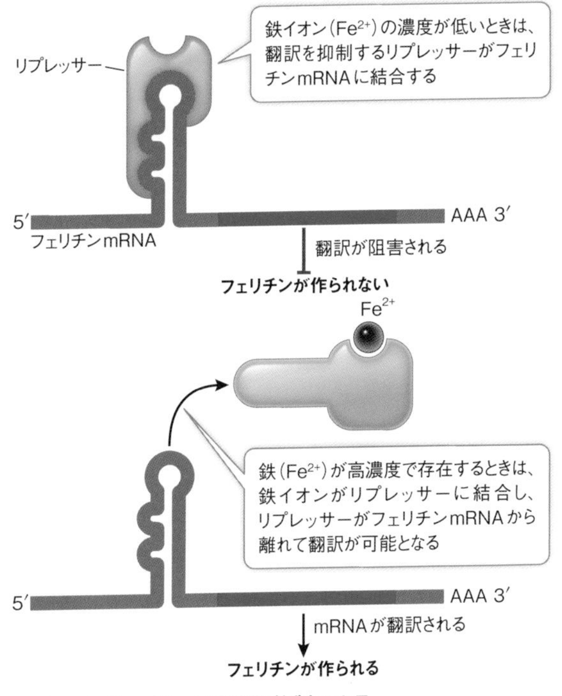

図13.19　リプレッサーは翻訳を抑制できる
タンパク質が標的mRNAへ結合することによって翻訳は阻害される。

ビキチン（遍在する（ubiquitous）、すなわち広く存在することから名付けられた）と呼ばれる76アミノ酸からなるタンパク質が、ある酵素の働きで分解対象のタンパク質のリシン残基に結合することで始まる。最初のユビキチンに他のユビキチンが次々に結合して、ポリユビキチン鎖が形成される。このタンパク質－ポリユビキチン複合体は次に**プロテアソーム**（プロテアーゼ（protease）と「体」を意味するソマ（soma）の合成語）と呼ばれる巨大なタンパク質複合体に結合する（**図13.20**）。プロテアソームに取り込まれると、複合体からポリユビキチンが外され、ATPの分解エネルギーを使って標的タンパク質の折りたたみが解かれる。続いて3種類のプロテアーゼがタンパク質を小さなポリペプチドやアミノ酸へと分解する。

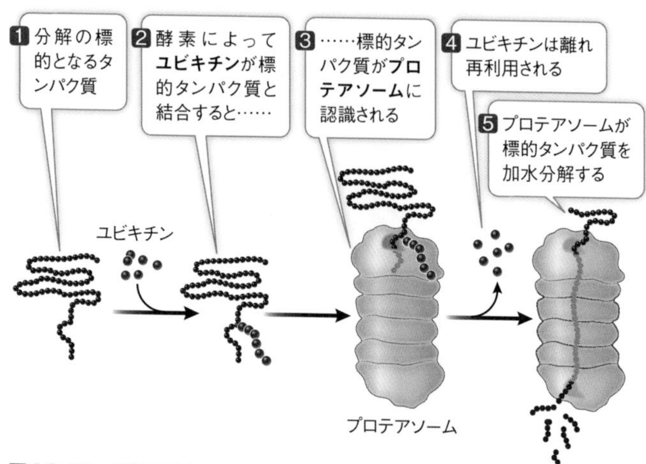

図13.20　プロテアソームはタンパク質を分解する
分解の標的となるタンパク質はユビキチンを付加されると、プロテアソームとの結合へ誘導される。プロテアソームは複雑な構造体で、タンパク質はそこで複数の強力なプロテアーゼによって分解される。

ご記憶の方もあろうが、**キーコンセプト8.2**で述べたように、サイクリンは細胞周期の特定のポイントで鍵となる酵素の活性を制御するタンパク質である。サイクリンは適切な時期に分解されなければならない。これを成し遂げているのが、ユビキチンの付加とプロテアソームでの分解である。だが、ウイルスにはこの仕組みを乗っ取ることのできるものがいる。例えば、子宮頸癌を引き起こすヒトパピローマウイルス（HPV）のある系統は、p53とRb（網膜芽細胞腫）タンパク質（ともに癌抑制タンパク質）にユビキチンを付加して標的とし、プロテアソームで分解されるよう誘導する。どちらのタンパク質も通常は細胞周期の進行を抑制しているから、HPVのこうした働きは無制限の細胞分裂（癌）をもたらすことになる。

生命を研究する

QA エピジェネティック変化は人為的に操作できるか？

本章冒頭では、グルココルチコイド受容体をコードする遺伝子のシトシン残基がメチル化されたために起こるエピジェネティック変化によって、ストレスに対する人々の応答に行動的な変化がどのように生じているのかについて見た。**「生命を研究する」：遺伝子発現と行動**では、エピジェネティック変化が働きバチと女王バチの違いの基盤にあることを学んだ。この2つの例にはともに、環境要因によって引き起こされて遺伝子の発現に変化をもたらすDNAの変化が関与している。

ミツバチの場合と同じく、葉酸やSAM-e（S-アデノシルメチオニン）といった哺乳類（ヒトを含む）の食事に含有される栄養素は、DNAを修飾する反応に関与しうるメチル基を持つ。マウスを用いた実験から、若い動物にそうした栄養素に富んだ食事を与えると、生涯を通して持続するエピジェネティックパターンと遺伝子発現の変化が起こることが明らかになった。新たに誕生した遺伝子栄養療法（ニュートリエピゲノミクス）と呼ばれる新しい研究分野（こんな名称の研究分野ができようとは誰が想像できただろう？）では、哺乳類の遺伝子発現を食事で変化させる可能性が模索されている。

今後の方向性

DNAのメチル化を食事によって変化させる試みに加えて、この現象に関与する酵素を標的とした特別な薬剤の開発も進んでいる。癌の場合、突然変異（これについては**第8章**で取り上げた）をはじめとする様々な原因によって遺伝子発現が変化する。癌細胞の遺伝子発現は、エピジェネティック機構によっても変わりうる。例えば、ある大腸癌では、DNA修復に関わる重要な癌抑制遺伝子の発現がプロモーター領域の広範なメチル化によって阻止され、制御不能な細胞分裂が起こる。DNAメチルトランスフェラーゼを阻害するヌクレオチドの類似体5′-アザシチジンは、DNAのメチル化を低減して制御不能な細胞分裂を停止させることで、ある種の癌治療に役立てられる。その他にも、癌細胞の遺伝子発現の変化につながるようなヒストン修飾を阻止するために用いられる薬剤などがある。

▶ 学んだことを応用してみよう

まとめ

13.4　DNAのシトシン残基のメチル化は、プロモーター領域へのリプレッサータンパク質の結合を促進し、遺伝子サイレンシング（発現抑制）をもたらす。

13.4　ヒストンタンパク質のアセチル化と脱アセチル化は、DNAに対するヒストンの親和性を変えて、DNAのプロモーター領域へのRNAポリメラーゼの近づきやすさを変化させる。

原著論文：Bovenzi, V. and R. L. Momparler. 2001. Antineoplastic action of 5-aza-2'-deoxycytidine and histone deacetylase inhibitor and their effect on the expression of retinoic acid receptor β and estrogen receptor α genes in breast carcinoma cells. *Cancer Chemotherapy and Pharmacology* 48: 71-76.

癌細胞は分裂をやめない。ある種の癌では、細胞周期のチェックポイントで分裂の進行信号となる癌遺伝子が絶えず発現する一方で、チェックポイントで分裂の進行を停止させる癌抑制遺伝子の発現が止まるために、こうした事態が起こる。そこで乳癌細胞において遺伝子サイレンシングのパターンを観察していたある研究者グループは、それに干渉できるのではないかと考えた。DNAのメチル化やヒストンの脱アセチル化が原因で遺伝子発現が阻止されているのだとすれば、DNAのメチル化とヒストンの脱アセチル化のどちらか、あるいはその両方を逆向きに進行させたら遺伝子発現を誘導できるのではないか、と考えたのである。

ここで、DNAメチルトランスフェラーゼはDNAのシトシンにメチル基を付加し、デメチラーゼはその逆反応を触媒していることを思い出してほしい。DNAのプロモーター領域のメチル化は遺伝子発現を抑制し、脱メチル化はそれを促進する。

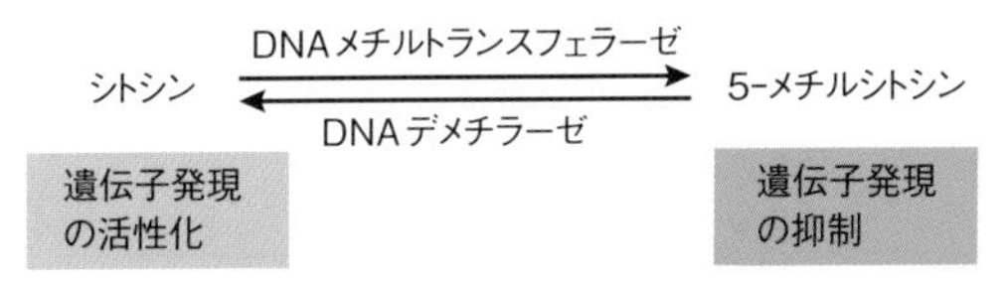

ヒストンのリシン残基が可逆的にアセチル化あるいは脱アセチル化されるのに合わせて、クロマチンが再編成されることも思い出してほしい。ヒストンのアセチル化は遺伝子発現を活性化し、脱アセチル化はそれを抑制する。

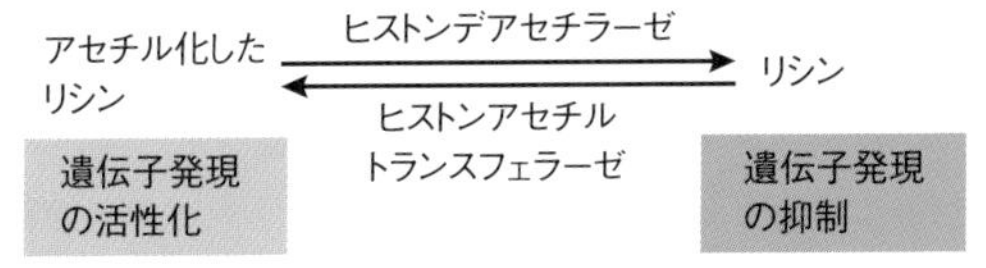

以上のことを勘案したうえで、研究者たちは２つの異なる阻害物質

で乳癌細胞を処理してみることにした。1つはDNAメチルトランスフェラーゼの阻害剤であるアザシチジン（AZA）、もう1つはヒストンデアセチラーゼの阻害剤であるトリコスタチンA（TSA）であった。研究者たちは、最初は2剤を別々に、続いて両方一緒に用いて（下のグラフ）、癌細胞の成長に対する阻害剤の効果を調べた。

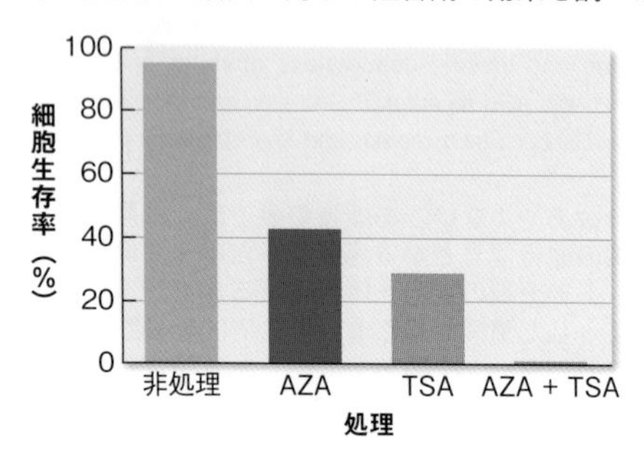

別の実験では、乳癌細胞で発現が抑制されることが分かっている2種類の遺伝子の発現量が測定された。実験ではまず、2種類の阻害剤の片方だけを含む培地と両方を含む培地で癌細胞を培養した。次に細胞からRNAを抽出し、PCR（ポリメラーゼ連鎖反応）法を用いて当該遺伝子から転写されたmRNAを増幅した。続いて増幅された転写産物量を比較した（これは処理中の細胞で発現していた増幅前のmRNA量に比例している）。その結果を表に示す。

非処理の対照 mRNAの転写産物	処理		
	AZA	TSA	AZA + TSA
遺伝子1	7	23	25
遺伝子2	<1	<1	11

質問

1. 阻害剤を個別に用いたときの結果について分析せよ。データはこの細胞系統の遺伝子発現に関して、DNAのメチル化とヒストンの脱アセチル化が果たす役割について何を示唆しているか？
2. 2種類の阻害剤を同時に用いたときの結果について、個別に用いたときの結果と比較して分析し説明せよ。これらの細胞の遺伝子発現に対するDNAのメチル化とヒストンのアセチル化の複合効果について、この結果は何を示唆しているか？
3. 表に示した遺伝子発現データを分析せよ。それぞれの遺伝子のサイレンシング機構について、これらのデータは何を示唆しているか？

第8章　細胞周期と細胞分裂

図8.3（22ページの***Q***への解答）

A：6pg

データで考える（26ページの「質問▶」への解答）

1．G1/S融合細胞のG1期核の標識は16時間でほぼ完了した。

2．対照区であるG1細胞はG1期核が通常の細胞周期でDNA複製を始める時期を示す。もうひとつの対照区であるG1/G1融合細胞は融合の過程自体がDNA複製を促進するのではないこと、DNA複製の促進にはG1期細胞がS期細胞と融合する必要があることを示す。G1期の非融合細胞およびG1/G1融合細胞の核の標識が検出されたのは、約8時間が経過した後だった。これらの細胞はS期に入りDNAを複製する前にG1期の全ての過程を経なくてはならなかったからである。対照的に、G1/S融合細胞のG1期核の標識は融合後すぐに検出された。

3．G2期細胞はS期細胞よりも細胞周期の後期にある。S期の細胞がS期とG2期を終了して分裂を開始するには数時間を要したためである。

4．S/G2融合細胞における細胞分裂の進行はS期の非融合細胞とS/S融合細胞のそれとよく似ていた。この結果は、G2期細胞はS期にある核の分裂を促進できないことを示唆する。

図8.21（69ページの*Q*への解答）

A：アポトーシスは、正常な細胞を癌細胞に変化させるような、生物にとって有害な突然変異を起こす可能性のある細胞を除去する1つの方法である。加えて、生物が発達するにつれて器官は一定の大きさと形態を持つ必要がある。アポトーシスは、器官を過大または形態的に異常にするような余剰細胞を除去する。

図8.25（79ページの*Q*への解答）

A：細胞周期を標的にした治療は、腫瘍細胞だけでなく、体内のあらゆる分裂中の細胞の周期に影響を与える。対照的に、標的薬は腫瘍細胞だけに存在する変異タンパク質に作用する。一般的な細胞周期薬剤は分裂細胞に依存する器官や系に副作用を引き起こすだろう。例えば、血液細胞は血流中にあって一定時間が過ぎるとアポトーシスを起こすので、細胞分裂により更新される必要がある。こうした細胞の分裂が抗癌剤で阻止されると、患者には免疫不全（白血球の欠乏）や貧血（赤血球の欠乏）のような副作用が生じるだろう。

▶ 学んだことを応用してみよう（82〜83ページの「質問」への解答）

1. 抽出物を与えたとき、細胞は細胞周期の様々な時点で停止するだろう。

   抽出物1：G2期の細胞が蓄積する。

   抽出物2：M期の細胞が蓄積する。

   抽出物3：G1期の細胞が蓄積する。

   抽出物4：S期の細胞が蓄積する。

2. 腫瘍中の細胞は細胞周期の制御に関して様々な欠陥を持ちうる。G1期阻害剤に反応する細胞もあれば、S期阻害剤に反応する細胞もあるからである。

3. 研究者はそれぞれの抽出物から化合物を抽出して、抽出物自体で行ったのと同じ方法でそれらを個別に試験し、各抽出物のなかで阻害剤として機能している分子を特定することができるだろう。これらの分子を合成するために、分析により化学構造を決定し、動物実験を含むさらなる試験を実施して、それらが安全であることを確かめる必要がある。

4. 非腫瘍細胞と比較して腫瘍細胞で過剰発現しているタンパク質は、M期のチェックポイントで機能するCdk1だけであった。サイクリンB-Cdk1複合体を阻害する植物抽出物は抽出物2だったから、抽出物2がこの腫瘍の治療には最適な選択だろう。

5. 研究者は、キナーゼではなくホスファターゼを阻害する植物抽出物に興味を持つだろう。ホスファターゼは細胞周期を越えて進行させるCdkを活性化する。抗癌剤の目標はチェックポイントを越えた細胞周期の進行を阻止し、細胞分裂を止めることである。したがって、Cdkを活性化するホスファターゼを阻害するのが望ましい。Cdkの阻害に必要な役割を既に担っているキナーゼを阻害するのは望ましいことではない。

第9章　遺伝、遺伝子と染色体

データで考える（96ページの「質問▶」への解答）

1.

交配	カイ2乗値	P値
1	0.59	0.44
2	1.03	0.31
3	0.02	0.89
4	0.41	0.52
5	2.03	0.15
6	0.05	0.82
7	0.36	0.55
8	1.82	0.18
9	0.33	0.56
10	0.54	0.46

全ての交配結果でP値は0.05より大きいから、3：1の比から有意に異なってはいない。

2. 総合したデータのカイ2乗値は0.14、P値は0.71。この事例では、個々の交配（標本数が小さい）でも総合したデータ（標本数が大きい）でもよく似たP値が得られている。一般には、データ数は多いほどよい。

図9.2（100ページの***Q***への解答）

A：7本。

図9.5（107ページの***Q***への解答）

A：$2^4 = 16$種類の配偶子を作り出せる。

図9.11（124ページの***Q***への解答）

A：黄色：*BBee*と茶色：*bbEE*。

データで考える（133ページの「**質問▶**」への解答）

1. カイ2乗検定によれば自由度3のカイ2乗値は429.96で、P値<0.0001である。これは期待される9：3：3：1の比率から高い有意性を持つ偏差であることを意味する。

2. 検定交配の子では、非連鎖（独立）遺伝子から期待される表現型よりも両親型が多く組換え型（非両親型）が少ないから遺伝子は連鎖している。
   地図（遺伝）距離は、

   $\{(578+307)/(578+307+1413+1117)\}\times 100=26$ 地図単位

   上のデータは**図9.15**Ⓐ及び**図9.17**で示したデータとは異なるが、それは両親型が異なるからである。すなわち、この交配では両親は黒色・正常翅×灰色・痕跡翅の組み合わせだが、**図9.15**Ⓐ及び**図9.17**では灰色・正常翅×黒色・痕跡翅である。

3. *BBVgVg*（灰色・正常翅）と*bbvgvg*（黒色・痕跡翅）。

図9.18（143ページの***Q***への解答）

A：X^WX^wのヘテロ接合。雄親からY染色体を受け継いだ子に雌親がX^w染色体を伝えた。

▶ 学んだことを応用してみよう（155～156ページの「質問」への解答）

1．F_1の遺伝子型：全て*DdBb*
F_1の表現型：全て長脚・灰色体色
F_2の遺伝子型：*DDbb* 25%：*DdBb* 50%：*ddBB* 25%、すなわち1：2：1の比率となる。
F_2の表現型：長脚・黒色体色25%、長脚・灰色体色50%、短脚・灰色体色 25%

2．F_1の遺伝子型：*BbCc*
F_1の表現型：灰色体色・直翅
F_2の遺伝子型：*BBcc* 25%：*BbCc* 50%：*bbCC* 25%、すなわち、1：2：1の比率となる。
F_2の表現型：灰色体色・曲翅25%、灰色体色・直翅50%、黒色体色・直翅 25%

3．*DDbb*×*ddBB*のF_2世代では、上で見られなかった短脚・黒色体色（遺伝子型*ddbb*）の表現型が新たに得られるだろう。2番目の交配*BBcc*×*bbCC*のF_2世代でも、上で見られなかった黒色体色・曲翅（遺伝子型*bbcc*）の表現型が新たに得られるだろう。
BBcc×*bbCC*の交配では、2つの連鎖した遺伝子座（*B*と*C*）の距離（75.5-48.5=27.0地図単位）が*D*と*B*の距離（48.5-31.0=17.5地図単位）より長いから、より高い頻度で組換え体が生じる。2つの連鎖した遺伝子間の距離が長いほど交差の確率は大きい。

4.

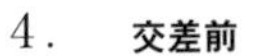

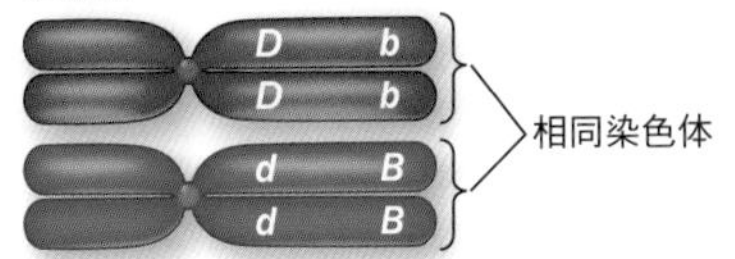

交差中

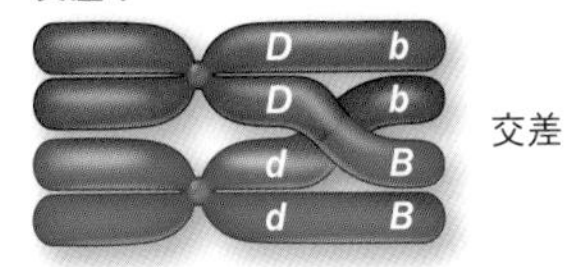

交差後

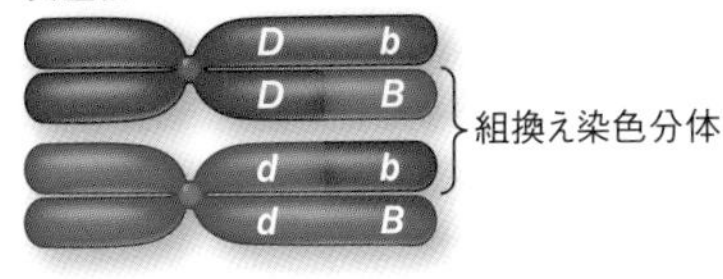

第10章　DNAと遺伝におけるその役割

図10.6（174ページの***Q***への解答）

A：水素結合は塩基対をなす両鎖の塩基間で生じる。共有結合はヌクレオチドを構成する原子の間およびDNA鎖のヌクレオチドの間で生じる。ファンデルワールス力は二重らせん内で順に積み重なる扁平な塩基の間で生じ、その形状を安定させている。

データで考える　（186ページの「**質問▶**」への解答）

1．これらのデータはDNA複製の半保存モデルに適合する。すなわち、重い鎖は新しく合成された軽い鎖（新生鎖）の鋳型となり、1回の複製の後では全てのDNAが1本の重い（もとの）鎖と1本の軽い（新生）鎖からなり、2本鎖は中間の重さを持つ。

世代	重いDNAの割合（%）	中間の重さのDNAの割合	軽いDNAの割合
1	0	100	0
2	0	50	50
3	0	25	75
4	0	12.5	87.5

2．7世代後には約1.5%の中間型DNAと98.5%の軽いDNAが観察されるだろう。

3．第1世代では、バンドは**図B**と同じく全て中間型となるだろう。第2世代では1/2が中間型で1/2が重く、第3世代では1/4が中間型で3/4が重く、第4世代では1/8が中間型で7/8が重いバンドパターンとなるだろう。

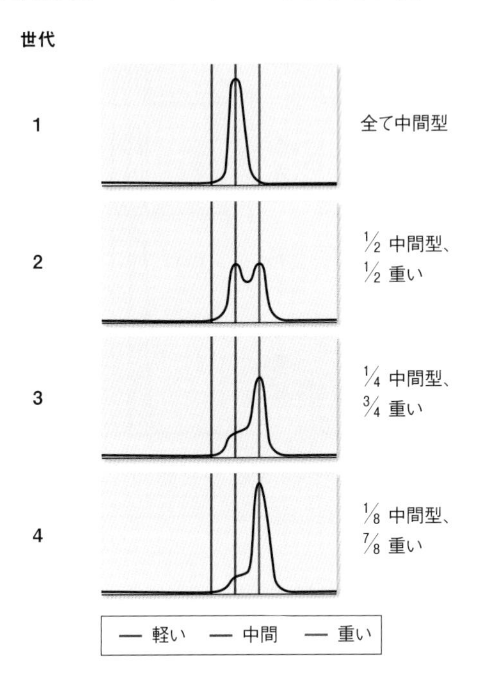

4. 保存的複製モデルでは、第１世代は1/2が重く1/2が軽い、第２世代は1/4が重く3/4が軽い、第３世代は1/8が重く7/8が軽い、第４世代は1/16が重く15/16が軽い。分散的複製モデルでは、第１世代は全て中間型、第２世代は全て中間型と軽い鎖の中央、第３世代は全て第２世代のピークと軽い鎖の中央、第４世代は全て第３世代のピークと軽い鎖の中央。

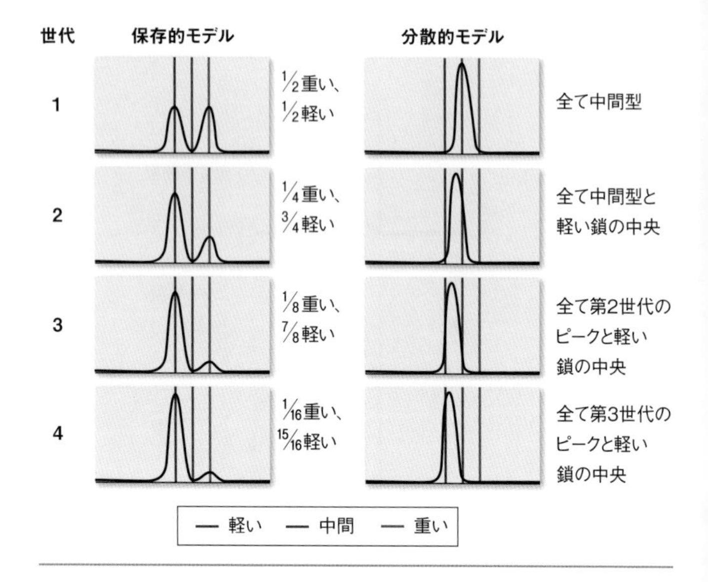

図10.13（195ページの***Q***への解答）

A：リーディング鎖は、複製起点の反対側ではラギング鎖である（逆も同じ）。

図10.17（202ページの***Q***への解答）

A：短縮したテロメアは不安定である。また、テロメラーゼがなければDNA末端に未複製の部分が残る。この2つの理由から配偶子を形成する細胞ではテロメラーゼが発現する。

図10.19（211ページの***Q***への解答）

A：試験管内のPCRプライマーと細胞中のDNA複製プライマーはどちらもDNA複製の開始に働く。しかし、PCRプライマーはどんなDNA鎖とも相補的になるよう作製し結

合させられるが、DNA複製プライマーは複製起点にのみ結合する。

▶ 学んだことを応用してみよう (214〜216ページの「質問」への解答)

1. 1つの複製起点から最も短いDNA鎖の複製を完了するまでには、およそ280時間かかる。これは細胞がDNA複製を完了させなくてはならない8時間よりずっと長いので、DNA複製に開始点が1つしか関与していないとは主張し得ない。1本のDNA鎖の複製には多数の起点が関与しているに違いないことを、この計算結果は示唆している。

2. この結果は、1つのDNA分子には多くの合成起点が存在していることを示唆する。起点の数は放射活性を持つバンドの数と同じである。この結果は質問1の計算に基づく仮説と一致する。

3. この結果は、DNA合成が二方向性であることを示唆する。これは、各合成起点から両方向に伸びる2本の濃く露出された伸長部分と、それに続いて放射性チミジンが非放射性チミジンで置き換わる間に希釈されていることを示す薄く露出された部分の存在によって認識できる。もしDNA合成が一方向に進むのなら、濃く露出された伸長部分の左右どちらか（両側ではない）に続く薄く露出された部分が観察されるだろう。

4.

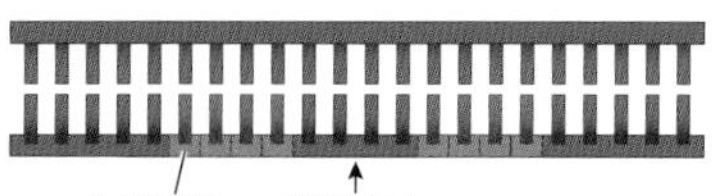

第11章　DNAからタンパク質へ：遺伝子発現

データで考える　（226ページの「質問▶」への解答）

1．34105：遺伝子*a*、33442：遺伝子*b*、36703：遺伝子*c*。

2．突然変異系統は生育を可能とする残余の酵素活性を持っていたのだろう。

3．アルギニンはタンパク質の構成要素でタンパク質の三次元構造に必須であるから、他のアミノ酸で置き換えることはできない。

4．二重変異系統はオルニチン→シトルリン→アルギニンの反応を進行させることができない。したがって、オルニチンやシトルリンを加えてもアルギニンが合成できないから生育は不可能である。

図11.2 （230ページの***Q***への解答）

A：原核細胞は核を欠いているから転写と翻訳の場が分かれてはいない。

図11.4 （237ページの***Q***への解答）

A：RNA合成とDNA合成はどちらもDNAに結合する酵素ポリメラーゼが必要である。両者ともDNAは塩基を露出するために巻き戻されなければならず、新生ポリマーは鋳型鎖に相補的で、基質はヌクレオシド三リン酸である。

データで考える　(242～243ページの「質問▶」への解答)

1. ポリU mRNAを除去：
アミノアシルtRNAはリボソームでコドンに結合できないだけでなくペプチジル合成酵素に結合できずペプチド結合を触媒できない。

リボソームを除去：
隣接したアミノアシルtRNAが結合する場所と、ペプチド結合の形成を触媒するペプチジル合成酵素がない。

ATPを除去：
tRNAはアミノ酸と結合できず（アミノアシルtRNAが形成できず)、mRNAはリボソームに沿って翻訳されない。ポリペプチドは合成されない。

RNアーゼを添加：
mRNAが分解される。上記のポリU mRNAを除去した場合を参照。

DNアーゼを添加：
ポリペプチド合成に必要な要素は全て存在する。

フェニルアラニンの代わりに放射性グリシンを加える：
グリシンの添加されたtRNAはmRNAコドンのGGU、GGA、GGG、GGCに結合する。ポリU mRNAにはこれらのコドンが存在しないから、放射活性を持つポリペプチドは作られない。

フェニルアラニンを除く
19種類の放射性アミノ酸の混合物を加える：
アミノアシルtRNAは作られるが、これらのコドンは存在しないから放射活性を持つポリペプチドは合成されない。

2. RNA（ポリU）がなければタンパク質合成が起こらないことから、RNAがタンパク質合成に必須であることをデータは示している。

3. 遺伝暗号（**図11.5**参照）に従えば、UUUはフェニルアラニンのコドンである。ポリUコドンのみが存在するこの実験では、他のアミノ酸はタンパク質に取り込まれない。

図11.12（264ページの***Q***への解答）

A：リボソーム分子種を一つに結びつける化学的な力には水素結合、イオン結合と疎水性相互作用が関与する。これらの力は熱や界面活性剤で阻害される。

図11.15（271ページの***Q***への解答）

A：停止コドンがなければ、mRNAの末端にヌクレオチドが付加され続けるから翻訳は継続する。タンパク質がリボソームから適切に切り離されない。

図11.17（277ページの***Q***への解答）

A：宛て先の決まっていないタンパク質は細胞質にとどまる。

▶ 学んだことを応用してみよう（285〜286ページの「質問」への解答）

1．*Leu*-1は段階Cを触媒する酵素の突然変異体である。この段階の産物（α-ケトイソカプロン酸）はこの代謝経路で変異体における阻害を克服できる最初の物質である。したがって、*Leu*-1は段階Cの酵素の突然変異体に違いない。*Leu*-2は段階Bを触媒する酵素の突然変異体である。この段階の産物（3-イソプロピルリンゴ酸）はこの代謝経路で変異体における阻害を克服できる最初の物質である。したがって、*Leu*-2は段階Bの酵素の突然変異体に違いない。

2．*Leu*-1突然変異を持つ変異細胞は酵素Cを欠くが野生型の酵素Bを持っている。*Leu*-2突然変異を持つ変異細胞は酵素Bを欠くが野生型の酵素Cを持つ。したがって、2つの細胞が融合すると、二倍体の細胞は1つの野生型酵素Bと1つの野生型酵素Cを持つことになり、野生型の表現型が回復する。

3．表に予想される酵素活性をまとめて示す。

	予想される酵素活性		
酵素	*Leu*-1（半数体）	*Leu*-2（半数体）	融合細胞（二倍体） *Leu*-1、*Leu*-2
A	野生型	野生型	野生型
B	野生型	なし	野生型
C	なし	野生型	野生型
D	野生型	野生型	野生型

4．一方の変異系統はαサブユニットをコードする遺伝子が変異しており、もう一方の変異系統はβサブユニットをコードする遺伝子が変異している。したがって、半数体細胞は

各遺伝子を1コピーずつしか持たないから、片方は正常で片方は異常となり、機能のある$\alpha_2\beta_2$酵素を作れない。しかし、二倍体細胞は、各遺伝子を2コピーずつ持ち、一方の系統が提供するαサブユニットの正常な遺伝子と他方の系統が提供するβサブユニットの正常な遺伝子を持つことになる。各サブユニットの正常な遺伝子を1コピー持つことで二倍体細胞は正常なαとβのポリペプチド鎖を作ることができ、それらが結合して機能を持つ$\alpha_2\beta_2$酵素が形成される。

第12章　遺伝子突然変異と分子医学

図12.1（291ページのQへの解答）

A：遺伝暗号は冗長であり（多くの変異は翻訳されるアミノ酸を変化させない）、さらにタンパク質を構成するアミノ酸の多くはその活性に必須ではない（例えば、活性中心に影響しない）からサイレント変異が最も多く見られる。

図12.3（300ページのQへの解答）

A：染色体変異は分裂細胞を各染色体に特異な色素で染めることで検出できる。染色された染色体を同定すれば、欠失部分や転座部分が観察できる。逆位は、染色体上の色素により色の違いではなくバンドパターン（縞模様）を表出させるバンディング（あるいはペインティング）と呼ばれる特別な方法で検出できる。この場合は、逆向きのバンドパターンが観察される。

図12.13（330ページのQへの解答）

A：遺伝的ID（識別）のメリットとしては、将来病気に罹患する傾向を予測し、可能であればその予防に役立てたり、事故、戦争や犯罪に関わる個人の識別などに際して有効である点が挙げられる（こうしたことはアメリカでは既に兵士や連邦刑務所の囚人に対して実施されている）。デメリットは、使い方を誤ればプライバシーの侵害が起こることである。例えば、病気では環境因子が大きく影響する場合が多いから、遺伝マーカーは必ずしも正確な予測とは限らず、その利用には十分な注意が必要である。アメリカの連邦法では、保険や就職に際して人々を差別するために遺伝

データを使用することを禁止しているが、それでも、様々な分野で遺伝データが決定権者の判断に影響を与える懸念が残る。

図12.14（335ページの***Q***への解答）

A：染色体連鎖解析には実際の交配実験が必要で、アレル間の組換え結果の分析という手法を用いる。DNA連鎖解析には、交配結果を個々の染色体レベルで遡及的に分析するという手法を用いる。染色体連鎖解析では表現型を調べるが、DNA連鎖分析では遺伝子型（DNA）を調べる。

データで考える（338〜339ページの「**質問▶**」への解答）

1．３家系で乳癌患者の３分の２が若年で発症しており、癌が遺伝的であることを示唆している。

2．３つの突然変異の全てが乳癌患者のみで起こっている。家系AとBでは、２つの点変異がコドンを変化させ、どちらもBRCA1タンパク質のアミノ酸置換による機能喪失を引き起こしているようである。家系Cでは、11塩基対の欠失がフレームシフト変異を引き起こしており、当該変異以降のコドンが別のアミノ酸に翻訳されていることを意味する。これによってアミノ酸配列の大幅な変化が生じ、機能不全のBRCA1タンパク質が作られている。

3．*BRCA1*遺伝子は乳房、卵巣と胸腺の組織も活性を持つ。だから当該の変異も、これらの組織で発現するだろう。*BRCA1*遺伝子はDNA修復に関与するから、３つの組織全てで修復がうまくいかず、癌の原因となる変異を引き起こす可能性がある。

▶ 学んだことを応用してみよう（356ページの「質問」への解答）

1. 1人目は正常なアレルと変異型アレルを1つずつ持つヘテロ接合体である。正常アレルはアミノ酸のPro-Trp-Thr-Gln-Arg-Pheに翻訳される。変異型アレルはmRNAの4番目の位置に停止コドンをもち（ナンセンス変異）、Pro-Trp-Thr-（停止）となるから、正常な146個のアミノ酸ではなく38個のアミノ酸からなる短いポリペプチドが産生される。したがってこのグロビンタンパク質は機能を持たない。
   2人目も正常なアレルと変異型アレルを1つずつ持つヘテロ接合体である。この場合は2番目のコドンの最初のTが欠失し、フレームシフト変異が生じてPro-Gly-Pro-Arg-Gly-Serとなる。この結果、産生されるポリペプチドは全く異なる配列となって機能を持たない可能性がきわめて高い。

2. 一例として、転写開始のためにRNAポリメラーゼがプロモーターに結合できなくなるようなプロモーター変異が挙げられる。また、成熟mRNAに異常な欠失や挿入をもたらすDNAのmRNAスプライシング部位に起こる突然変異とも考えられる。

3. この両親の子の遺伝子型は以下の確率となる。正常なアレルを2つ持つホモ接合体の子が生まれる確率が4分の1、正常なアレルと変異型アレルを1つずつ持つヘテロ接合体の子の確率が2分の1、変異型アレルを2つ持つホモ接合体の子の確率が4分の1である。変異型アレルを2つ持つホモ接合体の子は重篤な貧血を患い、生涯を通じて定期的な輸血が必要となるだろう。

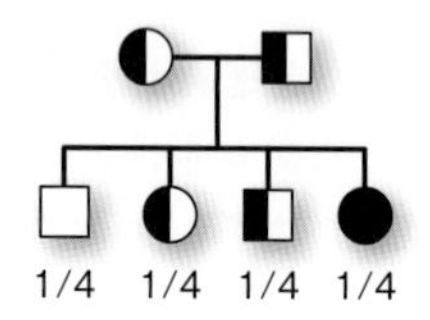

第13章　遺伝子発現の制御

図13.1（361ページの***Q***への解答）

A：ありうる。プロモーター領域には調節タンパク質の結合部位が複数ありうる。

図13.7（377ページの***Q***への解答）

A：核の利点は区画化、すなわち転写・修飾と翻訳の場が分離している点にある。このことでより精密な遺伝子発現の制御が可能である。また核内は、mRNAを加水分解し寿命の短縮をもたらす細胞質中のヌクレアーゼから守られてもいる。

図13.13（395ページの***Q***への解答）

A：溶原化はバクテリオファージに用いられる術語で、一定時間ウイルスゲノムが宿主細胞に統合される状態を表す。溶原化という用語は真核生物に感染するウイルスには使われないが、HIVは自身のゲノムをcDNAとして宿主ゲノムに統合するから溶原性であると言える。

図13.14（399ページの***Q***への解答）

A：5-メチルシトシンの突然変異（脱アミノ化）は修復不可能である。したがって5-メチルシトシンが存在する部位には突然変異が蓄積する傾向があり、転写を制御する潜在能力に違いが生じる。

データで考える（405〜406ページの「質問▶」への解答）

1. a. 雌ミツバチが働きバチになるか女王になるかは脳における遺伝子発現によって決まると考えられるから、頭部のmRNAの解析を行った。
   b. DNMT mRNAの阻害レベルは48時間後におよそ60%であった。これはかなりの阻害ではあっても完全ではない。したがって、DNMT mRNAはおそらくある程度残っていただろう。

2. DNAメチル化の低下はおよそ20%であった。したがって、5-メチルシトシンはある程度残存していたと考えられる。

3. 対照群ではおよそ23%の幼虫が女王バチになった。しかしDNAメチル化が低下した幼虫では72%が女王バチになった。DNMT mRNAレベルとDNAメチル化の低下割合と比較すれば、これは驚くべき増加割合である。おそらくメチル化レベルの閾値が存在し、それ以上になると遺伝子発現が影響を受けるのだろう。

図13.17（413ページの***Q***への解答）

A：7種類。

▶ 学んだことを応用してみよう（422ページの「質問」への解答）

1. DNAメチル化の阻害剤は癌細胞の腫瘍抑制活性を回復させる。同様の効果はヒストン脱アセチル化の阻害剤にも見られる。こうした結果は、DNAメチル化とヒストン脱アセチル化がともに腫瘍の成長を抑制する遺伝子発現を停止させる効果を持つことを示唆する。

2．データから、ヒストン脱アセチル化とDNAメチル化の阻害剤は、同時に働くと個別で働くよりも大きな効果をもたらすことが分かる。この知見は、遺伝子発現にはDNAメチル化によって阻害されるものもあれば、ヒストン脱アセチル化によって阻害されるもの、さらにその両方によって阻害されるものもあることを示唆する。最後のグループに属する遺伝子では、その発現抑制を解くためには両方の阻害剤が必要である。

3．遺伝子１はどちらの阻害剤でも再活性化されるが、遺伝子２は２つの阻害剤の共存下でのみ再活性化される。遺伝子１では、DNAメチル化とヒストン脱アセチル化の程度は大きくないと考えられる。この場合、DNA脱メチル化とヒストンアセチル化のどちらか一方だけで、ヌクレオソームを変化させ、DNAポリメラーゼのプロモーターへの接近と結合により遺伝子発現を可能とするために十分な状況を引き起こすことができるのだろう。遺伝子２では、２つの理由でRNAポリメラーゼのプロモーターへの結合が阻害されていると考えられる。プロモーター部位が高度にメチル化されるとともにヒストンが脱アセチル化されていて、ヌクレオソームが緩んでプロモーター領域が露出するのを防げているのだろう。したがって、遺伝子２では発現が回復するためにはDNAメチル化とヒストン脱アセチル化の両方を阻害する必要がある。

著者／監訳・翻訳者略歴

著者略歴（『LIFE』eleventh editionより）

デイヴィッド・サダヴァ（David E. Sadava）
クレアモント大学ケック・サイエンス・センターで教鞭を執るプリツカー家財団記念教授・名誉教授。これまで生物学入門、バイオテクノロジー、生理化学、細胞生物学、分子生物学、植物生物学、癌生物学などの講座を担当し、優れた教育者に与えられるハントゥーン賞を２度受賞。著書多数。約20年にわたり、ヒト小細胞肺癌の抗癌薬多剤耐性の機序解明に注力し、臨床応用することを目指している。非常勤教授を務めるシティ・オブ・ホープ・メディカル・センターでは現在、植物由来の新たな抗癌剤の研究に取り組む。

デイヴィッド・M・ヒリス（David M. Hillis）
テキサス大学オースティン校で総合生物学を講じるアルフレッド・W・ローク百周年記念教授。同校では生物科学部長、計算生物学・バイオインフォマティクスセンター所長なども兼任する。これまでに生物学入門、遺伝学、進化学、系統分類学、生物多様性などの講座を担当。米国科学アカデミー、米国芸術科学アカデミーの会員に選出され、進化学会ならびに系統分類学会の会長も歴任。その研究は、ウイルス進化の実験的研究、天然分子の進化の実証研究、系統発生学応用、生物多様性分析、進化のモデリングなど進化生物学の多方面にわたる。

H・クレイグ・ヘラー（H. Craig Heller）
スタンフォード大学で生物科学と人体生物学の教鞭を執るロリー・I・ローキー／ビジネス・ワイア記念教授。1972年以来、同校で生物学の必修講座を担当し、人体生物学プログラムのディレクター、生物学主任、研究担当副学部長を歴任。科学雑誌『サイエンス』の発行元でもあるアメリカ科学振興協会の会員で、卓越した教育者に贈られるウォルター・J・ゴアズ賞などを受賞。専門分野は、睡眠・概日リズム、哺乳類の冬眠に関わる神経生物学、体温調節、ヒトの行動生理学など。学部生の学際的なアクティブラーニングの推進にも尽力している。

サリー・D・ハッカー（Sally D. Hacker）
オレゴン州立大学教授。2004年以来同校で教鞭を執り、これまでに生態学入門、群集生態学、外来種の侵入に関する生物学、フィールド生態学、海洋生物学などの講座を担当。米国生態学会が若手研究者の優れた発表を表彰するマレー・F・ビューエル賞や米国ナチュラリスト協会の若手研究者賞を受賞。種間の相互作用や地球規模の変化の様々な条件下における、自然および管理された生態系の構造や機能、貢献（人類に提供する効能）を追究する。近年は、気候変動による沿岸域の脆弱性緩和に資する砂丘生態系の保護機能の研究に注力している。

【監修・翻訳】

中村千春（なかむら　ちはる）

1947年生まれ。京都大学農学部卒業後、米国コロラド州立大学大学院博士課程修了（Ph.D）。神戸大学農学研究科教授、同研究科長、神戸大学副学長・理事を経て同名誉教授。専門は植物遺伝学。著書・訳書に『エッセンシャル遺伝学・ゲノム科学』（化学同人、共監訳）、『遺伝学、基礎テキストシリーズ』（化学同人、編著）など。

石崎 泰樹（いしざき　やすき）

1955年生まれ。東京大学医学部医学科卒業後、東京大学大学院医学系研究科を修了、医学博士。生理学研究所、東京医科歯科大学、英国ロンドン大学ユニヴァシティカレッジ、神戸大学を経て、現在は群馬大学医学部長・大学院医学系研究科長、医学系研究科教授（分子細胞生物学）。編著・訳書に『イラストレイテッド生化学　原書７版』（丸善、共監訳）、『症例ファイル　生化学』（丸善、共監訳）、『カラー図解 人体の細胞生物学』（日本医事新報社、共編集）など。

【翻訳】

小松佳代子（こまつ　かよこ）

翻訳家。早稲田大学法学部卒業。都市銀行勤務を経て、ビジネス・出版翻訳に携わる。訳書に『もうひとつの脳　ニューロンを支配する陰の主役「グリア細胞」』（講談社ブルーバックス、共訳）、『図書館巡礼 「限りなき知の館」への招待』（早川書房、翻訳）。

写真クレジット

第8章　【第8章扉写真】© amanaimages　【図8.1】© amanaimages　【図8.2】© John J. Cardamone Jr./Biological Photo Service　【図8.7】© amanaimages　【図8.8 染色体】© amanaimages　【図8.9】© Nasser Rusan　【図8.10 (B)】: © Conly L. Rieder/Biological Photo Service　【図8.12 (A)】© Dr. David Phillips/Visuals Unlimited, Inc　【図8.12 (B)】© B. A. Palevitz, E. H. Newcomb/Biological Photo Service　【図8.13】© amanaimages　【図8.14 真菌】© amanaimages　【図8.14 シダ】David McIntyre　【図8.14 アフリカトキコウ】Courtesy of Andrew D. Sinauer　【図8.15】© C. A. Hasenkampf/Biological Photo Service　【図8.16】Courtesy of J. Kezer　【図8.20】Courtesy of Dr. Thomas Ried and Dr. Evelin Schröck, NIH.　【図8.21 (A)】© amanaimages　【図8.22】© amanaimages

第9章　【第9章扉写真】© amanaimages　【図9.8 ウサギ（濃い灰色）】© iStock　【図9.8 ウサギ（チンチラ）】© iStock　【図9.8 ウサギ（ヒマラヤン）】David McIntyre.　【図9.8 ウサギ（アルビノ）】© Shutterstock　【図9.11】Courtesy of Madison, Hannah, and Walnut　【図9.12】Courtesy of the Plant and Soil Sciences eLibrary; used with permission from the Institute of Agriculture and Natural Resources at the University of Nebraska-Lincoln　【図9.13】© amanaimages　【図9.14】© Peter Morenus/U. of Connecticut　【図9.21 (A)】© amanaimages

第10章　【第10章扉写真】© amanaimages　【図10.3】© amanaimages　【図10.5】© amanaimages　【図10.6 (A)】© amanaimages　【図10.6 (B)】Data from S. Arnott & D. W. Hukins, 1972. *Biochem. Biophys. Res. Commun.* 47(6): 1504.　【図10.12 (A)】Data from PDB 1SKW. Y. Li et al., 2001. *Nat. Struct. Mol. Biol.* 11: 784.　【図10.17 (B)】© Dr. Peter Lansdorp/Visuals Unlimited, Inc.　【215ページ】From D. M. Prescott and P. L. Kuempel, 1972. *Proceedings of the National Academy of Sciences* 69: 2842.

第11章　【第11章扉写真】Courtesy of the National Institute of Allergy and Infectious Diseases (NIAID)　【図11.1 (B)】Courtesy of Eric Kalkman, University of Glasgow　【図11.3】Data from PDB 1MSW. Y. W. Yin & T. A. Steitz, 2002. *Science* 298: 1387.　【図11.6 (B)】From D. C. Tiemeier et al., 1978. *Cell* 14: 237.　【図11.10】Data from PDB 1EHZ. H. Shi & P. B. Moore, 2000. *RNA* 6: 1091.　【図11.12】Data from PDB 1GIX and 1G1Y. M. M. Yusupov et al., 2001. *Science* 292: 883.　【図11.16 (B)】Courtesy of J. E. Edström and *EMBO J.*

第12章　【第12章扉写真】© amanaimages　【図12.8】From C. Harrison et al., 1983. *J. Med. Genet.* 20: 280.　【図12.10 (B)】© amanaimages　【図12.12】© amanaimages　【図12.15】© amanaimages　【287ページ】© amanaimages　【295ページ】© amanaimages

第13章　【第13章扉写真】© amanaimages　【図13.11 (B)】© amanaimages　【図13.16 (A)】Courtesy of Irina Solovei, U. Munich (LMU), Germany　【358ページ】

さくいん

太字のページ番号は、本文中で強調表示している箇所
斜体のページ番号は、図表、および図表解説中に表示している箇所

【数字】

【英字】

【あ行】

【か行】

【さ行】

【た行】

【な行】

【は行】

【ま行】

【や行】

【ら行】

【わ行】

N.D.C.460　462p　18cm

ブルーバックス　B-2164

カラー図解　アメリカ版　新・大学生物学の教科書
第2巻　分子遺伝学

2021年3月20日　第1刷発行
2024年6月7日　第5刷発行

著者　D・サダヴァ 他
監訳・翻訳　中村千春
石崎泰樹
翻訳　小松佳代子
発行者　森田浩章
発行所　株式会社講談社
〒112-8001　東京都文京区音羽2-12-21
電話　出版　03-5395-3524
販売　03-5395-4415
業務　03-5395-3615
印刷所　（本文印刷）株式会社新藤慶昌堂
（カバー表紙印刷）信毎書籍印刷株式会社
本文データ制作　ブルーバックス
製本所　株式会社国宝社

定価はカバーに表示してあります。
Printed in Japan

ISBN978－4－06－513744－4

発刊のことば

科学をあなたのポケットに

二十世紀最大の特色は、それが科学時代であるということです。科学は日に日に進歩を続け、止まるところを知りません。ひと昔前の夢物語もどんどん現実化しており、今やわれわれの生活のすべてが、科学によってゆり動かされているといっても過言ではないでしょう。

そのような背景を考えれば、学者や学生はもちろん、産業人も、セールスマンも、ジャーナリストも、家庭の主婦も、みんなが科学を知らなければ、時代の流れに逆らうことになるでしょう。

ブルーバックス発刊の意義と必然性はそこにあります。このシリーズは、読む人に科学的に物を考える習慣と、科学的に物を見る目を養っていただくことを最大の目標にしています。そのためには、単に原理や法則の解説に終始するのではなくて、政治や経済など、社会科学や人文科学にも関連させて、広い視野から問題を追究していきます。科学はむずかしいという先入観を改める表現と構成、それも類書にないブルーバックスの特色であると信じます。

一九六三年九月

野間省一